"十二五"普通高等教育本科国家级规划教材

中国石油和化学工业优秀教材一等奖

食品安全学

第三版

钟耀广　主编

化学工业出版社

·北京·

本书从教学、科研和生产实际出发，概述了与食品安全有关的科学问题。全书共分十五章，分别介绍了环境污染对食品安全的影响、生物性污染对食品安全的影响、化学物质应用的安全性、动植物中的天然有毒物质、包装材料和容器的安全性、非热力杀菌食品的安全性、转基因食品的安全性、食品安全管理体系、食品安全溯源及预警技术等，重点阐述了食品安全检测技术、食品掺伪成分的检验、食品中有害成分测定、食品安全法规与标准等。

全书简明扼要，重点突出，既具有一定的理论性，又具有较强的实践性，可作为高等院校食品科学与工程、包装工程、食品质量与安全、生物工程、生物技术、商品学、营养学、物流工程及相关专业教学用书，也可供科研、技术管理及生产领域的从业人员参考。

图书在版编目（CIP）数据

食品安全学/钟耀广主编. —3 版. —北京：化学工业出版社，2019.12（2024.9重印）
ISBN 978-7-122-35338-2

Ⅰ.①食…　Ⅱ.①钟…　Ⅲ.①食品安全-高等学校-教材　Ⅳ.①TS201.6

中国版本图书馆 CIP 数据核字（2019）第 223107 号

责任编辑：赵玉清	文字编辑：周　偶
责任校对：刘　颖	装帧设计：关　飞

出版发行：化学工业出版社（北京市东城区青年湖南街 13 号　邮政编码 100011）
印　　刷：三河市航远印刷有限公司
装　　订：三河市宇新装订厂
787mm×1092mm　1/16　印张 19½　字数 490 千字　2024 年 9 月北京第 3 版第 8 次印刷

购书咨询：010-64518888　　　　　　　　售后服务：010-64518899
网　　址：http://www.cip.com.cn
凡购买本书，如有缺损质量问题，本社销售中心负责调换。

定　　价：49.00 元

编 委 会

主　编：钟耀广
副主编：孙永海
　　　　周志江
　　　　王　静
编　者（按汉语拼音排序）：

丛　健	上海开放大学
黄昆仑	中国农业大学
赖卫华	南昌大学
李佳洁	中国人民大学
马永昆	江苏大学
倪　莉	福州大学
宁喜斌	上海海洋大学
孙永海	吉林大学
王　静	中国农业科学院
徐　岗	中国检验认证集团福建有限公司
杨　鑫	哈尔滨工业大学
钟耀广	上海海洋大学
周志江	天津大学

前 言

纵然你感叹时间之快，依然无法让它慢下来……自《食品安全学》2005 年问世以来，已经过了十四个春秋。即使从第二版 2010 年出版算起，亦九年有余……这几个月，每天品一壶茶，静下心来，默默地统稿。累了，就到楼下美丽的滴水湖畔走几步，欣赏大自然带给我的快乐……

第三版的宗旨依然是向具有食品科学及相关背景的高年级本科生或低年级研究生提供一本教科书，对食品安全有兴趣的研究人员也能从本书获取有益的见解。本书最适用于 32～40 学时的《食品安全学》课程，如果选读部分章节，也适用于 24 学时的课程。

与第二版相比，在某些方面有着重大的变动。这次主要修订内容：

1. 增加了食品安全溯源及预警技术一章。

2. 由于 2015 年国家对《食品安全法》进行了修订，此次修订对食品安全法规与标准一章进行了大幅度修改。

本书由中国人民大学、天津大学、哈尔滨工业大学、吉林大学、中国农业大学、南昌大学、江苏大学、福州大学、上海海洋大学、上海开放大学 10 所院校以及中国农业科学院、中国检验认证集团福建有限公司等单位的专家学者联合编写。

全书分为十五章，由上海海洋大学钟耀广主编。参加编写的人员分工如下：钟耀广（第一、五、六、十一、十四章）、宁喜斌（第二章）、周志江和赖卫华（第三章）、王静和杨鑫（第四、十二章）、马永昆（第七章）、黄昆仑（第八章）、倪莉和徐岗（第九章）、孙永海（第十章）、李佳洁（第十三章）、丛健（第十五章）。

衷心地感谢各位作者及朋友对本书所做出的巨大贡献，化学工业出版社为本书做了大量的工作，在此也表示诚挚的谢意！

读者永远是最可敬的人，由于本书涉及的领域很广，作者水平有限，书中难免有不足之处。《食品安全学》第三版的面世，将经受广大读者的检验，敬请提出宝贵的意见！

钟耀广

2019 年 8 月于上海滴水湖

第一版前言

　　食品是人类赖以生存和发展的最基本物质基础，而食品安全关系到广大人民群众的身体健康和生命安全，关系到经济健康发展和社会稳定，关系到国家和政府的形象。目前，全球每年发生数以百万计的食品中毒事件，食品安全已成为世界性的问题。

　　近年来，中国食品安全水平有了明显的提高。但必须看到，剧毒农药、兽药的大量使用，添加剂的误用、滥用，各种工业、环境污染物的存在，有害元素、微生物和各种病原体的污染，有害生物的多次发现，食品新技术、新工艺的应用可能带来的负效应，周边国家疫情的频繁发生，新疾病的出现和原已消灭的重大疾病的死灰复燃等，使得中国食品安全状况不容乐观。

　　本书从教学、科研和生产实际出发，概述了与食品安全有关的科学问题，重点阐述了食品安全检测技术、食品掺伪的检验、食品中有害成分测定、食品安全法规与标准等。

　　本书由大连轻工业学院、人民大学、吉林大学、天津大学、哈尔滨工业大学、中国农业大学、南昌大学、江苏大学、福州大学、上海水产大学10所院校以及中国农业科学院、福建海峡检验认证有限公司等单位的专家学者联合编写，他们年富力强，是在教学、科研第一线的学术带头人及学术骨干，全部具有高级职称，90％具有博士学位，大部分具有出国深造经历，了解国外的最新研究进展，许多人还是本单位的博士生导师。

　　全书分为十五章，由大连轻工业学院钟耀广主编。参加编写的人员分工如下：钟耀广（第一章、第七章、第八章、第十三章）、周志江（第二章、第六章）、赖卫华（第三章）、宁喜斌（第四章）、王静和杨鑫（第五章、第十四章）、马永昆（第九章）、黄昆仑（第十章）、倪莉和徐岗（第十一章）、孙永海（第十二章）、李江华（第十五章）。

　　由于本书涉及的领域很广，编者水平有限，书中难免有许多不足之处，敬请广大读者提出宝贵意见，以便再版时补充修正。

编　者

2005 年 5 月

第二版前言

自《食品安全学》第一版问世以来，得到全国高等院校广大师生的关注和欢迎，使我们备受鼓舞；不少师生提出了宝贵的意见和建议，使我们深受感动。五年来，科学技术日新月异。为适应新形势的需要，我们拟就大家的意见和建议，对第一版做了相应的删改，我们深知，一本成功的教材，总要经过不断的锤炼和琢磨，才能使其日臻完善。新版的宗旨仍然是向具有食品科学及相关背景的高年级本科生或低年级研究生提供一本教科书，对食品安全有兴趣的研究人员也能从本书获取有益的见解。本书最适用于 32～40 学时的《食品安全学》课程，如果选读部分章节，也适用于 24 学时的课程。应该指出本书有几章的内容具有足够的广度和深度，它们作为研究生专业课程的原始资料是相当有价值的。

第二版和第一版相比，内容有了很大的改动：在化学物质应用的安全性一章增加了多氯联苯、二噁英、多环芳烃、丙烯酰胺、氯丙醇、硝酸盐、亚硝酸盐与 N-亚硝基化合物等对食品安全性的影响；在食品安全管理体系一章中增加了 ISO 9000、GAP 等内容；在食品法规与标准一章中增加了《食品安全法》等内容。第二版删去了食品的腐败一章，因为有关内容在其他课程论述较多。对于其余各章，再版也都作了适当的调整或改写，并对原教材中的印刷错误做了更正。为了广大师生的方便，我们增加了实验一章，供大家选用。

本书由上海海洋大学、中国人民大学、吉林大学、天津大学、哈尔滨工业大学、中国农业大学、南昌大学、江苏大学、福州大学 9 所院校以及中国农业科学院、中国检验认证集团福建有限公司等单位的专家学者联合编写，他们年富力强，是在教学、科研第一线的学术带头人及学术骨干，90％具有高级职称与博士学位，大部分具有出国深造经历，了解国外的最新研究进展，许多人还是本单位的博士生导师。

全书分为十四章，由上海海洋大学钟耀广主编。参加编写的人员分工如下：钟耀广（第一、五、六、十一章）、宁喜斌（第二章）、周志江和赖卫华（第三章）、王静和杨鑫（第四、十二章）、马永昆（第七章）、黄昆仑（第八章）、倪莉和徐岗（第九章）、孙永海（第十章）、李江华（第十三章）、丛健（第十四章）。

衷心地感谢各位作者对本书所做出的巨大贡献，也感谢各位作者对主编苛刻的要求所表现出来的容忍精神。化学工业出版社为本书的再版做了大量的工作，在此表示诚挚的谢意！

由于本书涉及的领域很广，作者水平有限，书中难免有许多不足之处，敬请广大读者提出宝贵意见！

钟耀广
2010 年 4 月于上海滴水湖

目 录

第一章 绪 论 / 1

第二章 环境污染对食品安全的影响 / 13

第三章 生物性污染对食品安全的影响 / 30

第四章　化学物质应用的安全性 / 57

第五章　动植物中的天然有毒物质 / 114

第六章　包装材料和容器的安全性 / 129

第七章　非热力杀菌食品的安全性 / 145

第八章　转基因食品的安全性 / 160

第九章　食品安全管理体系 / 180

第十四章　食品安全溯源及预警技术 / 282

第十五章　实　验 / 291

第一章

绪 论

主要内容

1. 食品安全学的基本概念。
2. 食品加工中的危害因素分析。
3. 中国食品安全现状。
4. 食品安全事件。
5. 中国食品安全面临的主要问题。
6. 食品安全展望。

"民以食为天"，食品是人们生活的最基本必需品。每天只要我们打开电视，翻看报纸，就可以看到大量的各种各样的食品广告。

目前，百姓的健康面临来自食品方面的威胁。姑且不论近年来屡屡被媒体曝光的重大食品中毒和死亡事件，仅仅从我们日常生活中存在的隐患来看，就足以让人担心：一些不法商贩收购餐馆废弃的"地沟油"，提炼之后制作油炸食品卖给消费者；大量一次性餐盒被回收后，随便洗洗又重复给用餐者使用……于是，不时有人发出这样的感慨："我们到底该吃什么？吃什么才是安全的？"

透过媒体的报道和百姓的街谈巷议，人们不断得到这样一些信息：吃牛肉怕染上国外传来的疯牛病；吃猪肉怕吃上郊区屠宰场的"注水肉"；吃瓜果蔬菜又怕存在上面的农药残留；吃水发海鲜怕用甲醛或福尔马林泡过；吃豆腐怕是用回收的石膏点出来的；吃鸡、鸭、鱼怕激素太多；吃大米怕拌了工业油；吃面粉怕掺了滑石粉、增白剂；吃小米担心用柠檬黄染过；买酱油怕是毛发水勾兑的……

食品安全问题已成为威胁人类健康的重要因素。不论发达国家还是发展中国家，不论食品安全监管制度完善与否，都普遍面临食品安全问题。因此，食品安全已成为当今世界各国关注的焦点。

近年来，中国政府高度重视食品安全工作。仅 2019 年上半年已有《地方党政领导干部食品安全责任制规定》《学校食品安全与营养健康管理规定》等数部食品安全新规出台。2019 年 5 月 20 日，《中共中央国务院关于深化改革加强食品安全工作的意见》正式发布，是第一个以中共中央、国务院名义出台的食品安全工作纲领性文件，具有里程碑式重要意义。因此，正确地了解中国食品安全现状，发现食品安全存在的问题，找出解决方案，是改善中国食品质量的当务之急。

第一节　食品安全学概述

食品安全学是研究食品安全的一门科学。而食品安全（food safety）一般是指食品本身对食品消费者的安全性，即食品中有毒、有害物质对人体的影响。食品中的有毒、有害物质主要来自外部对食品的危害，这些危害对食品的安全状态影响最直接、最广泛。

关于食品安全，至今学术界上尚缺乏一个明确的、统一的定义。食品安全的概念是1974年11月联合国粮农组织（FAO）在罗马召开的世界粮食大会上正式提出的。1972—1974年，发生世界性粮食危机，特别是最贫穷的非洲国家遭受了严重的粮食短缺。为此，联合国于1974年11月在罗马召开了世界粮食大会，通过了《消灭饥饿和营养不良世界宣言》。联合国粮农组织同时提出了《世界粮食安全国际约定》，该约定认为，食品安全指的是人类的一种基本生存权利，即"保证任何人在任何地方都能得到为了生存与健康所需要的足够食品"。

20世纪80年代中期以来，世界性粮食短缺现象基本解决，一些粮食供给不足的发展中国家，主要是因为外汇的短缺和购买力的不足。正因为如此，1983年4月，联合国粮农组织粮食安全委员会通过了总干事爱德华提出的食品安全新概念，其内容为"食品安全的最终目标是，确保所有的人在任何时候既能买得到又能买得起所需要的任何食品"。同时，食品安全必须满足以下三项要求：①确保生产足够多的食品；②确保所有需要食品的人们都能获得食品，尽量满足人们多样化的需求；③确保增加人们收入，提高基本食品购买力。

1996年世界卫生组织在其发表的《加强国家级食品安全性计划指南》中则把食品安全与食品卫生作为两个概念加以区别。其中食品安全被解释为"对食品按其原定用途进行制作和/或食用时不会使消费者受害的一种担保"，食品卫生则指"为确保食品安全性和适合性在食物链的所有阶段必须采取的一切条件和措施"。

纵观食品安全概念产生与变化，可以看出食品安全是一个发展的概念，甚至在同一国家的不同发展阶段，由于食品安全系统的风险程度不同，食品安全的内容和目标也不同。下面介绍食品安全学的一些基本概念及无公害食品、绿色食品、有机食品的区别。

一、基本概念

安全食品（safety food）是指生产者所生产的产品符合消费者对食品安全的需要，并经权威部门认定，在合理食用方式和正常食用量的情况下不会导致对健康损害的食品。目前，中国生产的安全食品广义的可包含四个层次，即常规食品、无公害食品、绿色食品和有机食品。其中，后三者为政府、消费者和生产者共同倡导的安全食品，属狭义范畴的安全食品。

1. 常规食品

常规食品（conventional food）是指在一般生态环境和生产条件下生产和加工的产品，经县级以上卫生防疫或质检部门检验，达到了国家食品卫生标准的食品，这是目前最基本的安全食品。常规食品的管理和认证由国家质检系统和食品药品监督管理局负责。

2. 无公害食品

无公害食品（free-pollutant food）是指在良好的生态环境条件下，生产过程符合一定的生产技术操作规程，生产的产品不受农药、重金属等有毒、有害物质污染，或将有毒、有害物质控制在安全允许范围内所加工的产品。

3. 绿色食品

绿色食品（green food）是在生态环境符合国家规定标准的产地，生产过程中不使用任何有害化学合成物质，或在生产过程中限定使用允许的化学合成物质，按特定的生产操作规程生产、加工，产品质量及包装经检测符合特定标准的产品。绿色食品必须经专门机构认定，并许可使用绿色食品标志。它是一类无污染的、优质的安全食品。

绿色食品分为 A 级和 AA 级两类。A 级为初级标准，生产 A 级绿色食品所用的农产品，在生产过程中允许限时、限量、限品种使用安全性较高的化肥、农药。AA 级是高级绿色食品，生产 AA 级绿色食品的原料应是利用传统农业技术和现代生物技术相结合而生产出的农产品，生产中以及之后的加工过程中不使用农药、化肥、生长激素等。

4. 有机食品

有机食品（organic food）是指根据有机农业和一定的生产加工标准而生产加工出来的产品。有机农业是一种在生产过程中不使用人工合成的肥料、农药、生长调节剂和饲料添加剂的农业。有机食品是最高级的安全食品。

二、无公害食品、绿色食品和有机食品的区别

1. 标准上的差异

目前，无公害食品执行的是相关的国家标准、行业标准和地方标准；绿色食品执行的是相关的行业标准；有机食品执行的是根据国际有机农业联合委员会有机食品生产加工基本标准而制定的相关标准，具有国际性。

2. 运作方式的区别

无公害产品的认证组织是农业部和各省农业厅；绿色食品的认证组织是中国绿色食品发展中心，绿色食品是推荐性标准，政府引导，市场运作；有机食品的认证组织是国际有机食品认证委员会，或经其委托的国家环境保护总局有机食品发展中心，它是目前国内有机食品综合认证的权威机构。

3. 标识使用不同

无公害食品在某种程度上是一种政府强制性行为，因为其中的许多标准是强制性标准，标识实行无偿使用；绿色食品和有机食品是工商注册证明商标，属知识产权范围，实行有偿使用。

4. 技术要求不同

无公害食品和绿色食品 A 级在生产过程中允许使用限定的化学合成物质，接纳转基因产品；绿色食品 AA 级和有机食品在生产过程中禁止使用任何有毒有害的化学合成物质，不接纳转基因产品。

5. 质量目标不同

无公害食品质量目标是无污染的安全食品；绿色食品的质量目标是无污染的安全、优

质、营养食品；有机食品的质量目标是无污染、纯天然、高质量的健康食品。

6. 认证收费不同

无公害食品认证只收检测费；绿色食品认证要收取检测费、标识管理费、标识使用费；有机食品认证要收取申请费、检测费、检查员差旅费、颁证费、标识管理费。

第二节 食品加工中的危害因素分析

食品加工中影响食品安全的危害因素包括生物性危害、化学性危害、物理性危害等。这些危害可能来自原料本身、环境污染或是加工过程。

一、生物性危害

生物性危害主要指生物（尤其是微生物）自身及其代谢过程、代谢产物（如毒素）对食品原料、加工过程和产品的污染，按生物种类分为以下几类。

1. 细菌性危害

细菌性危害是指细菌及其毒素产生的危害。细菌性危害涉及面最广、影响最大、问题最多。控制食品的细菌性危害是目前食品安全性问题的主要内容。

2. 真菌性危害

真菌性危害主要包括霉菌及其毒素对食品造成的危害。致病性霉菌产生的霉菌毒素通常致病性很强，并伴有致畸、致癌性，是引起食物中毒的一种严重生物危害。

3. 病毒性危害

病毒有专性寄生性，虽然不能在食品中繁殖，但是食品为病毒提供了很好的保存条件，因而可在食品中残存很长时间。

4. 寄生虫危害

寄生虫危害主要是寄生在动物体内的有害生物，通过食物进入人体后，引起人类患病的一种危害。

5. 虫鼠害

昆虫、老鼠列入生物性危害，是因为它们会作为病原体的宿主，传播危害人体健康的疾病，有时还会引起过敏反应、胃肠道疾病。

二、化学性危害

食品中的化学性危害包括食品原料本身含有的，在食品加工过程中污染、添加以及由化学反应产生的各种有害化学物质造成的危害。

1. 天然毒素及过敏原

天然毒素是生物本身含有的或是生物在代谢过程中产生的某种有毒成分。

过敏原都是蛋白质，但众多的蛋白质中只有几种蛋白质能引起过敏，并且只有某些人对其过敏。引起过敏的蛋白质通常能耐受食品加工、加热和烹调，并能抵抗肠道消化酶的作用。过去中国对食物过敏的问题未引起足够的重视。尽管食物过敏没有食物污染问题那么严重和涉及面广，但一旦发生，后果相当严重。致敏性食品包括八大类：谷类、贝类、蛋类、鱼类、奶类、豆类、树籽类及其制品、含亚硝酸盐类的食品。

2. 农药残留

食品中农药残留的危害是由于对农作物施用农药、环境污染、食物链和生物富集作用以及贮运过程中食品原料与农药混放等造成的直接或间接的农药污染。

3. 药物残留

为了预防和治疗畜禽与鱼贝类疾病，通过直接用药或饲料中添加大量药物，造成药物残留于动物组织中，伴随而来的是对人体与环境的危害。

4. 激素残留

为了促进动物的生长与发育、缩短植物生长周期而在原料生产阶段添加的动植物激素。这类激素残留可能引起人体生长发育和代谢的紊乱。常见的动物类激素有蛋白质类激素和胆固醇类激素两种。

5. 重金属超标

重金属主要通过环境污染、含金属化学物质的使用以及食品加工设备、容器对食品的污染等途径进入食品中，造成重金属含量超标。

6. 添加剂的滥用或非法使用

食品添加剂是指为改善食品的品质、色、香、味、保藏性能以及为了加工工艺的需要，加入食品中的化学合成或天然物质。在标准规定下使用食品生产中允许使用的添加剂，其安全性是有保证的。但在实际生产中却存在着不按添加剂的使用说明，滥用食品添加剂的现象。食品添加剂的长期、过量使用能对人体带来慢性毒害，包括致癌、致畸、致突变等危害。

食品行业中暴露的非法添加化工原料的恶性食品安全事件接连不断，如米、面、豆制品加工中使用"吊白块"（甲醛次硫酸氢钠），甲醛处理水产品等。

7. 食品包装材料、容器与设备带来的危害

指各种食品容器、包装材料和食品用工具、设备直接或间接与食品接触过程中，材料里有害物质的溶出对食品造成的污染。

8. 其他化学性危害

指由原料带来的或在加工过程中形成的一些其他有害物质产生的危害。例如，由于原料受环境污染及加工方法不当带来的多环芳烃类化合物，由环境污染、生物链进入食品原料中的二噁英等，高温油炸或烘烤食品产生的苯并芘等，以及食品吸附外来放射性物质造成的食品放射性污染。

三、物理性危害

物理性危害包括各种可以称为外来物质的、在食品消费过程中可能使人致病或致伤的、任何非正常的杂质。

多是由原材料、包装材料以及在加工过程中由于设备、操作人员等原因带来的一些外来物质，如玻璃、金属、石块、塑料、纽扣、毛发、皮屑、放射性物质等。

总之，生物性污染和化学性污染是当前乃至今后相当长一段时间食品加工中要面临的主要安全问题。

第三节　国内外食品安全概况

一、国际食品质量概况

自 20 世纪 90 年代以来，国际上食品安全恶性事件时有发生，如英国的疯牛病、比利时的二噁英事件等。随着全球经济的一体化，食品安全已变得没有国界，世界上某一地区的食品安全问题很可能会波及全球，乃至引发双边或多边的国际食品贸易争端。因此，近年来世界各国都加强了食品安全工作，包括机构设置、强化或调整政策法规、监督管理和科技投入。各国政府纷纷采取措施，建立和完善食品管理体系和有关法律、法规。美国、欧洲等发达国家不仅对食品原料、加工品有较为完善的标准与检测体系，而且对食品的生产环境，以及食品生产对环境的影响都有相应的标准、检测体系及有关法规、法律。

二、国内食品质量概况

随着中国政府对食品安全工作的高度重视，近年来中国在提高食物供给总量、增加食品多样性以及改进国民营养状况方面取得了巨大成就，食品安全水平不断提高，主要有以下几个方面：

1. 加工食品质量水平稳步提高

（1）食品总体合格率稳步提升。

（2）中国各省、自治区、直辖市食品质量呈共同提高格局。

（3）重点行业的食品质量达到较高水平。

2. 农产品质量合格率持续上升

根据近年的检测结果，农产品质量合格率持续上升。

3. 进出口食品质量保持高水平

近年来，没有发生过因进口食品质量安全引起的严重质量安全事故，中国进口食品的质量总体平稳。

4. 食品安全检测监测体系基本框架已经形成

中国食品安全检测监测机构分布在农业部、卫计委、国家市场监督管理总局等多个行政部门。目前，各部门已经建立并正在逐步完善国家食品安全监测系统。

5. 食品标准化工作取得了积极进展

近年来，食品标准化工作取得了长足进展，特别是《标准化法》《食品安全法》及其配套的规章的发布和实施，将中国标准化工作纳入了法制化轨道，有力地促进了食品标准化工作的开展。

6. 食品安全应急机制方面取得了进展

国务院针对新形势下处置突发公共卫生事件的需要，颁布了《突发公共卫生事件应急条例》。该条例不仅适用于重大传染疾病疫情，而且适用于突然发生的造成或可能造成社会公众健康严重损害的群体性不明原因疾病，重大食物中毒和职业中毒事件以及其他严重影响公众健康的事件。此外，关于中国重大灾情、疫情及其他突发公共卫生事件的报告将逐步改变传统的逐级上报方式，而通过网络平台，使国家各级卫生行政部门与疾病控制机构均可于同一时间及时获得情报，进而协同处理。

7. 食品安全法规体系不断完善

目前，中国形成了以《食品安全法》《产品质量法》《农业法》《标准化法》《进出口商品检验法》等法律为基础，以《食品生产加工企业质量安全监督管理办法》《食品标签标注规定》《食品添加剂管理规定》以及涉及食品安全要求的大量技术标准等法规为主体，以各省及地方政府关于食品安全的规章为补充的食品安全法规体系。

三、国际上食品安全事件

1. 国际上出现的重大食品安全问题

20世纪90年代以来，欧洲一些国家的食品安全问题一波未平，一波又起。先是英国暴发疯牛病和口蹄疫，迅速席卷欧洲，并传入拉美、海湾地区和亚洲；后有比利时二噁英污染畜禽产品。21世纪之初，英国、泰国、越南等国又暴发口蹄疫、禽流感等。由于食物污染，"日本人不敢吃生鱼，比利时不敢吃鸡、鸭、鹅，英国人不敢吃牛肉"。每年发展中国家因食品安全问题有300万人死亡，发达国家有30%的人口受到食源性疾病的困扰。

(1) 疯牛病 疯牛病全称为"牛海绵状脑病"，是一种进行性中枢神经系统病变，俗称疯牛病。疯牛病在人类中的表现为新型克雅氏症，患者脑部会出现海绵状空洞，导致记忆丧失，身体功能失调，最终神经错乱甚至死亡。

疯牛病被认为是通过给牛喂养动物骨肉粉传播的，这种喂养方式已经普遍采用数十年。

(2) O157事件 1996年6月日本多所小学发生集体食物中毒事件，元凶为一种叫"O157"的大肠杆菌，日本全国至当年8月患者已达9000多人。

(3) 二噁英事件 1999年，比利时、荷兰、法国、德国相继发生因二噁英污染导致畜禽类产品含高浓度二噁英的事件。二噁英（dioxins，DXN）是一类多氯代三环芳烃类化合物的统称，有210种异构体，它是一种无色无味的脂溶性化合物，其毒性是氰化钾的1000倍以上，俗称"毒中之王"。据报道，只要1盎司（28.35g）二噁英，就能将100万人置于死地。其化学结构稳定，亲脂性高，又不能生物降解，且具有很强的滞留性；无论在土壤、水还是空气中，它都强烈地吸附在颗粒上，使得环境中的二噁英通过食物链的逐级浓缩聚集在人体组织中，而最终危害人类。

二噁英事件使当年比利时蒙受了巨大的经济损失，直接损失达3.55亿欧元，如果加上与此关联的食品工业，损失超过10亿欧元。

2. 食品安全问题造成的巨大经济损失和社会影响

食品安全造成的经济损失十分严重。美国每年约有7200万人（占人口的30%左右）发生食源性疾病，造成3500亿美元的损失。英国自1987年至1999年约17万头牛患有疯牛病。英国的养牛业、饲料业、屠宰业、牛肉加工业、奶制品工业、肉类零售业无不受到严重打击。仅禁止出口一项，英国每年就损失52亿美元，再加上为杜绝疯牛病而采取的宰杀行动，损失高达300亿美元。比利时发生的二噁英污染事件不仅造成了比利时的动物性食品被禁止上市并大量销毁，而且导致世界各国禁止其动物性产品的进口。食品安全事件的发生不仅影响到消费者对政府的信任，乃至威胁社会稳定和国家安全。如比利时的二噁英污染事件使执政长达40年之久的社会党政府内阁垮台。2001年德国的疯牛病暴发，导致卫生部部长和农业部部长被迫引咎辞职。

四、中国食品安全事件

尽管与过去相比，中国食品安全状况有了显著改善，但是随着全球经济一体化、贸易自由化和旅游业的发展，中国食品安全形势同其他国家一样，面临许多新的挑战。中国发生了一些食品安全事件，举例如下。

1. 上海甲肝事件

1987年12月至1988年2月，上海暴发甲型肝炎，30万市民染上甲肝，这是由于甲肝病毒污染了水体及其水生毛蚶引起的。

2. "瘦肉精"事件

"瘦肉精"学名盐酸克仑特罗，俗称β-兴奋剂，将一定剂量的盐酸克仑特罗添加到饲料中，可以使猪等畜禽的生长速度、饲料转化率、胴体瘦肉率提高10%以上。长期食用含有"瘦肉精"的猪肉和内脏会引起人体心血管系统和神经系统的疾病。

2001年11月7日，广东省河源市发生了罕见的群体食物中毒事件，几百人食用猪肉后出现不同程度的四肢发凉、呕吐腹泻、心率加快等症状，到医院救治的中毒患者多达484人。导致这次食物中毒的祸首是国家禁止在饲料中添加使用的盐酸克仑特罗。

3. 龙口粉丝事件

2004年5月，中央电视台《每周质量报告》的一期 "龙口粉丝掺假有术"节目，揭露一部分正规粉丝生产商在生产中加入有致癌成分的碳酸氢铵化肥、氨水用于增白。

4. 孔雀石绿的有毒桂花鱼事件

孔雀石绿是有毒的三苯甲烷类化合物，既是染料，也是杀虫剂。它可用来治理鱼类或鱼卵的寄生虫、真菌或细菌感染，现已禁用。2006年11月，中国香港地区"食品环境署食物安全中心"对15个桂花鱼样本进行化验，结果发现其中的11个样本含有孔雀石绿。虽然有问题的样本孔雀石绿含量并不多，多数属"低"或"相当低"水平，但香港"食品环境署"仍呼吁市民暂时停食桂花鱼。

5. "苏丹红"事件

苏丹红是一种人工色素，常作为一种工业染料，在体内代谢生成相应的胺类物质，苏丹红的致癌性与胺类物质有关。2006年11月，由河北某禽蛋工厂生产的一些"红心咸鸭蛋"在北京被查出含有苏丹红，随后其他地区陆续查出含有苏丹红的"红心咸鸭蛋"和辣椒粉。

6. 三鹿奶粉事件

2008年9月，石家庄三鹿集团股份有限公司生产的三鹿牌婴幼儿配方奶粉中被查出含有化工原料三聚氰胺，导致各地多名食用受污染奶粉的婴儿患上肾结石。三鹿问题奶粉造成了全国几万婴幼儿直接伤害，包括因食用该问题奶粉而丧命的几名婴幼儿。但三鹿公司之前对产品质量问题的实情进行隐瞒，事件曝光后震惊全国。

7. 染色馒头事件

2011年4月12日，中央电视台"消费主张"栏目对上海华联等超市涉嫌销售"染色馒头"的事件进行了报道，称上海盛绿食品有限公司，涉嫌将旧馒头贴上最新日期、过期馒头回炉加工为"新馒头"、加入了发酵面制品禁用的染色剂柠檬黄、甜蜜素含量超标等。

8. 塑化剂污染食品事件

2011年5月，中国台湾地区先后在食品中检出6种邻苯二甲酸酯类塑化剂成分，截至当年7月29日，台湾累计有317家企业的1061种产品受到塑化剂的污染。

塑化剂可导致肾功能下降，抑制中枢神经系统，产生肝脏毒性、肺毒性、心脏毒性，还对生殖系统有毒性。

五、中国食品安全面临的主要问题

"民以食为天"，人类生存离不开食物，因此食物中安全问题为千千万万人所关心。食品是人类赖以生存、繁衍、维持健康的基本条件。人的一生之中，自出生到死亡，天天离不开饮食，总的食品消费量相当可观。随着食品需求量的增大，不仅要增强食品的营养保健性，还要提高食品的安全性。近几年，中国食品安全状况有了明显的改善，但所面临的问题不能忽视，主要有以下几个方面。

1. 微生物污染的食源性疾病问题突出

中国每年向卫计委上报的数千件食物中毒中，大部分都是致病微生物引起的。根据世界卫生组织（WHO）估计，发达国家食源性疾病漏报率在90％以上，而发展中国家则在95％以上。

2. 种植业和养殖业的源头污染对食品安全的威胁越来越严重

中国是世界上化肥、农药施用量最大的国家。目前，中国很多江河受到不同程度的污染，中国海域的"赤潮"现象屡有发生。在工业污染物中尤以持久性有机污染物和重金属污染物最为严重，而未经处理的工业废水、城市污水用于农田灌溉的现象时有发生，在这种环境下种植和养殖的农产品的安全性受到了影响。

3. 违法生产经营食品问题严重

中小城市、乡镇及大中城市城乡接合部的一些无证企业和个体工商户及家庭式作坊成为制假售假的集散地，直接危害了人们的身体健康，社会各界反响强烈。

4. 食品工业中使用新原料、新工艺给食品安全带来了许多新问题

现代生物技术（如转基因技术）、益生菌和酶制剂等技术在食品中的应用，食品新资源的开发等，既是国际上关注的食品问题，也是亟待研究和重视的问题。

5. 工业污染导致环境恶化，对食品安全构成严重威胁

如水污染导致食源性疾病的发生，海域的污染直接影响海产品的质量。

6. 食品安全问题影响了中国的国际贸易

近年来，中国食品被进口国拒绝、扣留、退货、索赔和终止合同的事件时有发生。此外，中国畜禽肉因兽药残留出口欧盟时受阻，酱油由于氯丙醇污染问题而影响了向欧盟和其他国家出口。

7. 关键检测技术不够完善

对于一些重要食源性危害的检测，其检测技术不够完善，不能满足食品安全控制的需要。如"瘦肉精"和激素等农兽药残留的分析技术要求达痕量（10^{-9}）水平；而二噁英及其类似物的检测技术属于超痕量（10^{-12}）水平；中国某些产品出口欧洲和日本时，国外要求检测100多种农药残留，显然，要求一次能进行多种农药的多残留分析就成为技术关键。

8. 危害分析技术应用不广

危害分析是世界贸易组织（WTO）和国际食品法典委员会（CAC）强调的用于制定食品安全技术措施的必要技术手段，也是评估食品安全技术措施有效性的重要手段。中国现有的食品安全技术措施与国际水平存在差距的重要原因之一，就是没有广泛地应用危害分析技术，特别是对化学性和生物性危害的评估。

9. 关键控制技术需要进一步研究

在食品中应用"良好农业规范（GAP）""良好兽医规范（GVP）""良好生产规范（GMP）""危害分析与关键控制点（HACCP）"等食品安全控制技术，对保障产品质量安全十分有效。而在实施 GAP 和 GVP 的源头治理方面，中国科学数据还不充分，需要进行研究。中国部分食品企业虽然已应用了 HACCP 技术，但缺少结合中国国情的覆盖各行业的 HACCP 指导原则和评价准则。

10. 食品安全技术标准体系与国际标准接轨程度有待加强

目前，国际有机农业和有机农产品的法规与管理体系主要可以分为 3 个层次，即联合国层次、国际性非政府组织层次和国家层次。联合国层次的有机农业和有机农产品标准是由联合国粮农组织（FAO）与世界卫生组织（WHO）制定的。中国食品安全的标准制定应参照 WHO 和 FAO 以及国际有机农业联盟（IFOAM）标准，这方面中国除有机食品等同采用、绿色食品部分采用外，其他标准还存在一定的差距。

11. 监管部门工作有待进一步提高

目前，安全食品生产与管理之间不协调，中国未将常规食品、无公害食品、绿色食品和有机食品的生产、经营及管理有机结合起来，使得本来具有内在联系的四者基本上独立存在。

12. 食品安全意识不强

受中国经济发展水平不平衡的制约，一些食品生产企业的食品安全意识不强，食品生产过程中食品添加剂超标使用，污染物、重金属超标现象时有发生。此外，还有少数不法生产经营者为牟取暴利，不顾消费者的安危，在食品生产经营中掺假现象屡有发生。

六、食品安全检测常用的仪器与设备

若要食品安全，离不开检测技术。检测技术能快速准确地检测出食品中的有害物质，食品安全检测常用的仪器与设备如下。

1. 快速检测试剂盒

一般有农兽药残留速测试剂盒、微生物速测试剂盒、生物毒素速测试剂盒、掺杂速测试剂盒、有毒有害物质速测试剂盒等。

2. 快速检测箱

通常有快速检测采样箱、掺杂检测箱、农药残留快速检测箱、急性食物中毒快速检测箱等。

3. 快速检测仪

主要包括农药残留快速检测仪、多功能食品快速检测仪、微生物快速检测仪等。

4. 快速检测辅助设备

包括食品中心温度计、电导率仪、微型电吹风、微型天平、微型离心机等。

第四节　食品安全展望

目前，肠出血性大肠杆菌感染、甲型肝炎等在发达国家和发展中国家暴发流行，并且危害严重。随着全球性食品贸易的快速增长、战争和灾荒等导致的人口流动、饮食习惯的改变、食品加工方式的变化，新的食源性疾病会不断出现，食品安全的形势会变得更加严峻。因此，无论从提高中国人民的生活质量出发，还是从融入经济全球化潮流考虑，都要求中国尽快建立起食品安全体系，以保证食品安全。

1. 加强食品安全诚信体系建设

大力实施扶优扶强措施，采取政策、行政、经济手段，对重信誉、讲诚信的企业给予激励，努力营造食品安全的诚信环境，完善食品安全诚信运行机制，加强企业食品安全诚信档案建设，推行食品安全诚信分类监管。

2. 健全食品安全应急反应机制

突发性食品安全事件具有突发性、普遍性和非常规性的特点，影响的区域非常广泛，涉及的人员也很多。如果没有高效应急机制，事件一旦发生，规律难以掌握，局势难以控制，损失难以估量。目前，建立处理食品安全突发性事件的应急机制已经成为国际惯例。中国应从完善机构体系、健全信息收集、建立预设方案等几个方面建立健全食品安全应急反应机制。

3. 建立统一协调的法律法规体系

根据中国食品安全法律目前存在的问题以及与国际上的差距，应该以现有国际食品安全法典为依据，建立中国的食品安全法规体系的基本框架，完善已有法律法规体系，赋予执法部门更充分的权利，加强立法和执法监督等。

4. 提高食品安全科技水平

基于中国经济的发展水平以及现有科技基础，应优先研究关键技术和食源性危害危险性评估技术；采用可靠、快速、便携、精确的食品安全检测技术；积极推行食品安全过程控制技术等。

5. 自我完善，积极认证

为了提高食品安全水平，在食品原料生产、加工、运输、销售中大力推广 ISO 9001、ISO 9002、ISO 14000、HACCP 体系和 GMP、无公害食品、绿色食品、有机食品等体系认证。同时，积极推进认证机构社会化改革，加强对认证机构的监督管理，规范认证行为。

6. 积极开展新技术、新工艺、新材料加工食品的安全性评价技术研究

7. 建立健全食品召回制度

食品生产者如果确认其生产的食品存在安全危害，应当立即停止生产和销售，主动实施召回；对于故意隐瞒食品安全危害、不履行召回义务或由于生产者过错造成食品安全危害扩大或再度发生的，将责令生产者召回产品。

目前，中国政府高度重视食品安全，食品安全法规不断完善。随着中国科学技术的发展和人民生活水平的提高，越来越多的人将具有"食品安全"意识，食品安全状况将不断改善。

思考题

1. 简述安全食品、常规食品、无公害食品、绿色食品、有机食品。
2. 无公害食品、绿色食品、有机食品有何区别？
3. 如何对食品加工中的危害因素进行分析？
4. 试述国内外发生的食品安全事件。
5. 试述国际上食品安全恶性事件所造成巨大的经济损失和社会影响。
6. 我国食品安全面临的主要问题有哪些？
7. 如何提高我国食品安全的总体水平？

参考文献

［1］ 钟耀广. 食品安全学. 第2版. 北京：化学工业出版社，2010.
［2］ 黄昆仑，许文涛. 食品安全案例解析. 北京：科学出版社，2013.
［3］ 赵学刚. 食品安全监管研究——国际比较与国内路径选择. 北京：人民出版社，2014.
［4］ 戴华，彭涛. 国内外重大食品安全事件应急处置与案例分析. 北京：中国质检出版社，中国标准出版社，2015.
［5］ 李明华. 食品安全概论. 北京：化学工业出版社，2015.
［6］ 王朔，王俊平. 食品安全学. 北京：科学出版社，2016.
［7］ 纵伟. 食品安全学. 北京：化学工业出版社，2016.
［8］ 张双灵，等. 食品安全学. 北京：化学工业出版社，2017.
［9］ 胡颖廉. 食品安全治理的中国策. 北京：经济科学出版社，2017.
［10］ 陈雨生. 我国食品安全认证与追溯耦合监管机制研究. 北京：经济科学出版社，2017.
［11］ 黄昆仑，车会莲. 现代食品安全学. 北京：科学出版社，2018.
［12］ 董华强. 我国食品安全问题特殊性及其原因和对策——基于社会食品安全学视角. 北京：经济科学出版社，2018.
［13］ 杨继涛，季伟. 食品分析及安全检测关键技术研究. 北京：中国原子能出版社，2019.
［14］ 刘宁，刘涛. 食品安全监测技术与管理. 北京：中国商务出版社，2019.
［15］ 罗云波. 开启食品安全治理的新征程. 市场监督管理，2019，12：1.

第二章

环境污染对食品安全的影响

主要内容

1. 环境的概念及环境污染的类型。
2. 农业污染的概念及其种类。
3. 大气污染的来源及其对食品安全的影响。
4. 水体污染的来源及其对食品安全的影响。
5. 土壤污染的来源及其对食品安全的影响。
6. 大气、水体、土壤的环境监测方法。

第一节 概　述

一、环境与环境问题

1. 环境的概念

环境是人类进行生产和生活活动的场所以及人类生存与发展的物质基础，它包括自然环境和生活环境。自然环境包括大气圈、水圈、土地岩石圈和生物圈；生活环境包括人类为从事生活活动而建立起的居住环境、公共场所等。自然环境和生活环境不仅是人类生存的必要条件，而且其组成和质量的好坏与人体健康的关系极为密切。

人类与其生存环境之间的关系总是对立统一的矛盾关系，一方面人类从环境中得到了生活资料、食物和空间等。机体从空气、水、食物等环境中摄取生命必需的物质后，通过一系列复杂的同化过程合成细胞和组织的各种成分，并释放出热量，保证生命活动的需要。同时机体通过异化过程进行分解代谢，产生的分解产物经各种途径排泄到外部环境，如空气、水和土壤中，被生态系统的其他生物作为营养成分吸收利用，并通过食物链作用逐级传递给更高级的生物，形成了生态系统中的物质循环、能量流动和信息传递。另一方面人类对环境的过度摄取会造成各种环境问题。同时，被破坏的环境反过来又会惩罚人类，对人类的生存造成不利影响。

2. 环境污染类型

环境污染是环境中进入了超出环境自净能力的某种物质即污染物，使这一环境降低甚至丧失其使用价值的现象。这种环境污染可能是某种污染物质进入环境的量远远超出了环境所能缓冲、接受的容量而积累造成的，也可能是在某一时段内，这种污染物质进入环境的速率远远大于环境对这一污染物分解转化的自净速率而迅速积累所致。

环境中能够对食品安全造成影响的污染物是多种多样的，它们主要来源于工业、采矿、能源、交通、城市排污及农业生产，并通过大气、水体、土壤及食物链危及人类饮食安全。

(1) 物理性污染 物理性污染是指由物理性污染物引起的环境污染现象，包括光污染、冷污染、噪声污染、电磁波污染、放射性污染、沙尘污染、烟雾污染、颗粒状悬浮物污染、有毒或不愉快气体污染等。

(2) 化学性污染 随着石油化学、有机合成等工业的飞速发展和科学技术的进步，许多新化学物质的合成和使用已进入人们的生活。

在生产过程中产生的化学物，可通过被污染的空气和饮用水进入机体。如各种燃烧产物，有的存在于废水、废气和废渣中，通过多种途径在环境中迁移运动。此外，人们还可以通过吸烟、饮酒、服药和饮食等途径摄入，通过使用化妆品、洗涤用品和服饰等与皮肤直接接触而进入机体。因此，环境中的化学物可通过许多途径和方式进入人体，对人体健康造成影响。

环境污染物还可形成二次污染，即污染物与其他物质发生物理和化学反应，例如汽车废气中的氮氧化物（NO_x）和碳氧化物（CO_x）在强烈日光紫外线照射下所形成的光化学烟雾，其成分包括臭氧、过氧化酰基硝酸酯和醛类等多种复杂化合物。

(3) 生物性污染 生物性污染是指生物包括微生物、动物、植物和人类本身及生命活动过程中产生的污染物造成的污染。

生物性污染物包括以下内容。

① 病原性微生物污染物，如各种致病菌、病毒等；

② 寄生虫污染物，如血吸虫、蛔虫等；

③ 过度生长的动物种群，如成灾难性的老鼠、蝗虫等；

④ 过度生长的植物种群，如灾难性疯长的"植物杀手"，某些攀缘植物等；

⑤ 人类本身，如某些人群本身产生的令人不愉快的体味，人类排出的废弃物引起的污染；

⑥ 各类生物在生命活动过程中产生的对人类和其他生物具有毒害的代谢产物。

二、农业污染与食品安全

农业污染是指农业生物赖以生存繁育、为人类提供农产品的客观条件，包括土地、水体、大气、光和热以及这些自然因素的综合体带来的污染。农业污染既可以指外界污染物对农业环境的污染，又可以指农业生产所产生的废弃物、污染物对农产品、农业环境或其他环境造成的污染。以农业为中心，一般把前者称为农业环境外源污染，后者称为农业内源污染。

在环境对食品安全的影响方面，食用农产品安全问题的关键是农业环境质量的优化与控制。环境对食品的污染是源头性的，也是造成我国食品污染的直接原因，我国农业生态环境的不断恶化，给农产品安全带来极大威胁。

环境污染食品突发事件是指环境中本底危害物污染食品造成的食品安全事件，如近些年的"镉大米"事件和震惊世界的日本"水俣病"事件都是由于环境因素导致的食品污染事件。此类事件具有持续时间长、影响范围广的特点，无法采取一劳永逸的处置措施，只能通过加强管控，尽量控制危害的蔓延及危害的程度，尽最大能力从环境污染的源头解决问题。

1. 农业环境外源污染

（1）大气污染 人类活动是造成大气污染的主要原因，污染源包括工业企业的排放、家庭炉灶及采暖设备的排放和交通运输车辆的排放等。当大气污染物达到一定浓度时，不仅直接或间接地危害人体健康，而且也危及农业生产，造成农作物生产的损失。有时这种危害又不表现为直接的形式，而是污染物在植物体内积累，动物摄入了这样的植物、饲料后，发生病害或使污染物进入食物链并得以富集，最终危害人类。从全世界范围来看，对农业生产危害大的污染物是二氧化硫、氟化物、臭氧、过氧乙酰基硝酸酯（PAN）、氮氧化物和乙烯等。

大气中的污染物对食品安全影响极大，如 SO_2 不仅能够直接影响农作物的生长，也能形成酸雨，使淡水湖泊、河流酸化，影响鱼类等水生生物的生长，带来食品安全问题。二噁英也是大气中的重要污染物，食用被二噁英污染的食物会给人类健康造成严重危害。

（2）水污染 水污染的类型很多，有些污染物（如氮、磷）在水中含有一定浓度，对农作物生长有利，但如含量过高，也会造成危害。耗氧有机物排入水体后即发生生物化学分解作用，在分解过程中消耗水中的溶解氧。绝大部分的鱼类只能用鳃呼吸溶解于水中的氧来维持其生命活动，一旦水体中的溶解氧下降，各类鱼就会发生不同程度的反应。当溶解氧降低到 $1mg/L$ 时，大部分鱼类就要窒息死亡。当水中溶解氧消失时，水中厌氧细菌就繁殖，有些有机物可能被分解释放出甲烷、硫化氢等有毒气体。有些污染物（如人工合成的化学物质、某些重金属等）是植物生长的非必需成分，超过某种含量就会危害农作物的生长发育。土壤对污染物有一定的净化和缓冲能力，但污染物超过一定限度就会使土壤环境恶化，如长期使用污水灌溉，可能导致土壤酸化或碱化，重金属在土壤中积累，有机化合物对土壤毒化，有害微生物污染土壤成为病原的传播地等，从而危害农作物生长、发育，造成减产，有害物质在农产品中累积，造成质量降低，以致危及人类及畜禽的健康等。

（3）固体废弃物污染 固体废弃物包括工业固体废弃物、生活垃圾、粪便和污泥等，全世界每年产生各种固体废弃物约 100 亿吨。随着工业和城市的发展，固体废弃物产生量逐年增加，不但侵占了大量耕地，而且对环境也造成了污染。城市垃圾用做堆肥，通过农业资源化利用城市垃圾，解决了垃圾的出路，减轻了处理垃圾的压力和工作量，对改良土壤理化性状、提高土壤肥力有一定的促进作用。但垃圾成分复杂，处理困难，在不同程度上又污染了农业环境，对个别地区甚至造成了较严重的污染。

2. 农业内源污染

（1）农药污染 农药除了在生产过程中因"三废"的排放而污染环境外，还可在运输、贮藏、分装、零售等过程中发生污染。当然主要是在农田喷施农药时污染，如农田喷粉剂时，仅有 10% 的农药附在植物体上，喷施液剂时，仅有 20% 的农药附在植物体上，其余部分有 40%～60% 降落到地面，有 5%～30% 飘浮于空中。落于地面上的农药又会随降雨形成的地表径流而流入水域或下渗进入土壤。这样，农药就扩展到大气、水体及土壤中而造成污染。

农药施入农田后，在环境各介质中迁移转化，其中土壤是农药的贮藏库和集散地，大气和水是传递、扩散农药污染范围的媒介；喷施农药的作物是直接受污染者，动物是间接受污染者。动物的富集能力越强，受污染程度越严重。环境中的农药通过各种渠道进入人体，其中通过食物进入人体的农药量占农药总摄入量的 84.5%，其余是通过呼吸和饮水进入人体的。

(2) 化肥污染　氮肥中的铵离子在土壤中硝化细菌作用下释放氢离子，导致土壤酸化，而且铵离子可置换土壤胶体上的钙离子，破坏土壤结构。土壤和作物体中积累大量的硝酸盐，这些硝酸盐进入食物链和人体后，在细菌作用下，变成亚硝酸，亚硝酸同血色素结合，使血液丧失运输氧气的功能，严重时造成窒息甚至死亡。亚硝酸还可进一步形成亚硝胺，这是一种致癌、致畸、致突变物质。亚硝酸在反硝化过程中形成的氧化亚氮是一种破坏臭氧层的气体，未被作物吸收的氮素随地表径流和灌溉水进入水体，成为水体富营养化的主要污染源之一。

磷元素易被土壤固定，因此其污染不显著。另外，超量施用磷肥会造成少量磷肥流失进入水体，而磷元素往往是大多数水体富营养化的限制性元素。

(3) 畜禽粪尿污染　传统农业中，畜禽都是分散饲养，畜禽粪尿可以及时归还农田。随着养殖业的发展，集约化经营的规模畜禽养殖场迅速发展，并逐渐脱离农业区和牧区，而集中在城镇郊区，造成了种植业和养殖业的分离，养殖场产生的畜禽粪尿，未经处理而长期堆放，会随着降水进入地表水体，使水体中生化需氧量（BOD）和化学需氧量（COD）等污染物的含量急剧上升，造成水体的有机污染，失去水体应有的基本功能。畜禽粪尿的恶臭气味，污染了周围的大气环境，也影响畜禽生长。同时长期储粪的化粪池，粪便的污染物也会下渗到地下水中，造成对地下水的污染，直接影响人群的饮用水卫生。另外，畜禽场附近还是蚊蝇孳生的地方，粪便不但本身含有大量的病原微生物，而且这些病原微生物还会通过蚊蝇传播到更广的范围。未经处理的畜禽粪便直接施入农田，这些畜禽粪便含有病菌或药物残留及抗生素等，造成对农产品污染。

第二节　大气污染

一、大气污染的来源

根据国际标准化组织的定义，大气污染通常指人类活动和自然过程引起某些物质进入大气中，呈现出足够的浓度，达到了足够的时间，并因此而危害了人体的舒适、健康和福利或危害了环境。这里所说的舒适和健康是包括了从人体正常的生活环境和生理机能的影响到引起慢性疾病、急性病以致死亡这样一个范围；而所谓福利则认为是指与人类协调共存的生物、自然环境、财产以及器物等。

大气污染的范围可包括四类：局限于人范围的大气污染，如受到某些烟囱排气的直接影响；涉及一个地区的大气污染，如工业区及其附近地区或整个城市大气受到污染；涉及比一个城市更广泛的广域污染；必须从世界范围考虑的全球性污染，如大气中的飘尘和二氧化碳气体的不断增加，造成了全球性污染。

1. 大气污染源

大气污染源是指向大气环境排放有害物质或对大气环境造成有害影响的设备、装置、场所。按污染物的来源可分为天然污染源和人为污染源。

(1) 天然污染源 自然界中某些自然现象向环境排放有害物质或造成有害影响的场所，是大气污染物的一个很重要的来源。尽管与人为污染源相比，由自然现象产生的大气污染物种类少，浓度低，仅在局部地区某一时段可能形成严重影响，但从全球角度看，天然污染源还是很重要的，尤其在清洁地区。

有些情况下天然污染源比人为污染源更重要，有人曾对全球的硫氧化物和氮氧化物的排放做了估计，认为全球氮氧化物排放中的93%、硫氧化物排放中的60%来自天然污染源。

(2) 人为污染源 主要包括以下几种。

① 工业污染源。燃料的燃烧是一个重要的大气污染源。如火力发电厂、工业和民用炉窑的燃料燃烧等，主要污染物为一氧化碳、二氧化硫、氮氧化物等。其他如钢铁冶金、有色金属冶炼以及石油、化工、造船等工矿企业生产过程中产生的污染物，主要有粉尘、碳氢化合物、含硫化合物、含氮化合物以及卤素化合物等，约占总污染物的20%。

② 生活污染源。生活污染源是指家庭炉灶、取暖设备等所使用的石化燃料。以燃煤为生活燃料的城市，由于居民密集，燃煤质量差、数量多、燃烧不完全、没有任何处理措施，排放烟囱低，在一定时期排放大量烟尘和一些有害气体，特别在冬季采暖期更加严重，危害有时超过工业污染。另外，城市垃圾的堆放和焚烧也向大气排放污染物。工业生产过程中产生的污染物特点是数量大、成分复杂、毒性强。

③ 交通污染源。交通运输过程中产生的污染主要有汽油（柴油）等燃料产生的尾气、油料泄漏扬尘和噪声等。汽车尾气中含有 CO、CO_2、NO_x、飘尘、烷烃、烯烃和四乙基铅等。由于交通运输污染源是流动的，有时也称为流动污染源。

④ 农业污染源。农业污染源指农业机械运行时排放的尾气，以及农药、化肥、地膜等，这些污染对农村生态环境的破坏十分严重。

2. 大气中有害物质的存在状态

(1) 气体或蒸气 一些有害物质如氯气、一氧化碳等，在常温下是气体，逸散到大气中也呈气体状态。又如苯，在常温下是液体；酚在常温下是固体，因其挥发性较大或熔点较低，在空气中是以蒸气状态存在的。气体和蒸气是以分子状态分散于空气中，其扩散情况与其相对密度有关。相对密度小者（如矿井中甲烷气）向上飘浮，相对密度大者（如汞蒸气）就向下沉降。由于温度及气流的影响，随气流方向以相等速度扩散。

(2) 气溶胶

① 雾。液态分散性气溶胶和凝集性气溶胶统称为雾。在常温下是液体的物质，因加热逸散到大气中的蒸气，遇冷后以尘埃为核心凝集成液体小滴，为凝集性气溶胶，如过饱和水蒸气形成雾滴。

浓缩氢氧化钠母液时因沸腾溅出的碱雾，金属处理车间产生的酸雾，以及喷洒农药时的雾滴均为分散性气溶胶。

② 烟。它是固态凝集性气溶胶，同时含有固体和液体两种粒子的凝集性气溶胶也称为烟。常温下是固体物质，因加热产生的蒸气逸散到空气中，遇冷以空气中原有分散性气溶胶为核心而凝集成烟，形成由液态向晶体过渡的一系列形态，如"敌百虫"的熔点为80℃，生产时逸入空气的蒸气形成由液体粒子向固体粒子过渡的烟。

③ 尘。它是固态分散气溶胶，是固体物质被粉碎时所产生的悬浮于空气中的固体颗粒，如碾碎石英石时可产生二氧化硅粉尘。

二、大气污染对食品安全的影响

1. 氟化物

氟能够通过作物叶片上的气孔进入植株体内，使叶尖和叶缘坏死，嫩叶、幼芽受害尤其严重。氟化氢对花粉粒发芽和花粉管伸长有抑制作用。氟具有在植物体内富集的特点，在受氟污染的环境中生产出来的茶叶、蔬菜和粮食一般含氟量较高。

受氟污染的农作物不仅会使污染区域的粮菜的食用安全性受到影响，氟化物还会通过禽畜食用牧草后进入食物链，对人的食品造成污染。研究表明，饲料含氟量超过 30～40mg/kg，牛吃了后会得氟中毒症。氟被吸收后，95％以上沉积在骨骼里。氟在人体内积累引起的最典型的疾病为氟斑牙（齿斑）和氟骨症（骨增大、骨质疏松、关节肿痛等）。

2. 沥青烟雾

沥青烟雾中含有 3,4-苯并芘等致癌物质。受沥青烟雾污染过的作物，一般不能直接食用，同时也不应在沥青制品如油毡上铺晒食品，以防止食品受到污染。

3. 酸雨

酸雨使淡水湖泊和河流酸化，土壤和底泥中的有毒物质（如铝、镉、镍）溶解到水中，毒害鱼类，如铝可使鱼鳃堵塞而窒息死亡，还可抑制生殖腺的正常发育，降低产卵率，杀死鱼苗。

酸雨下降到地面，可改变土壤的化学成分，发生淋溶，使土壤贫瘠。土壤 pH 降低可使锰、铜、铅、汞、镉、锌等元素转化为可溶性化合物，使土壤溶液中重金属浓度增高，通过淋溶转入江、河、湖、海和地下水，引起水体重金属元素浓度增高，通过食物链在水生生物以及粮食、蔬菜中积累，给食品安全性带来影响。

三、大气的环境监测

1. 采样位置的选择

采样位置的选择应遵循下列规则。

① 在室外采样时，必须在周围没有树木、高大建筑物和其他掩蔽物的平坦地带，距离地面 50～180cm 高度采集没有沉降作用的大气样品。

② 在室内采样时，应在生产及工作人员的休息场所，离地面 150cm 高度采集人的呼吸带样品。

③ 采集降尘样品时，一般应在离地面 500cm 以上的高度或在四周开阔的建筑物顶上采样，不要靠近污染源、建筑工地和附近的大烟囱，避免风沙和地面灰尘等影响。

④ 采集烟气样品时，应采集气流比较稳定、烟尘浓度比较均匀的样品。采集位置应选择在有电源、操作比较方便和气流稳定的垂直管段中，而不应该在弯曲、接头、阀门和鼓风机前后采样。

2. 采样方法

（1）直接采样法　直接采样法一般用于空气中被测物质浓度较高，或者所用的分析方法灵敏度高，直接进样就能满足环境监测的要求。如用氢焰离子化检测器测定空气中的苯系物，用这类方法测得的结果是瞬时或短时间内的平均浓度，它可以比较快地得到分析结果。直接采样法常用的采样容器有注射器、塑料袋和一些固定容器。这种方法具有经济和轻便的特点。

① 注射器采样法。将空气中被测物质采集在 100mL 注射器中。采样时，先用现场空气抽洗 2～3 次后再抽样至 100mL，密封进样口，带回实验室进行分析。采样后的样品存放时间不宜太长，最好当天分析完毕。此种方法一般多用于有机蒸气的采样。

② 塑料袋采样法。环境监测中常用一种与所采集的污染物既不起化学反应，也不吸附、渗漏的塑料袋采集大气样品。这种塑料袋一般由聚乙烯或聚四氟乙烯制成，长 170mm，宽 110mm，充气容积 500mL。使用前要做气密性检查，充足气，密封进气口，将其置于水中，以不冒气泡为准。采样时，先用现场空气冲洗袋子二三次。采样后夹封好袋口，带回实验室分析。

③ 真空采样法。先用真空泵将具有活塞的真空采气瓶或采气管抽成真空，使瓶（或管）中绝对压力为 667～1334Pa，再关闭活塞。在采样现场慢慢打开活塞，让被采集的样品充满瓶内，关好活塞，带回实验室。

（2）浓缩采样法

① 溶液吸收法。溶液吸收法是用吸收液采集空气中气态、蒸气态物质以及某些气溶胶的方法。当空气样品通过吸收液时，气泡与吸收液界面上的被测物质的分子由于溶解作用或化学反应，很快地进入吸收液中。同时气泡中间的气体分子因存在浓度梯度和运动速度极快，能迅速地扩散到气-液界面上。因此，整个气池中被测物质分子很快地被溶液吸收。各种气体吸收管就是利用这个原理设计的。

② 固体吸收剂阻留法。在一定长度和大小的玻璃管或聚丙烯塑料管内，装入适量的固体吸收剂，当大气样品以一定流速通过管内时，大气中的被测组分因吸收、溶解和化学反应等作用而被阻留在固体吸收剂上，达到浓缩污染物的目的。采样后再通过解吸或洗脱被吸附的组分，以供分析测定。

第三节　水体污染

一、水体污染的来源

1. 水体污染源

水体受到人类或自然因素或因子的影响，使水的感官性状、物理化学性能、化学成分、生物组成等发生了恶化，污染指标超过地面水环境质量标准，称为水体污染。

（1）工业废水　工业废水包括矿山废水，是工业生产过程或矿山开采、矿石洗选等过程产生的废水。由于工业性质、原料、工艺和管理水平的差异，工业废水的成分和性质也各不相同。即使同一工厂，不同车间、不同工段和岗位所排废水性质也可能完全不同。但总的来说，排放量大、成分复杂、有毒物质含量高、污染严重并难以处理是其主要特征。

（2）生活污水　生活污水是人们日常生活中产生的污水，包括厕所排水、厨房洗涤排水以及沐浴、洗衣排水等。其来源除一般家庭生活污水外，还包括集体单位和公用事业单位排出的污水。污水含糖类、淀粉、纤维素、油脂、蛋白质以及尿素等，其中含氮、磷、硫等植物营养元素较高，还有大量细菌、病毒和寄生虫卵。此外，还伴有各种合成洗涤剂，它们对人体有一定危害。主要特征是性质比较稳定、浑浊、深色，具恶臭，呈微碱性。城市污水则是排入城市污水管网的各种污水的总和，除生活污水外，还包括部分工业废水、医院污水、地面水、雪水等。

（3）农业废水 农业废水主要指农作物栽培、牲畜饲养、食品加工等过程排出的废水。农业生产中使用的化肥、农药等，只有极少部分发挥了作用，多数残留在土壤或飘浮在大气中，通过降雨、沉降和径流的冲刷进入地表水或地下水。主要污染物质除农药外，含大量的植物营养元素是其主要特征，是造成地表水富营养化的重要原因。

2. 水体主要污染物

（1）物理性污染

① 悬浮物污染。废水中的细小固体或胶体物质使水体浑浊，透光性下降，降低了藻类的光合作用，限制了水生生物的正常活动。

② 热污染。这是由工矿企业如火力发电厂、食品酿造厂等排放的高温冷却水或温泉溢流所造成的。热污染水体不仅改变水生生物群落组成，也降低溶解氧，影响水生动物如鱼类的生长和繁殖。

③ 放射性污染。水体中放射性物质主要来源于铀矿开采和冶炼、核电站及核试验以及放射性同位素的应用等。

（2）化学性污染

① 酸碱污染。酸性废水主要来源于矿山排水及许多工业废水，如化肥、农药、石油、酸法造纸等工业的废水。碱性废水主要来自碱性造纸、化学纤维制造、制碱、制革等工业的废水。酸性废水和碱性废水可相互中和产生各种盐类；酸性、碱性废水也可与地表物质相互作用，生成无机盐类。所以，酸性或碱性污水造成的水体污染必然伴随着无机盐的污染。

酸性和碱性废水的污染破坏了水体的自然缓冲作用，抑制微生物的生长，妨碍水体自净。同时，还因其改变了水体的 pH，增加了水中的一般无机盐和水的硬度等。

② 重金属污染。重金属元素很多，在环境污染研究中最引人注意的是汞、镉、铬、铅、砷等，也包括具有一定毒性的一般重金属，如 Zn、Cu、Co、Ni、Sn 等。

③ 需氧性有机物污染。生活污水和某些工业废水中含有大量的碳水化合物、蛋白质、脂肪、木质素等有机化合物，在好氧微生物作用下可最终分解为简单的无机物质，即二氧化碳和水等。因这些有机物质在分解过程中需要消耗大量的氧气，故又被称为需氧污染物。大量的有机物进入水体，势必导致水体中溶解氧浓度急剧下降，因而影响鱼类和其他水生生物的正常生活。严重的还会引起水体发臭，鱼类大量死亡。

④ 富营养化污染。富营养化污染主要是指水流缓慢、更新期长的地表水面接纳大量的氮、磷、有机碳等植物营养素引起的藻类等浮游生物急剧增殖的水体污染。一般将海洋水面上发生富营养化现象称为"赤潮"，将陆地水体中发生富营养化现象称为"水华"。当总磷和无机氮含量分别在 $20mg/m^3$ 和 $300mg/m^3$ 以上，就有可能出现水体富营养化过程。

⑤ 有机毒物污染。有机有毒物质种类繁多，作用各不相同。"中国环境优先污染物黑名单"包括的 12 类 68 种有毒化学物质中，有机物占了 58 种，主要包括卤代烃类、苯系物、氯代苯、多氯联苯、酚类、硝基苯类、苯胺类、多环芳烃、丙烯腈、亚硝胺类、有机农药等。这些有毒物质有的排放量很大，如酚类；有的具有强致癌作用，如多环芳烃。而且这些物质在自然界一般难以降解，可以在生物体内高度富集，对人体健康极为有害。

（3）致病性微生物污染 包括致病性微生物细菌和病毒。致病性微生物污染大多来自未经消毒处理的养殖场、肉类加工厂、生物制品厂和医院排放的污水等。

二、水体污染对食品安全的影响

1. 酚类污染物

酚对植物的影响表现在：低浓度酚促进庄稼生长，而高浓度酚抑制庄稼生长；各种作物对酚忍耐能力不同。

一般含酚废水灌溉浓度如控制在 50mg/L 以下时，对作物的生长没有什么毒害作用，但使农产品具有异味。

酚在植物体内的分布是不同的，一般茎叶较高，种子较低；不同植物对酚的积累能力也有差别。研究表明，蔬菜中以叶菜类较高，其排列顺序是：叶菜类＞茄果类＞豆类＞瓜类＞根菜类。

污水中酚对鱼类的影响是，低浓度时能影响鱼类的洄游繁殖，高浓度时能引起鱼类的大量死亡。水体中酚的浓度达 0.1～0.2mg/L 时，鱼肉会有酚味。

2. 氰化物

氰化物浓度低时，可刺激植物生长（30mg/L 以下）。反之，则抑制生长（50mg/L 以上）。

污水中的氰化物可以被作物吸收，其中一部分自身解毒，贮藏在细胞里；另一部分在体内分解成无毒物质，其吸收量随污水浓度的增大而增大，但一般累积量不高。用含氰 30mg/L 的污水灌溉水稻、油菜时，产品的氰残留很少；用含氰 50mg/L 的污水灌溉时，米、菜中氰化物的含量比清水增加 1～2 倍；当污水中氰的浓度为 100mg/L 时，作物出现死亡现象或氰的含量迅速增加。

用含氰污水灌溉时，蔬菜中的氰残留量随灌水浓度的增大而增大，但其残留率一般不足万分之一。根据中国规定，灌溉水中含氰 0.5mg/L 以下对作物、人畜安全。世界卫生组织规定鱼的中毒限量为游离氰 0.03mg/L。

3. 石油

石油废水不仅对作物的生长产生危害，还会影响食品的品质。高浓度石油废水灌溉土地，生产的稻米煮成的米饭有汽油味，花生榨出的油也有油臭味，生长的蔬菜（如萝卜）也有浓厚的油味，人食用这种受到石油废水污染而生产的食品会感到恶心。

石油废水中还含有致癌物 3,4-苯并芘，这种物质能在灌溉的农田土壤中积累，并能通过植物的根系吸收进入植物，引起积累。研究表明，用未处理的含石油 5mg/L 的炼油废水灌溉农田，土壤中 3,4-苯并芘比一般农田土壤高出 5 倍，最高可达 20 倍。

石油污染对幼鱼和鱼卵危害极大，油膜和油块黏附在幼鱼和鱼卵上，使鱼卵不能成活或致幼鱼死亡。石油使鱼虾类产生石油臭味，降低海产品的食用价值。

4. 苯及其同系物

苯影响人的神经系统，剧烈中毒能麻醉人体，失去知觉，甚至死亡；轻则引起头晕、无力和呕吐等症状。

含苯废水浇灌作物对食品安全性的影响在于它能使粮食、蔬菜的品质下降，且在粮食、蔬菜中残留，不过其残留量较小。用含苯 25mg/L 的污水灌溉庄稼，小麦中苯的残留量在 0.10～0.11mg/L，扁豆、白菜、西红柿、萝卜等蔬菜中苯残留量在 0.05mg/kg 左右。尽管蔬菜中苯的残留率较低，但蔬菜的品味下降，如用含苯 25mg/L 的污水灌溉的黄瓜淡而无味，涩味增加，含糖量下降 8%，并随着废水的浓度增加，其涩味加重。污水含苯量在

5mg/L 以下，浇灌作物和清水浇灌无差异，不引起粮食、蔬菜污染。中国规定，灌溉水中苯的含量不得超过 2.5mg/L。

5. 重金属

矿山、冶炼、电镀、化工等工业废水中含有大量重金属物质，如汞、镉、铜、铅、砷等。未经过处理的或处理不达标的污水灌入农田，会造成土壤和农作物的污染。日本富山县神通川流域的镉中毒就是明显的例证。部分污水灌溉区也出现了汞、镉、砷等重金属的累积问题。随污水进入农田的有害物质能被农作物吸收和累积，以致使其含量过高，甚至超过人、畜食物标准，造成对人体的危害。

灌溉水中含 2.5mg/L 的汞时，水稻就可发生明显的抑制生长的作用，表现为生长矮小，根系生长发育不良，叶片失绿，穗小空粒，产量降低等，籽粒含汞量超出食用标准（≤0.2mg/kg，以 Hg 计）。如汞浓度达到 25mg/kg 时，产量可减少一半。一般灌溉水含汞量还未使作物发生危害时，汞已在作物体内累积。当土壤中含汞量达到 0.1mg/kg 时，稻米含汞量就会超过食品卫生标准。汞通过食物链的富集在鱼体内的浓度比原来污水中浓度高出 1～10 倍，人们长期食用高汞的鱼类和贝类，导致汞在人体大量积累，引发破坏中枢神经的水俣病。

工业三废尤其含镉废水的排放对环境和食品的污染也较重，如日本神通川流域曾用含镉水灌溉稻田，结果使土壤含镉量平均达 2.27mg/kg，大米含镉量平均达 1.41mg/kg（非灌溉区为 0.1mg/kg 以下）。植物性食品铅含量受灌溉水含铅量影响，一般情况下植物性食品铅含量高于动物性食品。含砷废水也可污染环境，中国广州的污灌区，因土壤受到污染，粮食作物中砷含量达 2mg/kg。

灌溉水中的重金属在农作物中残留情况见表 2-1。不同的重金属在植物中各有其残留特征，总的说来，随污水中重金属浓度的增大，作物中重金属累积量增大。

表 2-1　灌溉水中的重金属在农作物中残留情况

重金属	灌水浓度 /(mg/L)	作物残留量 /(mg/kg)	残留特征	中国灌水限制 标准/(mg/L)
汞	水稻:0.005	水稻糙米:>0.01	植物残留各器官分布不均, 水稻:根>茎叶>谷壳>糙米	0.001
镉	小麦:2.5 水稻:0.1	籽粒:0.89 籽粒:0.54	植物不同生长期吸收量不同, 水稻:根>茎秆>稻壳>糙米	—
铅	水稻:1.0	根:120 茎叶、穗:痕量	在植物体内迁移较低,多积累在根部	0.1
铬	水稻:0.1	根:12.00 茎叶:3.36 糙米:0.096	主要积累于作物的根、茎、叶,在籽粒中累积较少	—
砷	水稻:1.0	大米:1.77	植物不同生长期敏感性有差异	0.05

注：引自杨洁彬等，1999。

6. 病原微生物

许多人类和动物疾病是通过水体或水生生物传播病原的，如肝炎病毒、霍乱、细菌性痢疾等。这些病原微生物往往由于医院废弃物未做处理或患者排泄物直接进入水系水体，或由于洪涝灾害造成动植物和人死亡、腐烂并大规模扩散。

三、水体的环境监测

1. 采样点的选择

（1）江河的采样点 根据河流的不同横断面（清洁、污染、净化断面）设立基本点、污染点、对照点和净化点。基本点应选择在江口、河流入口、水库出入口、工业区的下游；污染点设在河流的特定河段等；对照点设在河流的发源地、工厂的上游，应远离工业区、居民密集区和交通线，避开工业污染源、农业回流水和生活污染水的影响；净化点在一般污染源的下游，检查自净情况。采样点还要考虑河面宽度和深度。河面宽度小于50m，可在河中心设一个采样点；河面宽度为50～100m，设两个采样点；河面宽度大于100m，设三个采样点。如果水深小于或等于5m，只需采集表层水（水面下0.5m）；水深5～10m，设两点（水面下0.5m，河底上0.5m）；水深10m以上，设三点（水面下0.5m，河底上0.5m，中层为1/2水深处）。

（2）湖泊、水库、蓄水池的采样点 通常多在污染源流入口、用水点、中心点、水流出处设立采样点。水的深度不同，水温也不一样，导致不同深度的水体内所含污染物会有明显的差别。一般在同一条垂直线上，当水深10m以上时，设三个采样点（水面下0.5m，水底上0.5m，中层为1/2水深处）；当水深5～10m时，设两个点（水面下0.5m，水底上0.5m）；当水深小于或等于5m时，只在水面下0.5m处设一点。

（3）海域的采样点 海洋污染以河口、沿岸地段最严重。因此，除在河口、沿岸设点外，还可以在江、河流入口处的中心向外半径5～15km区域内设若干横断面和一个纵断面采样。海洋沿岸的采样还可以在沿海设置纵断面，并在断面上每5.0～7.5km设一个采样点。此外，采样时还应多采集不同深度的水样。当水深小于5m时，只采表层水；当水深大于15m时，需采集表层、中层、底层水样。

（4）地下水采样点 储存在土壤和岩石空隙中的水，统称为地下水，包括井水、泉水、钻孔水、抽出水等。采集地下水时，一般在供应大城市的死水源及活水源受到污染的地点设置采样点。井水和泉水也应设立采样点，一般在液面下0.3～0.5m处采样。

（5）工业废水、生活污水采样点 采集工业污水时，应在车间排水沟或车间设备出口处、工厂总排污口、处理设施的排出口、排污渠等处设置采样点。采集生活污水时，应在污水泵站的进水口及安全流口、总排污口、污水处理厂的进出水口和排污管线入江（河）口处设置采样点。阴沟水的采样点应设在从地下埋设管道的工作口上，但不可以在受逆流影响的各个地点采样。

2. 采样方法

（1）采样器的准备 采样器一般比较简单，只要将容器（如水桶、瓶子等）沉入要取样的河水或废水中，取出后将水样倒进合适的盛水器中即可。

在采样前要用将被采集的水样洗涤容器2～3次。无论采集哪种水样，都应在采水装置的进水口配备滤网，防止水中的浮游物堵塞水泵与传感器。

（2）表层水的采集 采样时，应注意避免水面上的漂浮物混入采样器；正式采样前要用水样冲洗采样器2～3次，洗涤废水不能直接回倒入水体中，以避免搅起水中悬浮物。将采样器轻轻放入水面下20～50cm或距水底30cm以上各处直接采集水样。采样后立即塞紧瓶塞，防止水样接触空气或表层水所含漂浮物的进入。

（3）深层水的采集 深层水样的采集，可用单层采水器、多层采水器、倒转式采水器等和抽吸泵等专用设备，分别从不同深度采集水样。

（4）废水的采集 对于生产工艺稳定的企业，所排放废水中的污染物浓度及排放流量变化不大，仅采集瞬时水样就具有较好的代表性；对于排放废水中污染物浓度及排放流量随时间变化无规律的情况，可采集等时混合水样、等比例混合水样或流量比例混合水样，以保证采集的水样的代表性。

（5）天然水的采集 采集井水时，必须在充分抽汲后进行，以保证水样能代表地下水源。采集自来水时，应先将水龙头打开，放流 3～5min 管内积水，再采集水样。对于自喷的泉水，可在泉涌处直接采集水样；采集不自喷的泉水时，先将积留在抽水管的水吸出，新水更替之后，再进行采样。采集雨水或雪时，采用一般降雨器（简易集尘器、大型采水器）直接收集一定时间的降雨量或雪量。

3. 水样的保存

水样采集后，应尽快进行分析检验，以免在存放过程中引起水质变化，但是限于条件，往往只有少数测定项目可在现场进行（如温度、电导率、pH 值等），大多数项目仍需送往实验室进行测定。因此，从采样到分析检验之间这段时间，需要保存水样。

（1）冷冻保存法 水样若不能及时分析，一般应保存在 5℃ 以下的低温暗室内。这样，可以防止微生物繁殖，减慢理化变化的速度，减少组分的挥发。而且这种保存方法可把有机物毫无变化地保存下来，不影响分析的结果。所以利用干冰等低温保存被认为是最好的保存方法，但成本较高。

（2）化学保存法 采样后立即加入一定量的化学试剂来抑制微生物的生长，或调节水样的酸度，防止沉淀、水解、氧化还原、络合反应的发生，使水样的成分、状态和价态保持相对稳定。对化学试剂的要求是：有效、方便、经济，对测定无干扰和不良影响。

4. 底泥的采集与处理

底泥是指江、河、湖、海水体的沉积物，即是矿物、岩石、土壤的自然侵蚀物以及生物过程的产物、有机物的降解物和污水排出物等随着水流迁移而沉降积累在水体底部的堆积物的总称。底泥中积累了各种各样的污染物，并且会发生物理、化学反应和生物效应，产生水质的二次污染，因而水质的好坏与底泥的组成和性质有着密切的关系。

（1）采样器 掘式和抓式采泥器适用于采集量较大的沉积物样品；锥式或钻式采泥器适用于采集较少的沉积物样品；管式采泥器适用于采集柱状沉积物样品。

（2）底泥的采集 可在污染源上游和远离污染源河道上设置对照面、污染断面和净化断面。采样点的设置应尽可能与水质采样点位于同一垂直线上，而且中间密，两侧疏。在一般情况下，每半年采集一次。丰水期、平水期、枯水期的河流，可在枯水期采集。湖泊和水库的底泥采集，在进、出湖泊的水道上设置控制断面采样点，并在废水进入湖泊的主要入口处附近增加采样点和采样次数。底泥的采集量由测定项目和处理过程的需要量决定。

（3）底泥的预处理 采集的底泥通过离心机或滤纸过滤，脱去水分，放入预先处理好的搪瓷盘或塑料盘内，摊成约 2cm 厚的薄层，选择在通风、干净和清洁的实验室内风干。在风干过程中，应定时地翻动样品，并用木棒或木锤破碎，捡出石块、贝壳、杂草和动植物的残留物等。最后，将风干的样品用研钵研细，用尼龙或塑料网筛过筛。

对于采集的柱状沉积物样品，为了分析各层柱状样品的化学组成和化学形态，要制备分层样品。首先用木片或塑料铲刮去柱样的表层，然后确定分层间隔，分层切割制样。

如果底泥中含有挥发性或易受空气氧化的污染物（如烷基汞、氰化物、农药），在风干时必会损失，因此，立即分析测定，或加入化学试剂固定，并在 0～5℃暗处保存。

第四节　土壤污染

一、土壤污染概述

土壤是人类赖以生存和生活的重要自然环境，它与人类健康有着密切的关系。土壤表面积大、吸附力强，是植物赖以生存的基础，也是污染物积累的重要介质。一旦土壤受到污染，除部分有害物质可通过土壤的生化过程减少外，还有不少有害物质会长期残留在土壤中。土壤污染通过土壤→农作物→人体或土壤→地下水（地表水）→人体这两个最基本的环节对人体产生影响。因此，研究土壤污染的危害时，通常检查对农作物、地下水、地面水的影响来判断土壤污染的情况。此外，污染物进入土壤后，受土壤物理、化学和生物学的作用，可能产生一定的转化。同时有些污染物，例如有机氯农药和重金属毒物，它们残存的时间长，所以影响也是长期的。

1. 土壤环境污染过程

从外界进入到土壤的物质，除肥料外，大量而广泛的是农药。此外"工业三废"也带来大量的各种有害物质。这些污染物质在土壤中有三条转化途径：①被转化为无害物质，甚至为营养物质；②停留在土壤中，引起土壤污染；③转移到生物体中，引起食物污染。

土壤是连接自然环境中无机界和有机界、生物界和非生物界的中心环节。环境中的物质和能量不断地输入土壤体系，并在土壤中转化、迁移和积累，从而影响土壤的组成、结构、性质和功能；同时，土壤也向环境输出物质和能量，不断影响环境的状态、性质和功能。在正常情况下，两者处于一定的动态平衡状态。在这种平衡状态下，土壤环境是不会发生污染的。但是，如果人类的各种活动产生的污染物质，通过各种途径输入土壤（包括施入土壤的肥料、农药），其数量和速度超过了土壤环境的自净作用的速度，打破了污染物在土壤环境中的自然动态平衡，使污染物的积累过程占据优势，即可导致土壤环境正常功能的失调和土壤质量的下降；或者土壤生态发生明显变异，导致土壤微生物区系（种类、数量和活性）的变化，土壤酶活性减少；同时，由于土壤环境中积累的污染物质可以向大气、水体、生物体内迁移，降低农副产品的生物学质量，直接或间接地危害人类的健康。因此，当土壤环境中所含污染物的数量超过土壤自净能力或污染物在土壤环境中的积累超过土壤环境基准或土壤环境标准时，就称为土壤环境污染。

2. 土壤污染的类型

（1）重金属的污染　重金属中的镉、铜、锌和铅是污染土壤的主要物质。这些重金属有的是来自工厂废气的微粒，随废气扩散降落到土壤中；有的是来自工矿的废水，这些重金属进入河流，再通过灌溉进入土壤并在土壤中蓄积起来。此外，一些工业废渣经雨冲淋，也可污染土壤和水体。近年来引起世界各国重视的"酸雨"也严重污染土壤，影响植物的正常生长。

（2）农药的污染　化学农药的应用对于增加农业的产量、减少劳动量等都有很重要的作用，但长期滥用剧毒和残留期长的农药，不仅污染生物环境，而且通过食物和水进入人体，当达到一定的剂量时，也可以引起慢性中毒。

在农田使用农药后，除一部分附着于作物上以外，有相当一部分落入到土壤中，附着在作物上的那一部分农药也可以因雨淋而进入土壤。

农药在土壤中的分解过程与农药性质和环境条件有关。一般有机磷农药可以在短时间内被分解，而有机氯农药在土壤内的分解则很慢，据调查认为农药"滴滴涕"在旱地土壤内10年左右才能消失95%。

（3）放射性污染　核爆炸后，大气散落物和原子能工业以及科研部门排出的放射性废物均可造成放射性元素对土壤的污染。

（4）病原微生物的污染　人畜粪便处理不当、垃圾堆放不妥、污水灌溉农田不合卫生要求都可使土壤受到污染，特别是受到肠道病原微生物的污染，人可以通过与土壤直接接触和食用被土壤污染的瓜果、蔬菜而被感染。

二、土壤污染对食品安全的影响

土壤一旦污染，除部分有害物质可以通过土壤中的生化过程而减轻，或通过挥发逸失以外，还有不少有害物质能较长时期存留在土壤中，难于消除。第一，土壤污染物在土壤中的大量积累，尽管大部分残留于土壤耕作层，但相当数量的污染物，尤其是重金属污染物，残留时间长，在种植作物时，可转移到植物或其他生物体内并在其中积累，从而引起食物污染。第二，积累于土壤的污染物随地表径流进入附近水域，引发水体污染。第三，积累于土壤的污染物随灌溉、淋洗、渗滤进入地下水，造成地下水污染。

进入土壤的污染物，如果浓度不大，农作物有一定的忍耐和抵抗能力。当污染物浓度增加到一定浓度时，农作物就会产生一定的反应。危害可分为急性和慢性，或可见伤害与不可见伤害。急性伤害是当污染物浓度较高时在短时间内肉眼可发现的伤害症状；慢性伤害是在污染物浓度较低、作用时间较长引起的内部伤害，到一定时间后才能发现症状。在症状出现之前，农作物的各种代谢过程已发生紊乱，生理功能受到影响，因而影响到光合作用、呼吸作用、水分吸收、营养代谢等，导致生长发育受阻，产量、品质下降，同时本身含有的污染物质通过食物链进入人畜体内。

土壤污染危害分为两种状况：一是当有毒物质在可食部分的积累量还在食品卫生标准允许限量以下时，农作物的主要表现是明显减产或品质明显降低；二是在可食部分有毒物质积累量已超过允许限量，但农作物的产量却没有明显下降或不受影响。因此，当污染物进入土壤后其浓度超过了作物需要和可忍受程度，而表现出受害症状或作物生长并未受害，但产品中某种污染物含量超过标准，都会造成对人畜的危害。

1. 农药

杀虫剂不仅杀死目标害虫，而且也会杀死很多非目标生物。一种是直接杀死，即在施用农药后，蟾蜍、青蛙、泥鳅、蚯蚓等都可因受农药毒害而迅速大量死亡。另一种是间接死亡，即青蛙、蟾蜍等吃了农药杀死的昆虫，在体内积累到致死农药量而死亡。农药的大量施用在杀灭害虫的同时，也会造成以害虫为食的天敌的死亡。食虫的鸟类也受到毒害，有些益鸟已濒临灭绝。农药还导致害虫的耐药性增强。除草剂是使非目的作物的植物萎蔫、死亡的化学物质。施用后，绝大多数的非目的植物即杂草死亡。

杀菌剂有杀细菌剂、杀真菌剂之分，是以杀灭致病菌为目标的化学物。使用杀虫剂、杀菌剂或除草剂后会改变环境中的生态结构。超量施用情况下它们对于植物的影响可使植物枯萎、卷叶、落果、矮化、畸形、种子发芽率低等。

2. 重金属

一些对人体需要量极少或不需要的元素如 Pb、Cd、Al、Au、Sn、Hg、Be 等，摄取量达到一定数量时就会发生毒害作用，特别是 Hg、Pb、Cd、As 等毒性较强的元素。有害重金属物质对土壤污染后，对于植物、动物和人具有明显的毒害。而且土壤遭受重金属污染后，这些重金属可以迁移、积累于植物中。人们通过食物链不断摄取有害物质，在体内累积，当达到一定剂量后逐渐产生毒害症状。

3. 酚、氰

与含酚废水对作物的影响不同的是，土壤中残留酚能维持植物中较高水平的含酚积累，并且植物中的酚残留一般随土壤中酚浓度的增大而增大。含酚类物质可破坏植物细胞渗透，使植物变形，抑制植物生长。

含氰土壤与作物氰积累的关系，一般在土壤含氰量低时表现不明显，只有当土壤中的含氰量相当高时，作物的含氰量才明显升高。较高浓度氰化物可使植株干枯、死亡等，可致人、畜死亡。较低浓度氰化物可引起头痛、心悸、失眠。

尽管土壤中的酚、氰对植物的酚、氰积累有其特殊性，但由于酚、氰的挥发性，其在土壤中的净化率高，在土壤中残留很少。

4. 化肥

化肥对提高农作物产量起到了巨大的作用，但施用后其负面影响也在增加，过量施用化肥不仅会造成很大的浪费，而且未被吸收的化肥会随水土流失进入水体。

农业化学肥料一般包含一种或多种植物所需要的主要营养元素——氮、磷、钾。氮肥的绝大部分是氨的衍生物，如硝酸铵（NH_4NO_3）、硫酸铵〔$(NH_4)_2SO_4$〕及尿素〔$CO(NH_2)_2$〕等。磷肥大部分为磷酸盐，主要成分是氟磷灰石〔$Ca_3(PO_4)_2 \cdot CaF_2$〕。

氮肥施入土壤后，作物通过根系吸收土壤中的硝酸盐，硝酸根离子进入作物体内后，经作物体内的硝酸酶的作用还原成亚硝态氮，再转化为氨基酸类化合物，以维持作物的正常生理代谢。同时还有相当数量的硝酸盐蓄积于作物的叶、茎和根中，这种积累对作物本身无害，但却对人畜产生危害。在新鲜蔬菜中，亚硝酸盐的含量通常低于 1mg/kg，而硝酸盐的含量却可达每千克数千毫克。

施氮过多的蔬菜中硝酸盐含量是正常情况的 20～40 倍。人畜食用含硝酸盐的植物后，主要表现为行为反应障碍、工作能力下降、头晕目眩、意识丧失等，严重的会危及生命。过多施用化肥，会影响农作物产品品质。如禾本科作物过量施用氮肥，虽然籽粒蛋白质总量增加，但氨基酸比例会发生变化，从而导致产品品质下降。

过量的磷肥会对果蔬中有机酸、维生素 C 等成分的合成以及果实形状、大小、色泽、香味等带来不良影响；同时，磷肥中常含砷、镉等化合物，有可能导致重金属污染。如磷石灰中除含铜、锰、硼、钼、锌等植物营养成分外，还含有砷、镉、铬、氟、汞、铅和钒等对植物有害的成分。

此外，磷肥含镉量约 10～20mg/kg，含铅约 10mg/kg。因此长期施用磷肥会引起土壤的镉、铅积累，带来作物中镉、铅的含量较高。

化肥中的氟也值得注意，如磷矿石或过磷酸钙中含氟达 2%～4%，长期施用会导致土壤中氟的积累；茶树具有积累氟的特性，大量施用过磷酸钙肥料，会使茶叶中含氟量增高。

5. 污泥

污泥中既含有丰富的氮、磷、钾等植物营养元素和有机质及水分等，也含有大量的有毒有害物质，如寄生虫卵、病原微生物、合成有机物及重金属离子。因此，常利用污泥作肥料，但由于污泥易于腐化发臭，颗粒较细，密度高且不易脱水，若处理不当，任意排放，就会污染水体、土壤和空气，危害环境，影响人类健康。

未脱水的污泥，含水量在95%以上，脱水污泥中含有机质一般在45%～80%。污泥中90%以上的Cd、Pb、Cu、Ni等会残留在施用层中，即使在停施污泥20年后，污泥施用区土壤重金属较之对照土壤仍保持相当高的活性。

污泥中的重金属的可溶部分易被农作物吸收，造成对作物的不利影响，使作物的产量和质量下降。

6. 垃圾

城市生活垃圾是指在城市居民日常生活中或为城市日常生活提供服务的活动中产生的固体废弃物。随着工业的发展和人民生活水平的提高，城市垃圾在数量和种类上日益增加且日趋复杂化。垃圾污染影响食品安全，表现在两个方面：其一为垃圾本身对食品的污染；另一方面为垃圾的利用，如垃圾堆肥，对农作物产品带来的不利影响。

城市垃圾含有大量的有害物质，如其中的有机质会腐败、发臭，易滋生蚊蝇、蟑螂、老鼠。来自医院、屠宰场、生物制品厂的垃圾常含有各种病原菌，处理不当，会污染土壤。土壤生物污染不仅危害人体健康，而且有些长期在土壤中存活的植物病原体还能危害植物，造成减产。

此外，垃圾堆肥中含有一部分重金属，施用于农田后会造成土壤污染，使农作物籽粒中重金属含量超过食品卫生标准。

三、土壤的环境监测

1. 污染源调查

土壤监测中，为使所采集的样品具有代表性、监测结果能表征土壤客观情况，应把采样误差降至最低。在制定、实施监测方案前，必须对监测地区进行污染调查。调查内容包括：该地区的自然条件，包括地形、植被、水文、气候等；该地区的农业生产情况，包括土地利用、作物生长与产量情况，水利及肥料、农药使用情况等；该地区的土壤性状，如土壤类型、层次特征、分布及农业生产特性等；该地区污染历史及现状。

2. 采样方法

(1) 采样筒取样　将长10cm、直径8cm金属或塑料采样器的采样筒直接压入土层内，然后用铲子将其铲出，清除采样筒口多余的土壤，采样筒内的土壤即为所取样品。

(2) 土钻取样　土钻取样是用土钻钻至所需深度后，将其提出，用挖土勺挖出土样。

(3) 挖坑取样　挖坑取样适用于采集分层的土样。先用铁锹挖一截面1.5m×1m、深1.0m的坑，平整一面坑壁，并用干净的取样小刀或小铲刮去坑壁表面1～5cm的土，然后在所需层次内采样0.5～1kg，装入容器内。

3. 采样时间

采样时间随测定目的和污染特点而定。为了解土壤污染状况，可随时采集土样进行测定。如果测定土壤的物理、化学性质，可不考虑季节的变化；如果调查土壤对植物生长的影响，应在植物的不同生长期和收获期同时采集土壤和植物样品；如果调查大气型污染，至少应每年取样一次；如果调查水型污染，可在灌溉前和灌溉后分别取样测定；如果观察农药污染，可在用药前及植物生长的不同阶段或者作物收获期与植物样品同时采样测定。

4. 采样量

由于测定所需的土样是多点均量混合而成，取样量往往较大，而实际测定时并不需要太多，一般只需要 1~2kg 即可。因此，对多点采集的土壤，可反复按四分法缩分，最后留下所需的土样量，装入布袋或塑料袋中，贴上标签，作好记录。

5. 采样注意事项

采样点不能选在田边、沟边、路边或肥堆旁；将现场采样点的具体情况，如土壤剖面形态特征等做详细记录；现场填写标签两张（采样地点、土壤深度、日期、采样人姓名），一张放入样品袋内，一张扎在样品口袋上；根据监测目的和要求可获得分层试样或混合样；用于重金属分析的样品，应将和金属采样器接触部分的土样弃去。

━━━━━ 思 考 题 ━━━━━

1. 什么是水体污染？试分析水体污染的原因及影响。
2. 土壤污染为何能威胁和危害人类的健康？
3. 大气污染物的种类及主要来源有哪些？
4. 生活污水中有哪些物质可以利用？你认为应该如何利用？
5. 如何理解环境污染监测的意义和作用？
6. 如何正确认识人类社会的科技进步与环境问题的关系？

━━━━━ 参考文献 ━━━━━

[1] 杨洁彬. 食品安全性. 北京：中国轻工业出版社，1999.
[2] 张乃明. 环境污染与食品安全. 北京：化学工业出版社，2007.
[3] 钟耀广. 食品安全学. 第2版. 北京：化学工业出版社，2010.
[4] 王际辉. 食品安全学. 北京：中国轻工业出版社，2013.
[5] 陈雨生，等. 环保型农资、生态环境和食品安全. 东北农业大学学报：社会科学版，2015，4：32-35.
[6] 王林. 我国食品安全突发事件应急管理体系研究及环境污染案例分析. 食品科学，2016，5：283-289.

第三章
生物性污染对食品安全的影响

第一节　概　述

造成食品生物性污染的原因有细菌、病毒、寄生虫、真菌、藻类等生物和它们产生的毒素，食品生物性污染仍然是引起食源性疾病的主要原因。在生物性污染引起的食源性疾病中细菌或其产生的毒素是最常见的原因，其次是病毒和寄生虫。真菌中对食品安全威胁最大的是霉菌，食品中的霉菌一般并不引起霉菌病，而由霉菌产生的毒素则可引起人的急、慢性中毒，甚至产生致癌、致畸和致突变作用。因误食真菌中一些大型真菌可以引起食源性疾病。由于藻类很少直接作为人类的食品，由藻类引起的食源性疾病较少，一些藻类可产生毒素，藻类毒素可以蓄积在以这些藻类为食物的贝类中，食用这些贝类将引起疾病。

在食品生产、加工、贮存、流通，直到消费的整个过程中，每一个环节都有可能受到生物性物质的污染，威胁食品安全。虽然造成食品生物性污染的因素很多，但常见的原因是食品原料污染严重、操作人员个人卫生不良、设备受到污染、烹调时间不足和食品贮藏温度不合理。其中，食品贮藏温度不合理是主要因素。食品在食用之前，放置于不同的环境和条件下，这段时间决定着初始污染的病原微生物能否存活下来，一旦发生污染，并且使病原微生物繁殖到一定数量就会引起疾病。

各种食品都会受到生物性因素的污染，但动物源食品在疾病暴发次数中占的比例最高，由于沙门氏菌常寄居在动物的消化道内，所以它很容易造成动物性食品的污染而引起疾病暴发。而水果和蔬菜常受到土壤中的肉毒梭菌污染而引发疾病。

生物源性食源性疾病，特别是细菌和病毒引起的疾病在任何消费场所均可发生，但以集体食堂暴发事件最多，其次是家庭和其他餐饮服务单位。在集体食堂，用餐的总数量相当大，短时间内需提供大量的食物，加之员工数量多，若工作人员没有接受过足够的专业培训，很容易导致更高的污染。食品冷藏方法不当、交叉污染可能是家庭发生食源性疾病的原因。食品制作工艺的缺陷、不适宜的温度、加工与消费之间相隔的时间太长、不合格的卫生条件都与食源性疾病暴发有关。大型食品加工企业加工的食品引起的食源性疾病暴发的概率很低，这是因为他们可以较好地控制食品质量、卫生条件以及准确监测病原微生物。但是一旦大型食品加工企业发生病原微生物感染，影响范围更广，危害人数更多。

一般而言，由致病细菌和病毒引起的食源性疾病的暴发主要发生在夏季。在中国第三季度食物中毒报告起数、中毒人数、死亡人数最多。7～9月气温较高，适合细菌等微生物生长繁殖，人们在夏季又经常食用凉拌生鲜蔬菜等食品，一旦食物储存、加工不当，极易引起微生物性食物中毒。

当人群摄入了被活病原细胞或毒素污染的食品后，并不是所有的人都表现出症状。在表现症状的人群中，也不是所有的人都表现出相同的病症，或者相同的程度。这可能是由于不同的人免疫能力不同。表现症状的一个重要因素就是个体对于摄入的污染食品的敏感性。一般而言，婴幼儿、老人、病人以及免疫能力差的人比普通人和健康个体更敏感。病症发展的机会与摄入污染食品的量直接相关，与个体摄入的活性病原细胞或毒素量有关。摄入的病原细胞或毒素的毒性也决定着疾病暴发和症状严重程度，像大肠杆菌O157：H7这种毒性高的病原，婴幼儿只要摄入10个这样的活细胞就会致病。相反，像李斯特氏菌这样毒性低的病原，摄入一百万个活细胞或者更多才会出现症状。

病毒的生长需要活的宿主细胞，因而它们不能在加工过的食品中生长进而影响食品的质量。病原细菌可以在很多食品中生长，一旦环境适宜，即使开始只是感染少量病原细菌的活细胞，仍能达到很高的水平，甚至每克或每毫升食品中达到几百万个。但是对于另外一些病原体，即使有庞大的数量，也不会破坏食品的色泽和风味（例如金黄色葡萄球菌）。人们不知不觉地食用这种被污染的食品，表现出食源性疾病的症状。

各类微生物引起食源性疾病的机理各不相同。对于病毒，食用了被足够数量病毒污染的食品会导致病毒感染。对于细菌（以及产毒霉菌），置于适宜的温度下一段时间，这类病原体可以在被污染的食品中迅速生长。然而，一些细菌（如大肠杆菌O157：H7）不需要在食品中生长就可引起食源性感染。对于微生物食物中毒，病原体必须生长到能够产生足够的毒素，才引起食用者发病。对于细菌感染，需要摄入一定量的病原体活细胞，而这个数量因为病原的不同存在着极大的差距。这些病原体活细胞需要耐受胃酸的作用，在消化道中生存，从而导致疾病。一些细菌既产生毒素，又具感染力，可引起中毒感染，如产气荚膜梭菌和霍乱弧菌。

第二节　细　菌

细菌是单细胞原核生物，种类很多，在自然界中广泛分布，与人类关系密切。有些食品，如食醋、味精及多种氨基酸都是应用细菌生产的。但是，也有很多细菌给人类健康带来危害，其中很大一部分是经食品传播的。

细菌不仅种类多，而且生理特性也多种多样，无论环境中有氧或无氧、高温或低温、酸性或碱性，都有适合该种环境的细菌存在。当它们以食品为培养基进行生长繁殖时，可使食品腐败变质。此外，有些细菌可产生芽孢，芽孢耐高温，一般煮沸方法不能将其杀死，降温后，芽孢发芽成新的菌体，又进行生长繁殖。还有些细菌可产生毒素。以上这些都可能使细菌通过食品对人体产生不利影响。

细菌污染食品后，可引起各种各样的食源性疾病。在各种食物中毒中，细菌性食物中毒最多。细菌性食物中毒虽然全年都可以发生，但在夏秋两个季节发生较多，此时气温较高，细菌易于生长繁殖。

一、沙门氏菌属

沙门氏菌主要存在于动物肠道，如禽类、牲畜、昆虫的肠道中，也存在于人类的肠道中。在自然界存在于水、土壤、昆虫、工厂表面、厨房表面、动物粪便、生肉、生海产品等环境中。引起人类疾病的沙门氏菌属（*Salmonella*）分为两个种，即肠道沙门氏菌（*S. enterica*）和邦戈沙门氏菌（*S. bongori*），肠道沙门氏菌与公共卫生的关系密切，有六个亚种。

1. 生物学特性

沙门氏菌呈杆状，多数具运动性，不产生芽孢，革兰氏染色阴性，兼性厌氧，最适生长温度为 35～37℃，但在 5～46℃ 范围都可生长，用巴氏杀菌的方法可以将其杀死。它们在含有葡萄糖的培养基中生长时产生气体。能使正六醇发酵，而不能使乳糖发酵；利用柠檬酸盐作为碳源；产生硫化物，脱羧赖氨酸和鸟氨酸；但不能产生吲哚，尿素酶阴性。对低 pH 敏感，在水分活性为 0.94 时不能生长，特别是 pH 低于 5.5 的情况更是如此。沙门氏菌细胞能在冷冻和干燥状态下长期存活，它们能在许多食品中生长繁殖而不带来食品感官质量的变化。

2. 致病机理和临床症状

尽管一些血清型沙门氏菌对一些动物是专一的，但是所有菌株都是引发人类沙门氏菌中毒的潜在病原菌。沙门氏菌引起两种类型的疾病，分别是非伤寒沙门氏菌病和伤寒热。

(1) 非伤寒沙门氏菌病 由除伤寒沙门氏菌和甲型副伤寒沙门氏菌血清型以外的血清型引起。死亡率一般低于 1%，潜伏期 6～72h，感染剂量低至 1 个细菌，且发病与宿主年龄及健康状况有关。临床症状：恶心、呕吐、腹痛、腹泻、发热和头痛。病程一般持续 4～7 天，急性症状一般持续 1～2 天或更长，与宿主因素、感染剂量和菌株的特性有关。非伤寒沙门氏菌病一般经口感染，细菌从肠道内腔穿透和进入小肠上皮细胞，引起炎症，并产生毒素，引起肠道肠液积聚。

(2) 伤寒热 由伤寒沙门氏菌和甲型副伤寒沙门氏菌血清型引起，两种血清型仅见于人类。死亡率达 10%，潜伏期一般 1～3 天，但也长达 2 个月，感染剂量低于 1000 个细菌。症状：高热 39.5～40℃、嗜睡、腹痛、腹泻或便秘、头痛、没有食欲、皮疹。病程 2～4 周。可能出现败血症、心内膜炎、败血性关节炎等并发症。发病机理是细菌经口感染后从肠腔进入小肠上皮细胞，并进入血液循环，使细菌可到达身体的其他部位，并引起炎症。

3. 相关的食品

动物性食品与沙门氏菌食源性疾病的暴发有密切的关系，包括牛肉、鸡肉、火鸡、猪肉、牛奶和它们的制品。另外，许多不同类型的食物偶尔也会与这种疾病的发生有关。这些食物直接或间接地被带菌动物和人的排泄物污染，人们食用了生的污染食品、未经正确烹调或者是热处理后又被污染的食物而发病。沙门氏菌也常从许多植物性食品（用污水浇灌或用污染的水清洗它们的产品）、海产品（从污染的水中捕捞的）中分离出来。

4. 控制措施

根据沙门氏菌污染食品的方式不同可以采取不同的措施，减少沙门氏菌对食品的污染。因为食品的沙门氏菌污染主要来源于动物，所以采取减少动物携带沙门氏菌是最根本的措施。

消除食品中沙门氏菌最常用的方法是热加工，沙门氏菌对热敏感，普通的巴氏消毒和烹饪条件就足以杀死沙门氏菌。像其他微生物一样，随着水分活性（A_w）的降低，沙门氏菌的热耐受性明显提高。在热处理产品中沙门氏菌的出现通常是由于加工后的污染造成的。

除了热处理以外，多数工厂采用酸化或降低水分活性的方法消除食品中的沙门氏菌。香肠发酵过程中酸和氯化钠是造成其中沙门氏菌死亡的主要原因。在蛋黄酱和色拉调味料中造成沙门氏菌死亡的主要因素是酸，其次是水分活性的降低。这些因素对控制发酵奶、肉和蔬菜中沙门氏菌非常有效。

沙门氏菌在脱水食品中可以存活相当长时间，然而，有一些在保存中会死亡，这与相对湿度、保存的环境有关。高水分、易腐食品通常置于冷藏或冷冻条件下，尽管冷藏和冷冻对沙门氏菌有一定致死作用，但沙门氏菌在冷冻食品中长时间存活。对长时间冷藏的食品要进行再次热处理。

当购买的食品可能受沙门氏菌污染时，可采取预防沙门氏菌病发生的措施，这些安全措施包括避免交叉污染、彻底烹饪食品、将食品保藏在正确的温度条件下等。

保持个人卫生十分重要，特别是食品从业人员，患病者不接触食品。

二、致病性大肠埃希氏菌

大肠埃希氏菌（*Escherichia coli*）俗称大肠杆菌，属于肠杆菌科的埃希氏菌属，是人、温血动物和鸟类肠道中的正常寄居菌。大肠杆菌在婴儿及初生动物出生后几小时或数天便进入其消化道，最终定居于大肠并大量繁殖，以后便终生存在，成为构成肠道正常菌群的一部分，并具有重要的生理功能。但有些菌株可以引起人的腹泻等疾病，而且大肠杆菌在环境卫生和食品卫生学中作为受粪便污染的重要指标。常见致病性大肠杆菌分为四个类型，分别是肠道致病性大肠杆菌（EPEC）、产肠毒素性大肠杆菌（ETEC）、肠道侵袭性大肠杆菌（EIEC）和肠道出血性大肠杆菌（EHEC）。

1. 生物学特性

为革兰氏染色阴性、具运动性、不形成芽孢的直杆菌，属兼性厌氧细菌。生长温度为 $15\sim45℃$，最适生长温度为 $37℃$，有的菌株对热有抵抗力，可抵抗 $60℃$ 15min 或 $55℃$ 60min。

2. 致病机理和临床症状

（1）EPEC 这些菌株主要引起婴儿腹泻，特别是在那些卫生条件差的地区，这些病原携带者为人，通过人直接或间接传播，常通过水和食品的污染引起食源性疾病。EPEC 在肠道中与肠上皮细胞产生紧密黏附并引起损伤，从而引起腹泻。感染数量为 $10^6\sim10^9$ 个病原菌，主要症状是肠胃炎。

（2）ETEC ETEC 引起西方人所谓的旅行者腹泻，主要感染发生在卫生条件较差的发展中国家的婴儿。这些病原菌产生侵袭因子、耐热肠毒素（heat-stable enterotoxin，ST）和

（或）不耐热肠毒素（heat-labile enterotoxin，LT），从而引起疾病。症状是胃肠炎，类似轻微的霍乱。这些病原携带者为人，通过人直接或间接传播。水和食品是重要的传染源。人的感染剂量为 $10^8 \sim 10^9$ 个细菌。

（3）EIEC 这种病原菌能产生一种侵染性因子并通过其致病。这些病原携带者为人，通过人直接或间接传播。人至少需摄入 10^6 个细菌才能发病并出现症状。疾病症状与志贺氏菌引起的疾病非常相似。摄入的病原菌，经潜伏期后，出现腹泻、头痛、寒颤和发热等症状。大量的病原菌从粪便中排泄出来。症状可能持续 7～12 天。

（4）EHEC EHEC（最主要的血清型是大肠杆菌 O157：H7）引起人类比较严重的出血性腹泻（出血性结肠炎）、溶血性尿毒综合征、血小板减少性紫癜。动物特别是乳牛被认为是携带者。摄入 10～100 个细菌就能发生疾病，特别是那些比较敏感的群体更是如此，如老人和儿童。EHEC 产生能使细菌与肠道上皮细胞紧密黏附的紧密素，引起肠道的损伤；EHEC 定居在肠道后产生毒性很强的志贺毒素（shiga toxin，ST），ST 作用于结肠，引起出血性结肠炎。EHEC 感染潜伏期为 3～9 天，症状可持续 4 天。发生结肠炎症时，症状有突发性的腹痛、水性腹泻（其中 35％～75％会转为带血性腹泻）和呕吐。有的呈现发热症状，有的没有。毒素也能进入血液，损害肾和脑中的一些毛细血管，引起溶血性尿毒综合征、血小板减少性紫癜等。出现这种症状时死亡率很高。

3. 相关的食品

食物可能直接或间接地受到粪便排泄物污染，任何受粪便污染的食品都可能引起疾病的发生。EHEC 存在于动物的肠道，特别是乳牛，但它们不产生症状。未杀菌的牛奶、苹果汁等和这些食源性疾病事件有关。

4. 控制措施

该病原菌对巴氏温度比较敏感，因此，采用正确的热处理方法是非常必要的。另外食品加工和操作的各阶段合理的卫生是一个很重要的因素，可疑的病原菌携带者应禁止加工和制作食品。为了控制 EHEC 在食品中出现，合理的卫生设备和条件、烹饪和热处理方法及合理的冷藏是必要的，还要在食品加工的各个环节防止交叉污染。

三、志贺氏菌属

志贺氏菌属（*Shigella*）是人类细菌性痢疾最常见的病原菌，俗称痢疾杆菌。引起志贺氏杆菌病或细菌性痢疾的志贺氏菌包括痢疾志贺氏菌（*S. dysenteriae*）、福氏志贺氏菌（*S. flexneri*）、鲍氏志贺氏菌（*S. boydii*）和宋内氏志贺氏菌（*S. sonnei*）。志贺氏菌栖息环境是人类和其他灵长类的肠道。

1. 生物学特性

该微生物细胞属于革兰氏阴性、不运动、兼性厌氧的杆菌，通常是过氧化氢酶阳性和氧化酶、乳糖阴性。发酵糖通常不产生气体。这些菌能在 7～46℃下生长，最适生长温度是37℃。能耐受不同的物理和化学处理，如冷藏、冷冻、5％NaCl 和 pH4.5 条件的处理。但是巴氏杀菌可以杀死它们。当食物处在它们的生长温度范围内时，这些菌株能在许多类型的食品中生长繁殖。

2. 致病机理和临床症状

这些菌株含有质粒编码的侵袭性因子，能使志贺氏菌侵入小肠和大肠的上皮细胞，一旦进入上皮细胞就产生志贺毒素。入侵的志贺氏菌能杀死上皮细胞，然后攻击新细胞，从而引起溃疡和损伤。

感染菌量很低，只需 $10\sim10^3$ 个细菌。摄入污染的食物后，症状会在 12h～7 天内出现，一般是在 1～3 天内发生。轻微的感染，症状可能持续 5～6 天；但严重的情况下，症状可能持续 2～3 周。有的人可能不会出现任何症状，有的感染者的症状消除以后长时间向体外排菌。症状的出现是由于上皮黏膜被侵染和毒素共同作用的结果，包括腹痛、血便、带黏液和脓混合物的腹泻、发热、寒颤和头痛。一般来说，小孩比成年人更易感。

3. 相关的食品

在食物中出现的志贺氏菌，只能来自粪便排泄物直接或间接污染，病原菌可能是来源于患者，或者来源于一个携带这种病原菌但没有任何症状的人，在他的排泄物中有志贺氏菌。直接污染主要是由于个人的不良卫生习惯，间接污染主要是由于用粪便污染的水清洗食物而未经热处理引起的污染。食物的交叉污染也能引起疾病的暴发。

在发达国家，污染食物频率最高的是各种不同类型的色拉（土豆、金枪鱼、小虾和鸡肉），其中土豆色拉排在首位。许多食物是先切好再食用，如色拉中用的蔬菜与该食源性疾病发生有很大的关系。生食从污染的水中获得的壳类食物也与该疾病的发生有很大关系。这种病原菌可以在许多食物中生长。由于感染剂量非常低，所以志贺氏菌在食品中的生长可能不是引起疾病的重要因素。

4. 控制措施

食源性痢疾是通过携带病原菌的食品操作者直接接触食物和不良的个人卫生习惯而导致食物污染而引发的。为了防止即食食品的污染，如这个人是病原菌携带者时，禁止人们用手直接接触食物是很有必要的，但在很多情况下这是不可能的。食物接触者要注意个人卫生是相当重要的，如果怀疑一个人的消化紊乱时，必须禁止他直接接触食物。严格地执行卫生标准来预防食物的交叉污染；合理地使用消毒措施，以及冷藏食物对预防志贺氏菌污染是非常必要的。

四、空肠弯曲菌

弯曲菌是一种肠道微生物，已经从动物的粪便中以很高的比率分离出来。一些情况下每克禽类粪便物中分离到的病原菌可达 10^6 个细菌以上。水、蔬菜和动物源性食物很容易被粪便排泄物中的弯曲菌污染。

数种弯曲菌能引起人肠胃炎，其中空肠弯曲菌（*Campylobacter jejuni*）和大肠弯曲菌比较常见，大多数由空肠弯曲菌引起，所以本小节仅对空肠弯曲菌进行讨论。

1. 生物学特性

空肠弯曲菌是一种革兰氏染色阴性、运动、无芽孢的杆状细菌。细胞较小、脆弱、形成弯曲的螺旋状。这些菌株微需氧，过氧化氢酶和氧化酶阳性。需在 5％氧气、8％二氧化碳和 87％氮气的微氧环境生长。生长温度范围是 32～45℃，最适温度是 42℃。在氨基酸中比在碳水化合物中生长更好。通常生长比较缓慢，而且有其他细菌生长时竞争力很差。在许多食物中不能很好生长。对许多环境因素比较敏感，包括氧气（空气）、NaCl（2.5％以上）、低 pH（低于 pH5.0）、温度（低于 30℃）、热（巴氏温度）和干燥，然而它们能在冷藏条件下很好地存活，在冷冻状态下能存活数月。

2. 致病机理和临床症状

空肠弯曲菌可产生不耐热的肠毒素，该毒素和霍乱毒素有交叉反应。空肠弯曲菌引起弯曲菌病感染剂量很低，仅需 500 个细菌。摄入后，症状在 2～5 天内出现，一般持续 2～3 天，但可携带病原菌 2 周以上。主要症状是腹痛、严重腹泻、恶心、呕吐，其他症状包括发热、头痛、便血和寒颤。有些人可能间隔一段时间后复发。

3. 相关食品

由于空肠弯曲菌在动物、鸟类和环境中出现的频率较高，所以许多食物包括动物性和植物性食品都很容易被其污染。食品可能会被感染空肠弯曲菌的人和动物的粪便物直接污染，也可能是通过污水和被污染的水间接污染。在原料肉（牛肉、羔羊肉、猪肉、鸡肉和火鸡肉）、奶、鸡蛋、蔬菜、蘑菇等食品中有很高的检出频率。用动物粪便作肥料也可能污染蔬菜。尽管这种微生物在食物中与其他微生物没有竞争性，一般在食物中生长不是很好，但在污染食物中存活的细胞足够导致疾病发生。

空肠弯曲菌和其他弯曲菌在食品中不能生长，而且对环境的抵抗力差，对干燥、正常的大气氧浓度、室温、酸、消毒剂非常敏感，因此经过巴氏消毒处理或脱水加工的食品通常是安全的，然而，冷冻的动物性食品却经常是传播源。

4. 控制措施

控制食物原料中空肠弯曲菌的存在相当困难，特别是动物性食品。然而合理的卫生程序能够减少这些微生物在生产、加工和以后的处理过程中污染食品原料。避免生食动物性食品原料，对食品进行热处理，防止加热后再污染，对控制由动物性食物引起的弯曲菌病是相当重要的。为了控制蔬菜污染，尽量不使用动物粪便作为肥料，不用污水来浇灌蔬菜（特别是即食蔬菜）。对于通过人发生污染的控制，主要是通过建立良好的个人卫生和不允许患病者接触食品，特别是即食食品。

五、小肠结肠炎耶尔森氏菌

耶尔森氏菌属（*Yersinia*）中对人致病的有鼠疫耶尔森氏菌（*Y. pestis*）、小肠结肠炎耶尔森氏菌（*Y. enterocolitica*）和假结核耶尔森氏菌（*Y. pseudotuberculosis*）。与食源性疾病有关的主要是小肠结肠炎耶尔森氏菌。小肠结肠炎耶尔森氏菌通常寄居在啮齿动物、食源性动物、鸟类、宠物动物、野生动物和人的肠道中。人类携带者不出现任何症状。不同食品可被上述这些动物的粪便和尿液污染。

1. 生物学特性

小肠结肠炎耶尔森氏菌是革兰氏染色阴性、短杆状、无芽孢、37℃以下可运动的兼性厌氧菌。这些菌株能在 0～44℃生长，最适生长温度是 25～29℃。能在牛奶和原料肉中生长，但生长非常缓慢。在 5% NaCl 和 pH4.6 以上的环境中可生长，对巴氏杀菌温度敏感。

2. 致病机理和临床症状

并非所有菌株都引起这种疾病，大多数从环境中分离得到的菌株没有致病性。致病性菌株主要是存在于猪。小肠结肠炎耶尔森氏菌具有侵袭性，对组织的侵袭性与它产生的外膜蛋白有关。小肠结肠炎耶尔森氏菌产生菌体表面抗原，诱发抗细胞外杀伤作用，但不增强对吞噬细胞的抵抗力，从而协助病原菌的扩散。小肠结肠炎耶尔森氏菌产生一种耐热肠毒素，该毒素在 100℃ 20 min 不被灭活，与腹泻的发生有关。

在人群中儿童最易感染该菌。该菌的致病剂量较高（10^7 个细菌）。症状有严重的腹痛、腹泻、恶心、呕吐和发热。症状一般在摄入污染食物 24～26h 内出现，且会持续 2～3 天，这种疾病很少是致命的。

3. 相关食品

许多动物携带小肠结肠炎耶尔森氏菌，然而除从猪分离的菌株外，大部分动物菌株不引起人致病。因此猪是最重要和主要的毒性菌株的携带者，经常从健康猪的扁桃体和舌头分离出这些菌株。也从真空包装肉类、海产品、蔬菜、乳类分离出了该细菌。猪的排泄物处理不当，食品加工过程中卫生条件差、消毒不彻底，食品长时间冷藏都是污染的原因。

4. 控制措施

由于该菌是嗜冷菌，所以冷藏不能控制它的生长。在处理和加工过程中各阶段的良好卫生条件以及合适的热处理，对于控制耶尔森氏菌是非常重要的。应该避免食用未消毒奶和低温烹饪肉。避免受到猪排泄物、人或其他动物排泄物对食品的交叉污染是控制耶尔森氏菌的重要措施。

六、副溶血性弧菌

在弧菌属中，有四个种与食源性疾病有关，分别是霍乱弧菌（*Vibrio cholerae*）、拟态弧菌（*Vibrio mimicus*）、副溶血性弧菌（*Vibio parahaemolyticus*）和创伤弧菌（*Vibio vulnificus*）。在中国由副溶血性弧菌引起的食源性感染发生频率很高。

副溶血性弧菌是一种广泛分布在海岸水域中的嗜盐性细菌。它们存在于河口环境中并表现出季节性变化，在夏季数量最多。

1. 生物学特性

副溶血性弧菌是革兰氏阴性、无芽孢、有运动性的弧状杆菌。通常是过氧化氢酶和氧化酶阳性，这些菌株能在有葡萄糖的培养基中生长但不产气，不能发酵乳糖和蔗糖。生长的温度范围是 $5\sim42℃$，最适生长温度是 $30\sim37℃$。能在 $3\%\sim5\%$ NaCl 中生长，但对 10% 的盐敏感。在 pH 值低于 5 时生长受限。细胞对干燥、加热、冷藏和冷冻高度敏感。

2. 致病机理和临床症状

副溶血性弧菌食物中毒发生的机制主要为大量副溶血性弧菌的活菌侵入肠道所致；少数由副溶血性弧菌产生的溶血毒素所引起。

副溶血性弧菌对胃中的低 pH 比较敏感，其症状会在摄入活菌后 $10\sim24h$ 内发生，症状会持续 $2\sim3$ 天。症状包括恶心、呕吐、腹部疼痛、腹泻、头痛、发热和寒颤，这种疾病一般不会致死。

3. 相关的食品

副溶血性弧菌的菌株能从河口水域打捞的海产品中大量分离得到，特别是在夏季的几个月。大规模事件也和一些偶发事件一样，是由于食用了未加工的、不正确烹饪的或是加热后污染的海产品而引起的，包括鱼、牡蛎、小虾和龙虾。在未经冷藏生鲜海产品和烹饪的海产品中，副溶血性弧菌生长很快，特别是在 $20\sim30℃$ 下更快。若对海产品处理温度不当，这些细菌很快会从原来很低的数量达到感染剂量。

4. 控制措施

不食用生的海产品，正确热处理海产品，避免热处理后的食物交叉污染。

七、单核细胞增多症李斯特氏菌

单核细胞增多症李斯特氏菌（*Listeria monocytogenes*）属于李斯特氏菌属，该属中只有单核细胞增多症李斯特氏菌对人致病，引起李斯特氏菌病。单核细胞增多症李斯特氏菌在自然界分布广泛，可以从多种环境样品中分离出来，如腐烂的植物、土壤、污水等，也可以从动物的肠内容物中分离得到。人类肠内也可能携带病原菌而不表现出任何症状。

1. 生物学特性

李斯特氏菌是革兰氏阳性、兼性厌氧的、无孢子、有运动性的小杆菌。在新鲜培养基中，细胞可能形成短链。有溶血作用，能酵解鼠李糖但不能酵解木糖，发酵葡萄糖而不产生气体。李斯特氏菌为嗜冷菌，能在 1～4℃生长，最适宜生长温度为 35～37℃。能在许多食物和环境中生长。其细胞对冷冻、干燥、高盐和高 pH 值（pH5 及更高）有相对的耐受力，对巴氏杀菌温度敏感。

2. 致病机理和临床症状

健康人对单核细胞增多症李斯特氏菌有强的抵抗力，而免疫力低下的人则容易患病，且死亡率高。

单核细胞增多症李斯特氏菌的感染剂量是 100～1000 个细菌。经消化道侵入体内后，在肠道中繁殖，进入血液循环，到达敏感组织细胞，在其中繁殖，产生李斯特氏菌溶血素 O（literiolysin O），使细胞死亡。

一般在摄入带病原菌的食品 1～7 天内出现类似感冒症状，包括轻微发烧、腹痛和腹泻。数天后症状会出现缓解，有些个体可能很长一段时间内其粪便中含有李斯特氏菌。易感人群（免疫力低下的孕妇、胎儿、婴儿、老人）感染后的症状有所不同，最初的症状是恶心、呕吐、腹痛、腹泻，并伴有发烧和头痛。这些病原菌通过血液入侵到不同的组织器官，包括中枢神经系统，对于孕妇病原菌通过胎盘入侵胎儿的组织和器官。这种情况下，会引起菌血症（败血症）、脑膜炎、脑炎和心内膜炎。免疫力差的胎儿感染后的致死率非常高。

3. 相关食品

李斯特氏菌在自然界到处存在，常见于土壤、蔬菜和水，因而动物也常携带此菌。李斯特氏菌在土壤和植物中可以存活很长时间，细菌可以通过饲料进入奶等动物产品。其生存与温度有关，低温有利于生存，这在食物链中非常重要。奶酪、凉拌卷心菜、热狗、禽肉等是引起李斯特氏菌病的常见食品。

4. 控制措施

由于李斯特氏菌在环境中普遍存在，食品中不可能完全没有这种病原菌。即食食品中不容许存在单核细胞增多症李斯特氏菌。为控制李斯特氏菌病的发生，应特别注意所谓的高危食品——熟食（尤其是熟肉制品）。由于单核细胞增多症李斯特氏菌常出现于奶和奶制品中，应重视奶的巴氏消毒，更应防止发生消毒后的再污染。

应从食品加工的原料开始控制李斯特氏菌在食品中的出现，怀疑有李斯特氏菌污染的水不应用于浇灌农作物。用于运输食品原材料和食品的车辆等应经常清洗消毒。在加工厂，原材料本身会变成环境污染的来源，生产流程的设计应考虑将无李斯特氏菌污染的食品和可能受到污染的环境分开，即分开清洁区和污染区，限制人员、工具、水、空气、管道在两个区之间的交叉流动。即使采取了严厉的措施，暴露的生产加工过程也会成为污染环节，应进行包括微生物学检查在内的卫生状况的检查和评估，这是控制产品质量的重要步骤。还应注意产品贮藏和流通过程中可能受到的污染，单核细胞增多症李斯特氏菌对环境耐受力强，如极端 pH 和冷冻，这些特点在贮藏和流通过程中应特别引起注意。所有冷藏的剩余食物和即食食品在食用前要再次热处理。

八、金黄色葡萄球菌

葡萄球菌广泛分布于自然界，如空气、水、土壤、饲料和一些物品中。

1. 生物学特性

金黄色葡萄球菌（*Staphylococcus aureus*）为革兰氏阳性球菌，呈葡萄串状排列，无芽孢，无鞭毛，不能运动。兼性厌氧或需氧，最适生长温度 37℃，但在 0～47℃都可以生长。在普通培养基上可产生金黄色色素。对外界因素的抵抗力强于其他无芽孢菌，60℃ 1h 或 80℃ 30min 才被杀死。耐盐性较强，在含 7.5%～15% NaCl 的培养基中仍能生长。在冷藏环境中不易死亡。通常它们在食物中生长时与其他微生物的竞争性不强，但具有在其他微生物不能良好生长的许多食物中生长的能力，在这些食品中，它们的生长很容易占优势。

2. 致病机理和临床症状

金黄色葡萄球菌产生的肠毒素对热稳定，100℃ 30min 保持毒力，耐受胰蛋白酶的水解作用，分子质量为 26～30kDa，毒性不同。这些毒素的热稳定性有所不同，一般的烹饪处理不能完全破坏这些毒素。

菌株毒素产生的比率直接与其生长速率和细胞浓度有关。在最适条件下病原菌生长 4h 后每克或每毫升食物中菌数就会超过数百万，这时毒素就能被检测到。

葡萄球菌肠毒素引起胃肠炎，健康成人发病需摄入含 100～200ng 毒素污染的食物 30g（mL），这些毒素需要由 10^6～10^7 个细菌/g（或 mL）产生。而婴儿、老人和体弱者的发病剂量则较低。症状会在 2～4h 内发生，一般在 30min 到 8h 范围内。症状轻重与摄入数量、毒素毒力和个体抵抗能力有关。病情持续 1～2 天，致死率低。主要症状是毒素刺激神经系统引起唾液分泌、极度恶心和呕吐、腹部绞痛，继而出现腹泻。其他症状有发汗、打寒颤、头痛和脱水。

3. 相关的食品

金黄色葡萄球菌可以出现并在许多食品中生长，主要是蛋白质丰富的食品，如肉和肉制品、奶和奶制品等。金黄色葡萄球菌通常没有污染食品的其他细菌生长迅速，因此生的食品引起的食物中毒一般不是金黄色葡萄球菌。但在烹饪过的食品，消除了生的食品中正常的竞争性细菌，污染的金黄色葡萄球菌便会生长。

金黄色葡萄球菌食物中毒常见于公共食堂，从业者卫生差和食品保藏时间及温度不恰当导致污染和细菌的生长并产生毒素。酸性食品如蛋黄酱可抑制金黄色葡萄球菌的生长；但食品中的盐和糖为金黄色葡萄球菌的生长创造了有利的环境，因为其他细菌受到抑制，而金黄色葡萄球菌则不被抑制。金黄色葡萄球菌可以耐受 10%～20% 的盐浓度和 50%～60% 的蔗糖浓度。该菌对亚硝酸盐产生耐受，因此在腌制液和腌肉中可繁殖。金黄色葡萄球菌为兼性厌氧菌，在有氧的环境下生长良好，但在氧浓度低的条件下也能生长，然而，对毒素的产生必须有一定的氧存在。

金黄色葡萄球菌在有氧条件下可以在低至 0.86 水分活性食品中生长，在厌氧条件下于水分活性 0.90 食品中生长。尽管金黄色葡萄球菌有发酵和蛋白质分解作用，但通常不产生异味，食品仍保持正常的现象。因此细菌或其毒素在食品中的出现不能被感官方法检测出来。

4. 控制措施

要通过合理地选择食品原料配料、改善食品环境的卫生和食品操作者良好的个人卫生来降低食品中的最初菌数。有呼吸道疾病、严重的面部粉刺、皮肤发疹和手上有伤口的人应禁止参与加工食品。适当的热加工和烹饪，以及适当的冷藏和冷冻是最重要的控制措施。只要可能的地方就用热处理来确保杀灭细菌，热处理后还应该避免食品的二次污染。一旦热稳定毒素产生，食用前的加热不能保证食物的安全。冷却加工食品的温度要快速降到 5℃ 以下。

九、肉毒梭状芽孢杆菌

肉毒梭状芽孢杆菌（*Clostridium botulinum*），简称肉毒梭菌，广泛分布在土壤、污水、植物和动物的肠道内容物中。该菌产生毒性很强的肉毒毒素（botulin），引起致命的肉毒中毒（botulism）。

1. 生物学特性

肉毒梭菌是革兰氏阳性粗短杆菌，有鞭毛、无荚膜。产生芽孢，芽孢为卵圆形，位于菌体的次极端或中央，芽孢大于菌体的横径，所以产生芽孢的细菌呈现梭状。适宜的生长温度为 35℃ 左右，严格厌氧。在中性或弱碱性的基质中生长良好。其繁殖体对热的抵抗力与其他不产生芽孢的细菌相似，易于杀灭。但其芽孢耐热，一般煮沸需经 1～6h，或 121℃ 高压蒸汽 4～10min 才能杀死。它是引起食物中毒病原菌中对热抵抗力最强的细菌之一。所以，罐头的杀菌效果，一般以肉毒梭菌为指示细菌。

2. 致病机理和临床症状

肉毒梭菌产生的肉毒毒素本质是蛋白质，为神经毒素，共产生六种毒素：A、B、C、D、E、F，其中的 A、B、E、F 与人类的食物中毒有关。肉毒毒素毒性剧烈，少量毒素即可产生症状甚至致死，对人的致死量为 0.1μg。毒素摄入后经肠道吸收进入血液循环，输送到外围神经，毒素与神经有强的亲和力，阻止乙酰胆碱的释放，导致肌肉麻痹和神经功能不全。

肉毒中毒是由摄入含有肉毒毒素污染的食物而引起的。潜伏期可短至数小时，通常 24h 以内发生中毒症状，也有两三天后才发病的。先有一般不典型的乏力、头痛等症状，接着出现斜视、眼睑下垂等眼肌麻痹症状，再是吞咽和咀嚼困难、口干、口齿不清等咽部肌肉麻痹症状，进而膈肌麻痹、呼吸困难，直至呼吸停止导致死亡。死亡率较高，可达 30%～50%，存活患者恢复十分缓慢，从几个月到几年。

婴儿摄入含有肉毒梭菌芽孢的蜂蜜可导致芽孢在肠道发芽，产生毒素引起婴儿肉毒中毒，症状为便秘、面无表情、哭泣无力、运动乏力、吞咽困难、流涎、严重的呼吸障碍。

3. 相关的食品

肉毒梭菌，特别是其芽孢，很容易造成食品的污染，水果蔬菜可被土壤中的细菌污染，鱼可被水中或沉积物中的细菌污染。芽孢对外界环境和加工处理有很强的抵抗力，在加工过程中可能存活下来，适当条件下大量繁殖，引起中毒。低酸的蔬菜（如青豆、玉米、菠菜、芦笋、辣椒和蘑菇）和水果（如无花果和桃子）、鱼产品（发酵的、不正确烹饪和烟熏的鱼和鱼子）、家庭自制罐头是常见的原因食品。12 个月内的婴儿勿食用蜂蜜产品。

4. 控制措施

通过热处理减少食品中肉毒梭菌繁殖体和芽孢的数量是最有效的方法，采用高压蒸汽灭菌方法制造罐头可以获得"商业无菌"的食品，其他加热处理包括巴氏消毒法对繁殖体是有效的措施。由于这种毒素不耐热，高温处理（90℃ 15min 或煮沸 5min）能破坏可疑食物中的毒素，使食品处于在理论上的安全状态。将亚硝酸盐和食盐加到低酸性食品中也是有效的控制措施，在腌制肉品时使用亚硝酸盐有非常好的效果。冷藏和冻藏是控制肉毒梭菌生长和毒素产生的重要措施。低 pH、产酸处理、降低水分活性可以抑制一些食品中肉毒梭菌的生长。

十、其他细菌

1. 霍乱弧菌

霍乱弧菌（*Vibrio cholerae*）来自人类患者，患者粪便可污染食品和水，人类摄入受污染食品和水中的大量活菌才可致病。病原菌可长期存在于海水及江河入海口，因此由海产品引起的霍乱也最为常见。霍乱弧菌引起的疾病为胃肠炎。

2. 产气荚膜梭菌

产气荚膜梭菌（*Clostridium perfringens*）的芽孢和繁殖体广泛存在于土壤、尘埃、动物的肠内容物以及污水中，食品特别是未经加工的食品易受到污染。该菌产生不耐热肠毒素，是在肠道内在细菌芽孢形成过程中形成并释放的。在摄入了大量含产气荚膜梭菌的食物后引起中毒，为胃肠炎的症状。

3. 蜡样芽孢杆菌

蜡样芽孢杆菌（*Bacillus cereus*）为好氧产芽孢杆菌，正常存在于土壤、水、尘埃、淀粉制品、乳和乳制品等中。至少产生两种肠毒素（致呕毒素和肠毒素），分别引起呕吐和腹泻的胃肠炎症状，这些毒素产生于细胞内，且当细胞裂解时释放出来。细菌在食品和肠道内繁殖时均可产生毒素。一般来说，摄入大量细菌后才会发病。

4. 布鲁氏菌属

布鲁氏菌属（*Brucella*）的细菌引起人的布鲁氏菌病（brucellosis），引起该病的有牛布鲁氏菌（*Brucella abortus*）、猪布鲁氏菌（*Brucella suis*）和羊布鲁氏菌（*Brucella melitensis*）。布鲁氏菌病是人兽共患传染病，动物感染后，病原存在于雌性动物怀孕的子宫内和分泌乳汁的乳房乳腺中，因此病原菌会出现在动物的奶中。食用未消毒奶和奶制品、接触生肉、与患病动物接触等均可引起人发病。人感染布鲁氏菌病的症状包括波浪式发热、出汗、关节疼痛、寒颤和身体虚弱等，症状会在摄入污染食物 3～21 天内出现。

5. 化脓性链球菌

链球菌广泛存在于自然界、人及动物粪便和人的鼻咽部等，属于链球菌 A 群中的化脓性链球菌（*Streptococcus pyogenes*）是一种致病菌，其致病性与具有侵袭力和产生外毒素有关。细菌存在于患乳腺炎动物的乳汁中，也会出现在其他食品中，从而引起食源性感染，引起人的咽喉疼痛、发热、寒颤和身体虚弱。有些情况下也会出现恶心、呕吐和腹泻等症状。有些菌株能引起猩红热。

第三节　病　毒

病毒引起的食源性疾病事件越来越多，在世界各地病毒已经成为一个引起食源性疾病的重要原因。由病毒引起的食源性疾病的诊断和控制及病原的分离鉴定等受到越来越多的重视。与细菌不同的是它们很难从污染食物中检测和分离到，从污染食物中分离的方法和检测技术研究得还很不够。由于病毒不能在食品体系中繁殖，有些病毒在食品不同的贮藏和保存阶段很快死掉。因此，确认食品受到病毒污染并引起食源性疾病还存在很大困难。

一、肝炎病毒

肝炎病毒（*hepatitis virus*）引起传染性肝炎。引起病毒性肝炎的病毒有 7 种，即甲、乙、丙、丁、戊、己、庚型肝炎病毒。经食品传播的肝炎病毒有甲型和戊型肝炎病毒。

1. 生物学特性

（1）甲型肝炎病毒（hepatitis A virus，HAV） 属小 RNA 病毒科（Picornaviridae）肝病毒属（*Hepatovirus*），直径约 27 nm，球形颗粒状，二十面体立体对称，无包膜，内含线形单股 RNA。

HAV 有六个基因型（Ⅰ～Ⅵ）。HAV 比较耐热，60℃ 1h 不被灭活，对酸处理有抵抗力。置于 4℃、-20℃和-70℃条件下，不能改变其形态或破坏其传染性。但 100℃加热 5min 可将其杀死。

（2）戊型肝炎病毒（hepatitis E virus，HEV） 属杯状病毒科（Caliciviridae），病毒体呈球状，无包膜，平均直径为 32～34 nm。该病毒对高盐、氯仿等敏感。人和多种灵长类动物（如恒河猴、食蟹猴、非洲绿猴、绢毛猴及黑猩猩等）可感染。

2. 致病机理和临床症状

（1）甲型肝炎病毒 引起甲型肝炎或甲型病毒性肝炎，潜伏期为 15～50 天，表现为突然发热、不适、恶心、食欲减退、腹部不适，数日后出现黄疸。肝大、肝区疼痛。感染剂量为 10～100 个病毒。甲型肝炎以秋冬季节发生为主，也可在春季发生流行，通过摄食污染了的食品发生感染。病毒经口入侵人体后，在咽部或唾液腺中早期增殖，然后在肠黏膜与局部淋巴结中大量增殖，并侵入血流形成病毒血症，最终侵犯肝脏。甲型肝炎经彻底治疗后，愈后良好。

（2）戊型肝炎病毒 主要经粪-口途径传播，潜伏期为 10～60 天，临床上表现为急性戊型肝炎（包括急性黄疸型和无黄疸型）等，症状为食欲减退、腹痛、关节痛和发热。多数患者于发病后 6 周即好转并痊愈，不发展为慢性肝炎。多发生于少年到中年的年龄段，孕妇感染后病情常较重，尤以怀孕 6～9 个月最为严重，常发生流产或死胎，病死率达 10%～20%。戊型肝炎病毒经胃肠道进入血液，在肝内复制，再经肝细胞释放到血液和胆汁中，然后经粪便排出体外。

3. 相关食品

甲型和戊型肝炎患者通过粪便排出病毒，摄入了受其污染的水和食品后引起发病，水果和果汁、奶和奶制品、蔬菜、贝甲壳类动物等都可传播疾病，其中水、贝甲壳类动物是最常见的传染源。

4. 控制措施

甲型肝炎病毒和戊型肝炎病毒主要通过粪便污染食品和水源，并经口传染，因此加强饮食卫生、保护水源是预防的主要环节。对食品生产人员要定期进行体检，做到早发现、早诊断和早隔离，对患者的排泄物、血液、食具、用品等须进行严格消毒。严防饮用水被粪便污染，有条件时可对饮用水进行消毒处理。对餐饮业来说，工作人员要保持手的清洁卫生，养成良好的卫生习惯，对使用的餐具要进行严格的消毒。对输血人员要进行严格体检，对医院所使用的各种器械进行严格消毒。接种甲肝疫苗有良好的预防效果，向患者注射丙种球蛋白有减轻症状的作用。

二、轮状病毒

轮状病毒（rotavirus）是哺乳动物和鸟类腹泻的重要病原体，是病毒性胃肠炎的主要病原，也是导致婴幼儿死亡的主要原因之一。

1. 生物学特性

病毒呈球形，有双层衣壳，每层衣壳呈二十面体对称。内衣壳的微粒沿着病毒体边缘呈放射状排列，形同车轮辐条。完整病毒大小 70～75nm，无外衣壳的粗糙型颗粒为 50～60nm，具双层衣壳的病毒体有传染性，病毒基因组为双链 RNA。轮状病毒在环境中相当稳定，在粪便中存活数天到数周，pH 适应范围广（pH3.5～10），55℃ 30min 可被灭活。

2. 致病机理和临床症状

A 型轮状病毒最为常见，是引起 6 个月～2 岁婴幼儿严重胃肠炎的主要病原，年长儿童和成年人常呈无症状感染。传染源是患者和无症状带毒者从粪便排出的病毒，经粪-口途径传播。病毒侵入人体后在小肠黏膜绒毛细胞内增殖，造成细胞溶解死亡，微绒毛萎缩、变短和脱落，腺窝细胞增生、分泌增多，导致严重腹泻。潜伏期为 24～48h，突然发病，出现发热、腹泻、呕吐和脱水等症状，一般为自限性，可完全恢复。但当婴儿营养不良或已有脱水，若治疗不及时，会导致婴儿的死亡。

B 型轮状病毒可在年长儿童和成年人中暴发流行，C 型病毒对人的致病性与 A 型类似，但发病率很低。

由于该病毒具有抵抗蛋白质分解酶和胃酸的作用，所以能通过胃到达小肠，引起急性胃肠炎。感染剂量为 10～100 个感染性病毒颗粒，而患者在每毫升粪便中可排出 10^8～10^{10} 个病毒颗粒，因此，通过病毒污染的手、餐具完全可以使食品中的轮状病毒达到感染剂量。

3. 相关食品

轮状病毒存在于肠道内，通过粪便排到外界环境，污染土壤、食品和水源，经消化道途径传染给其他人群。在人群生活密集的地方，轮状病毒主要是通过带毒者的手造成食品污染而传播，在儿童及老年人病房、幼儿园和家庭中均可暴发。感染轮状病毒的食品从业人员在食品加工、运输、销售时可以污染食品。

4. 控制措施

主要是控制传染源，切断传播途径，严格消毒可能污染的物品。具体措施首先是讲究个人卫生，饭前便后洗手，防止病毒污染食品和水源。其次，食用冷藏食品时尽量进行加热处理，对可疑污染的食品食用前一定要彻底加热。此外，可以接种疫苗提高免疫力。

三、诺如病毒

诺如病毒（norovirus）曾称为诺瓦克病毒（Norwalk viruses），诺如病毒是 1972 年美国诺瓦克（Norwalk）一所小学流行性胃肠炎暴发的病原，因此而得名 Norwalk 病毒。它是世界上引起非细菌性胃肠炎暴发流行的重要病原体。

1. 生物学特性

属杯状病毒科（Caliciviridae），直径为 26～35 nm，无包膜，表面粗糙，球形，呈二十面体对称，根据暴发地区不同该类病毒有很多血清型。

2. 致病机理和临床症状

诺如病毒引起病毒性胃肠炎或称为急性非细菌性胃肠炎。感染剂量为 1~10 个病毒颗粒，潜伏期通常为 24~48h，患者突然发生恶心、呕吐、腹泻、腹痛，有时伴有低热、头痛、乏力及食欲减退，病程一般为 2~3 天。

所有人都可感染发病，但主要感染大龄儿童和成年人。人体获得对诺如病毒的免疫力后，免疫作用维持时间比较短，这是人反复发生胃肠炎的主要原因之一。

3. 相关食品

诺如病毒主要是通过污染水和食物经粪-口途径而传播，也有人和人之间相互传播的，水是引起疾病暴发的最常见传染源，自来水、井水、游泳池水等都可以引起病毒的传播。

4. 控制措施

避免食用受污染的食品，人食用诺如病毒污染的贝类、沙拉等食品均可导致发病。在易发地区，对易污染的食品更要注意其安全性。

四、其他病毒

1. 肠病毒（enterovirus）

肠病毒属于小 RNA 病毒科，病毒为二十面体立体对称，无包膜。包括：脊髓灰质炎病毒（polioviruses）、柯萨奇病毒 A 群（A coxsackieviruses）、柯萨奇病毒 B 群（B coxsackieviruses）、埃可病毒（Echoviruses）和肠病毒（Enteroviruses）。命名为肠病毒是因为它们可以在肠道中繁殖。肠病毒对环境因素有较强的抵抗力，在一般环境中可以生存数周，因此食品一旦受到污染就有引起人患病的危险。

人肠病毒分布广泛，主要通过粪-口途径传播，少数也经气溶胶传播，病毒可经感染者的粪便排出体外。肠病毒引起婴幼儿的多种疾病，病毒经污染的食品和水进入消化道并繁殖，最典型的症状是胃肠炎，感染的症状通常很轻微，多数无临床症状。然而，肠道中的病毒可能扩散到其他器官，引起严重的疾病，甚至是致命的脑膜炎和瘫痪。

2. 星状病毒（astrovirus）

星状病毒属于星状病毒科（Astroviridae），球形、无包膜，是引起儿童急性腹泻的主要原因，其症状通常比轮状病毒轻微，但常与轮状病毒和杯状病毒混合感染。冬季为流行季节。通过食品和水经粪-口途径传播。

3. 哺乳动物腺病毒（mastadenovirus）

属于腺病毒科（Adenoviridae），引起人和动物的疾病。腺病毒为无包膜的双链 DNA 病毒，正二十面体。大部分腺病毒引起人的呼吸道感染，一部分腺病毒则引起人的胃肠炎。腺病毒主要经粪-口途径传播，约 10% 儿童胃肠炎由该病毒引起。四季均可发病，以夏季多见。可从污泥、海水和贝类食品中检出。

4. 口蹄疫病毒（aphthovirus）

口蹄疫（foot-and-mouth disease）病毒属于小 RNA 病毒科（Picornaviridae），病毒粒子无包膜。口蹄疫为人兽共患病，主要侵害偶蹄类动物，可以传播给人，但它克服种间障碍传播给人的概率较低，人发生口蹄疫感染是比较罕见的。口蹄疫病毒在新鲜、部分烹饪和腌制的肉中，以及未适当进行巴氏消毒的奶中可存活相当长时间。消费这些产品或与患病动物接触，可引起人的感染。人感染的潜伏期为 2～6 天。感染口蹄疫病毒的症状有身体不适、发热、呕吐、口腔溃疡等，有时手指、足趾、鼻翼和面部皮肤出现小水泡。感染人的病毒多为 O 型，其次为 C 型和 A 型。

第四节　寄　生　虫

寄生虫指不能或不能完全独立生存，只在另一生物的体表或体内才能生存，并使后者受到危害。受到危害的生物称为宿主。成虫和有性繁殖阶段的宿主称为终宿主，幼虫和无性繁殖阶段的宿主称为中间宿主。寄生物从宿主获得营养，生长繁殖并引起宿主发病，甚至死亡。寄生虫及其虫卵可直接污染食品，也可经含寄生虫的粪便污染水体和土壤等环境，再污染食品，人食入这种食品后发生食源性寄生虫病。涉及食源性感染的寄生虫有绦虫、线虫和原虫。

一、囊尾蚴

囊尾蚴（cysticercus）是寄生在人的小肠中的猪有钩绦虫（*Taenia solium*）和牛无钩绦虫（*Taenia saginata*）的幼虫。引起猪、牛的囊虫病（cysticercosis），猪囊尾蚴也引起人的囊虫病。

1. 病原体

病原体的成虫是有钩绦虫或猪肉绦虫、无钩绦虫或牛肉绦虫。幼虫阶段是囊尾蚴，也称为囊虫。囊虫呈椭圆形，乳白色，半透明，位于肌纤维的结缔组织内，长径与肌纤维平行。

2. 致病机理和临床症状

猪囊尾蚴主要寄生在骨骼肌，其次是心肌和大脑。人如果食用含有囊尾蚴的猪肉，由于肠液及胆汁的刺激，头节即从包囊中引颈而出，以带钩的吸盘吸附在人的肠壁上从中吸取营养并发育为成虫（绦虫），使人患绦虫病。在人体内寄生的绦虫可生存很多年。人患囊尾蚴病是由于患绦虫病的人可能食用被虫卵污染的食物，也可能由于胃肠逆蠕动把自己小肠中寄生的绦虫孕卵节片逆行入胃，虫卵就如同进入猪体一样，经过消化道，进入人体各组织，特别在横纹肌中发育成囊尾蚴，使人患猪囊尾蚴病。

无钩绦虫的终宿主也是人，感染过程与上述有钩绦虫相似，但中间宿主只有牛，且囊尾蚴只寄生在横纹肌中。

人患绦虫病时出现食欲减退、体重减轻、慢性消化不良、腹痛、腹泻、贫血、消瘦等症状。患有钩绦虫病时，肠黏膜损伤较重，少数发生虫体穿破肠壁而引发腹膜炎。患囊尾蚴时，如侵害皮肤，表现为皮下有囊尾蚴结节；侵入肌肉引起肌肉酸痛、僵硬；侵入眼中影响视力，严重的导致失明；侵入脑内出现精神错乱、幻听、幻视、语言障碍、头痛、呕吐、抽搐、癫痫、瘫痪等神经症状，甚至突然死亡。

3. 控制措施

控制的原则是切断虫体从一个宿主转移到另一个宿主。因此，应加强肉品卫生检验，防止患囊尾蚴的猪肉或牛肉进入消费市场。消费者不应食用生肉，或半生不熟的肉，对切肉的刀具、案板、抹布等及时清洗，坚持生熟分开的原则，防止发生交叉污染。注意饮食卫生，生食的水果和蔬菜要清洗干净。加强人类粪便的处理和厕所管理，杜绝猪或牛吞食人粪便中可能存在的绦虫的节片或虫卵。

二、旋毛虫

旋毛虫（*Trichinella spiralis*）引起旋毛虫病，几乎所有哺乳动物均能感染，在食品卫生上有重要的影响。

1. 病原体

旋毛虫为线虫，雌雄异体。成虫寄生在宿主的小肠内，长 1～4mm；幼虫寄生在宿主的横纹肌内，卷曲呈螺旋形，外面有一层包囊呈柠檬状，包囊大小为 0.25～0.66mm×0.21～0.42mm。

2. 致病机理和临床症状

当含有旋毛虫幼虫的肉被食用后，幼虫由囊内逸出进入十二指肠及空肠，迅速生长发育为成虫，并在此交配繁殖，每条雌虫可产 1500 以上幼虫，这些幼虫穿过肠壁，随血液循环被带到宿主全身横纹肌内，生长发育到一定阶段卷曲呈螺旋形，周围逐渐形成包囊。当包囊大小达到 1mm×0.5mm 时，状似卵圆形结节。幼虫喜好寄生在舌肌、横膈膜、咬肌、肋间肌。在肌肉中，幼虫可以存活很长时间，有的可能死亡并被钙化。猪、食肉动物和人吃了感染的猪肉、马肉和其他的肉类而发生感染。在消化液的作用下幼虫从包囊中释放出来，发育为成虫，开始新的生活周期。由此可见，旋毛虫的幼虫和成虫阶段都是在同一个宿主内完成的。

人感染后的典型症状是高热、无力、关节痛、腹痛、腹泻、面部和眼睑水肿，甚至出现神经症状，包括头昏眼花、局部麻痹。

3. 控制措施

控制旋毛虫病流行的关键是避免食用含旋毛虫幼虫的肉类或被其污染的动物组织，也要避免将肉类下脚料饲喂动物，造成疾病在动物之间传播。本病在野食肉动物和啮齿动物之间传播，由于幼虫可以在腐败的肉中存活很长时间，即使肉已腐败也保持感染力，这也是本病难以控制的原因之一。

应贯彻执行肉品检验规程，不漏检任何进入市场的猪肉和犬肉等，食用野生动物肉之前也要检验旋毛虫。采用高温的方法可以杀死肉中的旋毛虫幼虫，加热温度达 76.7℃ 可灭活肉中的虫体。冷冻对肉中的旋毛虫幼虫有致死作用，当冷冻温度为 -17.8℃，6～10 天后死亡。

加强猪的饲养管理，特别是不用屠宰下脚料和泔水喂猪。消灭鼠类也是控制旋毛虫的重要措施之一。

三、其他寄生虫

1. 龚地弓形虫（*Toxoplasma gondii*）

龚地弓形虫是一种原虫，宿主十分广泛，可寄生于人及多种动物中。龚地弓形虫存在有性繁殖和无性繁殖两个阶段，猫为终宿主，人、猪和其他动物（啮齿动物及家畜等）为中间寄主。

人由于摄入含龚地弓形虫的生肉和生奶、被动物粪便污染的食品而感染。除消化道感染外，也可经接触发生感染，孕妇感染后可经胎盘传染给胎儿。

临床症状有发热、夜间出汗、肌肉疼痛、咽部疼痛、皮疹，部分患者出现淋巴结肿大、心肌炎、肝炎、关节炎、肾炎和脑病等。孕妇感染可引起流产和胎儿畸形等。

控制措施主要是：对畜牧业和肉类食品加工企业从业人员定期做检查，饲养宠物的人员也应经常做健康检查，做好粪便无害化处理工作和灭鼠工作，不食生蛋、生乳和生肉，生熟食品用具严格分开。

2. 兰氏贾第鞭毛虫（*Giardia lamblia*）

兰氏贾第鞭毛虫是单细胞原生动物，借助鞭毛运动，引起贾第鞭毛虫病。兰氏贾第鞭毛虫存在于水域环境中，其细胞可形成包囊，包囊是兰氏贾第鞭毛虫存在于水和食品中的主要形式，也是其感染形式。人摄入包囊后一周发病，症状有腹泻、腹绞痛、恶心、体重下降，疾病可以持续1～2周，但有的慢性病例可以持续数月到数年，该病患者都难以治愈。感染剂量低，摄入一个以上包囊就可发病。流行主要与污染的水和食品有关。各种人群都发生感染，但儿童比成年人发病率更高，而成年人慢性病例多于儿童。

3. 微小隐孢子虫（*Cryptosporidium parvum*）

微小隐孢子虫是单细胞原生动物，是细胞内寄生虫。感染多种动物，包括牛、羊、鹿等。具有感染力的卵囊大小为 $3\mu m$，对大多数化学消毒剂不敏感，但对干燥和紫外线敏感。对人的感染剂量少于10个虫体。

人可通过污染的水、食品发生感染，通过患者、患病动物排泄物接触也会导致感染。感染后引起肠道、气管和肺隐孢子虫病。肠道隐孢子虫病的特征是严重的腹泻，肺和气管隐孢子虫病出现咳嗽、低热，并伴有肠道疾病。临床症状与机体的免疫状态有关，免疫缺陷者比较严重。

4. 溶组织内阿米巴虫（*Entamoeba histolytica*）

溶组织内阿米巴虫为单细胞寄生动物，即原生动物，主要感染人类和灵长类。一些哺乳动物如狗和猫也可感染，但通常不经粪便向外排出包囊，因此在疾病传播上意义不大。有活力的滋养体只存在于宿主和新鲜粪便中，而包囊在水、土壤和食品中生存数周。感染有时可持续数年，表现为无症状感染、胃肠道紊乱、痢疾（粪便中有血和黏液）。并发症有肠道溃疡和肠道外脓肿。

溶组织内阿米巴虫经粪便污染的饮水和食品传播，但与患者的手和污染的物体接触或性接触也引起感染。所有人群均可感染，但皮肤上有损伤和免疫力低下的人症状严重。

5. 似蚓蛔虫（*Ascaris lumbricoides*）

似蚓蛔虫也称人蛔虫，引起人蛔虫病。虫卵为椭圆形，棕黄色。

成虫寄生于小肠内，虫卵随粪便排出体外，在适宜的环境中单细胞卵发育为多细胞卵，再发育为第一期幼虫，经一定时间的生长和蜕皮，变为第二期幼虫（幼虫仍在卵壳内），再经3～5周才能达到感染性虫卵阶段。感染性虫卵被寄主吞食后，在小肠内孵出第二期幼虫，侵入小肠黏膜及黏膜下层，进入静脉，随血液到达肝、肺，后经支气管、气管、咽返回小肠内寄生，在此过程中，其幼虫逐渐长大为成虫。成虫在小肠里能生存1～2年，甚至有的可达4年以上。

蛔虫病的感染源主要是虫卵污染土壤、饮水、食物。虫卵对外界环境的抵抗力较强，可生存5年或更长时间。但虫卵不耐热，在阳光下数日可死亡。

蛔虫病分为两个阶段，早期症状与幼虫在肺内移行有关，表现为发热、咳嗽、肺炎。后期为小肠内成虫阶段，轻者不表现症状，严重感染时可致消瘦、贫血、腹痛等症状，虫的数量大还可引起肠梗阻，还可引起肠穿孔、阑尾炎。钻入气管可引起窒息，钻入胆管可引起胆道蛔虫病。

6. 简单异尖线虫（*Anisakis simplex*）

成虫寄生在海洋哺乳动物，幼虫寄生在鱼等水生生物体内。人类由于食入生的带染幼虫的鱼而感染。未经过充分烹制、腌制、熏制的鱼也会致病。症状出现在摄食后的几天内，表现为喉咙发痒、腹痛和呕吐。合适的烹制、盐腌或在−20℃冻藏3天可以作为防止感染该病的措施。

第五节　真菌毒素

真菌广泛分布于自然界，种类繁多，数量庞大，与人类关系十分密切，有许多真菌对人类有益，而有些真菌对人类有害。真菌毒素（mycotoxin）是真菌产生的次级代谢产物。麦角中毒是发现最早的真菌中毒症，曾广泛发生于欧洲和远东。1942—1945年，苏联奥它堡地区小麦因来不及收获而在田间雪下越冬，感染了镰刀菌及枝孢菌而产生剧毒物质，食用者普遍暴发了致命的白细胞缺乏症。1952年，日本因大米受到真菌的有毒代谢物的严重污染，大批人因此而中毒生病，造成了轰动一时的日本黄变米事件。1960年英国发生10万只火鸡中毒死亡事件，后证明是因饲料中含有从巴西进口的发霉花生饼引起。1961年从这批发霉花生饼粉中分离出黄曲霉，并发现其产生发荧光的毒素，命名为黄曲霉毒素（aflatoxin，AFT）。这些事件引起人们对真菌毒素研究工作的高度重视。随着检测手段和分析技术手段的提高，人们发现真菌毒素几乎存在于各种食品或饲料中，所污染的食品十分广泛，诸如粮食、水果、蔬菜、肉类、乳制品以及各种发酵食品。

世界上有超过20万种真菌，包括霉菌、酵母和蕈类。400多种真菌毒素已被鉴定，每年不断有新的真菌毒素被发现，大多数毒性知之甚少。常见的霉菌主要是仓储霉菌（曲霉菌）和田间霉菌（镰刀菌、青霉菌），对人类危害严重的真菌毒素主要有十几种，其中包括黄曲霉毒素、赭曲霉毒素A、展青霉素、玉米赤霉烯酮、橘霉素和脱氧雪腐镰刀菌烯醇等。另外还存在隐蔽型真菌毒素，真菌毒素与一些强极性物质生成天然共轭型真菌毒素，隐蔽型真菌毒素本身无毒，但在动物体内可代谢成有毒物质。

食品被产毒菌株污染，但不一定能检测出真菌毒素的现象比较常见，因为产毒菌株必须在适宜产毒的环境条件下才能产毒。但有时也从食品中检测出某种毒素存在，而分离不出产毒菌株，这往往是食品在储藏和加工过程中产毒菌株已死亡，而毒素不易破坏所致。真菌毒素是小分子有机化合物，不是复杂的蛋白质分子，所以它在机体中不能产生抗体。人和畜禽一次性摄入含有大量真菌毒素的食物，往往会发生急性中毒，长期少量摄入会发生慢性中毒。

一般来说，产毒真菌菌株主要在谷物、发酵食品及饲料上生长并产生毒素，直接在动物性食品如肉、蛋、乳上产毒的较为少见。而食入大量含毒饲料的动物同样可引起各种中毒症状或残留在动物组织器官及乳汁中，致使动物性食品带毒，被人食入后仍会造成真菌毒素中毒。真菌毒素中毒与人群的饮食习惯、食物种类和生活环境条件有关，所以真菌毒素中毒常常表现出明显的地方性和季节性，甚至有些还具有地方疾病的特征。

真菌污染食品，特别是真菌毒素污染食品对人类危害极大，就全世界范围而言，不仅造成很大的经济损失，而且可以造成人类的严重疾病甚至大批的死亡。

一、黄曲霉毒素

1. 结构及物理化学性质

黄曲霉毒素（AFT）是结构相近的一群衍生物，均为二呋喃香豆素的衍生物。目前，已鉴定出的 AFT 有二十多种，AFB_1 和 AFB_2 为甲氧基、二呋喃环、香豆素、环戊烯酮的结合物，在紫外线下产紫色荧光。AFG_1 和 AFG_2 结构为甲氧基、二呋喃环、香豆素、环内酯，在紫外线下产黄绿色荧光。AFM_1 和 AFM_2 是 AFB_1 和 AFB_2 的羟基化衍生物，家畜摄食被 AFB_1 和 AFB_2 污染的饲料后，在乳汁和尿中可检出其代谢产物 AFM_1 和 AFM_2。AFT 含有大环共轭体系，稳定性非常好，它的分解温度为 $237 \sim 299 \, ℃$，故烹调中一般加热不能破坏其毒性。在有氧条件下，紫外线照射可去毒。

2. 产毒菌株及自然分布

(1) 黄曲霉毒素产毒菌株 AFT 是由黄曲霉（*A. flavus*）、寄生曲霉（*A. parasiticus*）等产生的具有生物活性的二次代谢产物。几乎所有的寄生曲霉均可产生 B 组和 G 组 AFT，而黄曲霉则只有 50% 的菌株产生 AFT，且只能产生 B 组 AFT。

(2) 黄曲霉毒素的自然分布 AFT 普遍存在于玉米、花生、棉子及其饼粕等饲料原料中，主要产生于农作物生长过程和收割后的贮藏阶段。饲料水分含量过高，加上在贮藏过程中温湿度条件不适宜等，都会导致 AFT 的污染。另外，AFT 具有耐高温的特性，使其在作物加工过程中很难被破坏，最终保留在饲料或粮食产品中。目前，国内外普遍存在 AFB_1 的污染问题。

3. 毒性及作用机理

(1) 急性和亚急性中毒 各种动物对 AFT 的敏感性不同，其敏感性依动物的种类、年龄、性别、营养状况等而有很大的差别。短时间摄入 AFT 量较大时，表现为食欲不振、体重下降、生长迟缓、繁殖能力降低、产蛋或产奶量减少。中毒病变主要在肝脏，迅速造成肝细胞变性、坏死、出血以及胆管增生等。关于 AFT 的中毒机理有待进一步的研究。

(2) 慢性中毒 持续摄入一定量的 AFT，AFT 与核酸结合可引起突变而表现为慢性中毒，使肝脏出现慢性损伤，生长缓慢、体重减轻，肝功能降低，出现肝硬化。

(3) 致癌性 实验证明许多动物小剂量反复摄入或大剂量一次摄入皆能引起癌症，主要是肝癌。根据计算，黄曲霉毒素 B_1 致癌力为二甲基偶氮苯的 900 倍，比二甲基亚硝胺诱发肝癌的能力大 75 倍。在乌干达、瑞士、泰国和肯尼亚的早期研究中发现，AFT 的估计摄入量或市场食品样品及烹制食品的 AFT 污染水平与肝癌的发病率呈正相关。据来自莫桑比克和中国的报道，AFT 的摄入量与肝癌的发病率及死亡率也有类似的关系。在非洲和亚洲的不同地区进行了研究，通过监测肝癌的发病率和死亡率以及 AFT 的摄入量，结果表明这些变量之间有显著的相关性。美国东南部 AFT 每日平均摄入量较高，发现这个地区肝癌的发病率要比其他摄入量低的地区高 10%。IARC 的一个工作组报道，在实验动物上，有足够的证据表明 AFT 的致癌性。自从早期已污染的花生粉引起大白鼠肝细胞瘤的报道以来，许多研究都揭示了 AFT 对大白鼠肝脏的致癌性。通过不同的给药途径，用多种动物对这些化合物进行致癌性试验，结果发现主要生成了肝、结肠和肾部的肿瘤。当通过食物给药时，AFT 可导致大白鼠生成肝癌、腺胃癌、结肠黏蛋白腺癌和肾肿瘤。通过经口饲喂 AFT，猴子产生了肝血管肉瘤、骨恶性瘤、胆囊和胰腺黏蛋白癌、肝癌和胆管癌。

二、赭曲霉毒素 A

1. 结构及物理化学性质

赭曲霉毒素是 L-β-苯基丙氨酸与异香豆素的联合，有 A、B、C、D 四种化合物，此外还有赭曲霉毒素 A 的甲酯、赭曲霉毒素 B 的甲酯或乙酯化合物。赭曲霉毒素 A（ochratoxin A，OA）在谷物中的污染率和污染水平最高。它是无色结晶的化学物，从苯中结晶的熔点为 90℃，大约含 1 分子苯，于 60℃ 干燥 1h 后熔点范围为 168～170℃。OA 溶于水、稀碳酸氢钠溶液。在极性有机溶剂中 OA 是稳定的，其乙醇溶液可置冰箱中贮存一年以上不破坏；但在谷物中会随时间的延长而降解。OA 溶于苯-冰乙酸（99：1，体积比），混合溶剂中的最大吸收峰波长为 333nm，分子量为 403，摩尔吸收系数值为 5550。

2. 菌株及自然分布

(1) 赭曲霉毒素 A 的产毒菌　自然界中产生 OA 的真菌种类繁多，但以纯绿青霉（*Penicillium verrucosum*）、赭曲霉（*Aspergillus ochraceus*）和炭黑曲霉（*A. carbonarius*）三种菌为主。赭曲霉是最早发现能够产生 OA 的真菌，该菌在 8～37℃ 的温度范围内均能生长，最佳生长温度范围为 24～31℃；生长繁殖所需的最适水分活性为 0.95～0.99；在含糖、含盐培养基上生长所需的最低水分活性分别为 0.79 和 0.81；在 pH3～10 范围内生长良好，而在 pH 低于 2 时生长缓慢。因此在热带和亚热带地区，农作物在田间或储存过程中污染的 OA 主要是由赭曲霉产生。纯绿青霉是继赭曲霉之后发现的另一 OA 产生菌，其生长所需的环境条件为温度 0～30℃（最适 20℃），水分活性 0.8。因此在诸如加拿大和欧洲等寒冷地区，粮食及其制品中 OA 的产毒真菌主要为纯绿青霉。污染 OA 的猪饲料（内含大麦、燕麦或谷糠）中，纯绿青霉的检出率高达 60％，且 OA 含量与纯绿青霉检出率有正的相关关系，而在未被 OA 污染的饲料中该菌检出率仅 5％。纯绿青霉产 OA 的能力较赭曲霉强，因此在以赭曲霉为 OA 主要产毒菌的温热带地区，农产品（粮食、咖啡豆等）中 OA 的污染水平一般不高；而以纯绿青霉为主要污染源的低温寒冷地区如欧洲各国，农产品中 OA 的污染严重。炭黑曲霉是近几年新发现的一种能够产生 OA 的真菌，以侵染水果为主，该菌为腐物寄生菌，通常情况下不引起正常水果的腐败变质，但当水果因物理、化学和致病性微生物侵袭等原因外表受损伤时，该菌侵入果实内部生长繁殖并产生 OA。低 pH、高糖、高温环境促进炭黑曲霉的生长繁殖。

(2) 赭曲霉毒素 A 的自然分布　由于 OA 产生菌广泛分布于自然界，因此包括粮谷类、干果、葡萄及葡萄酒、咖啡、可可、巧克力、中草药、调味料、罐头食品、油、橄榄、豆制品、啤酒、茶叶等多种农作物和食品以及动物内脏均可被 OA 污染。动物饲料中 OA 的污染也非常严重，在以粮食为动物饲料主要成分的国家如欧洲，动物进食被 OA 污染的饲料后导致体内 OA 的蓄积，由于 OA 在动物体内非常稳定，不易被代谢降解，因此动物性食品，尤其是肾脏、肝脏、肌肉、血液、奶和奶制品等中常有 OA 检出，人通过进食被 OA 污染的农作物和动物组织暴露 OA。世界范围内对 OA 污染基质调查研究最多的是谷物（小麦、大麦、玉米、大米等）、咖啡、葡萄酒和啤酒、调味料等。首先发现的 OA 是玉米的天然污染物，以后又相继从谷物和大豆中检出。虽然世界各国均有从粮食中检出 OA 的报道，但其污染分布很不均匀。

3. 毒性及作用机理

OA 对动物的毒性主要为肾脏毒和肝脏毒，OA 对实验动物的半数致死剂量（LD_{50}）依给药途径、实验动物种类和品系不同而异，经口染毒 OA 对猪的 LD_{50} 为 1mg/kg BW；狗为 0.2mg/kg BW；鸡为 3.3mg/kg BW；大、小鼠依品系不同而异，分别为 $20\sim30$mg/kg BW（新生大鼠为 3.9mg/kg BW）和 $46\sim58$mg/kg BW。因此狗和猪是所有受试动物中对 OA 毒性最敏感的动物。OA 对所有单胃哺乳动物的肾脏均有毒性，可引起实验动物肾萎缩或肿大、颜色变灰白、皮质表面不平、断面可见皮质纤维性变；显微镜下可见肾小管萎缩、间质纤维化、肾小球透明变性、肾小管坏死等，并伴有尿量减少、对氨基马尿酸清除率降低、尿频、尿蛋白质和尿糖增加等肾功能受损导致的生化指标的改变，而尿蛋白和尿糖增加表明近曲小管对蛋白质和糖的重吸收功能降低。除特异性肾毒性作用以外，OA 还对免疫系统有毒性，并有致畸、致癌和致突变作用。由于它对肾脏的毒害作用，给养殖业和家禽业造成了巨大的经济损失。

三、橘霉素

1. 结构及物理化学性质

橘霉素的分子式是 $C_{13}H_{14}O_{15}$，在常温下它是一种黄色结晶物质，熔点为 172 ℃。在长波紫外灯的激发下能发出黄色荧光，其最大紫外吸收在 319nm、253nm 和 222nm。在适宜 pH 值条件下，该毒素能溶解于水及大多数有机溶剂中，并很容易在冷乙醇溶液中结晶析出。在水溶液中，当 pH 值下降到 1.5 时也会沉淀析出。因此，可以根据这些特性进行分离纯化。

2. 产毒菌株及自然分布

有多种青霉属真菌和曲霉属真菌能在自然或人工条件下产生橘霉素。其中橘青霉是自然界中最重要的橘霉素产生菌。橘青霉在自然界中分布广泛，在温暖的气候条件下生长繁殖迅速。它经常和纤维的降解及玉米、大米、面包等农产品或食品的霉变有关。在稻谷的产地，该菌是普遍存在的。近年来的调查研究发现，在许多农产品如玉米、大米、奶酪、苹果、梨和果汁等产品中都可能检测到橘霉素，同时分离到产橘霉素的菌株。

红曲霉（Monascus）的某些种在食品、医药、化妆品等行业有广泛的用途，迄今为止不仅开发出了诸如清酒、米醋、酱油、味精、豆腐乳及食用红曲色素等食品和食品添加剂，而且红曲中的某些活性代谢产物也被越来越多地用于具有特殊功能食品的生产。然而，某些红曲霉会产生橘霉素导致红曲产品的安全性受到关注。

3. 毒性及作用机理

橘霉素主要是一种肾毒性毒素，它能引起狗、猪、鼠、鸡、鸭和鸟类等多种动物肾脏病变。大鼠的 LD_{50} 是 67mg/kg，小鼠的 LD_{50} 是 35mg/kg，豚鼠的 LD_{50} 是 37mg/kg。它引起的肾脏损害主要表现为：管状上皮细胞的退化和坏死、肾肿大、尿量增加、血氮和尿氮升高等。并可引起一系列的生理失常。毒理学研究表明，橘霉素能抑制肝细胞线粒体氧化磷酸化效率，它通过抑制 NADH 氧化酶、NADH 还原酶、细胞色素 C 还原酶、苹果酸、谷氨酸及 α-酮戊二酸脱氢酶的活性，引起跨膜电压的降低，从而导致氧化磷酸化效率的降低。其作用机理与 2,4-二硝基酚等解偶联剂的作用机理是不一致的。进一步研究发现，橘霉素能显著抑制肾皮质细胞和肝细胞线粒体的 α-酮戊二酸和丙酮酸脱氢酶的活性，并能降低 Ca^{2+} 吸收速率及 Ca^{2+} 总量。

四、展青霉素

展青霉素（patulin，Pat）是由真菌产生的一种有毒代谢产物，Glister 在 1941 年首次发现并分离纯化。

1. 结构及物理化学性质

展青霉素是一种内酯类化合物，分子式为 $C_7H_6O_4$。展青霉素为无色晶体，熔点为 112℃。展青霉素是一种中性物质，溶于水、乙醇、丙酮、乙酸乙酯和氯仿，微溶于乙醚和苯，不溶于石油醚。展青霉素在碱性溶液中不稳定，其生物活性被破坏。

2. 产毒菌株及自然分布

(1) 产毒菌株 可产生 Pat 的真菌有十几种，侵染食品和饲料主要有青霉（荨麻青霉、扩展青霉、木瓜青霉、圆弧青霉）、曲霉（棒曲霉、土曲霉），主要侵染水果的有雪白丝衣霉。

(2) 自然分布 调查研究表明，Pat 不仅大量污染粮食饲料，而且对水果及其制品的污染尤为严重。美国曾对 Pat 的污染情况进行了调查，在威斯康星州路摊零售的苹果汁 40 份中有 23 份检出了 Pat，含量在 $10\sim350\mu g/L$ 范围内，平均含量为 $50.7\mu g/L$，大多数阳性样品中 Pat 含量小于 $50\mu g/L$。

3. 毒性及作用机理

展青霉素是一种有毒内酯，雄性大鼠经口 LD_{50} 为 $30.5\sim55mg/kg\ BW$，雌性大鼠为 $27.8\ mg/kg\ BW$。自从在水果中发现展青霉素起，关于其毒性的研究已引起人们的高度重视。英国食品、消费品和环境中化学物质致突变委员会已将展青霉素划为致突变物质。FAO/WHO 下设的食品添加剂联合专家委员会（JECFA）的一份研究报告表明，展青霉素对胚胎有毒性，同时伴随有母本毒性。为了建立人类对展青霉素的安全指南，JECFA 将其最大日可食用量从 $1\mu g/kg\ BW$ 降为 $0.4\mu g/kg\ BW$。建议人类食用的苹果产品中的展青霉素残留量小于 $50\mu g/kg$，而很多国家将果汁中的展青霉素残留量调整在 $20\sim50\mu g/L$ 之间。

五、脱氧雪腐镰刀菌烯醇

脱氧雪腐镰刀菌烯醇（deoxynivalenol，DON）又名致呕毒素（vomitoxin，VT），是一种单端孢霉烯族毒素，主要由某些镰刀菌产生。

1. 结构及物理化学性质

脱氧雪腐镰刀菌烯醇是雪腐镰刀菌烯醇的脱氧衍生物，它由一个 12,13-环氧基、三个 OH 官能团和一个 α,β-不饱和酮基组成，其化学名称为 3,7,15-三羟基-12,13-环氧单端孢-9-烯-8-酮。分子式为 $C_{15}H_{20}O_6$，分子量为 296。DON 为无色针状结晶，熔点为 $151\sim153℃$。它可溶于水和极性溶剂，如含水甲醇、含水乙醇或乙酸乙酯等。在乙酸乙酯中可长期保存，120℃时稳定，具有较强的热抵抗力，在酸性条件下不破坏。但是加碱或高压处理可破坏部分毒素。DON 可在较长时间后仍保留其毒性。

2. 产毒菌株及自然分布

DON 主要由某些镰刀菌产生，包括禾谷镰刀菌、尖孢镰刀菌、串珠镰刀菌、拟枝孢镰刀菌、粉红镰刀菌等。

许多粮谷类都可以受到污染，如小麦、大麦、燕麦、玉米等。DON 对于粮谷类的污染状况与产毒菌株、温度、湿度、通风、日照等因素有关。DON 污染粮谷的情况非常普遍，中国、日本、美国、俄罗斯、南非等均有报道。Lee 等从韩国的大麦、黑麦、麦芽等 42 个样品中分离到 36 株镰刀菌，其中 15 株镰刀菌在产毒培养中有 6 株产生 DON，最高产毒量

5.3mg/kg。郭红卫等检测了中国河南赤霉病流行年份与非流行年份小麦中的镰刀菌污染情况，发现 DON 与雪腐镰刀菌烯醇、玉米赤霉烯酮存在联合污染。在流行年份样品中 DON 含量的中位数为 933.0mg/kg，非流行年份 DON 为 14.2mg/kg。其含量远远超过中国制定的 DON 的允许量标准（1mg/kg）。

3. 毒性及作用机理

(1) 急性毒性　DON 的急性毒性与动物的种属、年龄、性别、染毒途径有关，雄性动物对毒素比较敏感。DON 急性中毒的动物主要表现为站立不稳、反应迟钝、竖毛、食欲下降、呕吐等，严重者可造成死亡。DON 可引起雏鸭、猪、猫、狗、鸽子等动物的呕吐反应，其中猪对 DON 最为敏感。DON 还可引起动物的拒食反应。

(2) 慢性、亚慢性毒性　Irerson 等用大鼠进行了为期两年的染毒试验，DON 的浓度为 0、1mg/kg、5mg/kg、10mg/kg，雄性、雌性大鼠各分为 4 组，试验结束后发现，各组动物均未见死亡，动物体重增加与染毒剂量呈负相关。雌性大鼠的血浆中 IgA、IgG 浓度较对照组增高，生化指标、血液学指标也可见明显异常。病理学检查还发现有肝脏肿瘤、肝脏损害。

(3) 细胞毒性　DON 具有很强的细胞毒性，它对原核细胞、真核细胞、植物细胞、肿瘤细胞等均具有明显的毒性作用。它对生长较快的细胞如胃肠道黏膜细胞、淋巴细胞、胸腺细胞、脾细胞、骨髓造血细胞等均有损伤作用，并且可以抑制蛋白质的合成。林林等研究表明，随染毒剂量增加，染毒时间延长，受损伤细胞的数量逐渐增加，细胞 DNA 损伤程度逐渐加重；短时间染毒，损伤以 DNA 碎片的数量增加为主；较长时间染毒，损伤以 DNA 碎片变小为主。

(4) 致突变、致畸、致癌作用　国内外对 DON 的致突变、致畸、致癌作用的研究结果不一致。多数研究都表明 DON 具有胚胎毒性和致畸作用。DON 诱癌实验尚未获得成功，国内外也无致癌作用的明确报道，因此其致癌作用尚无定论。但有动物试验表明，长期小剂量喂饲含毒素饲料，可以诱发不同器官的肿瘤。有人以 DON 污染的饲料喂饲大鼠一年，发现大鼠发生皮下肉瘤、肝癌、空肠腺癌和淋巴性白细胞增多症。Iserson 等进行了 DON 慢性毒性试验，也发现实验组动物发生肝癌。Lambert 等用大鼠进行了两阶段 DON 对皮肤的诱癌、促癌试验，结果显示 DON 不是一种促癌剂或诱癌剂，但是皮肤组织学检查可见 DON 诱发弥漫性鳞状上皮增生。流行病学资料表明，在食管癌高发区（如河南林县、南非特兰斯凯）居民粮食中 DON 的污染严重，DON 的浓度与食管癌发生呈正相关。这些研究均表明，DON 可能是一种弱的致癌物质，应当引起足够重视。

(5) 免疫毒性　近年来，随着分子生物学技术的发展，DON 对免疫系统的影响引起了人们的极大兴趣。有研究表明，DON 既是一种免疫抑制剂，又是一种免疫促进剂，其作用与剂量有关。免疫抑制作用表现为 DON 通过其倍半萜烯结构抑制转录、翻译过程；而免疫促进作用是与机体正常免疫调节机制有关。在体内，DON 可以抑制对病原体的免疫应答，同时又可以诱发自身免疫反应。DON 引起实验动物免疫系统的疾病与人类 IgA 肾病极其相似，同时 DON 还可以诱发辅助性 T 细胞超诱导产物——细胞因子，激活巨噬细胞、T 细胞产生炎症前细胞因子。DON 引起的自身免疫反应与人类 IgA 肾病极其相似，应当引起人们的重视。

六、玉米赤霉烯酮

玉米赤霉烯酮（zearalenone，ZEN）是由镰刀菌所产生的具有类雌激素作用的次级代谢产物。ZEN 对食品和饲料的污染范围较为广泛，动物和人体摄入后，对机体具有一定的毒害作用，对畜牧养殖业和人体健康会造成很大的损害。

1. 结构及物理化学性质

ZEN 的化学名称为 6-(10-羟基-6-氧代-反式-1-十一碳烯)-β-雷琐酸-内酯，分子式为 $C_{18}H_{22}O_5$，其分子量为 318。ZEN 的纯品为白色晶体，熔点达到 $161\sim163℃$。ZEN 能溶于碱性水溶液、苯、乙醇、乙醚、乙酸乙酯和三氯甲烷，不溶于水、四氯化碳和二硫化碳。ZEN 的甲醇溶液在紫外线照射下呈现亮蓝绿色的荧光，其最大紫外吸收峰分别位于 236nm、274nm 和 316nm，最大红外吸收波长为 $970cm^{-1}$。在强碱性条件下 ZEN 分子结构中的酮环易水解，酯键断开导致其分子结构被破坏，ZEN 毒性下降，水溶性增加，当碱性下降时分子结构则可以恢复。

2. 产毒菌株及自然分布

玉米赤霉烯酮主要来源于三线镰刀菌（*F. tricinctum*）和禾谷镰刀菌（*F. graminearum*）等镰刀菌属（*Fusarium*）的菌株。

据报道，在欧洲、亚洲、美洲、非洲以及全球其他地区的粮谷作物和农副产品中均检测到了 ZEN 的残留。Park 等报道朝鲜的大麦及大麦制品、玉米及玉米制品曾遭受 ZEN 的严重污染。Placinata 等通过多年对谷物及其农副产品在 ZEN 污染方面的调查表明德国是欧洲所有国家中 ZEN 污染最多的国家之一。

3. 毒性及作用机理

ZEN 可以和生物体内雌激素受体发生结合，是一种具有类雌激素作用的真菌毒素，对动物和人体均有一定的毒性作用，其主要表现为生殖毒性、细胞毒性、肝肾毒性、免疫毒性和诱发肿瘤等几方面。

其中 ZEN 危害最大的方面是生殖毒性，它可引起家禽家畜雌性激素亢进症，主要表现为外生殖器肿胀，会引起母畜流产，死胎和畸胎。马勇江等研究发现，ZEN 对小鼠的淋巴细胞有负调节作用，能够显著地毒害并凋亡其淋巴细胞。Samir Abbbs 等研究表明，一定浓度的 ZEN 能够显著降低动物体内总胆固醇、脂蛋白、甘油三酯、白细胞总数，对肝脏和肾脏的代谢活动造成一定的影响。L. Berek 等研究表明，ZEN 能抑制 T 和 B 淋巴细胞的活动，降低 NK 细胞的活性，对肿瘤的发生具有诱导作用。人体一旦食用了被 ZEN 污染的粮谷食品也可能引起中枢神经系统中毒。

<hr>

思考题

1. 威胁食品安全的生物性因素有哪些？
2. 生物性因素为何成为威胁食品安全的主要因素？
3. 生物性因素引起的食源性疾病与化学性食源性疾病的特点有何不同？
4. 阐述与食源性疾病相关的主要的食品类型。
5. 做一项流行病学调查，排出位列中国前五位的威胁食品安全的生物性因素。
6. 沙门氏菌、致病性大肠杆菌、金黄色葡萄球菌、肉毒梭菌引起食物中毒的特点是什么？如何预防？
7. 引起两种沙门氏菌食物中毒的沙门氏菌血清型是什么？致病机理有何不同？
8. 四种致病性大肠杆菌引起食物中毒的机理有何不同？

9. 引起副溶血性弧菌食物中毒的主要食品有哪些？如何据此制订相应的控制措施？

10. 金黄色葡萄球菌肠毒素和肉毒梭状芽孢杆菌肉毒毒素引起的食物中毒有何区别？采取什么防范措施能避免中毒事件的发生？

11. 诺如病毒引起食物中毒的特点是什么？如何预防？

12. 甲型肝炎病毒引起人类感染的基因型有哪些？如何污染食品？可采用什么控制方法减少其发生？

13. 囊尾蚴和旋毛虫引起食物中毒的特点是什么？如何预防？

14. 简述引起人旋毛虫病和绦虫病的主要因素，如何降低发生率？

15. 什么是真菌毒素？对人类危害严重的真菌毒素主要有哪些？

16. 真菌毒素中毒的特点是什么？其通过什么途径进入人体？

17. 黄曲霉毒素主要分为哪几类，各有何特点？其黄曲霉毒素的产毒菌种有哪些？

18. 毒性最强的真菌毒素是什么？它有什么毒性作用？

19. 赭曲霉毒素 A、橘霉素、展青霉素、玉米赤霉烯酮和脱氧雪腐镰刀菌烯醇常污染的食物有哪些？有什么毒性作用？

20. 举例说明隐蔽型真菌毒素。

参考文献

[1] Aguilar-Calvo P，García C，Espinosa J C，et al. Prion and prion-like diseases in animals. Virus Research，2015，207：82-93.

[2] Aldana J R，Silva L J G，Pena A，et al. Occurrence and risk assessment of zearalenone in flours from Portuguese and Dutch markets. Food Control，2014，45：51-55.

[3] Allen K J，Wałecka-Zacharska E C，Chen J C，et al. *Listeria monocytogenes*—An examination of food chain factors potentially contributing to antimicrobial resistance. Food Microbiology，2016，54：178-189.

[4] Álvarez-Suárez M E，Otero A，García-López M L，et al. Genetic characterization of Shiga toxin-producing *Escherichia coli* (STEC) and atypical enteropathogenic *Escherichia coli* (EPEC) isolates from goat's milk and goat farm environment. International Journal of Food Microbiology，2016，236：148-154.

[5] Asim M，Sarma M P，Thayumanavan L，et al. Role of aflatoxin B$_1$ as a risk for primary liver cancer in north Indian population. Clinical biochemistry，2011，44 (14)：1235-1240.

[6] Baker C A，Rubinelli P M，Park S H，et al. Shiga toxin-producing *Escherichia coli* in food：Incidence，ecology，and detection strategies. Food Control，2016，59：407-419.

[7] Bank-Wolf B R，KÖnig M，Thiel H J. Zoonotic aspects of infections with noroviruses and sapoviruses. Veterinary Microbiology，2010，140：204-212.

[8] Baptista I，Rocha S，Cunha Â，et al. Inactivation of *Staphylococcus aureus* by high pressure processing：An overview. Innovative Food Science and Emerging Technologies，2016，36：128-149.

[9] Berek L，Petri I B，Mesterházy D，et al. Effects of mycotoxins on human immune functions in vitro. Toxicology in Vitro，2001，15 (1)：25-30.

[10] Casado J M，Theumer M，Masih D T，et al. Experimental subchronic mycotoxicoses in mice：individual and combined effects of dietary exposure to fumonisins and aflatoxin B$_1$. Food and Chemical Toxicology，2001，39 (6)：579-586.

[11] Dahlsten E，Lindström M，Korkeala H. Mechanisms of food processing and storage-related stress tolerance in *Clostridium botulinum*. Research in Microbiology，2015，166：344-352.

[12] da Rocha M E B，Freire F C O，Maia F E F，et al. Mycotoxins and their effects on human and animal health. Food Control，2014，36 (1)：159-165.

[13] Franz E，Delaquis P，Morabito S，et al. Exploiting the explosion of information associated with whole genome se-

quencing to tackle Shiga toxin-producing *Escherichia coli* (STEC) in global food production systems. International Journal of Food Microbiology, 2014, 187: 57-72.

[14] Garaleviciene D, Pettersson H, Agnedal M. Occurrence of trichothecenes, zearalenone and ochratoxin A in cereals and mixed feed from central Lithuania. Mycotoxin Research, 2002, 18 (2): 77-89.

[15] Gross-Steinmeyer K, Eaton D L. Dietary modulation of the biotransformation and genotoxicity of aflatoxin B_1. Toxicology, 2012, 299 (2): 69-79.

[16] Hueza I M, Raspantini P C, Raspantini L E, et al. Zearalenone, an Estrogenic Mycotoxin, Is an Immunotoxic Compound. Toxins, 2014, 6 (3): 1080-1095.

[17] Hussein H S, Brasel J M. Toxicity, metabolism, and impact of mycotoxins on humans and animals. Toxicology, 2001, 167 (2): 101-134.

[18] Lioi M B, Santoro A, Barbieri R. Ochratoxin A and zearalenone: a comparative study on genotoxic effects and cell death induced in bovine lymphocytes. Mutation Research/fundamental & Molecular Mechanisms of Mutagenesis, 2004, 557 (1): 19-27.

[19] Martinović T, Andjelković U, Gajdošik M Š, et al. Foodborne pathogens and their toxins. Journal of Proteomics, 2016.

[20] Partanen H A, El-Nezami H S, Leppanen J M, et al. Aflatoxin B_1 Transfer and Metabolism in Human Placenta. Toxicological Science, 2010, 113 (1): 216-225.

[21] Pleadin J, Vulić A, Perši N, et al. Aflatoxin B_1 occurrence in maize sampled from Croatian farms and feed factories during 2013. Food control, 2014, 40: 286-291.

[22] Samir A, Jalila B S, Zouhour O, et al. Preventive role of phyllosilicate clay on the lmmunological and Biochemical toxicity of zearalenone in Balb/c mice. International Immunopharmacology, 2006, 6 (8): 1251-1258.

[23] Shi W, Hu G, Chen S, et al. Occurrence of estrogenic activities in second-grade surface water and ground water in the Yangtze River Delta, China. Environmental Pollution, 2013, 181 (6): 31-37.

[24] Smith T J, Hill K K, Raphael R H. Historical and current perspectives on *Clostridium botulinum* diversity. Research in Microbiology, 2015, 166: 290-302.

[25] Song L, Li J, Hou S, et al. Establishment of loop-mediated isothermal amplification (LAMP) for rapid detection of *Brucella* spp. and application to milk and blood samples. Journal of Microbiological Methods, 2012, 90: 292-297.

[26] Taniuchi M, Walters C C, Gratz J, et al. Development of a multiplex polymerase chain reaction assay for diarrheagenic *Escherichia coli* and *Shigella* spp. and its evaluation on colonies, culture broths, and stool. Diagnostic microbiology and Infectious Disease, 2012, 73: 121-128.

[27] Wilhelm B, Waddell L, Greig J, et al. A scoping review of the evidence for public health risks of three emerging potentially zoonotic viruses: hepatitis E virus, norovirus, and rotavirus. Preventive Veterinary Medicine, 2015, 119: 61-79.

[28] Wu Y, Wen J, Ma Y, et al. Epidemiology of foodborne disease outbreaks caused by *Vibrio parahaemolyticus*, China, 2003-2008. Food Control, 2014, 46: 197-202.

[29] Yang S, Pei X, Wang G, et al. Prevalence of food-borne pathogens in ready-to-eat meat products in seven different Chinese regions. Food Control, 2016, 65: 92-98.

[30] Ye Q, Wu Q, Hu H, et al. Prevalence and characterization of *Yersinia enterocolitica* isolated from retail foods in China. Food Control, 2016, 61: 20-27.

[31] Zhang J, Jin H, Hu J, et al. Antimicrobial resistance of *Shigella* spp. from humans in Shanghai, China, 2004-2011. Diagnostic Microbiology and Infectious Disease, 2014, 78: 282-286.

[32] Zhong X, Wu Q, Zhang J, et al. Prevalence, genetic diversity and antimicrobial susceptibility of *Campylobacter jejuni* isolated from retail food in China. Food Control, 2016, 62: 10-15.

[33] 温琦，苏从毅，何武顺，等. 饲料中真菌毒素的危害与限量. 饲料广角，2014，(5): 32-36.

第四章
化学物质应用的安全性

第一节　概　述

　　食品是人类生存的基本要素，但是食品中却可能含有或被污染有危害人体健康的物质。这里所说的危害就是指可能对人体健康产生不良后果的因素或状态，食品中具有的危害通常称为食源性危害。食源性危害大致上可以分为物理性、化学性及生物危害三大类，本章将针对化学物质对食品安全性影响进行论述。重点介绍农药、兽药、食品添加剂、有毒元素以及多氯联苯、二噁英、多环芳烃、丙烯酰胺、氯丙醇和硝基类化合物等物质对食品安全的影响。

1. 农药与兽药残留

农药、兽药、饲料添加剂对食品安全产生的影响，已成为近年来人们关注的焦点。在美国，由于消费者的强烈反应，35 种有潜在致癌性的农药已列入禁用的行列。中国有机氯农药虽于 1983 年已停止生产和使用，但由于有机氯农药化学性质稳定，不易降解，在食物链、环境和人体中可长期残留，目前在许多食品中仍有较高的检出量。随之代替的有机磷类、氨基甲酸酯类、拟除虫菊酯类等农药，虽然残留期短、用量少、易于降解，但由于农业生产中滥用农药，导致害虫耐药性的增强，这又使人们加大了农药的用量，并采用多种农药交替使用的方式进行农业生产。这样的恶性循环，对食品安全性以及人类健康构成了很大的威胁。

为预防和治疗家畜、家禽、鱼类等的疾病，促进生长，大量使用抗生素、磺胺类和激素等药物，造成了动物性食品中的药物残留，尤其在饲养后期、宰杀前使用，药物残留更为严重。一些研究者认为，动物性食品中的某些致病菌如大肠杆菌等，可能由于滥用抗生素造成该菌耐药性提高从而形成新的耐药菌株。将抗生素作为饲料添加剂，虽有显著的增产防病作用，但却导致这些抗生素对人类的医疗效果越来越差。尽管世界卫生组织呼吁减少用于农业的抗生素种类和数量，但由于兽药产品给畜牧业和医药工业带来的丰厚经济效益，要把兽药纳入合理使用轨道远非易事，因此，兽药的残留是目前及未来影响食品安全性的重要因素。

2. 食品添加剂

为了有助于加工、包装、运输、贮藏过程中保持食品的营养成分，增强食品的感官性状，适当使用食品添加剂是必要的。但要求使用量控制在最低有效量的水平，否则会给食品带来毒性，影响食品的安全，危害人体健康。食品添加剂对人体的毒性概括起来有致癌性、致畸性和致突变性。这些毒性的共同特点是要经历较长时间才能显著出来，即可对人体产生潜在的毒害。如动物试验表明糖精（乙氧基苯脲）能引起肝癌、肝肿瘤、尿道结石等。大量摄入苯甲酸能导致肝、胃严重病变，甚至死亡。目前在食品加工中广泛存在着滥用食品添加剂的现象，如使用量过多、使用不当或使用禁用添加剂等。另外，食品添加剂还具有积累和叠加毒性，本身含有的杂质和在体内进行代谢转化后形成的产物等，也给食品添加剂带来了很大的安全性问题。

3. 有毒元素

无机污染物如汞、镉、铅等重金属及一些放射性物质，在一定程度上受食品产地的地质地理条件所影响，但是更为普遍的污染源则主要有工业、采矿、能源、交通、城市排污及农业生产等，并通过环境及食物链而危及人类健康。

4. 多氯联苯

多氯联苯（polychlorinated biphenyls，PCBs）是一种持久性有机污染物，又是典型的环境内分泌干扰物，也被称为二噁英类似化合物。PCBs 广泛用作电容器、变压器的绝缘油，食用精油工厂的导热体、液压油、传热油等的添加剂，还应用于油漆、涂料、油墨、无碳复印纸等。PCBs 具有致癌、致畸等毒性作用，在食物链中有生物富集的作用，并且可长期储存在哺乳动物脂肪组织内。目前，PCBs 开始引起了各国的关注，并随之进行了广泛的PCBs 对生态系统和人类健康影响的研究。

5. 二噁英

二噁英（dioxin）是指多氯代二苯并-对-二噁英和多氯代二苯并呋喃类似物的总称，具有极强的致癌性、免疫毒性和生殖毒性等多种毒性作用。目前，已经证实这类物质化学性质极为稳定，难于生物降解，并能在食物链中富集。近年来，二噁英已成为国内外研究的热点。

6. 多环芳烃

多环芳烃（polycyclic aromatic hydrocarbons，PAH）是含有两个或两个以上苯环的碳氢化合物。PAH 广泛存在于空气、水和土壤中，为煤、石油、煤焦油、烟草和一些有机化合物的热解或不完全燃烧产生的一系列多环芳烃化合物，是癌症的重要诱发因素。PAH 是发现最早而且数量最多的一类有机致癌物。

7. 丙烯酰胺

丙烯酰胺（acrylamide，AA）从 20 世纪 50 年代开始就是一种重要的化工原料，是已知的致癌物，并能引起神经损伤。食品中的丙烯酰胺是否具有致癌性，成为国际上十分令人关注的食品安全问题。

8. 氯丙醇

氯丙醇是继二噁英之后，食品污染领域又一个研究热点问题。早在 20 世纪 70 年代，人们就发现氯丙醇能够使精子减少和活性降低，抑制雄性激素生成，使生殖能力下降。目前，在非天然酿造酱油、调味品、保健食品、儿童营养食品中，均能发现氯丙醇的存在。

9. 硝酸盐、亚硝酸盐与 *N*-亚硝基化合物

N-亚硝基化合物（*N*-nitroso compounds）是一类具有亚硝基结构的有机化合物。在食品及人体内普遍存在着 *N*-亚硝基化合物的前体物质，如亚硝酸盐（nitrites）、硝酸盐（nitrates）、胺类（amines）等，以及可促进亚硝基化的物质。它们在一定条件下可合成一定量的 *N*-亚硝基化合物，直接或间接地导致人体多种组织器官机能障碍或器质性病变。*N*-亚硝基化合物对动物有较强的致癌作用，迄今为止，人们研究的 300 多种 *N*-亚硝基化合物中，有 90％以上对所试动物具有致癌性，是目前世界公认的几大致癌物之一。

第二节　农药残留

一、农药的概念

农药（pesticides）是指用于防治农林牧业生产中的有害生物和调节植物生长的人工合成的或者天然物质。根据《中华人民共和国农药管理条例》的定义，农药是指用于预防、消灭或者控制危害农业、林业的病、虫、草和其他有害生物以及有目的地调节植物、昆虫生长的化学合成的或者来源于生物、其他天然物质的一种物质或者几种物质的混合物及其制剂。

二、农药的分类

目前在世界各国注册的农药近 2000 种，其中常用 500 多种。中国有农药原药 250 种和 800 多种制剂，居世界第二位。为使用和研究方便，常从不同角度对农药进行分类。

（一）按来源分类

1. 有机合成农药

由人工研制合成，并由有机化学工业生产的一类农药。按其化学结构可分为有机氯、有

机磷、氨基甲酸酯、拟除虫菊酯等。有机农药应用最广，但毒性较大。

2. 生物源农药

指直接用生物活体或生物代谢过程中产生的具有生物活性的物质或从生物体提取的物质作为防治病虫草害的农药，包括微生物农药、动物源农药和植物源农药三类。

3. 矿物源农药

有效成分起源于矿物的无机化合物和石油类农药，包括硫制剂、铜制剂和矿物油乳剂等。

（二）按用途分类

分为杀虫剂（insecticide）、杀螨剂（mitecide）、杀真菌剂（fungicide）、杀细菌剂（bactericide）、杀线虫剂（nematicide）、杀鼠剂（rodenticide）、除草剂（herbicide）、熏蒸剂（furnigants）和植物生长调节剂（plant growth regulators）等。

三、环境中农药的残留

1. 环境中农药的来源

（1）工业生产 农药生产企业和包装厂排放的"三废"，尤其是未经处理或处理不达标的废水，对环境污染很严重。

（2）农业生产 为了防治病虫害，农药被喷施到农田、草原、森林和水域时直接落到害虫上的农药不到施药量的 1%，喷洒到植物上 10%～20%，其余则散布于环境中。

2. 农药在环境中迁移和循环

农药可经大气、水体、土壤等媒介的携带而迁移，特别是化学性质稳定、难以转化和降解的农药更易通过大气飘移和沉降、水体流动在环境中不断迁移和循环，致使农药对环境的污染具有普遍性和全球性。

3. 农药残留

农药残留（pesticide residue）是指农药使用后残存于环境、生物体和食品中的农药母体、衍生物、代谢物、降解物和杂质的总称。残留的数量称为残留量。

四、食品中农药残留的来源

1. 施药后直接污染

作为食品原料的农作物、农产品、畜禽直接施用农药而被污染，其中以蔬菜和水果受污染最为严重。

在农药生产中，农药直接喷洒于农作物的茎、叶、花和果实等表面，造成农产品污染。部分农药被作物吸收进入植株内部，经过生理作用运转到植物的根、茎、叶和果实，代谢后残留于农作物中，尤其以皮、壳和根茎部的农药残留量最高。

在兽医临床上，使用广谱驱虫和杀螨药物（如有机磷、拟除虫菊酯、氨基甲酸酯类等制剂）杀灭动物体表寄生虫时，如果药物用量过大被动物吸收或舔食，在一定时间内可造成畜禽产品中农药残留。

在农产品贮藏中，为了防治其霉变、腐烂或植物发芽，施用农药造成食用农产品直接污染。如在粮食贮藏中使用熏蒸剂，柑橘和香蕉用杀菌剂，马铃薯、洋葱和大蒜用抑芽剂等，均可导致这些食品中农药残留。

2. 从环境中吸收

农田、草场和森林施药后，有 40%～60% 农药降落至土壤，5%～30% 的药剂扩散于大气中，逐渐积累，通过多种途径进入生物体内，致使农产品、畜产品和水产品出现农药残留。

(1) 从土壤中吸收 当农药落入土壤后，逐渐被土壤粒子吸附，植物通过根茎部从土壤中吸收农药，引起植物性食品中农药残留。

(2) 从水体中吸收 水体被污染后，鱼、虾、贝和藻类等水生生物从水体中吸收农药，引起组织内农药残留。用含农药的工业废水灌溉农田或水田，也可导致农产品中农药残留。甚至地下水也可能受到污染。畜禽从饮用水中吸收农药，引起畜产品中农药残留。

(3) 从大气中吸收 虽然大气中农药含量甚微，但农药的微粒可以随风向、大气飘浮、降雨等自然现象造成很远距离的土壤和水源的污染，进而影响栖息在陆地和水体中的生物。

3. 通过食物链污染

农药污染环境，经食物链（food chain）传递时可发生生物浓集（bioconcentration）、生物积累（bioaccumulation）和生物放大（biomagnification），致使农药的轻微污染而造成食品中农药的高浓度残留。

4. 其他途径

(1) 加工和储运中污染 食品在加工、贮藏和运输中，使用被农药污染的容器、运输工具，或者与农药混放、混装均可造成农药污染。

(2) 意外污染 拌过农药的种子常含大量农药，不能食用。

(3) 非农用杀虫剂污染 各种驱虫剂、灭蚊剂和杀蟑螂剂逐渐进入食品厂、医院、家庭、公共场所，使人类食品受农药污染的机会增多、范围不断扩大。此外，高尔夫球场和城市绿化地带也经常大量使用农药，经雨水冲刷和农药挥发均可污染环境，进而污染人类的食物和饮水。

五、食品中农药残留的危害

环境中的农药被生物摄取或通过其他方式进入生物体，蓄积于体内，通过食物链传递并富集，使进入食物链顶端——人体内的农药不断增加，严重威胁人类健康。大量流行病学调查和动物实验研究结果表明，农药对人体的危害可概括为以下三方面。

1. 急性毒性

急性中毒主要由于职业性（生产和使用）中毒、自杀或他杀以及误食误服农药，或者食用喷洒了高毒农药不久的蔬菜和瓜果，或者食用因农药中毒而死亡的畜禽肉和水产品而引起。中毒后常出现神经系统功能紊乱和胃肠道症状，严重时会危及生命。

2. 慢性毒性

目前使用的绝大多数有机合成农药都是脂溶性的，易残留于食品原料中。若长期食用农药残留量较高的食品，农药则会在人体内逐渐蓄积，可损害人体的神经系统、内分泌系统、生殖系统，引起结膜炎、皮肤病、不育、贫血等疾病。这种中毒过程较为缓慢，症状短时间内不很明显，容易被人们所忽视，而其潜在的危害性很大。

3. 特殊毒性

目前通过动物实验已证明，有些农药具有致癌、致畸和致突变作用，或者具有潜在"三致"作用。

六、农药的允许限量

世界各国都非常重视食品中农药残留的研究和监测工作，制定了农药允许限量标准。FAO/WHO 农药残留联席会议（Joint FAO/WHO Meeting on Pesticide Residues，JMPR）规定了多种食品中农药的最高残留限量（maximum residues limit，MRL）、每人每日允许摄入量（acceptable daily intake，ADI）。美国食品和药品管理局（Food and Drug Adminis-tration，FDA）和欧盟也有相应的标准。2000 年欧盟发布了新欧盟指令 2000/24/EC，对茶叶中农药残留量做了修改，杀螟丹的 MRL 由 20mg/kg 降至 0.1mg/kg，新增加的杀螨特、杀螨酯、燕麦灵、甲氧滴滴涕、枯草隆、乙滴涕、氯杀螨等农药的 MRL 均为 0.1mg/kg。据报道，欧盟仅对茶叶中规定执行的农药残留限量标准已达 100 多项。近年来，欧盟修订了动物源食品及部分植物源食品（包括水果、蔬菜及其表皮）中的农药最大残留限量。

七、控制食品中农药残留的措施

食品中农药残留对人体健康的损害是不容忽视的，为了确保食品安全，必须采取正确对策和综合防治措施，防止食品中农药的残留。

1. 加强农药管理

为了实施农药管理的法制化和规范化，加强农药生产和经营管理，许多国家设有专门的农药管理机构，严格的登记制度和法规。美国农药归属环保局（EPA）、食品和药品管理局（FDA）和农业部（USDA）管理。中国也很重视农药管理，颁布了《农药登记规定》，要求农药在投产之前或国外农药进口之前必须进行登记，凡需登记的农药必须提供农药的毒理学评价资料和产品的性质、药效、残留、对环境影响等资料。中国已颁布了《农药管理条例》，规定农药的登记和监督管理工作主要归属农业行政主管部门，并实行农药登记制度、农药生产许可证制度、产品检验合格证制度和农药经营许可证制度。未经登记的农药不准用于生产、进口、销售和使用。《农药登记毒理学试验方法》（GB 15670）和《食品安全性毒理学评价程序》（GB 15193）规定了农药和食品中农药残留的毒理学试验方法。

2. 合理安全使用农药

为了合理安全使用农药，中国自 20 世纪 70 年代后相继禁止或限制使用一些高毒、高残留、有"三致"作用的农药。1971 年农业部发布命令，禁止生产、销售和使用有机汞农药。1974 年禁止在茶叶生产中使用"六六六"和"DDT"，1983 年全面禁止使用"六六六""DDT"和林丹。1982 年颁布了《农药安全使用规定》，将农药分为高、中、低毒三类，规定了各种农药的使用范围。《农药安全使用标准》（GB 4285）和《农药合理使用准则》（GB 8321.1~GB 8321.6）规定了常用农药所适用的作物、防治对象、施药时间、最高使用剂量、稀释倍数、施药方法、最多使用次数和安全间隔期（safety interval，即最后一次使用后距农产品收获天数）、最大残留量等，以保证农产品中农药残留量不超过食品卫生标准中规定的最大残留限量标准。

3. 制定和完善农药残留限量标准

FAO/WHO 及世界各国对食品中农药的残留量都有相应规定，并进行广泛监督。中国政府也非常重视食品中农药残留，制定了食品中农药残留限量标准和相应的残留限量检测方法，确定了部分农药的 ADI 值，并对食品中农药进行监测。为了与国际标准接轨，增加中国食品出口量，还有待于进一步完善和修订农产品和食品中农药残留限量标准。应加强食品卫生监督管理工作，建立和健全各级食品卫生监督检验机构，加强执法力度，不断强化管理职能，建立先进的农药残留分析监测系统，加强食品中农药残留的风险分析。

4. 食品农药残留的消除

农产品中的农药，主要残留于粮食糠麸、蔬菜表面和水果表皮，可用机械的或热处理方法予以消除或减少。尤其是化学性质不稳定、易溶于水的农药，在食品的洗涤、浸泡、去壳、去皮、加热等处理过程中均可大幅度消减。粮食中的"DDT"经加热处理后可减少13%～49%，大米、面粉、玉米面经过烹调制成熟食后，"六六六"残留量没有显著变化。水果去皮后"DDT"可全部除去，"六六六"有一部分尚残存于果肉中。肉经过炖煮、烧烤或油炸后"DDT"可除去25%～47%。植物油经精炼后，残留的农药可减少70%～100%。

粮食中残留的有机磷农药，在碾磨、烹调加工及发酵后能不同程度地消减。马铃薯经洗涤后，马拉硫磷可消除95%，去皮后消除99%。食品中残留的克菌丹通过洗涤可以除去，经烹调加热或加工罐头后均能被破坏。

为了逐步消除和从根本上解决农药对环境和食品的污染问题，减少农药残留对人体健康和生态环境的危害，除了采取上述措施外，还应积极研制和推广使用低毒、低残留、高效的农药新品种，尤其是开发和利用生物农药，逐步取代高毒、高残留的化学农药。在农业生产中，应采用病虫草害综合防治措施，大力提倡生物防治。进一步加强环境中农药残留监测工作，健全农田环境监控体系，防止农药经环境或食物链污染食品和饮水。此外，还须加强农药在贮藏和运输中的管理工作，防止农药污染食品，或者被人畜误食而中毒。大力发展无公害食品、绿色食品和有机食品，开展食品卫生宣传教育，增强生产者、经营者和消费者的食品安全知识，严防食品农药残留及其对人体健康和生命的危害。

八、几类农药的简介

1. 有机氯农药

（1）常用种类和性质　有机氯农药是一类应用最早的高效广谱杀虫剂，大部分是含一个或几个苯环的氯衍生物，主要品种有滴滴涕（DDT）和"六六六"，其次是艾氏剂（aldrin）、异艾氏剂（isodrin）、狄氏剂（dieldrin）、异狄氏剂（endrin）、毒杀芬（toxaphene）、氯丹（chlordane）、七氯（heptachlor）、开蓬（kepone）、林丹（1indane）等。

有机氯农药化学性质相当稳定，不溶或微溶于水，易溶于多种有机溶剂和脂肪，在环境中残留时间长，不易分解，并不断地迁移和循环，从而波及全球的每个角落，是一类重要的环境污染物。有机氯农药具有高度选择性，多蓄积于动植物的脂肪或含脂肪多的组织，因此，目前仍是食品中最重要的农药残留物质之一。

（2）有机氯农药对人体的危害　有机氯农药可影响机体酶的活性，引起代谢紊乱，干扰内分泌功能，降低白细胞的吞噬功能与抗体的形成，损害生殖系统，使胚胎发育受阻，导致孕妇流产、早产和死产。人中毒后出现四肢无力、头痛、头晕、食欲不振、抽搐、肌肉震颤、麻痹等症状。

（3）有机氯农药的允许限量　食品法典委员会（Codex Alimentarius Commission，CAC）推荐的人体"六六六"的 ADI 值为每千克体重 0.008mg，"DDT"的 ADI 值为每千克体重 0.02mg。中国食品卫生标准规定原粮中艾氏剂、狄氏剂、七氯的 MRL≤0.02mg/kg。

2. 有机磷农药

（1）常用种类和性质　有机磷农药广泛用于农作物的杀虫、杀菌、除草，为中国使用量最大的一类农药。高毒类主要有对硫磷（parathion）、内吸磷（demeton）、甲拌磷（phorate）、甲胺磷（methamidophos）等。中等毒类有敌敌畏（dichlorvos）、乐果（dimethoate）、甲基内吸磷（parathion-methyl）、倍硫磷（fenthion）、杀螟硫磷（enitrothion）、二嗪磷（地亚农，diazinon）等。低毒类有马拉硫磷（4049，malathion）和敌百虫（trichlorfon）等。

有机磷农药大部分是磷酸酯类或酰胺类化合物，多为油状，具有挥发性和大蒜臭味，难溶于水，易溶于有机溶剂，在碱性溶液中易水解破坏。生物半衰期（biological half life）短，不易在作物、动物和人体内蓄积。由于有机磷农药的使用量越来越大，而且反复多次用于农作物，因此这类农药对食品的污染比有机氯农药严重。

（2）有机磷农药对人体的危害　有机磷农药经皮肤、黏膜、呼吸道或随食物进入人体后，分布于全身组织，以肝脏最多，其次为肾脏、骨骼、肌肉和脑组织。人大量接触或摄入后可导致急性中毒，主要出现中枢神经系统功能紊乱症状。轻者有头痛、恶心、呕吐、胸闷、视力模糊等，中度中毒时有神经衰弱、失眠、肌肉震颤、运动障碍等症状，重者表现为肌肉抽搐、痉挛、昏迷、血压升高、呼吸困难，并能影响心脏功能，最后因呼吸麻痹而死亡。

（3）有机磷农药的允许限量　FAO/WHO 建议对硫磷的 ADI 值为每千克体重 0.005mg，甲胺磷、敌敌畏的 ADI 值为每千克体重 0.004mg，马拉硫磷、甲基对硫磷的 ADI 值为每千克体重 0.002mg，辛硫磷的 ADI 值为每千克体重 0.001mg。

3. 氨基甲酸酯农药

（1）常用种类和性质　氨基甲酸酯（carbmates）农药是针对有机磷农药的缺点而研制出的一类农药，具有高效、低毒、低残留的特点，广泛用于杀虫、杀螨、杀线虫、杀菌和除草等方面。杀虫剂主要有西维因（甲萘威，carbaryl）、涕灭威（aldicarb）、速灭威（MTMC）、克百威（carbofuran）、抗蚜威（pirimicarb）、异丙威（叶蝉散，isoprocarb）、仲丁威（BPMC）等，除草剂有灭草灵（swep）、灭草蜢（vemolate）等。氨基甲酸酯农药易溶于有机溶剂，在酸性条件下较稳定，遇碱易分解失效。在环境和生物体内易分解，土壤中半衰期 8～14 天。大多数氨基甲酸酯农药对温血动物、鱼类和人的毒性较低。

（2）氨基甲酸酯农药对人体的危害　氨基甲酸酯农药的中毒机理和症状基本与有机磷农药类似，但它对胆碱酯酶的抑制作用是可逆的，水解后的酶活性可不同程度恢复，且无迟发性神经毒性，故中毒后恢复较快。急性中毒时患者出现精神沉郁、流泪、肌肉无力、震颤、痉挛、低血压、瞳孔缩小，甚至呼吸困难等胆碱酯酶抑制症状，重者心功能障碍，甚至死亡。中毒轻时表现头痛、呕吐、腹痛、腹泻、视力模糊、抽搐、流涎、记忆力下降。

（3）氨基甲酸酯农药的允许限量　FAO/WHO 建议西维因和呋喃丹的 ADI 值为每千克体重 0.01mg，抗蚜威的 ADI 值为每千克体重 0.02mg，涕灭威的 ADI 值为每千克体重 0.05mg。

4. 拟除虫菊酯农药

（1）常用种类和性质　拟除虫菊酯（pyrethroids）农药是一类模拟天然除虫菊酯的化学结构而合成的杀虫剂和杀螨剂，具有高效、广谱、低毒、低残留的特点，广泛用于蔬菜、水果、粮食、棉花和烟草等农作物。目前常用 20 多个品种，主要有氯氰菊酯（cypermethrin)、溴氰菊酯（dcltamethrin，敌杀死）、氰戊菊酯（fenvalerate）、甲氰菊酯（fen-propathrin）、二氯苯醚菊酯（permethrin）等。

拟除虫菊酯农药不溶或微溶于水，易溶于有机溶剂，在酸性条件下稳定，遇碱易分解。在自然环境中降解快，不易在生物体内残留，在农作物中残留期通常为7～30天。农产品中的拟除虫菊酯农药主要来自喷施时直接污染，常残留于果皮。这类杀虫剂对水生生物毒性大，生产A级绿色食品时，禁止用于水稻和其他水生作物。

（2）拟除虫菊酯农药对人体的危害 拟除虫菊酯属中等或低毒类农药，在生物体内不产生蓄积效应，因其用量低，一般对人的毒性不强。这类农药主要作用于神经系统，使神经传导受阻，出现痉挛和共济失调等症状，但对胆碱酯酶无抑制作用。中毒后表现为神经系统症状：言语不清、意识障碍、视力模糊、肌肉震颤、呼吸困难。严重时抽搐、昏迷、大小便失禁，甚至死亡。

（3）拟除虫菊酯农药的允许限量 FAO/WHO建议溴氰菊酯的ADI值为每千克体重0.01mg，氰戊菊酯的ADI值为每千克体重0.02mg，二氯苯醚菊酯的ADI值为每千克体重0.05mg。

<h1 style="text-align:center">第三节　兽药残留</h1>

一、兽药残留的概念

根据联合国粮农组织和世界卫生组织（FAO/WHO）食品中兽药残留联合立法委员会的定义，兽药残留（animaldrugresidue）是指动物产品的任何可食部分所含兽药的母体化合物及（或）其代谢物，以及与兽药有关的杂质。所以兽药残留既包括原药，也包括药物在动物体内的代谢产物和兽药生产中所伴生的杂质。

兽药在动物体内残留量与兽药种类、给药方式及器官和组织的种类有很大关系。在一般情况下，对兽药有代谢作用的脏器，如肝脏、肾脏，其兽药残留量高。由于不断代谢和排出体外，进入动物体内兽药的量随着时间推移而逐渐减少，动物种类不同则兽药代谢的速率也不同，比如通常所用的药物在鸡体内的半衰期大多数在12h以下，多数鸡用药物的休药期为7天。

二、兽药残留的来源

为了提高生产效率，满足人类对动物性食品的需求，畜、禽、鱼等动物的饲养多采用集约化生产。然而，这种生产方式带来了严重的食品安全问题。在集约化饲养条件下，由于密度高，疾病极易蔓延，致使用药频率增加。同时，由于改善营养和防病的需要，必然要在天然饲料中添加一些化学控制物质来改善饲喂效果。这些饲料添加剂的主要作用包括完善饲料的营养特性、提高饲料的利用效率、促进动物生长和预防疾病、减少饲料在贮存期间的营养物质损失以及改进畜、禽、鱼等产品的某些品质。这样往往造成药物残留于动物组织中，对公众健康和环境具有直接或间接危害。

目前，中国动物性食品中兽药残留量超标主要原因是由于使用违禁或淘汰药物；不按规定执行应有的休药期；随意加大药物用量或把治疗药物当成添加剂使用；滥用新或高效抗生素，还大量使用医用药物；饲料加工过程受到兽药污染；用药方法错误，或未做用药记录；

屠宰前使用兽药；厩舍粪池中含兽药等。

三、影响食品安全的主要兽药

目前对人畜危害较大的兽药及药物饲料添加剂主要包括抗生素类、磺胺类、呋喃类、抗寄生虫类和激素类等药物。

1. 抗生素类药物

(1) 抗生素药物的用途　按抗生素（antibiotics）在畜牧业上应用的目标和方法，可将它们分为两类：治疗动物临床疾病的抗生素；用于预防和治疗亚临床疾病的抗生素，即作为饲料添加剂低水平连续饲喂的抗生素。

尽管使用抗生素作为饲料添加剂有许多副作用，但是由于抗生素饲料添加剂除防病治病外，还具有促进动物生长、提高饲料转化率、提高动物产品的品质、减轻动物的粪臭、改善饲养环境等功效。因而，事实上抗生素作为饲料添加剂已很普遍。

(2) 常用种类　治疗用抗生素主要品种有青霉素类、四环素类、杆菌肽、庆大霉素、链霉素、红霉素、新霉素和林可霉素等。常用饲料药物添加剂有盐霉素、马杜霉素、黄霉素、土霉素、金霉素、潮霉素、伊维菌素、庆大霉素和泰乐菌素等。

(3) 最高残留限量　为控制动物食品药物残留，必须严格遵守休药期，控制用药剂量，选用残留低毒性小的药物，并注意用药方法与用药目的一致。在农业部颁发的《饲料药物添加剂使用规范》中规定有各种饲料添加剂的种类和休药期。

2. 磺胺类药物

(1) 磺胺类药物的用途　磺胺类（sulfanilamides）药物是一类具有广谱抗菌活性的化学药物，广泛应用于兽医临床。磺胺类药物于 20 世纪 30 年代后期开始用于治疗人的细菌性疾病，并于 1940 年开始用于家畜，1950 年起广泛应用于畜牧业生产，用以控制某些动物疾病的发生和促进动物生长。

(2) 常见的种类与限量　磺胺类药根据其应用情况可分为三类：用于全身感染的磺胺药（如磺胺嘧啶、磺胺甲基嘧啶、磺胺二甲嘧啶），用于肠道感染、内服的难吸收磺胺药，用于局部的磺胺药（如磺胺醋酰）。中国农业部在发布的《动物性食品中兽药最高残留限量》中规定：磺胺类总计在所有食品动物的肌肉、肝、肾和脂肪中 MRL 为 $100\mu g/kg$，牛、羊乳中为 $100\mu g/kg$。

(3) 磺胺类药物的残留　磺胺类药物残留超标现象很严重。很多研究表明猪肉及其制品中磺胺药物超标现象时有发生，如给猪内服 1% 推荐剂量的氨苯磺胺，在休药期后也可造成肝脏中药物残留超标。按治疗量给药，磺胺在体内残留时间一般为 5～10 天；肝、肾中的残留量通常大于肌肉和脂肪；进入乳中的浓度为血液浓度的 1/10～1/2。

3. 激素类药物

激素是由机体某一部分分泌的特种有机物，可影响其机能活动并协调机体各个部分的作用，促进畜禽生长。20 世纪人们发现激素后，激素类生长促进剂在畜牧业上得到广泛应用，但由于激素残留不利于人体健康，产生了许多负面影响，许多种类现已禁用。中国农业部规定，禁止所有激素类及有激素类作用的物质作为动物促进生长剂使用，但在实际生产中违禁使用者还很多，给动物性食品安全带来很大威胁。

(1) 常见的种类　激素的种类很多，按化学结构可分固醇或类固醇（主要有肾上腺皮质激素、雄性激素、雌性激素等）和多肽或多肽衍生物（主要有垂体激素、甲状腺素、甲状旁腺素、胰岛素、肾上腺素等）两类。按来源可分为天然激素和人工激素，天然激素指动物体自身分泌的激素；人工激素是用化学方法或其他生物学方法人工合成的一类激素。

（2）**激素的用途**　在畜禽饲养上应用激素制剂有许多显著的生理效应，如加速催肥，还可提高胴体的瘦肉与脂肪的比例。

4. 其他兽药

除抗生素外，许多人工合成的药物有类似抗生素的作用。化学合成药物的抗菌驱虫作用强，而促生长效果差，且毒性较强，长期使用不但有不良作用，而且有些还存在残留与耐药性问题，甚至有致癌、致畸、致突变的作用。化学合成药物添加在饲料中主要用在防治疾病和驱虫等方面，也有少数毒性低、副作用小、促生长效果较好的抗菌剂作为动物生长促进剂在饲料中加以应用。

四、兽药残留的危害

兽药残留不仅对人体健康造成直接危害，而且对畜牧业和生态环境也造成很大威胁，最终将影响人类的生存安全。同时，兽药残留也影响经济的可持续发展和对外贸易。

1. 兽药残留对人体健康的危害

（1）**毒性作用**　人长期摄入含兽药残留的动物性食品后，药物不断在体内蓄积，当浓度达到一定量后，就会对人体产生毒性作用。

（2）**过敏反应和变态反应**　经常食用一些含低剂量抗菌药物残留的食品能使易感的个体出现过敏反应，这些药物包括青霉素、四环素、磺胺类药物及某些氨基糖苷类抗生素等。

（3）**细菌耐药性**　动物经常反复接触某一种抗菌药物后，其体内敏感菌株将受到选择性抑制，从而使耐药菌株大量繁殖。而抗生素饲料添加剂长期、低浓度使用是耐药菌株增加的主要原因。

经常食用含药物残留的动物性食品，一方面具有耐药性的能引起人畜共患病的病原菌可能大量增加；另一方面带有药物抗性的耐药因子可传递给人类病原菌，当人体发生疾病时，就给临床治疗带来很大的困难，耐药菌株感染往往会延误正常的治疗过程。

（4）**菌群失调**　在正常条件下，人体肠道内的菌群由于在多年共同进化过程中与人体能相互适应，对人体健康产生有益的作用。但是，过多应用药物会使这种平衡发生紊乱，造成一些非致病菌的死亡，使菌群的平衡失调，从而导致长期的腹泻或引起维生素的缺乏等反应，造成对人体的危害。

（5）**"三致"作用**　"三致"是指致癌、致畸、致突变。苯并咪唑类药物是兽医临床上常用的广谱抗蠕虫病的药物，可持久地残留于肝内并对动物具有潜在的致畸性和致突变性。另外，残留于食品中的丁苯咪唑、苯咪唑、丙硫咪唑和苯硫苯氨酯具有致畸作用，克球酚、雌激素则具有致癌作用。

（6）**激素的副作用**　激素类物质虽有很强的作用效果，但也会带来很大的副作用。人们长期食用含低剂量激素的动物性食品，由于积累效应，有可能干扰人体的激素分泌体系和身体正常机能，特别是类固醇类和β-兴奋剂类在体内不易代谢破坏，其残留对食品安全威胁很大。

2. 兽药残留对畜牧业生产和环境的影响

滥用药物对畜牧业本身也有很多负面影响，并最终影响食品安全。如长期使用抗生素造成畜禽机体免疫力下降，影响疫苗的接种效果。长期使用抗生素还容易引起畜禽内源性感染和二重感染。耐药菌株的日益增加，使有效控制细菌疫病的流行显得越来越困难，不得不用更大剂量、更强副作用的药物，反过来对食品安全造成了新的威胁。

3. 兽药残留超标对经济发展的影响

在国际贸易中，由于有关贸易条约的限制，政府已很难用行政手段保护本国产业，而技术贸易壁垒的保护作用将越来越强。化学物质残留是食品贸易中最主要的技术贸易壁垒。中国加入 WTO 后，面临的技术贸易壁垒将更为突出。为了扩大国际贸易，控制化学物质残留（特别是兽药的残留）是一个必须解决的紧迫问题。

五、动物性食品兽药残留的监测与管理

1. 兽药残留的控制

中国近年来对兽药残留问题也给予了很大重视，软硬件建设都取得了很大进步。1999年 9 月中国农业部颁发了《动物性食品中兽药最高残留限量》的通知，规定了 109 种兽药在畜禽产品中的最高残留限量。农业部在 2001 年颁布了《饲料药物添加剂使用规范》，并规定：只有列入《规范》附录一中的药物才被视为具有预防动物疾病、促进动物生长作用，可在饲料中长期添加使用；列入《规范》附录二中的药物用于防治动物疾病，须凭兽医处方购买使用，并有规定疗程，仅可通过混饲给药，而且所有商品饲料不得添加此类兽药成分。附录之外的任何其他兽药产品一律不得添加到饲料中使用。

为保证给予动物内服或注射药物后药物在动物组织中残留浓度能降至安全范围，必须严格规定药物休药期，并制定药物的最高残留限量（MRL）。

2. 兽药残留的监测

为控制兽药残留，严格落实休药期的实施，检测监督是关键。1984 年在 FAO/WHO 共同组成的食品法典委员会（CAC）倡导下，成立了兽药残留法典委员会（CC/RVDF），负责筛选建立适用于全球兽药及其他化学药物残留的分析和取样方法，对兽药残留进行毒理学评价，制定最高兽药残留法规、休药期法规。美国从 1998 年 1 月开始实施《危害分析关键控制点》，明确规定了食品中兽药残留的界限值，超标的一律不许上市。欧盟公布多种兽药违禁品种，1998 年还宣布禁止在养鸡生产中使用螺旋素杆菌肽锌和泰乐菌素等。中国 20 世纪 80 年代后期，畜产品中兽药残留监控工作开始起步，1994 年国务院办公厅在关于加强农药、兽药管理的通知中明确提出开展兽药残留监控工作。中国农业部也于 1999 年成立了全国兽药残留专家委员会，颁布了"动物性食品中兽药最高残留量"，并发布了《中华人民共和国动物及动物源食品中兽药残留监控计划》和《官方取样程序》的法规。其中 NY 438—2001《饲料中盐酸克仑特罗的测定》方法标准，作为农业部强制标准已于 2001 年 5 月 1 日实施。该标准采用 HPLC 和 GC/MS 检测技术，适用于各类饲料中盐酸克仑特罗的筛选检测，具有灵敏度高、重现性好等技术优点，最低检出限为 0.01mg/kg，在最低检出限下平均回收率达 93.7%。

3. 兽药的审批

动物性食品生产过程中的用药和药物饲料添加剂的使用，对食品安全有着非常重要的影响，加强这类药物的管理和审批，更加慎重地使用药物是非常重要的。

从 20 世纪 60 年代后期，许多国家开始用"三致"实验来审定新药，复查并淘汰了一批老药。同时一些先进国家在饲料添加剂的管理中，也明确了要进行"三致"实验，以证实饲料添加剂的安全性。

美国对兽药有比较严谨的审批程序，由卫生和人类事务部公共卫生署下设的食品和药品管理局（FDA）负责管理审批药物，包括药物饲料添加剂。新兽药在获得 FDA 批准之前，必须在临床上进行有效性和安全性试验。

中国也建立了兽药的审批制度，但是在审批的规范程序中对食品安全性的考虑还有许多需要完善的地方，美国制定的兽药审批原则与程序具有一定的参考价值。

除了加强兽药的安全管理以外，加速开发并应用新型绿色安全的饲料添加剂，来逐渐替代现有的药物添加剂，减少致残留的药物和药物添加剂的使用，是解决目前动物性食品安全问题的一项重要举措，也是兽药发展的一大趋势。目前已开发的具有应用潜力的安全饲料添加剂主要有：微生态制剂、酶制剂、酸化剂、中草药制剂、天然生理活性物质、甘露寡糖、大蒜素等。

第四节　食品添加剂

食品添加剂（food additives）是食品工业发展的重要影响因素之一，随着国民经济的增长和人民生活水平的提高，食品的质量与品种的丰富就显得日益重要。如果要将丰富的农副产品作为原料，加工成营养平衡、安全可靠、食用简便、货架期长、便于携带的包装食品，食品添加剂的使用是必不可少的。

食品添加剂的使用对食品产业的发展起着重要的作用，它可以改善风味、调节营养成分、防止食品变质，从而提高质量，使加工食品丰富多彩，满足消费者的各种需求。但若不科学地使用也会带来很大的负面影响，近几年来食品添加剂使用的安全性引起了人们的关注。

一、食品添加剂的定义

国际上，对食品添加剂的定义目前尚无统一规范的表述，广义的食品添加剂是指食品本来成分以外的物质。

1983 年食品法典委员会（CAC）规定："食品添加剂是指其本身不作为食品消费，也不是食品特有成分的任何物质，而且不管其有无营养价值；在食品的制造、加工、调制、处理、装填、包装、运输或保藏过程中，由于技术上的需要有意向食品中加入的物质，但不包括污染物或者为提高食品营养价值而加入食品中的物质。"

在中国，食品添加剂通常是指为改善食品品质和色、香、味以及防腐和加工工艺的需要加入食品中的化学合成物质或天然物质。

二、食品添加剂的分类

1. 根据制造方法分类

（1）化学合成的添加剂　利用各种有机物、无机物通过化学合成的方法而得到的添加剂。目前，使用的添加剂大部分属于这一类添加剂。如：防腐剂中的苯甲酸钠、漂白剂中的焦硫酸钠、色素中的胭脂红和日落黄等。

（2）生物合成的添加剂　一般以粮食等为原料，利用发酵的方法，通过微生物代谢生产的添加剂称为生物合成添加剂。若在生物合成后还需要化学合成的添加剂，则称为半合成法生产的添加剂。如：调味用的味精、色素中的红曲红、酸度调节剂中的柠檬酸和乳酸等。

(3) 天然提取的添加剂 利用分离提取的方法，从天然的动、植物体等原料中分离纯化后得到的食品添加剂。如色素中的辣椒红等，香料中天然香精油、薄荷等。此类添加剂由于比较安全，并且其中一部分又具有一定的功能及营养，符合食品产业发展的趋势。目前在日本，天然添加剂的使用是发展的主流，虽然它的价格比合成添加剂要高许多，但是人们出于对安全的考虑，常使用从天然产物中得到的添加剂产品。

2. 按使用目的分类

(1) 满足消费者嗜好的添加剂

① 与味觉相关联的添加剂，如调味料、酸味料、甜味料等。调味料主要调整食品的味道，大多为氨基酸类、有机酸类、核酸类等，比如谷氨酸钠（味精）；酸味料通常包括柠檬酸、酒石酸等有机酸，主要用于糕点、饮料等产品；甜味料主要有砂糖与人工甜味料。为了满足人们对低热量食品的需要，开发出的糖醇逐步在生产并使用。

② 与嗅觉相关联的添加剂，食品中广泛使用的这类添加剂有天然香料与合成香料。它们一般是同其他添加剂一同使用，但使用剂量很少。天然香料是从天然物质中抽提的，一般认为比较安全。

③ 与色调相关联的添加剂，如天然着色剂与合成着色剂。主要在糕点、糖果、饮料等产品中应用。有些罐装食品自然褪色，所以一般使用先漂白、再着色的方法处理。在肉制品加工中，通常使用硝酸盐与亚硝酸盐作为护色剂。

(2) 防止食品变质的添加剂 为了防止有害微生物对食品的侵蚀，延长其保质期，保证产品的质量，防腐剂的使用是较为普遍的。但是防腐剂大部分是毒性强的化学合成物质，因此并不提倡使用这些物质，即使在各种食品中使用也要严格限制在添加的最大限量以内，以确保食品的安全。

由于有些霉菌所产生的毒素有较强的致癌作用，所以防霉菌剂的使用是非常必要的。

食用油脂或含油脂的食品在保存过程中容易被空气氧化，这不仅影响食品的风味，而且可生成毒性较强的物质。为了避免氧化的发生，常采用添加抗氧化剂的方法。

(3) 作为食品制造介质的添加剂 作为食品制造介质的添加剂是指最终在产品成分中不含有，或只是在制造过程中使用的添加剂。例如，浓缩或分离过程中使用的离子交换树脂，水解过程中使用的盐酸，中和酸使用的高纯度氢氧化钠等。

(4) 改良食品质量的添加剂 增稠剂、乳化剂、面粉处理剂、水分保持剂等均对食品质量的改进起着重要的作用，它们在食品行业的快速发展与激烈竞争中起着至关重要的作用。

(5) 食品营养强化剂 食品营养强化剂是以强化补给食品营养为目的的添加剂，在食品中通常添加的各种无机盐、微量元素和维生素都属于这一类，如钙、锌、铁、镁、锰、硒、维生素 A、维生素 D、维生素 E、维生素 K 等。

3. 按安全性划分

FAO/WHO 下设的食品添加剂联合专家委员会（JECFA）为了加强对食品添加剂安全性的审查与管理，制定出它们的 ADI（每人每日允许摄入量），并向各国政府建议。该委员会建议把食品添加剂分为如下四大类。

第一类为安全使用的添加剂（general recognized as safe），即一般认为是安全的添加剂，可以按正常需要使用，不需建立 ADI 值。

第二类为 A 类，是 JECFA 已经制定 ADI 和暂定 ADI 的添加剂，它又分为两类

A_1、A_2。

A_1 类：经过 JECFA 评价认为毒理学资料清楚，已经制定出 ADI 值的添加剂。

A_2 类：JECFA 已经制定出暂定 ADI 值，但毒理学资料不够完善，暂时允许用于食品。

第三类为 B 类，JECFA 曾经进行过安全评价，但毒理学资料不足，未建立 ADI 值，或者未进行安全评价者，它又分为两类 B_1 和 B_2。

B_1 类：JECFA 曾经进行过安全评价，因毒理学资料不足，未建立 ADI 值。

B_2 类：JECFA 未进行安全评价。

第四类为 C 类，JECFA 进行过安全评价，根据毒理学资料认为应该禁止使用的食品添加剂或应该严格限制使用的食品添加剂，它分为两类 C_1 和 C_2。

C_1 类：JECFA 根据毒理学资料认为，在食品中应该禁止使用的添加剂。

C_2 类：JECFA 认为应该严格限制，作为某种特殊用途使用的添加剂。

近几年来，由于一些食品加工企业滥用添加剂，分析检测手段落后及毒理学资料的不断完善等因素，食品添加剂的安全性引起了社会各界的高度重视。JECFA 为了解决食品添加剂的安全性问题，在指定标准方面已经做了大量的工作，尽量使各国的使用标准接近。

三、添加剂在食品加工中的使用规范

1. 剂量

食品添加剂通过食品安全评价的毒理学实验，确定长期使用对人体安全无害的最大限量。使用时，严格按照使用要求执行，使用量控制在限量内。众所周知，所有的化合物无论大小均有毒性作用，为了衡量其毒性的大小首先要掌握如下几个概念。

（1）无作用量（NL）或最大无作用量（MNL） 即使是毒性最强的化合物若限制在微量的范围内给动物投与，动物的一生并没有中毒反应，这个量称为无作用量（NL）或最大无作用量（MNL）。

（2）每人每日允许摄入量（ADI） 由以上两个量可以推测出，即使人体终生持续食用也不会出现明显中毒现象的食品添加剂摄入量为每人每日允许摄入量（ADI），单位是 mg/kg 体重。由于人体与动物的敏感性不同，不可将动物的无作用量（NL）或最大无作用量（MNL）直接用于人，一般安全系数为 100（特殊情况例外），所以可用动物的 MNL 除以安全系数 100 即可得出人的 ADI 值。

2. 使用方法

根据添加剂的特性，确定使用方法，并且应严格遵守质量标准。使用时，防止因使用方法不当而影响或破坏食品营养成分的现象出现。若使用复合添加剂，其中的各种成分必须符合单一添加剂的使用要求与规定。

3. 使用范围

因各种添加剂的使用对象不同、使用环境不同，所以要确定添加剂的使用范围。比如专供婴儿的主辅食品，除按规定可以加入食品营养强化剂外，不得加入人工甜味剂、色素、香精、谷氨酸钠等不适宜的食品添加剂。

4. 滥用

不得使用食品添加剂掩盖食品的缺陷或作为伪造的手段。生产厂家不得使用非定点生产厂家或无生产安全许可证的食品添加剂。

四、食品添加剂的毒性作用

世界卫生组织（WHO）、联合国粮农组织（FAO）在 20 世纪 50 年代起，开始关注食品添加剂的安全评价（毒理学评价）工作。随着食品工业的发展，特别是进入 21 世纪以来，食品添加剂的安全性问题引起了社会各界的高度重视。

人工合成色素具备着色力强、色泽鲜艳、成本低等优点，但是它们多数是从煤焦油中制取，或以苯、甲苯、萘等芳香烃化合物为原料合成的。这些着色剂多属偶氮化合物，在体内转化为芳香胺，经 N-羟化和酯化可变成易与大分子亲核中心结合而形成致癌物，因而具有致癌性。中国批准允许使用的合成色素在最大使用限量范围内使用，都是安全的。自 2005 年 2 月起，席卷世界的"苏丹红风波"就是一起由于在快餐食品中使用人工色素添加剂——苏丹红引发食品安全危机的典型案例。苏丹红为亲脂性偶氮化合物，主要包括Ⅰ、Ⅱ、Ⅲ和Ⅳ四种类型，是一种人工合成的红色染料，常作为一种工业染料，被广泛用于蜡、汽油的增色以及鞋、地板等增光方面。2005 年 2 月 18 日，英国食品标准署发布通告，要求超市立即撤回 359 种含有"苏丹红一号"的食品；2 月 23 日，中国国家质量监督检验检疫总局发出通知，要求各地质检部门加强对含有苏丹红食品的检验监管。2005 年 4 月，中国卫生部发布《苏丹红危险性评估报告》。该报告通过对"苏丹红"染料系列亚型的致癌性、致敏性和遗传毒性等危险因素进行评估。同时报告指出，苏丹红是一种人工色素，在食品中非天然存在，如果食品中的苏丹红含量较高，达上千毫克，则苏丹红诱发动物肿瘤的机会就会上百倍增加，特别是由于苏丹红有些代谢产物是人类可能致癌物，目前对这些物质尚没有耐受摄入量，因此在食品中应禁用。

酱色是利用糖质在高温下加热使之焦糖化，再用碱中和制成膏状或固体状。为了加速焦糖化反应，在工业化生产中加入铵盐作催化剂，但是加入铵盐后酱色中会含有 4-甲基咪唑，这种物质可以引起动物惊厥。

酶制剂一般比化学添加剂安全，但是由于常混有杂质，如残存的原料、无机盐、稀释剂及安定剂等物质，也是一些不安全的因素。同时由微生物生产的酶制剂可能产生微生物毒素和抗生素，故使一些酶制剂可能有致敏作用。

第五节　有毒元素

一、食品中化学元素的来源

存在于食物中的各种元素，其理化性质及生物活性有很大的差别，有的是对人体有益的元素（如钾、钠、钙、镁、铁、铜、锌），但过量摄入这些元素对人体反而有害；有的是对人体有毒害作用的元素（如铅、砷、镉、汞等）。人们较早就对各种元素的食品安全性问题给予了重视。研究表明，食品污染的化学元素以镉最为严重，其次是汞、铅、砷等。食品中化学元素来源如下。

1. 自然环境

有的地区因地理条件特殊，土壤、水或空气中这些元素含量较高。在这种环境里生存的动、植物体内及加工的食品中，往往也有较高的含量。

2. 食品生产加工

在食品加工时所使用的机械、管道、容器或加入的某些食品添加剂中，存在的有毒元素及其盐类，在一定条件下可能污染食品。

3. 农用化学物质及工业三废的污染

随着工、农业生产的发展，有些农药中所含的有毒元素，在一定条件下，可引起土壤的污染并残留于食用作物中。工业废气、废渣和废水不合理排放也可造成环境污染，并使这些工业三废中的有毒元素转入食品。

二、食品中的化学元素的毒性和毒性机制

食品中的有毒元素经消化道吸收，通过血液分布于体内组织和脏器，除了以原有形式为主外，还可以转变成具有较高毒性的化合物形式。多数有毒元素在体内有蓄积性，能产生急性和慢性毒性反应，还有可能产生致癌、致畸和致突变作用。可见有毒元素对人体的毒性机制是十分复杂的，一般来说，下列任何一种机制都能引起毒性。

1. 阻断了生物分子表现活性所必需的功能基

例如，Hg^{2+}、Ag^+ 与酶半胱氨酸残基的巯基结合，半胱氨酸的巯基是许多酶的催化活性部位，当结合重金属离子，就抑制了酶的催化活性。

2. 置换了生物分子中必需的金属离子

例如，Be^{2+} 可以取代 Mg^{2+} 激活酶中的 Mg^{2+}，由于 Be^{2+} 与酶结合的强度比 Mg^{2+} 大，因而可阻断酶的活性。

3. 改变生物分子构象或高级结构

例如核苷酸负责贮存和传递遗传信息，一旦构象或结构发生变化，就可能引起严重后果，如致痛和先天性畸形。

对食品安全性有影响的有毒元素较多，下面就几种主要的有毒元素的毒性危害作一简要介绍。

三、汞

汞呈银白色，是室温下唯一的液体金属，俗称水银。汞在室温下有挥发性，汞蒸气被人体吸入后会引起中毒，空气中汞蒸气的最大允许浓度为 $0.1mg/m^3$。汞不溶于冷的稀硫酸和盐酸，可溶于氢碘酸、硝酸和热硫酸。各种碱性溶液一般不与汞发生作用。汞的化学性质较稳定，不易与氧作用，但易与硫作用生成硫化汞，与氯作用生成氯化汞及氯化亚汞（甘汞）。汞与烷基化合物作用可以形成甲基汞、乙基汞、丙基汞等，这些化合物具有很大毒性，有机汞的毒性比无机汞大。

1. 汞对食品的污染

食品中的汞以元素汞、二价汞的化合物和烷基汞三种形式存在。一般情况下，食品中的汞含量通常很少，但随着环境污染的加重，食品中汞污染也越来越严重。

2. 食品中汞的毒性与危害

对大多数人来说，因为食物而引起汞中毒的危险是非常小的。人类通过食品摄入的汞主要来自鱼类食品，且所吸收的大部分的汞属于毒性较大的甲基汞。

(1) 急性毒性 有机汞化合物的毒性比无机汞化合物大。由无机汞引起的急性中毒，主要可导致肾组织坏死，发生尿毒症。有机汞引起的急性中毒，早期主要可造成肠胃系统的损害，引起肠道黏膜发炎，剧烈腹痛，严重时可引起死亡。

(2) 亚慢性及慢性毒性 长期摄入被汞污染的食品，可引起慢性汞中毒，使大脑皮质神经细胞出现不同程度的变性坏死，表现为细胞核固缩或溶解消失。由于局部汞的高浓度积累，造成器官营养障碍，蛋白质合成下降，导致功能衰竭。

(3) 致畸性和致突变性 甲基汞对生物体具有致畸性和生育毒性。母体摄入的汞可通过胎盘进入胎儿体内，使胎儿发生中毒。严重者可造成流产、死产或使初生幼儿患先天性水俣病，表现为发育不良，智力减退，甚至发生脑麻痹而死亡。另外，无机汞可能还是精子的诱变剂，可导致畸形精子的比例增高，影响男性的性功能和生育力。

3. 食品中汞的限量标准

WHO 规定，成人每周摄入总汞量不得超过 0.3mg，其中甲基汞摄入量每周不得超过 0.2mg。中国颁布实施的食品中汞允许量标准 GB 2762—94 规定，汞允许残留量（mg/kg，以 Hg 计）为：粮食≤0.02，豆类、薯类、果蔬、水果≤0.01，牛乳及乳制品≤0.01，肉、去壳蛋≤0.05，鱼和其他水产品≤0.3（其中甲基汞≤0.2）。

四、铅

铅在自然界里以化合物状态存在。纯净的铅是较软的、强度不高的金属，新切开的铅表面有金属光泽，但很快变成暗灰色，这是受空气中氧、水和二氧化碳的作用，表面迅速生成一层致密的碱式碳酸盐保护层的缘故。铅的化合物在水中溶解性不同，铅的氧化物不溶于水。

1. 铅对食品的污染

食品中铅的来源很多，包括动植物原料、食品添加剂、接触食品的管道、容器、包装材料、器具和涂料等，均会使铅转入到食品中。另外，很多行业如采矿、冶炼、蓄电池、交通运输、印刷、塑料、涂料、焊接、陶瓷、橡胶、农药等都使用铅及其化合物。这些铅大约1/4被重新回收利用，其余大部分以各种形式排放到环境中造成污染，也引起食品的铅污染。

2. 食品中铅的毒性与危害

摄入含铅的食品后，约有 5%～10%在十二指肠被吸收。经过肝脏后，部分随胆汁再次排入肠道中。进入体内的铅可产生多种毒性和危害。

(1) 急性毒性 铅中毒可引起多个系统症状，但最主要的症状为食欲不振、口有金属味、流涎、失眠、头痛、头昏、肌肉关节酸痛、腹痛、便秘或腹泻、贫血等，严重时出现痉挛、抽搐、瘫痪、循环衰竭。

(2) 亚慢性和慢性毒性 当长期摄入含铅食品后，对人体造血系统产生损害，主要表现为贫血和溶血；对人体肾脏造成伤害，表现为肾小管上皮细胞出现核包含体，肾小球萎缩，肾小管渐进性萎缩及纤维化等；对人体中枢神经系统与周围神经系统造成损伤，引起脑病与周围神经病，其特征是迅速发生大脑水肿，相继出现惊厥、麻痹、昏迷，甚至死亡。

(3) 生殖毒性、致癌性、致突变性 微量的铅即可对精子的形成产生一定影响，还可引起人死胎和流产，并可通过胎盘屏障进入胎儿体内，对胎儿产生危害，并可诱发良性或恶性肾脏肿瘤。但流行病学的研究指出，关于铅对人的致癌性，至今还不能提供决定性的证据。

铅与其他金属相比，诱发染色体突变的能力是比较弱的，甚至不能做出肯定结论，因为迄今为止，实验结果不尽相同。

3. 食品中铅的限量标准

FAO/WHO下设的食品添加剂联合专家委员会推荐铅的每周耐受摄入量（PTWI）成年人为 0.05mg/kg 体重。中国颁布实施的食品中铅允许量标准 GB 14935—94 规定，冷饮食品、奶粉、炼乳、食盐、味精、醋、酒等食品中 Pb≤1mg/kg 或≤1mg/L，食用色素≤10mg/kg，饮用水中＜0.05mg/L，肉类、鱼虾、鲜乳类≤0.5mg/kg，粮食、薯类≤0.4mg/kg，蔬菜、水果、蛋类≤0.2mg/kg，豆类≤0.8mg/kg。

五、砷

砷的化合物广泛存在于岩石、土壤和水中。砷的化合物有无机砷和有机砷化合物。砷化氢是一种无色、具有大蒜味的剧毒气体。硫化砷可认为无毒，不溶于水，难溶于酸。硫化砷可溶于碱，在氧化剂的作用下也可以变成可溶性和挥发性的有毒物质。

1. 砷对食品的污染

砷广泛分布于自然环境中，几乎所有的土壤中都存在砷。含砷化合物被广泛应用于农业中作为除草剂、杀虫剂、杀菌剂、杀鼠剂和各种防腐剂。因大量使用，造成了农作物的严重污染，导致食品中砷含量增高。此外，在动物饲料中大量掺入对氨基苯砷酸等含砷化合物作为促生长剂，对动物性食品的安全性也造成了严重影响。

2. 食品中砷的毒性与危害

砷可以通过食道、呼吸道和皮肤黏膜进入机体。砷在体内有较强的蓄积性，皮肤、骨骼、肌肉、肝、肾、肺是体内砷的主要贮存场所。元素砷基本无毒，砷的化合物具有不同的毒性，三价砷的毒性比五价砷大。砷能引起人体急性和慢性中毒。

（1）急性毒性　砷的急性中毒通常是由于误食而引起。三氧化二砷口服中毒后，主要表现为急性胃肠炎、呕吐、腹泻、休克、中毒性心肌炎、肝病等。严重者可表现为兴奋、烦躁、昏迷，甚至呼吸麻痹而死亡。

（2）慢性毒性　砷慢性中毒是由于长期少量经口摄入受污染的食品引起的。主要表现为食欲下降、体重下降、胃肠障碍、末梢神经炎、结膜炎、角膜硬化和皮肤变黑。长期受砷的毒害，皮肤出现白斑，后逐渐变黑。

（3）致癌、致畸和致突变性　经世界卫生组织 1982 年研究确认，无机砷为致癌物，可诱发多种肿瘤。

3. 食品中砷的限量标准

FAO/WHO暂定砷的每日允许最大摄入量为 0.05mg/kg 体重，对无机砷每周允许摄入量建议为 0.015mg/kg 体重。

中国颁布实施的食品中砷允许量标准 GB 4810—94 规定砷的含量（mg/kg，以砷计）为：原粮≤0.7，食用植物油≤0.1，酱油、酱、食醋、味精、盐、冷饮食品≤0.5，蔬菜、水果、肉类、淡水鱼、蛋类、酒类、鲜奶、鲜海鱼≤0.5，鲜贝类≤1.0，饮用水中砷含量≤0.05mg/L。

六、镉

镉呈银白色，略带淡蓝光泽，质软。在自然界是比较稀有的元素，在地壳中含量估计为

0.1～0.2mg/kg。镉在潮湿空气中可缓慢氧化并失去光泽，加热时生成棕色的氧化层。镉蒸气燃烧产生棕色的烟雾。镉与硫酸、盐酸和硝酸作用生成相应的镉盐。镉对盐水和碱液有良好的抗蚀性能。氧化物呈棕色，硫化物呈鲜艳的黄色，是一种很难溶解的颜料。

1. 镉对食品的污染

植物性食品中镉主要来源于冶金、冶炼、陶瓷、电镀工业及化学工业（如电池、塑料添加剂、食品防腐剂、杀虫剂、颜料）等排出的"三废"。动物性食物中的镉也主要来源于环境，正常情况下，动物体内镉含量是比较低的。但在污染环境中，镉在动物体内有明显的生物蓄积倾向。

2. 食品中镉的毒性与危害

一般情况下，大多数食品均含有镉，摄入镉污染的食品和饮水，可导致人发生镉中毒。

(1) 急性毒性 镉为有毒元素，其化合物毒性更大。自然界中，镉的化合物具有不同的毒性。硫化镉、硒磺酸镉的毒性较低，氧化镉、氯化镉、硫酸镉毒性较高。镉引起人中毒的剂量平均为100mg。急性中毒者主要表现为恶心、流涎、呕吐、腹痛、腹泻，继而引起中枢神经中毒症状。严重者可因虚脱而死亡。

(2) 亚慢性和慢性毒性 长期摄入含镉食品，可使肾脏发生慢性中毒，主要是损害近曲肾小管和肾小球，导致蛋白尿、氨基酸尿和糖尿。同时，由于镉离子取代了骨骼中的钙离子，从而妨碍钙在骨质上的正常沉积，也妨碍骨胶原的正常固化成熟，导致软骨病。

(3) 致畸、致突变和致癌性 1987年国际癌症研究中心（IARC）将镉定为Ⅱ$_A$级致癌物，1993年被修订为Ⅰ$_A$级致癌物。镉可引起肺、前列腺和睾丸的肿瘤。在实验动物体中，可引起皮下注射部位、肝、肾和血液系统的癌变。镉是一个很弱的致突变剂，其致癌作用与镉能损伤DNA、影响DNA修复以及促进细胞增生有关。

3. 食品中镉的限量标准

FAO/WHO推荐镉的每周耐受摄入量（PTWI）为0.007mg/kg体重。中国颁布实施的食品中镉允许量标准GB15201—94规定镉的限量（以 mg/kg 计）为：大米≤0.2，杂粮（玉米、高粱、小米、薯类）≤0.05，蔬菜、蛋≤0.05，肉、鱼≤0.1，水果≤0.03，饮用水中≤0.01mg/L。

七、防止化学元素污染食品的措施

化学元素造成的污染比较复杂，有毒元素污染食品后不容易去除，因此为保障食品的安全性，防止食物中毒，应积极采取各种有效措施，防止其对食品的污染。

1. 加强食品卫生监督管理

制定和完善食品化学元素允许限量标准。加强对食品的卫生监督检测工作。进行全膳食研究和食品安全性研究工作。

2. 加强化学物质的管理

禁止使用含有毒重金属的农药、化肥等化学物质，如含汞、含砷制剂。严格管理和控制农药、化肥的使用剂量、使用范围、使用时间及允许使用农药的品种。食品生产加工过程中使用添加剂或其他化学物质原料应遵守食品卫生规定，禁止使用已经禁用的食品添加剂或其他化学物质。

3. 加强食品生产加工、包装、贮藏过程中器具等的管理

生产加工、包装、贮藏食品的容器、工具、器械、导管、材料等应严格控制其卫生质量。对镀锡、焊锡中的铅含量应当严加控制。限制上述材料使用含砷、含铅等金属。

4. 加强环境保护，减少环境污染

严格按照环境标准执行工业废气、废水、废渣的处理和排放，避免有毒化学元素污染农田、水源和食品。

第六节 多氯联苯

多氯联苯（polychlorinated biphenyls，PCBs）是一种持久性有机污染物（persistent organic pollutants，POPs），又是典型的环境内分泌干扰物（endocrine disrupting chemicals，EDCs），也被称为二噁英类似化合物。PCBs 是含氯的联苯化合物，依据氯取代的位置和数量不同，异构体有 200 多种。

多氯联苯是德国 H. 施米特和 G. 舒尔茨于 1881 年首先合成的。美国于 1929 年最先开始生产。PCBs 商品化生产始于 1929 年。20 世纪 60 年代中期，全世界多氯联苯的产量达到高峰，年产量约为 10 万吨。据估计，全世界 PCBs 的总产量约 120 万吨，其中约 30% 已释放到环境中，60% 仍存在于旧电器设备或垃圾填埋场中，并将继续向环境中释放。中国从 20 世纪 70 年代开始生产 PCBs，年产量近万吨，主要用作电容器的浸渍剂。

多氯联苯对人畜均有致癌、致畸等毒性作用，即使在极低浓度下也可对人的生殖、内分泌、神经和免疫系统造成不利影响，被列入优先污染物 POPs 的首批行动计划名单。科学家们甚至在北极熊体内和南极的海鸟蛋中也检测出了这类物质。由于 PCBs 具有持久性、生物蓄积性、长距离大气传输性等 POPs 类物质的基本特性，因此，尽管 1977 年后各国陆续停止生产和使用 PCBs，但其对环境和人体健康的影响依然普遍存在。自 1966 年瑞典科学家 Jensen 首次提出，PCBs 在食物链中有生物富集的作用，并且容易长期储存在哺乳动物脂肪组织内的研究结论后，PCBs 问题才开始引起了各国的关注，并随之进行了广泛的 PCBs 对生态系统和人类健康影响的研究。

一、多氯联苯的化学特性特性

多氯联苯（PCBs）是一类非极性的氯代联苯芳香烃化合物。大多数 PCBs 为无色无味的晶体，商业用的混合物多为清晰的黏滞液体，工业制品多以三氯联苯为主。多氯联苯异构体混合物为无色透明油状液体，而它的纯化合物为晶体。多氯联苯不溶于水，易溶于有机溶剂，具有耐高温、耐酸碱，不受光、氧、微生物的作用，不易分解，比热容大，蒸气压小，不易挥发，良好的绝缘性、不燃性等特点。各种 PCBs 的环境化学特性相近，有较高的熔点和沸点，亲脂性强，在机体内具有很强的蓄积性。PCBs 虽然可以被紫外线分解，但因受到空气中气溶胶颗粒的吸附而使紫外线作用减弱，故其稳定性极高，它在土壤中的半衰期可长达 9～12 年。PCBs 主要来源于垃圾焚烧、含氯工业产品的杂质、纸张漂白以及汽车尾气排放等。此外，光化学反应和某些生化反应也会产生 PCBs 污染物。

二、多氯联苯的毒理学

动物实验表明，PCBs 对皮肤、肝脏以及神经系统、生殖系统和免疫系统的病变甚至癌变都有诱导效应。随着人们对环境与健康问题的日益重视，该类污染物在毒性方面的研究近年来也越来越深入，成为环境毒理学领域的一个热点。

三、食品中多氯联苯的吸收、分布、排泄和生物转化

随食品进入机体内的PCBs，因其耐酸碱和脂溶性的特点，在胃肠不易被破坏，可经消化道吸收。PCBs有较强的亲脂性，进入血液后很大部分随血液分布于脂肪组织和含脂量较高的器官，如肝脏等。骨骼、指（趾）甲也有一定的分布。PCBs在脂肪组织内蓄积较久，在肝脏内可转化为羟基衍生物，也可与内源性物质葡萄糖醛酸等结合成水溶性复合物。排泄途径主要是随粪便排出体外，也可随尿排出，经乳腺排泄入乳汁是导致乳及乳制品污染的主要原因。多氯联苯的代谢和排泄缓慢。

PCBs是一类稳定化合物，一般不易被生物降解，尤其是高氯取代的异构体。但在优势菌种和其他环境适宜的条件下，PCBs的生物降解不但可以发生而且速率也会大幅度提高。

四、多氯联苯的危险评估

环境危险评价要求说明毒物对生态系统的潜在影响，必须通过研究毒物在环境中的暴露方式与生物反应间的关系，测定毒物对生态系统的风险概率。有关多氯联苯的毒性数据还不足以全面了解多氯联苯对环境的短期和长期的污染影响。从对日本发生的米糠油事件的调查来看，如果连续使用含有多氯联苯的食物达到$87\mu g/(kg \cdot d)$即可引起中毒。为减少这类污染物的危害，国际社会正在采取行动，制定公约，从而有效地在全球范围内消除这类物质。

目前，研究表明某些PCBs虽本身无直接毒性，但它们可以通过对生物体的酶系统产生诱导作用而引起间接毒性。另有一些非共平面型PCBs可以经光解作用生成高毒性的共平面型PCBs同类物，使整个体系的毒性当量值（TEQs）下降缓慢甚至有所增加。通常前者在环境中的含量远高于后者，甚至某些邻位取代的同类物为商业PCBs混合物中的主要组分。因此，在分析环境中PCBs的归趋转化时，有关的潜在毒性应该引起重视。

人体暴露多氯联苯的途径有以下几种。

1. 职业暴露

多氯联苯性质稳定，并具有阻热和绝缘性，用途极为广泛，例如用作变压器、电容器等电器设备的绝缘油和热载体，用作塑料和橡胶的软化剂以及涂料、油墨添加剂等，在生产和使用过程中均可接触。

2. 饮食暴露

PCBs可通过工业"三废"的直接排放、垃圾焚烧、渗漏和大气沉降等方式进入环境，长期、广泛地存在于大气、水体、土壤和动植物中，并经食物链蓄积。Nicholson等研究表明，鱼体内蓄积的PCBs浓度可为水体中PCBs浓度的10万倍以上。高浓度的PCBs主要存在于鱼类、乳制品和脂肪含量高的肉类中，摄取这些被PCBs污染的食物，是人类暴露PCBs的主要途径。

3. 宫内及母乳暴露

蓄积在母体脂肪组织中的PCBs，可经胎盘和乳汁进入胎儿或婴儿体内。

4. 意外事故暴露

如发生在日本和中国台湾的米糠油污染事件，由于在对米糠油进行脱味的过程中，发生管道渗漏，使作为加热载体的PCBs进入米糠油中，致使食用这种油的数千人出现不同程度

的中毒症状。

五、多氯联苯的监测和控制

1. 多氯联苯的监测

由于环境水样和生物样品的组成成分十分复杂，对其中的多氯联苯分析往往产生严重干扰。多氯联苯的检测采用气相色谱法，这种方法是根据多氯联苯具有高度脂溶性的特点，用有机溶剂萃取，同时提取多氯联苯和有机氯农药，经色谱分离后，用带有电子捕获检测器的气相色谱仪进行测定。

2. 多氯联苯的控制措施

多氯联苯是《斯德哥尔摩国际公约》中12种持久性有机污染物之一。由于多氯联苯难于分解，在环境中循环造成广泛的危害，从北极的海豹到南极的海鸟蛋中都含有多氯联苯。其毒性不但能引起人体痤疮、肝损伤乃至致癌等危害，而且还是干扰人和动物机体内分泌系统的"环境激素"，使人和动物机体的生殖系统发生严重的病变。多氯联苯的同类物在土壤、水体和大气等环境介质中不停地迁移，并最终通过生物圈的食物链在生物体内积累和浓缩。在海水、河水、土壤、大气中都发现有多氯联苯的污染。目前，世界各国对多氯联苯的生产和使用均有控制。

(1) 减少高脂肪动物性食品的摄入　由于PCBs可通过生物体在食物链中高度富集并具有亲脂性等特点，可在位于食物链中较高层的家畜、禽类等的脂肪组织中长期蓄积。人类位于食物链的末端，应尽量控制高脂肪动物性食品的摄入。

(2) 合理选择食用水产品　一些研究表明，被PCBs污染的水体中，脂肪含量较高的鱼类（如大麻哈鱼）和贻贝中PCBs的含量较高。2001年完成的中国台湾河川鱼体多氯联苯浓度调查表明，部分属于高度污染区的鱼肉中多氯联苯的含量未过量，但鱼肝的多氯联苯却超过限量。关于食用水产品应遵循以下原则：①选择食用小鱼小虾；②选择脂肪含量低的品种；③最好不要吃鱼内脏、鱼皮和鱼腹等脂肪含量高的部分。

(3) 严格执行国家相关管理规定　自20世纪70年代以来，中国陆续发布了有关PCBs的管理规定（表4-1），应严格执行。

表4-1　中国有关PCBs的管理规定

发布时间	规定名称	主要内容
1974年3月9日	改用电力电容器浸渍材料的通知	规定中国不再制造含多氯联苯的电容器
1979年8月11日	防止多氯联苯有害物质污染问题的通知	规定今后不再进口以多氯联苯为介质的电器设备
1991年3月1日	防止含多氯联苯电力装置及其废物污染环境的规定	规定各级人民政府的环保部门必须对多氯联苯电力装置进行封存，封存年限不超过20年，该规定还强调严禁任何单位和个人出售、收购、拆解含多氯联苯电力装置
1991年6月27日	含多氯联苯废物污染控制标准(GB 13015—91)	该标准规定了含多氯联苯废物污染控制标准以及含多氯联苯废物的处置方法
1999年12月3日	关于危险废物焚烧污染控制标准	规定了危险废物焚烧设施场所的选址原则、焚烧基本技术性能指标、焚烧排放大气污染物的最高允许排放限制、焚烧残余物的处置原则和相应的环境监测等

(4) 彻底清除可能的污染源　目前，中国大部分含PCBs的电容器已报废，部分仍在使用，废弃状况堪忧。有些地区因管理力度不够，对PCBs封存数量、地点等情况不清；相当

一部分 PCBs 电容器因封存时间过长，已经腐蚀泄漏，造成封存地和水体的严重污染；个别地区还发生了大量违规拆解含多氯联苯电力装置的事件。因此，科学、彻底地清除 PCBs 可能的污染源，已成当务之急。

第七节　二噁英

二噁英（dioxin）是指多氯代二苯并-对-二噁英（PCDDs）和多氯代二苯并呋喃（PCDFs）类似物的总称，共计 210 种，包括 75 种 PCDDs 和 135 种 PCDFs。其中以 2,3,7,8-四氯二苯并-对-二噁英（2,3,7,8-TCDD 或 TCDD）毒性最强。二噁英和多氯联苯（PCBs）的理化性质相似，是已经确定的除有机氯农药以外的环境持久性有机污染物（persistent organic pollutants，POPs）。二噁英具有极强的致癌性、免疫毒性和生殖毒性等多种毒性作用。已经证实这类物质化学性质极为稳定，难于生物降解，并能在食物链中富集。1962～1970 年美国在越南战争中使用的枯叶剂中含有二噁英，致使越南 1970 年以后患痛症、皮肤病以及流产、新生儿先天性畸形等病例剧增。二噁英的剧毒性以及其在环境介质中的持久性，引起人们的广泛关注。1996 年美国环境保护局（EPA）指出二噁英能增加癌症死亡率，降低人体免疫力并可干扰内分泌功能。1997 年国际癌症研究中心（IARC）将 2,3,7,8-TCDD 列为人的 I 类致癌物，对人体具有潜在的危害。1998～1999 年西欧一些国家相继发生了肉制品和乳制品中二噁英严重污染的事件，近年来二噁英已成为国内外研究的热点。

二噁英化合物均为固体，具有很高的熔点和沸点，蒸气压很小，属于非极性化合物，大多不溶于水和有机溶剂，易溶于油脂，易吸附于土壤、沉积物和空气中的灰尘上，具有较高的热稳定性、化学稳定性和生物稳定性，一般加热到 800℃才能分解。在环境中自然降解很慢，半衰期（half-life）约为 9 年。

一、二噁英的化学特性

二噁英的分子量约为 300，化学结构上具有苯环，因此有良好的脂溶性。一般而言，二噁英更容易通过乳制品、肉制品、蛋制品等被人体摄入。二噁英对热、酸、碱、氧化剂都相当稳定。自然环境中的微生物降解、水解及光分解作用对二噁英分子结构的影响均很小。二噁英一旦进入土壤，可以存在达 10 年之久，对含 PCDDs 和 PCDFs 污泥作为肥料返田的研究结果表明，二噁英在土壤中的半衰期一般可达数十年或更长。

二噁英类化合物的物理化学性质相似，这些化合物无色，无臭，沸点与熔点较高，具有亲脂性而不溶于水。PCDDs 和 PCDFs 在环境中具有以下 4 个共同特征。

1. 热稳定性

一般有机化合物通过加热可以使分子降解为热稳定的简单分子，称为热裂解。多氯代二苯并-对-二噁英/多氯代二苯并呋喃（PCDD/Fs）性质极其稳定，温度超过 800℃时才会降解，较大量被破坏时的温度要在 1000℃以上。因此二噁英一旦形成，很难除去。

2. 低挥发性

这些化合物的蒸气压极低，除了气溶胶颗粒吸附在大气中较少分布外，在地面上可以持续存在。

3. 脂溶性

二噁英类化合物极具亲脂性，在辛烷/水中分配系数的对数值极高，为 6 左右。因而食物链是 PCDD/Fs 经脂质发生转移和生物富集的主要途径。

4. 环境中稳定性高

PCDD/Fs 对于理化因素和生物降解具有抵抗作用，因而可以在环境中持续存在。紫外线可以很快破坏 PCDD/Fs，但在大气中主要吸附于气溶胶颗粒，因此可以抵抗紫外线破坏。

二、二噁英的毒理学

二噁英不仅具有致癌性，而且具有免疫和生殖毒性，作为内分泌干扰物可造成雄性动物雌性化，这些毒性与体内负荷有关。二噁英的生物半衰期较长，2,3,7,8-TCDD 在小鼠体内为 10～15 天，大鼠体内为 12～31 天，人体内则长达 5～10 年（平均为 7 年）。因此，即使一次染毒也可在体内长期存在，如果长期接触二噁英还可造成体内蓄积，可能造成严重损害。

1. 二噁英的毒性

二噁英是一类急性毒性物质，它的毒性相当于氰化钾的 1000 倍以上，只要 1 盎司（28.35g）二噁英，就能将 100 万人置于死地，被人们称为"地球上毒性最强的毒物"。生物化学研究认为，二噁英具有类似人体激素的作用，称为"环境激素"，是一种对人体非常有害的物质。即使在很微量的情况下，长期摄取仍可引起癌症、畸形等。任何一个二噁英类分子能与细胞内的特殊蛋白质受体结合成复合物，这一复合物能进入细胞核，作用于 DNA，影响和危害人体的细胞分裂、组织再生、生长发育、新陈代谢和免疫功能等。

2. 二噁英的生化效应

二噁英毒性效应的发挥主要通过机体及细胞内平衡的改变。这一过程的调节，依靠生长因子及其受体、激素及其受体与这些因子合成或降解酶的相互作用。

三、食品中二噁英的吸收

人群对二噁英的接触具有不同的途径，包括直接通过吸入空气摄入、食物摄入等。人体主要是通过膳食摄入二噁英，而动物性食品是其主要来源。二噁英极具亲脂性，因而在食物链中可以通过脂质发生转移和生物积累，易蓄积于乳类、肉类、蛋类。经研究发现，绿藻、水螺和鱼体内比较容易累积，而陆上动物如果活动区域够大，不局限于受污染区，累积情况没有水生生物严重。

胃肠道吸收外来化学物质随各种化学物质溶解度的不同而不同，溶解度大的可完全吸收（如 2,3,7,8-四氯二苯并呋喃），而完全不溶解的几乎不吸收（如八氯代二苯并二噁英）。有些研究发现吸收与化学物质的剂量有关，较低剂量吸收相对增加，高剂量时吸收相对减少。

四、二噁英的危险评估

1990 年 WHO 根据人和试验动物的肝脏毒性、生殖毒性和免疫毒性，结合动力学资料，制定了 TCDD 的每日耐受摄入量（tolerable daily intake，TDI）为 10pg/kg 体重。1998 年 WHO 根据最新获得的神经发育和内分泌毒性效应，将 TDI 修订为 1～4pg/kg 体重。2001 年 6 月 JECFA 首次对 PCDD/Fs 和共平面 PCBs 提出暂定每月耐受摄入量（PTMI）为 70pg/kg 体重。

五、二噁英的监测和控制

1. 二噁英的监测

20 世纪 80 年代中期，二噁英的分离及超痕量定量分析被列为化学的难题之一。90 年代初，二噁英监测成为最昂贵的高技术常规分析方法。采用同位素稀释法毛细血管色谱/高分辨质谱定量测定 17 种有毒的二噁英同族体，克服了分析中的三大难点；将 17 个有毒同族体从 210 个同族体中分离出来。这种方法能使二噁英毒性测定误差小于 30%，满足了环境研究的要求。PCDD/Fs 的样品处理方法与农药残留检测方法相同，但更应注意避免检测过程的交叉污染。PCBs 及基质中其他含氯化合物的干扰使得 PCDD/Fs 超痕量分析难度极大。定量测定要尽量减少化学噪声和改善检出限，以保证 PCDD/Fs 这一类复杂化合物的痕量分析。

2. 二噁英的控制措施

① 应该监测饲料中 PCDD/Fs 和 PCBs 的污染以预防食品中二噁英及其类似物的污染。

② 垃圾焚烧是二噁英产生的一个重要来源。目前中国建设垃圾焚烧厂和垃圾发电厂时应当充分考虑控制二噁英的产生，如广东将严格控制新建日处理 300t 以下的垃圾焚烧厂项目，并拟关闭污染严重的小型垃圾焚烧厂，同时建立二噁英检测中心。

③ 建立食品和饲料（包括谷物、油脂和添加剂等）中二噁英（PCDD/Fs）和二噁英样 PCBs 的监控水平、监测方法和允许限量标准。

④ 应该定期施行对食品和饲料中 PCDD/Fs 和 PCBs 污染水平和膳食摄入量的监测。

3. 食品中 PCDD/Fs 的允许限量

控制二噁英污染的第一步是确定一个合适的人体对二噁英的日允许摄入量，世界卫生组织推荐的标准是 1～4μg/kg 体重，但世界各国制定的标准却相差很大，通常低于世界卫生组织的标准，其关键在于二噁英的防治需要的资金很多，日允许摄入量值的高低决定了国家所需投入的财力和使用的技术手段。应根据国家实际情况制定阶段目标，逐步提高标准。由于二噁英并非自然产物，故防止其产生与治理同等重要。二噁英的发生源具有多样性的特点，要减少其产生的环节，对生产销售和使用违禁产品的行为应坚决打击。尽快建立全面和有效的检测网络，对空气、土壤中的二噁英含量进行定期检测，制定全国统一的标准，对食品等加强检查，并积极开展二噁英的基础研究。

世界上一些国家已经建立了动物源性食品中 PCDD/Fs 的最高允许限量推荐值或指导值。特别是欧盟已经开始采取降低环境、食品和饲料中存在的二噁英和 PCBs 措施，建立了食品中 PCDD/Fs 的最高允许限量，于 2002 年 7 月 1 日实施，并于 2004 年建立 PCDD/Fs 和共平面 PCBs 的最高允许限量。2006 年 12 月 31 日进行评估。目前这一标准不适合脂肪含量低于 1% 的食品。

第八节 多环芳烃

多环芳烃（polycyclic aromatic hydrocarbon，PAH）是含有两个或两个以上苯环的碳氢化合物。PAH 广泛存在于空气、水和土壤中，为煤、石油、煤焦油、烟草和一些有机化合物的热解或不完全燃烧产生的一系列多环芳烃化合物，其中一些有致癌作用。PAH 多以混合物出现，这些混合物随其产生过程而有所变动，在大气颗粒物和燃煤排放中已鉴定出上百种 PAH，在香烟烟雾中发现了约 200 种 PAH。PAH 是重要的环境和食品污染物，具有致癌、致畸、致突变和生物难降解的特性，是目前国际上关注的一类持久性有机污染物。持久性有机污染物是一组危害极大的化合物，它们有四个共同的特性，即高毒性、生物积累性、持久性和远距离迁移性。持久性有机污染物不溶于水，但对活生物体的脂肪组织具有亲和力，多环芳烃在环境中虽是微量的，但分布广，人们通过大气、水、食品、吸烟等摄取，是癌症的重要诱因。这类有毒物质几乎都能直接通过呼吸道、消化道、皮肤等被人体吸收，或通过食物链在动物和人体内累积，而且人们在呼吸含有多环芳烃的空气或食用含有多环芳烃的食品或蔬菜时，其致癌作用一时不易发现，平均潜伏期长，严重影响人体健康与生态环境。多环芳烃是发现最早而且数量最多的一类有机致癌物。

PAH 的基本结构单位是苯环，苯环的数目和连接方式的不同引起分子量、分子结构变化，进而导致了某些不同的物理化学性质。PAH 具有致诱变性，且结构稳定，生物难降解。1979 年，美国环保局（EPA）首先公布 179 种优先监测污染物，其中 PAH 有 16 种，中华人民共和国环境保护部也将 7 种 PAH 列入中国环境优先污染物黑名单。

室温下，PAH 皆为固体，其特性是高熔点和高沸点。低蒸气压，水溶解度低。PAH 易溶于许多溶剂中，具有高亲脂性。

一、多环芳烃的化学特性

按照国际纯粹化学和应用化学联合会（IUPAC）1996 年制定的一套 PAH 命名规则，多环芳烃是指两个以上苯环连在一起的碳氢化合物。两个以上苯环连在一起可以有两种方式：①非稠环型，苯环与苯环之间各由一个碳原子相连，如联苯、联三苯等；②稠环型，两个碳原子为两个苯环所共用，如萘、蒽等。常见多环芳烃的结构如图 4-1 所示。在本文中所称的 PAH 都是含有 3 个以上苯环，并且相邻的苯环至少有两个共用碳原子的碳氢化合物，如苯并 [a] 芘，确切的名称应该为稠环芳烃和多核芳烃（polynuclear aromatic hydrocarbon）。

PAH 的基本单位虽然是苯环，但其化学性质与苯完全不同，按其性质可分为下列几种。

(1) 具有稠合多苯结构的化合物　如三亚苯、二苯并 [c,i] 芘、四苯并 [a,c,h,j] 蒽等，由于其 π 电子云的结构分布与苯相似，性质也与苯相似。

(2) 呈直线排列的 PAH　如蒽等，它们具有活泼的化学性质，并且反应性伴随环的数量增加而增强。

PAH 的化学反应常常在蒽中间的苯环相对的碳位（简称中蒽位）上发生。

(3) 成角状排列的 PAH　如菲、苯并 [a] 蒽等，它们的反应活性总的来看要比相应的呈直线排列的同分异构体小，它们发生加合反应时，往往在相当于菲的中间苯环的双键部位，即菲的 9,10 键位（简称中菲键）上进行。

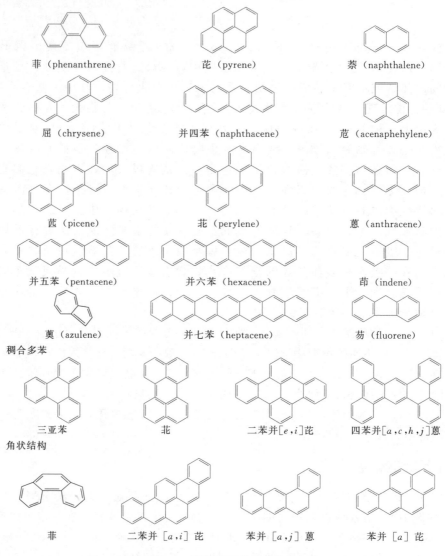

图 4-1　常见多环芳烃的结构

二、多环芳烃的毒理学

1. 急性毒性

PAH 种类很多，急性毒性也各有差异，为中等或低毒性。如萘，小鼠经口和静脉给药的 LD_{50} 为 100～5 000mg/kg 体重，大鼠经口 LD_{50} 为 2 700mg/kg 体重。其他 PAH 的 LD_{50} 值类似。PAH 的毒性主要表现为神经毒、肺毒、血液毒、肝毒和心肌损伤及致敏等。神经毒主要是导致头晕、恶心、呕吐等。肺毒主要见于吸入染毒，因其刺激性引起呼吸道的炎症，甚至肺水肿。某些多环芳烃，如芘有明显的血液毒性，可引起红细胞数和血红蛋白量降低，白细胞数增加，血清白蛋白和球蛋白的比值下降等。苯并蒽酮对人的皮肤有致敏作用。

非致癌性或弱致癌性 PAH 如苯并 [e] 芘、蒽等经皮涂抹均无皮肤毒副作用。致癌的 PAH 如苯并 [a] 芘、二苯并 [a,h] 蒽和苯并 [a] 蒽可引起皮肤过度角化。蒽和萘的气体刺激眼睛。苯并 [a] 芘诱发小鼠和豚鼠接触性过敏皮炎。苯并 [a] 芘、二苯并 [a,h] 蒽和苯并 [a] 蒽及萘对小鼠和大鼠胚胎有毒。苯并 [a] 芘还具有致畸性和生殖毒性。在小鼠和兔中，苯并 [a] 芘能通过血液-胎盘屏障发挥致癌活性。目前，甚至有人将苯并 [a] 芘归为环境内分泌干扰物。

2. 遗传毒性

多环芳烃除了有致癌性外，还具有其他毒性，主要是致突变性、生殖毒及致畸性。如苯并 [a] 芘，多种方法的致突变试验均为阳性结果；对雄性生育力指数（受孕的雌性数/与可孕但未受孕的雌性接触的雄性数）有不良影响；对胎儿颅面、皮肤、肌肉、骨组织、网状内皮系统等有影响而致畸胎；对脐带、胎盘也有影响；对断奶和授乳指数（断奶尚存活数/第 4 天存活数）有影响；同时，对新生儿生长发育也会造成不良的影响等。

3. 致癌性

多环芳烃类在混合功能氧化酶作用下生成具有致癌活性的多环芳烃环氧化物。涉及的部位广泛，包括皮肤、肺、胃、乳腺等。

许多单个的 PAH 对动物致癌，在动物试验中发现致癌的那些 PAH，对人同样致癌，暴露于 PAH 混合物的人群癌症发病率增加。PAH 致癌的潜能根据暴露途径不同而有所变动。

4. 光致毒效应

由于多环芳烃的毒性很大，对中枢神经、血液作用很强，尤其是带烷基侧链的 PAH，对黏膜的刺激性及麻醉性极强，所以过去对多环芳烃的研究主要集中在生物体内的代谢活性产物对生物体的毒性作用及致癌活性上。但是越来越多的研究表明，多环芳烃的真正危险在于它们暴露于太阳光中紫外线辐射时的光致毒效应。有实验表明，同时暴露于多环芳烃和紫外线照射下会加速具有损伤细胞组成能力的自由基形成，破坏细胞膜损伤 DNA，从而引起人体细胞遗传信息发生突变。在有氧条件下，PAH 的光致毒作用将使 PAH 发生光化学氧化形成过氧化物，进行一系列反应后，形成醌。Katz 等观察到由苯并 [a] 芘产生的苯并 [a] 芘醌是一种直接致突变物，它将引起人体基因的突变，同时也会引起人类红细胞溶血及大肠杆菌的死亡。

5. 肝脏毒性

目前人们对 PAH 的肝脏毒性的认识主要来源于动物实验。动物急性经口、腹腔内、皮下注射 PAH 后可出现癌前肝脏毒性，包括肝实质细胞（如谷氨酰转肽酶族）的诱导，羧酸酯酶和醚脱氢酶活性的改变，肝重量增加和刺激肝再生。尽管上述肝脏毒性并非属于严重的不良效应，但已有研究表明其发生率和严重性与 PAH 的致癌潜能有关，因此，肝功能及其组织完整性的检测有助于 PAH 暴露后的效应评价。

不同的 PAH 及染毒时间的差异在动物肝脏损伤效应上有差异，小鼠按每天 350mg/kg 体重剂量分别喂饲芘和荧蒽 13 周，芘可导致小鼠肝绝对和相对重量明显增加，而荧蒽除此效应外，还可以引起肝小叶中央色素沉着，同时伴随肝酶活性的增加。

相对于动物实验资料，PAH 致肝脏损伤的人群流行病学资料比较缺乏。国内外均有焦化厂作业工人肝癌死亡率增高的报道。另外，临床研究也提示，PAH 可能具有肝脏毒性。有人曾发现肝细胞癌患者肿瘤组织中 PAH-DNA 加合物的水平明显高于非肿瘤组织。经调整年龄、性别等混杂因素后，发现 PAH-DNA 加合物水平高者患肝细胞癌的危险性增加。

PAH 还具有肝损伤的遗传易感性。并不是所有人接触 PAH 都会产生不良的健康效应，提示可能存在个体遗传易感性。PAH 可以在体内各种组织中代谢，因此，代谢酶活性的强弱可能影响 PAH 的生物效应。但 PAH 在体内经代谢活化成活性中间代谢产物后，机体并不一定就会出现功能改变或器质性损伤，因为机体还有一套完善的保护机制，个体 DNA 修复能力的差异、内稳态维持水平的不同、免疫功能的强弱等都构成了个体对 PAH 暴露易感性的不同。

三、食品中多环芳烃的吸收、分布和生物转化

PAH 属于脂溶性化合物，可以通过肺、胃肠道和皮肤吸收。因此，人类 PAH 的主要接触途径包括以下几个方面。

① 通过肺和呼吸道吸入含 PAH 的气溶胶和微粒；

② 摄入受污染的食物和饮水进入胃肠道，随着食品进入消化道后因其在酸性环境中不甚稳定，可能有部分被降解；

③ 通过皮肤与携带 PAH 的物质接触。

早在 1949 年 Shay 就发现重复灌胃染毒 3-甲基胆蒽可以诱发乳腺癌，其后发现经过结肠染毒 7,12-二甲基苯并 [a] 蒽也诱发乳腺癌，这些提供了胃肠道吸收 PAH 的间接证据。更直接的证据为灌胃染毒苯并 [a] 芘的快速吸收试验。不同 PAH 在水中的溶解度影响其吸收，而且膳食成分也影响 PAH 的吸收。如用大豆油灌胃染毒苯并 [a] 芘时吸收最高，而纤维素、面包、米饼和土豆饼等抑制其吸收。

无论以何种途径染毒，PAH 均分布广泛，几乎在所有脏器、组织中均可发现，但以脂肪组织中最为丰富。PAH 有肝肠循环的特点，也可通过乳腺至乳汁中，有些能够通过血脑屏障。从已有负荷量资料可以推断，PAH 在体内的存在并不持久，其代谢迅速。

多环芳烃类的转化一般认为主要在肝脏内进行。在还原型辅酶 II（NADPH）和 O_2 的参与下，经混合功能氧化酶系中的芳烃羟化酶作用，转化为多环芳烃环氧化物，这是具有致癌活性的物质。进而以三种途径转化。

① 通过非酶反应生成带有羟基的化合物，再与体内的葡萄糖醛酸或硫酸发生结合反应，形成相应的结合物，随尿排泄。

② 在谷胱甘肽-S-烷基转移酶催化下，与谷胱甘肽结合，生成多环芳烃谷胱甘肽结合物随尿排泄。

③ 经环氧化物水化酶催化生成二羟二醇衍生物，随尿排泄或再经转化后被肝肠循环随粪便排出，也可经乳腺随乳汁排出。

四、多环芳烃的危险评估

1. 人群资料

口服致死剂量成人为 5000～15000mg，儿童为 2000mg。经皮或经口接触的典型影响是溶血性贫血，也可通过胎盘转移影响胎儿。

膳食中 PAH 对人类癌症发生的作用尚未阐明，更多的证据来自职业接触。在高度工业化区，人体负荷 PAH 增加是由于 PAH 污染了大气。早在 1775 年第一次发现职业接触煤灰是阴囊癌的起因。此后，职业接触焦油、沥青和石蜡引起皮肤癌相继被报道。由于现在的个人卫生较好，皮肤肿瘤逐渐减少。肺是 PAH 引发肿瘤的主要部位。

2. 食品中苯并芘的限量

在英国，总膳食中 PAH 主要来自油脂，其中 28% 来自黄油，20% 来自奶酪，77% 来自

人造奶油。其次为谷物，其中56%来自面包，12%来自面粉。虽然谷物中PAH水平不高，但它们在膳食总量中占很大比重。再次为蔬菜、水果。奶类和饮料不是重要来源。在瑞典，谷物为主要来源（约34%），其次为蔬菜（约18%）和油脂（约16%）。熏鱼和熏肉在瑞典也只是一般膳食组成中的极小部分，因而在PAH总摄入量中不占重要地位。表4-2列出食品中苯并[a]芘限量的卫生标准。

表 4-2　食品中苯并[a]芘限量卫生标准

品名	指标/(μg/kg)	来源	品名	指标/(μg/kg)	来源
烘烤猪肉、鸡、鸭、鹅	5	GB 7104—1994	植物油	10	GB 7104—1994
叉烧、羊肉	5	GB 7104—1994	稻谷	5	GB 7104—1994
火腿、板鸭	5	GB 7104—1994	小麦	5	GB 7104—1994
烟熏鱼	5	GB 7104—1994	大麦	5	GB 7104—1994
熏猪肉	5	GB 7104—1994	食品中调料	0.03	欧共体(1991)
熏鸡、熏马肉、熏牛肉	5	GB 7104—1994	肉及肉制品	1	德国(1988)
熏香肠、红肠	5	GB 7104—1994	食品及饮料	0.03	意大利(1988)

3. 多环芳烃的暴露途径和环境行为

(1) 多环芳烃的暴露途径　多环芳烃大多是无色或淡黄色的晶体，个别颜色较深，熔点及沸点较高，蒸气压很小，不易溶于水，性质稳定，极易附着在固体颗粒上，在环境中难降解。多环芳烃的来源可分为人为与天然两种，前者是多环芳烃污染的主要来源。多环芳烃的形成机理很复杂，一般认为多环芳烃主要是由石油、煤炭、木材、气体燃料、纸张等不完全燃烧以及还原过程中热分解而产生的。有机物在高温缺氧条件下，热裂解产生碳氢自由基或碎片，这些极为活泼的微粒，在高温下又立即热合成热力学稳定的非取代的多环芳烃。有的多环芳烃可以使生物体产生遗传毒性而对人体具有潜在的危害性。目前，由动物实验证实的有较强致癌性的多环芳烃有：苯并[a]芘、苯并[a]蒽、苯并[b]荧蒽、二苯并[a, h]芘、二苯并[a, h]蒽等，其中以苯并[a]芘的致癌作用最强。

(2) 多环芳烃的环境行为　环境中的多环芳烃除氧化、挥发、吸附等物理化学行为外，生物转化作用也是多环芳烃重要的环境行为，沉积物和海水中的微生物可降解PAH，其反应机理是通过一个含有二氢醇的中间体把羟基结合到芳环上，经过酶解作用使PAH发生转化，产生顺式的二氢醇中间体。而哺乳类中的微粒体酶通过一氧化物中间体产生反式异构体，这种中间体氧化产物显然对PAH的致癌作用或诱变性起着生物转化作用。多环芳烃存在于各种环境介质中，不同的环境介质，多环芳烃的作用机制并不一样。大气中的多环芳烃大多吸附在大气微小颗粒物上，通过沉降和降水冲洗作用污染地面水和土壤。最近研究表明，PAH光降解速度常数随光强、温度和湿度的升高而增大。但光化学降解机理目前尚不很清楚，可能是OH自由基与PAH分子的撞击所致。PAH也可与其他物质反应而转化，转化产物使毒性产生不同变化（有的可以使原来无致突变性的多环芳烃变为致突变性的，但有的转化具有相反的效应）。

五、多环芳烃的监测和控制

1. 多环芳烃的监测

随着科学技术的不断进步，PAH的检测方法也在不断地发展变化，从最早的柱吸附色谱、纸色谱、薄层色谱（TLC）和凝胶渗透色谱（GPC）发展到现在的气相色谱（GC）、反相高效液相色谱（RP-HPLC）、紫外吸收光谱（UV）和发射光谱（包括荧光、磷光和低温发光等），还有质谱分析、核磁共振和红外光谱技术等。较为常用的是分光光度法和反相高效液相色谱法。RP-HPLC 法在十八硅烷（ODS）液相色谱柱（反相色谱柱）上，以甲醇-水为流动相，把预处理的 PAH 分离成单个的化合物，用荧光（或紫外）检测器检测，利用各化合物的保留值、峰高和峰面积进行定性，用外标法进行定量。RP-HPLC 法测定 PAH 不需高温，对某些 PAH 的测定具有较高的分辨率和灵敏度，柱后馏分便于收集进行光谱鉴定等。所以近年来 RP-HPLC 法广泛用于 PAH 的分离鉴定和定量测定，已经成为主要的分析方法，特别是对大环、高分子量的多环芳烃，具有其他方法不可替代的优点。

2. 多环芳烃的控制措施

（1）制定具体的排放标准，用政策法规来限制多环芳烃的排放 工业"三废"及其他烟尘，是造成环境污染进而导致食品中多环芳烃类含量升高的主要原因。给发动机车辆安装净化系统、回收烟囱排出的大量烟尘、工业"三废"及废料处理后达标排放，均可使环境中多环芳烃类含量明显降低，进而减少对食品的污染。针对中国的国情，还可以制定一些具体的减少 PAH 排放的方案。如在大城市生活区采用集中供热、消除小煤炉取暖，逐步实现家庭煤气化。

（2）改进食品加工工艺 食品的烘烤、熏制，尤其是用易发烟的燃料，如木柴、煤炭、锯末等，使食品中多环芳烃类的含量大大升高。特别是直接接触燃烧产物时，污染更为严重。选用发烟少的燃料如木炭、煤气，最好是电热烘烤，加消烟装置，这可减少 70% 左右的污染量。同时，防止烤焦炭化。

（3）研究去毒措施 对于 PAH 已经造成的污染，则可以采用生物及化学的方法来处理。还可以利用物理化学及生物净化技术加快多环芳烃的生物利用速度，如加入表面活性剂、共代谢物及硝酸根等含氧酸根（在厌氧条件下）来加快多环芳烃的降解速度，从而实现对多环芳烃的净化。对于已污染的食品，采取揩去表层烟油，用活性炭吸附，日光或紫外线照射及激光处理措施，均有较好的去毒效果。如食油中加入 0.3% 的活性炭，在 90~95℃ 搅拌，可使其中苯并 [a] 芘的含量减少 90%。经揩去烟油的肉食品中，苯并 [a] 芘含量减少 20%。

（4）改善焦化厂等多环芳烃的高暴露环境 应开展清洁生产，加强多环芳烃及苯并 [a] 芘暴露剂量的监测，特别是焦化厂在进行技术改造时，应本着以人为本的原则，积极采取有效降低多环芳烃暴露剂量的措施。并且加强职工的自我保护意识，加强对人体危害和保护方法的宣传力度，制定并严格执行轮班制和定期体检制等相应的制度，保护岗位职工的健康。

第九节 丙烯酰胺

丙烯酰胺（acrylamide，AA）从 20 世纪 50 年代开始就是一种重要的化工原料，是已知的致癌物，并能引起神经损伤。2002 年 4 月瑞典国家食品管理局（National Food Administration，NFA）和斯德哥尔摩大学研究人员率先报道了在一些油炸和烧烤的淀粉类食品，如炸薯条、炸土豆片、谷物、面包等中检出丙烯酰胺，其含量均大大超过 WHO 制定的饮用水水质标准中丙烯酰胺限量值；之后挪威、英国、瑞士和美国等国家也相继报道了类似结果。食品中的丙烯酰胺是否具有致癌性，成为国际上十分令人关注的食品安全问题。

一、丙烯酰胺的化学特性

丙烯酰胺是结构简单的小分子化合物（图 4-2），分子式为 $CH_2=CH-CONH_2$。

丙烯酰胺是聚丙烯酰胺合成的中间体，为白色透明片状晶体，分子量71.08，相对密度1.122，熔点84～85℃，沸点125℃，水中溶解度为205g/100mL，溶于甲醇、丙酮，不溶于苯。固体的丙烯酰胺在室温下稳定，热溶或与氧化剂接触时易发生聚合反应。其聚合物聚丙烯酰胺可作为水处理中的絮凝剂，还广泛用于纺织、化工、冶金、农业等行业。

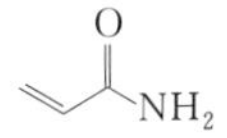

图 4-2 丙烯酰胺的分子结构

二、食品中丙烯酰胺的形成

研究表明，丙烯酰胺的主要前体物为游离天冬氨酸（土豆和谷类中的代表性氨基酸）与还原糖，二者发生 Maillard 反应生成丙烯酰胺。食品加工前检测不到丙烯酰胺，主要在高碳水化合物、低蛋白质的植物性食物加热（120℃以上）烹调过程中形成丙烯酰胺，140～180℃为其生成的最佳温度，当加工温度较低，如用水煮时，丙烯酰胺的水平相当低，水含量也是影响丙烯酰胺形成的重要因素，特别是烘烤、油炸食品最后阶段水分减少、表面温度升高后，其丙烯酰胺形成量更高；但咖啡除外，在焙烤后期反而下降。食品中形成的丙烯酰胺比较稳定；但咖啡除外，随着贮存时间延长，丙烯酰胺含量会降低。可见，加热温度、时间、羰基化合物存在、氨基酸种类、含水量都是影响丙烯酰胺形成的因素。

三、食品中丙烯酰胺的含量

丙烯酰胺的形成与加工烹调方式、温度、时间、水分等有关，因此不同食品加工方式和条件不同，其形成丙烯酰胺的量有很大不同，即使不同批次生产出的相同食品，其丙烯酰胺含量也有很大差异。在 JECFA64 次会议上，从 24 个国家获得的 2002～2004 年间食品中丙烯酰胺的检测数据共 6752 个，其中 67.6% 的数据来源于欧洲，21.9% 来源于南美，8.9% 的数据来源于亚洲，1.6% 的数据来源于太平洋地区。检测的数据包括早餐谷物、土豆制品、咖啡及其类似制品、奶类、糖和蜂蜜制品、蔬菜和饮料等主要消费食品，其中含量较高的三类食品是：高温加工的根茎类制品（包括薯片、薯条等），平均含量为 0.477mg/kg，最高含量为 5.312mg/kg；咖啡及其类似制品，平均含量为 0.509mg/kg，最高含量为 7.3mg/kg；早餐谷物类食品，平均含量为 0.343mg/kg，最高含量为 7.834mg/kg。其他种类食品的丙烯酰胺含量基本在 0.1mg/kg 以下，结果见表 4-3。

表 4-3 不同食品中丙烯酰胺的含量

食品种类	样品数	均值/(μg/kg)	最大值/(μg/kg)	食品种类	样品数	均值/(μg/kg)	最大值/(μg/kg)
谷类	3304	343	7834	蔬菜	84	17	202
水产	52	25	233	煮、罐头	45	4.2	25
肉类	138	19	313	烤、炒	39	59	202
乳类	62	5.8	36	咖啡、茶	469	509	7300
坚果类	81	84	1925	咖啡（煮）	93	13	116
豆类	44	51	320	咖啡（烤、磨、未煮）	205	288	1291
根茎类	2068	477	5312	咖啡提取物	20	1100	4948
煮土豆	33	16	69	咖啡、去咖啡因	26	668	5399
烤土豆	22	169	1270	可可制品	23	220	909
炸土豆片	874	752	4080	绿茶（烤）	29	306	660
炸土豆条	1097	334	5312	酒精饮料（啤酒、红酒、杜松子酒）	66	6.6	46
冻土豆片	42	110	750				
糖、蜜（巧克力为主）	58	24	112				

中国疾病预防控制中心营养与食品安全研究所提供的资料显示，在监测的 100 余份样品中，丙烯酰胺含量为：薯类油炸食品，平均含量为 0.78mg/kg，最高含量为 3.21mg/kg；谷物类油炸食品，平均含量为 0.15mg/kg，最高含量为 0.66mg/kg；谷物类烘烤食品，平均含量为 0.13mg/kg，最高含量为 0.59mg/kg；其他食品，如速溶咖啡为 0.36mg/kg、大麦茶为 0.51mg/kg、玉米茶为 0.27mg/kg。就以上数据来看，中国食品中的丙烯酰胺含量与其他国家的相近。

根据对世界上 17 个国家丙烯酰胺摄入量的评估结果，一般人群平均摄入量为 0.3～2.0μg/(kg BW·d)，90～97.5 百分位数的高消费人群其摄入量为 0.6～3.5μg/(kg BW·d)，99 百分位数的高消费人群其摄入量为 5.1μg/(kg BW·d)。按体重计，儿童丙烯酰胺的摄入量为成人的 2～3 倍。其中丙烯酰胺主要来源的食品为炸土豆条 16%～30%，炸土豆片 6%～46%，咖啡 13%～39%，饼干 10%～20%，面包 10%～30%，其余均小于 10%。JECFA 根据各国的摄入量，认为人类的平均摄入量大致为 1μg/(kg BW·d)，而高消费者大致为 4μg/(kg BW·d)，包括儿童。由于中国尚缺少足够数量的各类食品中丙烯酰胺含量数据，以及这些食品的摄入量数据，因此，还不能确定中国人群的暴露水平。但由于食品中以油炸薯类食品、咖啡食品和烘烤谷类食品中的丙烯酰胺含量较高，而这些食品在中国人群中的摄入水平应该不高于其他国家，所以，中国人群丙烯酰胺的摄入水平应不高于 JECFA 评估的一般人群的摄入水平。

四、丙烯酰胺的毒理学

丙烯酰胺的 α,β-不饱和氨基系统非常容易和亲核物质通过 Michael 加成发生化学反应，而蛋白质和氨基酸上的巯基是主要的反应基团。丙烯酰胺与神经、睾丸组织中的蛋白质发生加成反应可能与丙烯酰胺对这些组织的毒性有关。

1. 急性毒性

根据毒理学的研究，丙烯酰胺对小鼠、兔子和大鼠的半数致死量（LD_{50}）是 100～150mg/kg 体重。

2. 神经毒性和生殖发育毒性

丙烯酰胺对于人的神经毒性已得到了许多试验的证明，神经毒性作用主要为周围神经退行性变化和脑中涉及学习、记忆和其他认知功能部位的退行性变化，早期中毒的症状表现为皮肤皲裂、肌肉无力、手足出汗、麻木、震动感觉减弱、膝跳反射的丧失、感觉器官动作电位的降低、神经异常等周围神经损害，如果时间延长，还可损伤中枢神经系统的功能，如小脑萎缩。动物实验研究显示，丙烯酰胺的神经毒性具有累积性，每一次的摄入量不会决定最终的神经损坏程度，而是决定神经损坏开始的时间。有许多理论可以用来解释丙烯酰胺神经毒性的机理，但并无定论。

生殖毒性作用表现为雄性大鼠精子数目和活力下降及形态改变和生育能力下降。大鼠 90 天喂养试验，以神经系统形态改变为终点，最大未观察到有害作用的剂量（NOAEL）为 0.2mg/(kg BW·d)，大鼠生殖和发育毒性试验的 NOAEL 为 2mg/(kg BW·d)。

3. 遗传毒性

遗传毒理学（genotoxicity）的研究表明，丙烯酰胺表现有致突变作用，可引起哺乳动物体细胞和生殖细胞的基因突变和染色体异常，如微核形成、姐妹染色单体交换、多倍体、非整倍体和其他有丝分裂异常等，显性致死试验阳性，并证明丙烯酰胺的代谢产物环氧丙酰胺是其主要致突变活性物质。

4. 致癌性

以大鼠作为实验材料，每天饮水中放入 0、0.5mg/kg、1mg/kg、2mg/kg 体重的丙烯酰胺，经过 2 年的喂养，然后对各部分的组织做生物鉴定，发现对激素敏感的组织中癌症的发病率显著升高，例如乳腺纤维瘤、子宫腺癌、乳腺癌、神经胶质细胞瘤等。这些病的发生都需要一定的量（每天 2mg/kg 体重）才行，用小鼠进行的实验也观察到了肺瘤的发生。国际癌症研究中心（IARC）1994 年对其致癌性进行了评价，将丙烯酰胺列为人类可能致癌物，其主要依据为丙烯酰胺在动物和人体均可代谢转化为其致癌活性代谢产物环氧丙酰胺。

5. 人体资料

对接触丙烯酰胺的职业人群和因事故偶然暴露于丙烯酰胺的人群的流行病学调查，均表明丙烯酰胺具有神经毒性作用，但目前还没有充足的人群流行病学证据表明通过食物摄入丙烯酰胺与人类某种肿瘤的发生有明显相关性。

五、丙烯酰胺的吸收、分布、代谢和排泄

丙烯酰胺可通过皮肤、口腔或呼吸道而进入生物体内，一旦进入体内，它可以快速分布于全身的组织器官中，例如肌肉组织、肝脏、血液、皮下组织以及肺部和脾脏等。如果孕妇接触了丙烯酰胺，它可以通过血液进入胎儿。进入人体内的丙烯酰胺约 90% 被代谢，仅少量以原型经尿液排出。丙烯酰胺可以通过谷胱甘肽转移酶变成 N-乙酰基-S-(3-氨基-3-羟脯氨基) 半胱氨酸或者与细胞色素 P450 发生反应而生成环氧丙酰胺（glycidamide），环氧丙酰胺是其中主要的代谢产物。研究表明，肝脏、肾脏和红细胞中的谷胱甘肽转移酶对丙烯酰胺有很高的结合能力。亲电子（electrophilic）的丙烯酰胺和环氧丙酰胺可以和血红蛋白或其他蛋白质上的巯基发生反应而形成加合物，而且体内血红蛋白加合物的量和丙烯酰胺的摄入量有很好的相关性，故这一产物被用作一种生物标记来判断丙烯酰胺在体内的含量。在长期接触丙烯酰胺的人群中，每克血红蛋白可形成 0.02～17.7nmol 的加合物。

六、丙烯酰胺的危险性评估

对非遗传毒性物质和非致癌物的危险性评估，通常方法是在最大未观察到有害作用的剂量（NOAEL）的基础上再加上安全系数，产生出每人每日允许摄入量（ADI）或每周耐受摄入量（PTWI），用人群实际摄入水平与 ADI 或 PTWI 进行比较，就可对该物质对人群的危险性进行评估。而对遗传毒性致癌物，以往的危险性评估认为应尽可能避免接触这类物质，没有考虑这类物质摄入量和致癌作用强度的关系，没有可接受的耐受阈剂量，因此监管者不能以此来确定监管污染物的重点和预防措施，而监管者又非常需要评估者提供不同摄入量可能造成的不同健康危险度的信息。因此，目前国际上在对该类物质进行危险性评估时，建议用剂量反应模型（BMDL）和暴露限（MOE）进行评估。BMDL 为诱发 5% 或 10% 肿瘤发生率的低侧可信限，BMDL 除以人群估计摄入量，则为暴露限（MOE）。MOE 越小，该物质致癌危险性也就越大，反之就越小。

对丙烯酰胺的非致癌效应进行评价，动物试验结果引起神经病理性改变的 NOAEL 值为 0.2mg/kg BW。根据人类平均摄入量为 1μg/(kg BW·d)，高消费者为 4μg/(kg BW·d)

进行计算，则人群平均摄入和高摄入的 MOE 分别为 200 和 50；丙烯酰胺引起生殖毒性的 NOAEL 值为 2mg/kg BW，则人群平均摄入和高摄入的 MOE 分别为 2000 和 500。JECFA 认为按估计摄入量来考虑，此类副作用的危险性可以忽略，但是对于摄入量很高的人群，不排除能引起神经病理性改变的可能。

对丙烯酰胺的危险性评估重点为致癌效应的评估。由于流行病学资料及动物和人的生物学标记物数据均不足以进行评价，因此根据动物致癌性试验结果，用 8 种数学模型对其致癌作用进行分析。最保守的估计，推算引起动物乳腺瘤的 BMDL 为 0.3mg/(kg BW·d)，根据人类平均摄入量为 $1\mu g/(kg\ BW·d)$，高消费者为 $4\mu g/(kg\ BW·d)$ 计算，平均摄入和高摄入量人群的 MOE 分别为 300 和 75。对于一个具有遗传毒性致癌物来说，其 MOE 值较低，也就是诱发动物的致癌剂量与人的可能最大摄入量之间的差距不够大，其对人类健康的潜在危害应给予关注，建议采取合理的措施来降低食品中丙烯酰胺的含量。

在对丙烯酰胺的危险性评估中，用动物实验来推导的 BMDL 数据，对人群摄入量评估，加之人与动物代谢活化强度的差别，因此存在不确定性。故需在进行几项丙烯酰胺的长期动物试验结束后再次进行评价，并需考虑丙烯酰胺在体内转化为环氧丙酰胺的情况，以及发展中国家人均丙烯酰胺摄入量的数据，并将人体生物学标记物与摄入量和毒性终点结果相联系进行评估。

七、丙烯酰胺的监测和控制

目前，国际上使用较多的方法是用气相色谱-质谱法（GC-MS）和液相色谱-串联质谱联用法（LC-MS-MS）。这两种方法均可进行定量、定性分析，且灵敏度高，但相对来说 LC-MS-MS 法因不需溴化而显得较简便。美国 FDA 于 2002 年 6 月在网上公布了 LC-MS-MS 法定具体操作步骤，以便研究者参考。Sonja 等指出，运用液相色谱-电喷电离-串联质谱法（LC-ESI-MS-MS）对早餐谷类食品和薄脆饼干的检测精密度较高，检测限分别为 $20\mu g/kg$ 和 $15\mu g/kg$，该方法通过实验室间对比实验得到了证实。

尽管丙烯酰胺的致癌性尚无定论，但它并不是人体所需的物质，不应存在于食品中。目前，欧洲有些食品生产企业在减少食品加工过程中丙烯酰胺的产生方面已取得了很好的效果。Dhiraj 等研究发现，生薯条上涂抹鹰嘴豆粉糊（chickpea batter）后其成品中丙烯酰胺含量由 $1\ 490\mu g/kg$ 降至 $580\mu g/kg$。同样，赫尔辛基大学的研究人员发现在制作薯条过程中添加少量类黄酮可使丙烯酰胺减少一半。日本科学家发现马铃薯在低温（2～4℃）下保存，其淀粉有一部分会转变为还原糖，导致丙烯酰胺增多，同时他们还开发出用远红外线烘焙法制作低丙烯酰胺的非油炸薯条技术。Ktmi 等认为马铃薯应避免低于 10℃ 保存，切片后浸在温水（约 60℃）中 15 min 可提取出天冬酰胺和糖，用此制成的炸薯条丙烯酰胺含量可降至 40～70$\mu g/kg$，同时还保留了原有的烹调效果。Sandra 等从颜色、口味、丙烯酰胺含量三个方面进行研究得出，马铃薯应储存在 4℃ 以上的环境中，其还原糖含量在 0.2～1g/kg 间的最适合烘烤和煎炸。

作为中国的普通消费者，增强食品安全意识对于保持自己的身体健康非常重要。就降低丙烯酰胺的摄入量而言，可以摄入多种食物，均衡膳食，减少油炸食品的摄入量，少吃炸薯条之类的西式快餐，少吃含糖量高的食品，多吃蔬菜和水果。食品加工处理时应尽可能避免不必要的长时间高温加热，尽量减少丙烯酰胺的产生。

第十节 氯丙醇

氯丙醇是继二噁英之后，食品污染领域又一个热点问题。早在20世纪70年代，人们就发现氯丙醇能够使精子减少和活性降低，抑制雄性激素生成，使生殖能力下降。二氯丙醇生产车间的工人，因吸入大量氯丙醇，造成肝脏严重损伤而暴死。国内外研究表明3-氯丙醇常见于水解蛋白调味剂和非天然酿造酱油中，已被认为具有生殖毒性、神经毒性，且能引起肾脏肿瘤，是确认的人类致癌物。在非天然酿造酱油、调味品、保健食品、儿童营养食品中，就可能含有氯丙醇。

一、氯丙醇的化学结构

氯丙醇（chloropropanols）是甘油（丙三醇）上的羟基被氯取代所产生的一类化合物，包括以下类别（见图4-3）。①单氯取代的氧代丙二醇：3-氯-1,2-丙二醇（3-monochloropropane-1,2-diol，3-MCPD）和2-氯-1,3-丙二醇（2-monochloropropane-1,3-diol,2-MCPD）；②双氯取代的二氯丙醇：1,3-二氯-2-丙醇（1,3-dichloro-2-propanol,1,3-DCP）和2,3-二氯-1-丙醇（2,3-diehloro-1-propanol,2,3-DCP）。氯丙醇化合物均比水重，沸点高于100℃，常温下为液体，一般溶于水、丙酮、苯、甘油、乙醇、乙醚、四氯化碳等。它们是食品在加工、贮藏过程中形成的污染物。

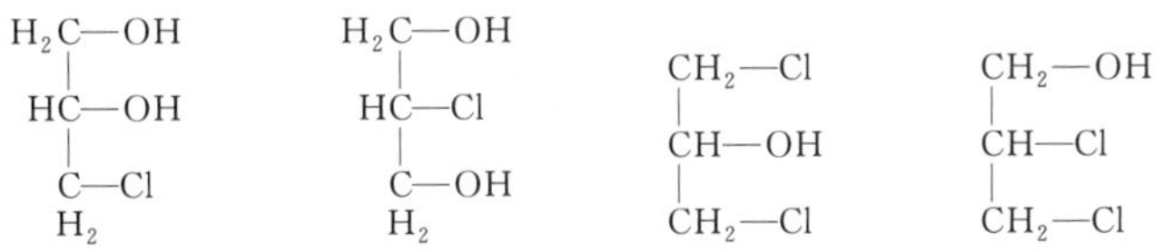

3-MCPD　　2-MCPD　　1,3-DCP　　2,3-DCP

图4-3 氯丙醇化合物结构

二、氯丙醇污染的来源

氯丙醇污染的来源如下所述。

1. 酸水解植物蛋白（酸解HVP）

食品中氯丙醇的污染首先在酸解HVP中发现，许多风味食品添加酸解HVP的生产过程中可以污染氯丙醇（3-MCPD和1，3-DCP）。

2. 酱油

对不同类型的酱油进行调查，包括传统发酵酱油和以酸处理或酸水解HVP为原料的低级别酱油（中国称为“水解植物蛋白调味液”），结果发现在没有很好控制手段的情况下，酸处理可以产生3-MCPD。

3. 不含酸水解HVP成分的食物

主要是焙烤食品、面包和烹调与腌制肉鱼。在烤面包、烤奶酪和炸奶油过程中可以使3-MCPD水平升高。

4. 包装材料

食品和饮料由于包装材料的迁移有低水平的 3-MCPD 污染，在某些采用 ECH 交联树脂进行强化纸张（如茶叶袋、咖啡滤纸和肉吸附填料）和纤维素肠衣中也含有 3-MCPD。目前正在开发第三代树脂，以显著降低 3-MCPD。

5. 饮水

英国的饮用水含有氯丙醇，这是由于一些水处理工厂使用以 ECH 交联的阳离子交换树脂作为絮凝剂对饮用水进行净化。目前，经过努力，在聚胺型絮凝剂中 3-MCPD 的水平在 40mg/kg，水处理时聚胺型絮凝剂中 3-MCPD 的使用量为 2.5mg/L。这可以使饮用水中 3-MCPD 的污染水平 $<0.1\mu g/L$。

三、氯丙醇的毒性

3-MCPD 大鼠经口 LD_{50} 为 150mg/kg。美国在 1993 年的 FAO/WHO 报告表明，3-MCPD 如果使用 30mg/(kg BW·d) 会使大鼠肾小管坏死或扩张；30mg/(kg BW·d) 连续 4 周会引起猴子贫血、白细胞减少、血小板减少。给大鼠和小鼠经口剂量 $\geqslant$25mg/(kg BW·d) 的 3-MCPD 能引起中枢神经，特别是脑主干损伤，损伤程度与剂量相关。在大鼠和小鼠亚急性毒性试验中发现，肾脏是 3-MCPD 毒性作用靶器官。

四、氯丙醇的分布和排泄

3-MCPD 广泛分布在体液中。其原型化合物通过与谷胱甘肽结合而部分脱毒。大约体内 30% 的 3-MCPD 可以分解并通过 CO_2 呼出体外。经口摄入的 1,3-DCP 约有 5% 以 β-氯乳酸盐形式从尿中排出，1% 以 2-丙醇-1,3-二巯基丙酸形式排出。

五、氯丙醇的危险性评估

JECFA 决定采用肾小管增生作为确定 3-MCPD 耐受摄入量的最敏感毒性终点，该作用是在大鼠的慢性毒性和致癌性试验中发现的，得出最低作用剂量（LOEL）为 1.1mg/kg BW，并采用安全系数 500（包括考虑从 LOEL 推导出 NOEL 而扩大的 5 倍系数），最后得出暂定的每日最大耐受摄入量（PMTDI）为 2g/kg BW。JECFA 指出从各国提交的摄入量数据看，食用酱油的消费者大多接受或超过这个水平。

六、氯丙醇的监测和控制

中国对于食品中的氯丙醇仍无与国家标准配套的检测标准。广州出入境检验检疫局食品实验室对氯丙醇检测技术进行研究，已成熟的检测氯丙醇的最新方法为气相色谱/双串联质谱同时测定酱油中 1，3-DCP、2，3-DCP 和 3-MCPD，检出限为 0.01mg/kg。广州出入境检验检疫局食品实验室所使用测定 3-MCPD 方法，是经原国家质量监督检验检疫总局组织有关专家审定，并经合法程序批准的。在使用中表明，此方法对保证出口欧洲的酱油质量起着重要作用。

目前部分国家已制定酱油中氯丙醇推荐限量（见表 4-4）并研究防止其污染酱油的生产工艺。李祥等研究酸水解蛋白调味液安全生产工艺，采用酸水解与传统酿造工艺相结合，最佳工艺为以豆粕为原料，采用 5% 盐酸溶液，水解 18 h，中和至 pH 值为 6，然后添加适量炒麸皮、豆粕，接种沪酿 3.042 米曲霉制曲、发酵。此工艺生产产品中氯丙醇含量低于各国标准，且酱香浓郁、味道鲜美。

美国 CPC 国际有限公司有一称为酸酶法加工工艺专利，就是先采用中性蛋白酶进行水解蛋白质，然后在缓和条件（40～45℃，pH 6.5～7.0）下进行酸水解，这样制得的 HVP产品检测不到氯丙醇。

表 4-4　部分国家制定的酱油中氯丙醇推荐限量

国家/组织	3-MCPD	2-MCPD	1,3-DCP	2,3-DCP
中国	≤1mg/kg	未提及	未提及	未提及
美国	≤1mg/kg	未提及	≤0.05mg/kg	≤0.05mg/kg
英国/欧盟	≤0.01mg/kg	未提及	未提及	未提及
日本	≤1mg/kg	未提及	未提及	未提及
澳大利亚	≤0.3mg/kg	未提及	≤0.005mg/kg	未提及

第十一节　硝酸盐、亚硝酸盐与 N-亚硝基化合物

人们对亚硝基化合物毒性的研究，特别是致癌性研究，是从 20 世纪 50 年代开始的。1954 年 Barnes 和 Magee 详细描述了二甲基亚硝胺急性毒性的病理损害，主要表现为肝小叶中心性坏死及继发性肝硬化。1956 年，Magee 和 Barnes 用大鼠证实了二甲基亚硝胺的致癌作用，从而引起了对 N-亚硝基化合物毒性的广泛研究。

一、N-亚硝基化合物的化学特性

1. N-亚硝基化合物的结构和性质

N-亚硝基化合物是一大类有机化合物，根据其化学结构的不同，可分为两类：一类为N-亚硝胺，另一类为 N-亚硝酰胺。

（1）N-亚硝胺　N-亚硝胺（nitrosoamine）是研究最多的一类 N-亚硝基化合物，其基本结构见图 4-4。

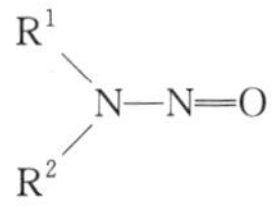

亚硝胺的命名是在取代胺前加上 N-亚硝基。在亚硝胺结构式中，R^1 和 R^2 可以是烷基或芳烃，如 N-亚硝基二甲胺（NDMA）、N-亚硝基二乙胺（NDEA）、N-亚硝基甲乙胺（NMEA）、N-亚硝基二苯胺（NDPhA）、N-亚硝基甲苄胺（NMBzA）等；R^1 和 R^2 也可以是环烷基，如 N-亚硝基吗啉（NMOR）、N-亚硝基吡咯烷（NPYR）、N-亚硝基哌啶（NPIP）、N-亚硝基哌嗪等；R^1 和 R^2 还可以是氨基酸，如 N-亚硝基脯氨酸（NPRO）、N-亚硝基肌氨酸（NSAR）等。

图 4-4　N-亚硝胺结构

当 $R^1 = R^2$ 时，称为对称性亚硝胺，而 $R^1 \neq R^2$ 时，称为不对称性亚硝胺。

N-亚硝基吗啉　　　　　N-亚硝基吡咯烷

分子量低的亚硝胺（如亚硝基二甲胺）在常温下为黄色油状液体，高分子量的亚硝胺多为固体。除了某些 N-亚硝胺（如 NDMA、NDEA 以及某些 N-亚硝基氨基酸等）可以溶于

水及有机溶剂外，大多数亚硝胺不溶解于水，仅溶解于有机溶剂。在通常条件下（如中性和碱性环境），亚硝胺化学性质较稳定，不易分解，但在特定条件下可发生诸如水解、转亚甲基、氧化、还原、光化学、形成氢键和加成等反应。

(2) N-亚硝酰胺 亚硝酰胺类（nitrosoamides）不完全是按化学进行分类的，而是指化学性质和生物学作用相似的一类亚硝基化合物，其基本结构如下：

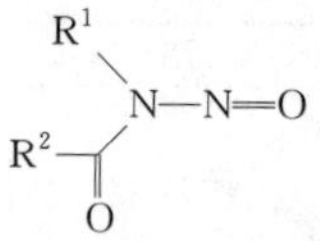

$$\begin{array}{c} R^1 \\ | \\ R^2 - C - N - N = O \\ \| \\ O \end{array}$$

N-亚硝酰胺的化学性质活泼，在酸性和碱性条件下（甚至近中性环境）均不稳定，能够自发性降解。酸性条件下可分解为相应的酰胺和亚硝酸，或经重氮甲酸酯重排，放出氮形成羟酸酯；在碱性条件下，亚硝酰胺可快速分解为重氮烷。它们在机体内不需要代谢活化就直接具有遗传毒性和致癌性。N-亚硝酰胺类包括：N-亚硝酰胺（R^1 和 R^2 为烷基或芳香基）、N-亚硝基脒（羰基的 O 原子被 NH 取代）和 N-亚硝基脲（R^2 被 NH_2 取代）等。

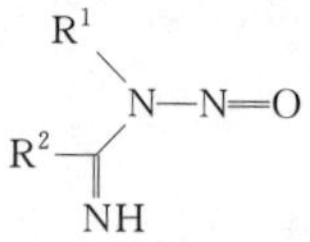

N-亚硝基脒   N-亚硝基脲

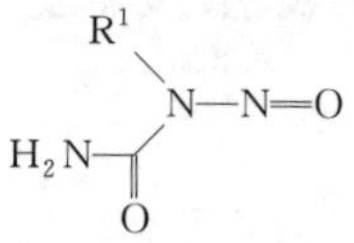

N-亚硝胺和 N-亚硝酰胺在紫外线照射下都可发生光分解反应。N-亚硝胺因分子不同，表现出蒸气压大小的差异，能够被水蒸气蒸馏出来，不需经衍生化可直接进行气相色谱测定的称为挥发性亚硝胺。N-亚硝酰胺类和非挥发性的强极性亚硝胺［如 N-亚硝基二乙胺、N-亚硝基脯氨酸、N-亚硝基羟脯氨酸（NHPRO）、N-亚硝基肌氨酸等］均不能用水蒸气蒸馏方法与基质分开，被称为非挥发性 N-亚硝基化合物。这可以作为设计分析方法的依据。

2. N-亚硝基化合物的合成

N-亚硝基化合物是 N-亚硝化剂和可亚硝化的含氮化合物在一定条件下经亚硝化作用合成的，该过程在环境和体内均可进行，反应如图 4-5。

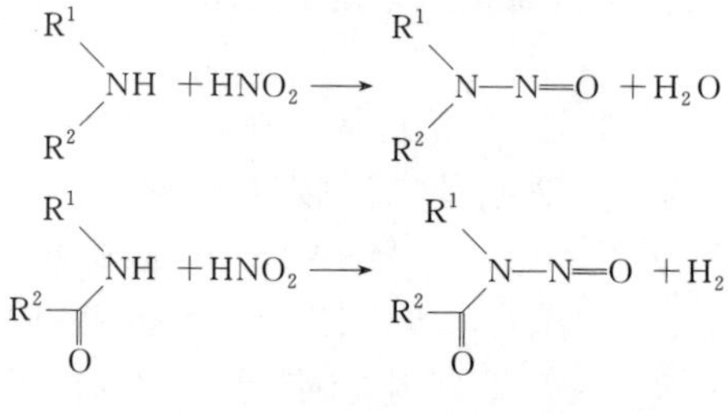

图 4-5　N-亚硝基化合物的合成反应

N-亚硝化剂和可亚硝化的含氮化合物称为 N-亚硝基化合物的前体。N-亚硝化剂包括亚硝酸盐和硝酸盐以及其他氮氧化物，还包括与卤素离子或硫氰酸盐产生的复合物。硝酸盐看作 N-亚硝基化合物前体物的理由是，不管是在人体内或是在食品中，都可在硝酸还原菌的作用下转化为亚硝酸盐。可亚硝化的含氮化合物主要涉及胺、氨基酸、多肽、脲、脲烷、呱啶、酰胺等。这一反应与反应物浓度、氢离子浓度、胺的种类及有无催化剂等密切相关。除反应物浓度以外，氢离子浓度对反应有着重要影响。一般在酸性条件下最容易发生反应，如仲胺亚硝基化的最适 pH 为 2.5～3.4。胺的种类与亚硝化程度也有关系，一般仲胺反应速度快，伯胺、叔胺反应很困难，但在硫氰酸根存在时，伯胺和亚硝酸的反应也很快。维生素

C、维生素 E、酚类物质可抑制 N-亚硝基化合物的形成。

二、N-亚硝基化合物前体物的来源

1. 硝酸盐和亚硝酸盐的来源

食品是硝酸盐和亚硝酸盐的主要来源，人体通过食物和饮水摄入硝酸盐已成为当今社会与农业有关的环境问题之一。膳食中硝酸盐和亚硝酸盐来源很多，主要包括食品添加剂的使用、农作物从自然环境中摄取和生物机体氮的利用、含氮肥料和农药的使用、工业废水和生活污水的排放等。其中食品添加剂是直接来源，肥料的大量使用是主要来源。

(1) 食品添加剂 硝酸盐和亚硝酸盐是允许用于肉及肉制品生产加工中的发色剂和防腐剂。其发色作用机理是亚硝酸盐在肌肉中的乳酸作用下生成亚硝酸，亚硝酸很不稳定，可分解产生一氧化氮，并与肉类中的肌红蛋白或血红蛋白结合生成亚硝基肌红蛋白和亚硝基血红蛋白，从而使肉制品具有稳定的鲜艳红色，并使肉品具有独特风味。硝酸盐在肉中硝酸盐还原菌的作用下生成亚硝酸盐，然后起发色作用。同时，亚硝酸钠具有独特的抑制肉毒梭菌生长的作用，与食盐并用可增加抑菌效果。目前还没有找到它的最佳替代品。

(2) 环境中的硝酸盐和亚硝酸盐及在植物体中的富集 硝酸盐广泛存在于自然环境（水、土壤和植物）中。由于矿物（如煤和石油）燃料和化肥等工业生产、汽车尾气排放等因素造成的大气污染，使得大气中富含氮氧化物（NO_x）。岩石是土壤中氮源的主要来源，使水体中硝酸盐含量增加。大量使用含氮肥料（土壤缺锰、钼等微量元素时更严重）、农药以及工业与生活污水的排放，均可造成土壤中硝酸盐含量的增加，同时也加剧了土壤中硝酸盐的淋溶过程。硝酸盐由土壤渗透到地下水，对水体造成严重污染，水体中的亚硝酸盐含量一般不太高，但它的毒性是硝酸盐的 10 倍。

微生物的根瘤菌及植物的固氮作用，构成了植物体硝酸盐的重要来源。农作物在生长过程中吸收的硝酸盐，在体内植物酶的作用下还原成可利用氮，并与经过光合作用合成的有机酸生成氨基酸和核酸，从而构成植物体。当光合作用不充分时，造成过多硝酸盐在植物体内蓄积。

(3) 硝酸盐和亚硝酸盐的体内转化与合成 研究表明，植物体中的硝酸盐和摄入人体的硝酸盐都可以在各自体内硝酸盐还原酶的作用下转化为亚硝酸盐，硝酸盐和亚硝酸盐还可以由机体内源性形成。

试验发现，有如下几种情形可导致蔬菜中亚硝酸盐含量增加。

① 新鲜蔬菜中亚硝酸盐含量相对较少，在存放过程中尤其是腐烂后，亚硝酸盐含量显著增加，且腐烂程度愈严重，亚硝酸盐含量就愈多。推断其机理可能是蔬菜本身含有一定量亚硝酸盐，由于采摘时机械损伤导致总的呼吸强度增加，植物体内酶活性增强，因而加速了亚硝酸盐的生成。在贮藏后期，由于细菌生长活跃，细菌的硝酸盐还原酶可将植物体内的硝酸盐转变为亚硝酸盐，尤其是在自然通风和自然密封贮藏的后期，随着蔬菜腐烂程度的增加，亚硝酸盐的含量也会逐步升高。

② 新腌制的蔬菜，在腌制的 2～4 天亚硝酸盐含量增加，在 20 天后又降至较低水平。变质腌菜中亚硝酸盐含量更高。

③ 烹调后的熟菜存放过久，亚硝酸盐含量增加。

谷物、蔬菜中的硝酸盐与食品中添加的硝酸盐和亚硝酸盐随食物进入人体，其中的硝酸盐主要在口腔和胃部转化为亚硝酸盐。唾液腺可以浓缩富集硝酸盐（唾液中的硝酸盐水平是血液的 20 倍）并分泌到口腔中，经口腔细菌还原为亚硝酸盐。此外，当胃部处于低胃酸水平时造成细菌生长，也可以将硝酸盐还原为亚硝酸盐。

硝酸盐和亚硝酸盐还可以由机体内源性形成，已经证实机体每天可以恒定产生大约 85mg 硝酸钠。机体内存在一氧化氮合酶，可将精氨酸转化成为一氧化氮和瓜氨酸，一氧化氮可以形成过氧化氮，后者与水作用释放亚硝酸盐。

2. 前体胺和其他可亚硝化的含氮化合物及来源

人类食物中广泛存在可以亚硝化的含氮有机化合物，主要涉及伯胺、仲胺、氨基酸、多肽、脲、酰胺、羟胺等。作为食品天然成分的蛋白质、氨基酸和磷脂，都可以是胺和酰胺的前体物，或者本身就是可亚硝化的含氮化合物。

食品中多肽和氨基酸也可以发生亚硝化反应。如肉中大量存在的脯氨酸很容易形成 N-亚硝基脯氨酸，在食品加工过程中采用高温加热可脱去羧基形成致癌的 N-亚硝基吡咯烷。研究还发现，最简单的甘氨酸发生亚硝化，可以形成具有致癌、致突变的重氮乙酸；而腌菜、腌肉中的酪氨酸可以脱氨基形成酪胺，同样可以形成具有致癌、致突变性的重氮化合物。

另外，许多胺类也是药物、化学农药（特别是氰基甲酸酯类）和一些化工产品的原料，它们也有可能作为 N-亚硝基化合物的前体物。

三、N-亚硝基化合物的来源

1. 食品中 N-亚硝基化合物的来源

N-亚硝基化合物的前体物广泛存在于食品中，在食品加工过程中易转化成 N-亚硝基化合物。据目前已有的研究结果，鱼类、肉类、蔬菜类、啤酒类等食品中含有较多的 N-亚硝基化合物。

(1) 鱼类及肉制品中的 N-亚硝基化合物　鱼和肉类食物中，本身含有少量的胺类，但在腌制和烘烤加工过程中，尤其是油煎烹调时，能分解出一些胺类化合物。腐烂变质的鱼和肉类，可分解产生大量的胺类，其中包括二甲胺、三甲胺、脯氨酸、腐胺、脂肪族聚胺、精胺、吡咯烷、氨基乙酰-1-甘氨酸和胶原蛋白等。

这些化合物与添加的亚硝酸盐等作用生成亚硝胺。鱼、肉类制品中的亚硝胺主要是 NPYR 和 NDMA。腌制食品如果再用烟熏，则 N-亚硝基化合物的含量将会更高。一些食物中的 N-亚硝基化合物含量见表 4-5。

表 4-5　一些食物中亚硝胺的含量水平

肉类或鱼制品	国家	含量/(mg/kg)	亚硝胺	肉类或鱼制品	国家	含量/(mg/kg)	亚硝胺
干香肠	加拿大	10～20	NDMA	牛肉香肠	美国	50～60	NPIP
沙拉米香肠	加拿大	20～80	NDMA	咸鱼	英国	1～9	NDMA
咸肉	加拿大	4～40	NPYR	鲱鱼罐头	俄罗斯	2～2.3	NDMA
大红肠	加拿大	20～105	NPYR	炖猪肉	俄罗斯	0.9～2.5	NDMA
油煎咸肉	美国	1～40	NPYR				

(2) 蔬菜瓜果中的 N-亚硝基化合物　前已述及，植物类食品中含有较多的硝酸盐和亚硝酸盐，表 4-6 列出了一些新鲜蔬菜中硝酸盐和亚硝酸盐的含量。在对蔬菜等进行加工处理（如腌制）和贮藏过程中，硝酸盐转化为亚硝酸盐，并与食品中蛋白质的分解产物胺反应，生成微量的 N-亚硝基化合物，其含量在 $0.5\sim2.5\mu g/kg$ 范围内。

表 4-6   一些新鲜蔬菜中硝酸盐和亚硝酸盐含量

蔬菜品种	含量/(mg/kg)		蔬菜品种	含量/(mg/kg)	
	硝酸盐	亚硝酸盐		硝酸盐	亚硝酸盐
韭菜	160～240	0.1	胡萝卜缨	24～320	0.2～0.3
大白菜	600～1530	0.6～2.0	芹菜	3912	—
小白菜	700～800	1.0～1.2	油菜	3466	—
菠菜	2164	—	丝瓜	118	0.16
苦瓜	91	0.09	莴苣	1954	—
冬瓜	100～288	0.5	黄瓜	125	—

(3) 啤酒中的 N-亚硝基化合物   啤酒酿造所用大麦芽如是明火直接加热干燥的，那么空气中的氮被高温氧化成氮氧化物后作为亚硝化剂与大麦芽中的胺类 [大麦芽碱（hordenine）、芦竹碱（gramine）、禾胺等] 及发芽时形成的大麦醇溶蛋白反应形成 NDMA。一些国家啤酒中 NDMA 含量见表 4-7。

表 4-7   一些国家啤酒中 NDMA 含量   单位：$\mu g/mg$

国家	NDMA	国家	NDMA
美国	5.0	加拿大	1.5
英国	0.5	瑞士	1.0
日本	5.0	荷兰	0.5
德国	0.5	比利时	0.5

(4) 乳制品中的 N-亚硝基化合物   一些乳制品中，如干奶酪、奶粉、奶酒等，存在微量的挥发性亚硝胺。可能与啤酒中的 N-亚硝基化合物形成机制相同，是奶粉在干燥过程中产生的。亚硝胺含量一般在 $0.5～5.2\mu g/kg$ 范围内。

(5) 霉变食品中的 N-亚硝基化合物   霉变食品中也有亚硝基化合物的存在，某些霉菌可引起霉变粮食及其制品中亚硝酸盐及胺类物质的含量增高，为亚硝基化合物的合成创造了物质条件。

2. N-亚硝基化合物的内源性合成

研究表明，在人和动物体内均可内源性合成 N-亚硝基化合物。因此人体除通过食品摄入的亚硝基化合物外，体内合成也是亚硝基化合物的来源之一。人体合成亚硝胺的部位主要有口腔、胃和膀胱。唾液中含有亚硝酸盐，每天唾液分泌的亚硝酸盐约 9mg，在不注意口腔卫生时，口腔内残余的食物在微生物的作用下发生分解并产生胺类，这些胺类和亚硝酸盐反应可生成亚硝胺，而唾液成分中的硫氰酸根可加速这一反应的进程。胃酸使胃内呈酸性环境，为亚硝胺的合成提供条件，而胃液的重要成分氯离子也会影响 N-亚硝基化合物的形成。但正常情况下，胃内合成的亚硝胺不是很多，而在胃酸缺乏如慢性萎缩性胃炎时，胃液的pH 增高，细菌可以增长繁殖，硝酸盐还原菌将硝酸盐还原为亚硝酸盐，腐败菌等杂菌将蛋白质分解产生胺类，使合成亚硝胺的前体物增多，有利于亚硝胺在胃内的合成。当泌尿系统感染时，在膀胱内也可以合成亚硝基化合物。

四、N-亚硝基化合物及前体物的毒理学

1. 硝酸盐和亚硝酸盐的毒性

亚硝酸盐的急性毒性作用包括镇静、平滑肌松弛、血管扩张和血压下降以及高铁血红蛋白血症。亚硝酸盐的 LD_{50} 为 220mg/kg 体重（小鼠，经口），ADI 值为 $0～0.2$mg/kg 体重（FAO/WHO，1994），人体摄入 $0.3～0.5$g 纯亚硝酸盐可引起中毒，3g 可致死。硝酸盐的

毒性作用主要是由于在食品和体内还原成亚硝酸盐所致。硝酸钠的 LD_{50} 为 $1.1 \sim 2.0 g/kg$ 体重（大鼠，经口），硝酸钠的 ADI 值为 $0 \sim 5 mg/kg$ 体重（FAO/WHO，1994）。

亚硝酸盐的毒性作用机制是由于亚硝酸盐是强氧化剂，高剂量的亚硝酸盐进入血液后，迅速使血色素中二价铁氧化为三价铁，大量的高铁血红蛋白的形成使其失去携氧和释氧能力，引起全身组织缺氧，出现高铁血红蛋白血症（即亚硝酸盐中毒），产生肠源性青紫症。由于中枢神经系统对缺氧最为敏感而首先受到损害，引起呼吸困难、循环衰竭、昏迷等。正常人体内，高铁血红蛋白仅占血红蛋白总量的 $0.5\% \sim 2\%$，高铁血红蛋白占血红蛋白总量 30% 以下时，通常不出现症状，高铁血红蛋白达 $30\% \sim 40\%$ 时出现轻微症状，超过 60% 时即有明显缺氧的症状，超过 70% 时可致人死亡。此外，大剂量的亚硝酸盐可以直接作用于血管（特别是小血管）平滑肌，有松弛血管平滑肌的作用，造成血管扩张，血压下降，导致外周血液循环障碍。这种作用又可加重高铁血红蛋白血症所造成的组织缺氧。

引起亚硝酸盐中毒的主要原因是误食。由于市场上硝酸盐和亚硝酸盐的销售比较混乱，使用中又缺乏有效的管理，因而每年都有误将亚硝酸盐当作食盐使用引起的急性中毒事件。给婴儿喂食菠菜汁、芹菜汁（特别是过夜等放置时间较长）和饮用苦井水等也是造成肠源性青紫症的重要原因。另外，食品中添加过量的亚硝酸盐也会引起中毒。

2. N-亚硝基化合物的毒性

不同种类的亚硝基化合物，其毒性大小差别很大。大多数亚硝基化合物属于低毒和中等毒，个别属于高毒甚至剧毒。化合物不同其毒作用机理也不尽相同，其中肝损伤较多见，也有肾损伤、血管损伤等。

3. N-亚硝基化合物的致癌性

许多动物实验证明，N-亚硝基化合物具有致癌作用。N-亚硝胺相对稳定，需要在体内代谢成为活性物质才具备致癌、致突变性，称为前致癌物。N-亚硝酰胺类不稳定，能够在作用部位直接降解成重氮化合物，并与 DNA 结合直接致癌、致突变，因此，称 N-亚硝酰胺是终末致癌物。迄今为止尚未发现一种动物对 N-亚硝基化合物的致癌作用有抵抗力。不仅如此，多种给药途径均能引起实验动物的肿瘤发生，不论经呼吸道吸入、消化道摄入、皮下、肌内注射，还是皮肤接触都可诱发肿瘤，反复多次接触，或一次大剂量给药都能诱发肿瘤，且都有剂量-效应关系。可以说，在动物实验方面，N-亚硝基化合物的致癌作用证据充分。在人类流行病学方面，某些国家和地区流行病学资料表明人类某些痛症可能与之有关，如智利胃癌高发可能与硝酸盐肥料大量使用，从而造成土壤中硝酸盐与亚硝酸盐过高有关；日本人爱吃咸鱼和咸菜故其胃癌高发，前者胺类特别是仲胺与叔胺较高，后者亚硝酸盐与硝酸盐含量较多；中国林县食道癌高发，也被认为与当地食品中亚硝胺检出率较高（23.3%，另一低发区仅 1.2%）有关。

不同亚硝基化合物的致癌强度不同，其致癌的强度可以用最低致癌剂量和相对致癌强度 $\log(1/TD_{50})$ 表示，其 TD_{50} 为实验动物的 50% 诱发出肿瘤的平均总致癌剂量，致癌剂量用 mol/kg 体重表示。$\log(1/TD_{50}) > 3$ 为强致癌性，$2.0 \sim 3.0$ 为较强致癌性，$1.0 \sim 2.0$ 为中等致癌性，< 1.0 为弱致癌性。

4. N-亚硝基化合物致畸、致突变作用

在遗传毒性研究中发现许多 N-亚硝基化合物可以通过机体代谢或直接作用，诱发基因突变、染色体异常和 DNA 修复障碍。亚硝酰胺能引起仔鼠产生脑、眼、肋骨和脊柱的畸形，而亚硝胺致畸作用很弱。NDMA 具有致突变作用，常用作致突变试验的阳性对照。据此人们也有理由认为 *N*-亚硝基化合物可能是人的致癌物。

五、*N*-亚硝基化合物的监测和控制

1. *N*-亚硝基化合物的检测方法

N-亚硝基化合物的测定方法有气相色谱-热能分析仪法（GC-TEA）和气相色谱-质谱联用法（GC-MS）。

(1) 气相色谱-热能分析仪法　样品中的 *N*-亚硝胺先经硅藻土吸附或真空低温蒸馏，然后用二氯甲烷提取、分离，利用气相色谱-热能分析仪测定。

(2) 气相色谱-质谱联用法　样品中的 *N*-亚硝基化合物经水蒸气蒸馏和有机溶剂萃取后，再进一步浓缩，采用气相色谱-质谱联用仪的高分辨峰匹配法进行确认和定量。

2. *N*-亚硝基化合物的控制措施

人体亚硝基化合物的来源有两种：一是由食物摄入，二是体内合成。无论是食物中的 *N*-亚硝基化合物，还是体内合成的 *N*-亚硝基化合物，其合成的前体物质都离不开亚硝酸盐和胺类。因此减少亚硝酸盐的摄入是预防亚硝基化合物危害的有效措施。建议采取如下途径减少 *N*-亚硝基化合物对人体的危害。

(1) 搞好食品卫生，防止微生物污染　霉变或其他微生物污染可将硝酸盐还原为亚硝酸盐，同时可使食品蛋白质分解，产生胺类物质，因而可加速 *N*-亚硝基化合物生成。所以，减少微生物污染，防止食品的变质，可有效地降低 *N*-亚硝基化合物的生成量。

(2) 控制食品加工中硝酸盐及亚硝酸盐的使用量　腌制鱼和肉时，尽量少加亚硝酸盐及硝酸盐或使用替代品。如在肉制品生产中间时加入维生素 C 或维生素 E，不仅可以破坏亚硝酸盐而阻断 *N*-亚硝基化合物的形成，而且可以增加亚硝酸盐的发色作用。另外，腌肉时使用的胡椒粉或花椒粉等香料，应该与食盐分开包装，不适宜预先将其混合在一起，以避免形成 *N*-亚硝基化合物。同时尽量少食盐腌和泡制食品。

(3) 提倡多食用能够降低 *N*-亚硝基化合物危害的食品　已经证明维生素 C、维生素 E和某些酚类化合物对 *N*-亚硝基化合物在食品中和动物体内的生成有阻断作用。新鲜蔬菜和水果，不仅亚硝酸盐含量低，而且维生素 C 含量高；茶叶中的茶多酚、中华猕猴桃、沙棘和野玫瑰果汁等都具有这种功效。大蒜中的大蒜素有抑菌作用，能抑制硝酸盐还原菌的生长，减少硝酸盐在胃内转化为亚硝酸盐，从而减少 *N*-亚硝基化合物在胃内的合成。在食品或药品中将这些化合物作为配方的一部分加入，被证实是可以减少 *N*-亚硝基化合物危害人体的有效手段。

(4) 抑制体内 *N*-亚硝基化合物的合成　注意口腔卫生、维持胃酸的分泌量、防止泌尿系统的感染等，可以减少人体这些部位 *N*-亚硝基化合物的内源性合成。

第十二节　孔雀石绿

孔雀石绿（malachite green，MG）是一种三苯甲烷类杀菌剂，因在防治水产品疾病中具有高效且价格低廉的特点，故曾在水产品养殖业中被广泛使用。孔雀石绿也曾被用于制陶业、纺织业、皮革业、食品颜色剂和细胞化学染色剂等。

自 1993 年证实孔雀石绿具有抗菌杀虫等药效以来，许多国家曾广泛用作驱虫剂和杀菌剂，以杀灭水产动物体外的寄生虫、原生动物和鱼卵中的霉菌等。在鱼类养殖中用于防治鱼类的水霉病等。在治疗鱼体和鱼卵体表传染病的药物中，很少有其他化学药物可与其效果相媲美，特别是治疗那些由水霉和多子小瓜虫引起的疾病。孔雀石绿最常见的使用方法是水浴或浸泡。生产中常用 0.15～0.2mg/kg 的浓度全池遍洒或用 10mg/kg 的浓度浸洗 15～30min 来防治鱼病或水霉病等，也有用 0.2～0.5mg/kg 药浴 2 h。孔雀石绿的抗菌杀虫机理是孔雀石绿在细胞分裂时阻碍蛋白肽的形成，使细胞内的氨基酸无法转化为蛋白肽，使细胞分裂受到抑制，从而产生抗菌杀虫作用。

近年来国内外的一些研究也表明，孔雀石绿在体内残留时间太长，容易导致水产品生物细胞的畸形甚至癌变。同时对食用这些水产品的消费者来说，也给健康带来许多风险，因此孔雀石绿已经被很多国家列为水产品养殖中的禁用杀菌剂。在国际市场中，孔雀石绿在水产品养殖业中的使用未得到美国食品与药品管理局（FDA）的认可；动物源性食品中孔雀石绿和无色孔雀石绿残留总量依据欧盟法案 2002/675/EC 的规定，限制为 2μg/kg。在国内 2002 年出台的农业行业标准中也将孔雀石绿列为禁用药物。

一、孔雀石绿的化学特性

孔雀石绿（MG）化学名为四甲基代二氨基三苯甲烷，别名碱性绿、苯胺绿。分子式为 $C_{23}H_{25}N_2Cl$，分子量为 365，是一种人工合成的三苯甲烷类工业染料，其外观呈金属光泽的深绿色结晶状固体。MG 极易溶于水以及乙醇、甲醇、乙腈、氯仿等多种有机溶剂，但不溶于醚。水的 pH 会影响 MG 的电离程度，pH 越大，电离程度越低；在酸性条件下 MG 的电离程度高达 80%。MG 在水中也会降解，其降解速率受到光照、紫外线、高温的影响。MG 作为染料曾经在纺织业、制陶业、皮革业、印刷业得到广泛应用。由于 MG 具备优良的杀菌、消毒效果，1993 年后广泛作为驱虫剂、杀菌剂、防腐剂，后来直接用于水产养殖鱼类疾病的治疗。

二、孔雀石绿的毒理学

孔雀石绿及其代谢产物的毒性与其三苯甲烷类结构有很大关系。具有较高反应活性的亚甲基和次甲基受相连苯环影响，可以生成三苯甲基自由基 [化学式：$(C_6H_5)_3C\cdot$]。这些 MG 的代谢产物以及代谢衍生物，均具有与致癌芳香胺相似的结构。科学研究已证实这类化合物分子进入人体后，穿透人体细胞膜而到达细胞核中 DNA，产生活泼的亲电子"正氮离子"，这些正氮离子会攻击 DNA 上的亲核位置，并以共价键结合，破坏 DNA 从而引起细胞癌变。

三、食品中孔雀石绿的吸收、分布、排泄和生物转化

孔雀石绿进入机体后，通过生物转化，还原成脂溶性的无色孔雀石绿，并在组织中蓄积。因此在鱼体组织中检测到的残留物主要是无色孔雀石绿，其在机体内分布和代谢速率主要取决于脂肪的含量。它的代谢产物与具有致癌作用的芳香胺的结构类似，可直接或酯化后与 DNA 发生反应。通过对肝脏进行 ^{32}P 标记可证明 DNA 加合物的结构，这再次验证了其潜在的结构致癌性。

Wilson 首次报道了孔雀石绿主要残留于受精卵和鱼苗的血清、肝、肾、肌肉等组织中。研究发现，通过水体给药后，鱼体内孔雀石绿残留量很快超过水体中孔雀石绿浓度水平。吸

收后的孔雀石绿被代谢成简单的隐色化合物——无色孔雀石绿，开始存储在血浆、肝脏、肾脏、皮肤及其他内脏器官中，而后广泛分布于整个鱼体组织中，通常排泄组织中浓度最高，血浆、肌肉中浓度最低。此外，孔雀石绿特别容易在脂肪含量高的组织中残留。Plakas 等用 ^{14}C 标记的 0.8mg/kg 孔雀石绿浸浴鲇鱼 1 h，肌肉和肝脏中残留量为 3.2～3.3mg/kg，内脏脂肪组织中的残留浓度随药浴时间的增加而增加。Bergwerff 等研究发现孔雀石绿及其代谢产物无色孔雀石绿在鱼体内的消除速度除受鱼体本身的解毒能力和脂肪含量影响外，还受 pH 值、温度、溶氧量等一系列环境因素的影响，特别是 pH 值和温度。一般来说，温度越高，其排出体外的速度越快；适宜的 pH 值条件下，鱼体能加快残留药物的清除速度，但总的来说，清除速度是很慢的，尤其是无色孔雀石绿，它在组织中清除的速度更慢。

孔雀石绿在机体内具有两种代谢途径。一是在还原酶的催化下降解成无色孔雀石绿；二是在细胞色素 P450 催化下经 N-脱甲基作用生成初级和次级代谢产物芳香胺。无色孔雀石绿的代谢如下：一是被氧化重新生成孔雀石绿；二是在 TPO 催化下脱甲基生成初级和次级代谢产物芳香胺，芳香胺进一步酯化后与 DNA 反应生成 DNA 加合物。

四、孔雀石绿的危险评估

英国最先发现孔雀石绿对人体可能存在危害，因为当地生产孔雀石绿的工人患膀胱癌的概率大于城市内的其他市民，引起了人们对三苯甲烷类物质的毒性研究。

1992 年，国外有关研究人员提出孔雀石绿等物质的原子团三苯甲基可导致肝癌，被 IARC 列为二类致癌物——人类可能致癌物。在孔雀石绿的原子团中，连接在苯环上的次甲基和亚甲基受其闭合的共轭体系影响，其特性反应迅速，容易连接形成三苯甲烷。三苯甲烷在许多研究中显示其容易造成生命体器官组织脂质过氧化以及改变器官内的氧压，让细胞迅速死亡，进而引起肿瘤。美国国家毒理学研究中心（NCTR）也发现在喂养大鼠和小鼠差别化浓度含量的孔雀石绿和无色孔雀石绿 100 周后发现，喂养高剂量组的大鼠和小鼠肾脏重量均有所减轻，肝脏重量均有所增加。NCTR 的研究发现孔雀石绿和无色孔雀石绿对大鼠和小鼠作用于肝脏的毒性，无色孔雀石绿引发影响的计量比孔雀石绿低。

Culpi 相关实验证明发现孔雀石绿和无色孔雀石绿在细胞生长中会导致基因突变。在相关致癌实验中，孔雀石绿和无色孔雀石绿会使实验动物的细胞出现空泡，孔雀石绿会诱发实验动物发生各种肿瘤类疾病，无色孔雀石绿能够诱发甲状腺滤泡上皮大批脱落，降低甲状腺激素分泌，引发雄性实验动物甲状腺瘤、睾丸癌，雌性实验动物容易引发肝肿瘤，继而诱使实验动物交配产生的下一代发生肝肿瘤的概率增加，同时还会降低血浆胆碱酯酶的作用，引起乙酰胆碱的蓄积，从而出现神经方面的症状。

五、孔雀石绿的监测和来源

1. 孔雀石绿的监测

孔雀石绿类残留分析方法通常包括样品前处理和仪器检测方法两部分，目前孔雀石绿类的前处理方法主要是采用乙腈、乙酸铵等溶液提取结合固相萃取柱净化；仪器检测方法主要为高效液相色谱法和液相色谱-质谱法，也有用共振瑞利散射法、酶联免疫吸附法及拉曼光谱法等进行检测的报道。

2. 孔雀石绿的来源

（1）使用孔雀石绿防治水产养殖病害　水霉病在养殖中流行甚广，几乎终年可见，各种鱼类从鱼卵至成鱼均可感染，苗种受害比较严重，晚冬、早春为发病高发期，往往造成较大的经济损失，而防治该病有效的药物是孔雀石绿配合其他药物使用（如氯化钠、福尔马林等）。孔雀石绿对水生动物寄生虫、鳃霉病也有较好的疗效。虽被国家列为禁用渔药，但因其价廉、高效、用量小的特点，目前又没有有效的替代品，造成少数养殖户主动或被动使用并导致养殖水产品残留。

（2）苗种携带孔雀石绿　养殖户在不知情的情况下购买携带孔雀石绿的苗种进行养殖，导致养成产品中产生残留，直接危害水产品质量安全。

（3）饲（饵）料含有孔雀石绿　水产用饲（饵）料由于生产原料把关不严，受孔雀石绿污染，导致孔雀石绿药物残留。对于一些肉食性鱼类，由于摄食被污染的生物饵料，也可致残留，如鳜鱼（桂花鱼），因捕食携带含有孔雀石绿的小杂鱼，导致残留。通过食物链的方式引起孔雀石绿的残留往往容易被忽视。

（4）环境受污染　水产养殖用的水源，由于受到工农业、生活污水等污染，再流入养殖池塘，间接污染养殖水产苗种、水生动物，从而造成孔雀石绿残留。另外，传统的养鱼观念是"肥水养鱼"，往往要施无机肥和有机肥等，如果这些肥料（特别是有机肥）含有孔雀石绿，进入养殖水体后，也造成水产品的残留。

（5）池塘的背景污染　原来养殖池塘使用过孔雀石绿，残留在池塘的底泥、土壤中，新投放养殖的水生生物被原来残留在底泥的孔雀石绿释放后间接污染，可造成残留，但一般是无色孔雀石绿残留。根据樊海平等人的研究，池塘使用孔雀石绿后，再放养日本鳗鲡，由于底泥中残留的无色孔雀石绿释放，导致日本鳗鲡无色孔雀石绿残留。

（6）流通环节施用孔雀石绿　苗种或成鱼运输过程中，为了防止鱼的损伤引起的病害，施用孔雀石绿来预防疾病的发生，从而导致药物残留。运输过程中的苗种或成鱼暂养于配备增氧设备的暂养箱内，由于空间小且密度大，个体反应过激，造成大面积挤压碰撞受伤，导致体表得水霉病或溃烂，为避免鱼病发生，在水体中投放药物，如食盐、高锰酸钾等，以及违禁药如孔雀石绿、硝基呋喃类等。

六、孔雀石绿的控制措施

为了避免市场中不合格水产品的出现与流通，可从养殖源头、投入品抓起，同时把控市场流通环节。

1. 源头要做好下列工作

① 实施无公害、标准化养殖，进行无公害水产品认证。
② 把 HACCP 计划应用到水产养殖生产中。
③ 科学使用渔药，研究孔雀石绿药物的替代品，对药物使用进行风险评估。
④ 加大对水资源环境保护力度。
⑤ 加强对水产养殖投入品的监督。
⑥ 扶持水产良种场建设。
⑦ 加快水生动物疫病防控体系建设，提高水生动物疫病防控能力。
⑧ 建立养殖水产品的可追溯制度。

2. 对于流通、市场环节，加大对水产品的监管

① 流通企业必须自律，杜绝运输使用孔雀石绿浸泡水产品。
② 进入市场的流通水产品，强化抽检。

③ 完善水产品市场准入制度。

④ 健全水产品质量安全网络化监管体系，加大监管力度。

⑤ 建立质量安全责任追溯制度，对违法行为坚决追究法律责任。

第十三节　苏　丹　红

苏丹红（naphthalene red）又名"苏丹"，是人工合成的亲脂性偶氮化合物，属工业染料，不能用做食品添加剂。苏丹红主要分为四类：Ⅰ、Ⅱ、Ⅲ、Ⅳ。国际癌症研究中心将其归为三类致癌物，即动物致癌物。

随着食品工业的飞速发展，经过加工的食品逐渐进入了人们的生活。为了使食品颜色好看，卖相好，一些商家在产品中适当添加一些食品添加剂，从而取得好的收益。然而，随之而来的食品安全问题逐渐产生了。本来应用于工业染料的苏丹红却被当作食品添加剂使用，给人类生命安全造成了威胁。1995 年，欧盟（Euorpean Uinon，EU）禁止食品中添加苏丹红。2003 年，法国发现从印度进口的红辣椒产品中含苏丹红Ⅰ，随后欧盟又相继发现了进口辣椒产品中含有苏丹红Ⅱ、苏丹红Ⅲ、苏丹红Ⅳ。2005 年 2 月，英国食品标准署下令将亨氏、联合利华等 30 家企业生产的可能含有苏丹红Ⅰ的 40 余种食品召回，引发了全球的"苏丹红"风暴。中国自 2005 年 3 月开始，也相继在辣椒调味品、鸡蛋及唇膏等产品中发现苏丹红。由于苏丹红事件与人类健康及食品安全息息相关，所以加强对苏丹红的认识和研究是非常必要的。

一、苏丹红的化学特性

苏丹红为亲脂性偶氮化合物，外观呈暗红色或深黄色片状晶体，难溶于水。苏丹红并非食品添加剂，而是一种化学染色剂。它的化学成分中含有一种叫萘的化合物，该物质具有偶氮结构，由于这种化学结构的性质决定了它具有致癌性，对人体的肝肾器官具有明显的毒性作用。苏丹红属于化工染色剂，主要用于石油、机油和其他的一些工业溶剂中，目的是使其增色，也用于鞋、地板等的增光。

二、苏丹红的毒理学

国内外研究表明，苏丹红具有致癌性、遗传毒性、一般毒性。苏丹红的一般毒性作用主要通过其代谢产生的各种胺类物质诱发。如苏丹红Ⅰ主要经口摄入进入机体，在体内主要经胃肠道微生物还原酶、肝和肝外组织微粒体和细胞质的细胞色素还原酶系代谢，其初级产物为苯胺和 1-氨基-2-萘酚。苯胺可直接作用于肝细胞，引起中毒性肝病。苯胺的代谢物（硝基苯衍生物等）可将血红蛋白结合的 Fe^{2+} 氧化为 Fe^{3+}，导致高铁血红蛋白血症。萘酚类物质对眼睛、皮肤、黏膜有强烈刺激作用，还可引起出血性肾炎。此外，苏丹红对皮肤有致敏作用，可引起人体皮炎。

三、食品中苏丹红的吸收、分布、排泄和生物转化

进入体内的苏丹红主要通过胃肠道微生物还原酶、肝和肝外组织微粒体和细胞质的细胞色素还原酶系（如细胞色素 P450）和过氧化氢——过氧化物酶体系进行代谢，也有报道前

列腺素 H 合酶在花生四烯酸或过氧化氢条件下参与苏丹红的代谢活化。苏丹红 I 在体内代谢为初级产物苯胺和 1-氨基-2-萘酚。苏丹红 II 代谢产生 2,4-二甲基苯胺和 1-氨基-2-萘酚。苏丹红 III 代谢成 4-氨基偶氮苯、1-氨基-2-萘酚、苯胺、对苯二胺和 1-(4-氨基苯基) 偶氮-2-萘酚。苏丹红 IV 代谢成邻氨基偶氮甲苯、1-(4-氨基-2-甲基苯基) 偶氮-氨基-2-萘酚和邻甲苯胺。

苏丹红的代谢产物均为有毒的有机化合物,可渗透动物的血红细胞,有极强的穿透能力,具有致癌性和遗传毒性,在多项体外致突变实验和动物致癌实验中都发现苏丹红的致突变性和致癌性与这些代谢生成的胺类物质有关。苯胺可直接作用于肝细胞,引起中毒性肝病,还可能诱发肝细胞基因发生变异,增加机体癌变的概率。同时,苯胺进入机体后的代谢物(硝基苯衍生物等)可将血红蛋白结合的 Fe^{2+} 氧化为 Fe^{3+},导致血红蛋白无法结合氧而患高铁血红蛋白血症。另外,长期摄入苯胺也会造成机体的神经及心血管系统损伤。萘酚类物质具有致癌、致畸、致敏、致突变性的潜在毒性,对眼睛、皮肤有强烈刺激作用,大量吸收可引起出血性肾炎。苏丹红 III 的初级代谢产物 4-氨基偶氮苯被列为二类致癌物,即对人可能致癌物,能够导致大鼠癌症。

四、苏丹红的危险评估

环境危险评价要求说明毒物对生态系统的潜在影响,必须通过研究毒物在环境中的暴露方式与生物反应间的关系,测定毒物对生态系统的风险概率。苏丹红诱发动物肿瘤的剂量比人体最大摄入量多 2~4 个数量级,故其对人体致癌的可能性较小,但并不意味着其无危险性,偶然摄入含有少量苏丹红的食品,引起的致癌危险性不大,但如果经常摄入含较高水平苏丹红的食品就会增加其致癌的危险性,特别是由于苏丹红有些代谢产物是人类可能致癌物。目前对这些物质尚没有耐受摄入量,因此应尽可能避免摄入这些物质。

因此,在分析环境中苏丹红的归趋转化时,有关的潜在毒性应该引起重视。

人体暴露苏丹红的途径如下:

(1) 饮食暴露 由于苏丹红是一种人工合成的工业染料,1995 年欧盟(EU)等国家已禁止其作为色素在食品中进行添加,中国也明文禁止。但由于其染色鲜艳,印度等一些国家在加工辣椒粉的过程中还容许添加苏丹红 I。近几年,EU 对从印度进口的红辣椒粉中检出苏丹红,其检出苏丹红 I 的量为 2.8~3500mg/kg。同时在一些其他食品中也检测到这种物质,如一些调味品中苏丹红 I 的含量达到 0.7~170mg/kg。也有一些报道称,在辣椒粉中还可检测到苏丹红 II、III 和 IV,如在辣椒粉和辣椒酱中检出苏丹红 IV 的含量分别为 230mg/kg 和 380mg/kg,但辣椒粉中一般多以检出苏丹红 I 为主。英国食品标准局(The Food Standard Agency,FSA)在其网站上公布了可能含有苏丹红 I 的产品清单,清单上的产品有 474 种,包括香肠、泡面、熟肉、馅饼、辣椒粉、调味酱等产品。

(2) 生活用品暴露 苏丹红 I 具有致敏性,可引起人体皮炎。印度妇女习惯使用一种点在前额的 Kumkums 牌化妆品,据报道有人因涂抹 Kumkums 而引发过敏性接触性皮炎。通过气相色谱分析,7 个 Kumkums 品牌中有 3 个可检测到不同浓度的苏丹红 I。

(3) 意外事故暴露 苏丹红属于工业染料,生产与加工石油、机油和其他一些工业溶剂的工厂人员如遇意外事故可能会接触到苏丹红。

五、苏丹红的监测和控制

1. 苏丹红的监测

由于涉及样品大多是辣椒和番茄制品，样品基质复杂，直接干扰仪器检测，且苏丹红具有非离子性脂溶物的特点，导致样品提取、纯化、富集非常困难。采用好的提取溶剂往往造成提取液中混入大量的干扰成分，若考虑低残留量进行富集往往首先浓缩的是样品的内源性物质，结果使得干扰更为严重。目前国内外对苏丹红的检测方法报道比较少，大多采用 HPLC 或 HPLCIGC-MS 检测方法，配以电喷雾离子检测器、紫外可见光检测器、选择离子检测器等辅助手段，以质谱定性和确认，涉及电喷雾离子阱质谱法、大气压化学电离、四极杆飞行时间质谱、大气压化学电离质谱-同位素稀释法、多级质谱。此外，也有文献报道用拉曼光谱技术、共振瑞得散射、极谱波行为、薄层法、分光光度法检测苏丹红；还有报道采用凝胶色谱净化分离，再用 HPLC-MS 定性确认检测苏丹红系列染料。

2. 苏丹红的控制措施

苏丹红系列染料是一组人工合成的以苯基偶氮萘酚为主要基团的亲脂性偶氮化合物。一般不溶于水，易溶于有机溶剂，常用于汽油、机油、鞋油和汽车蜡等工业产品的着色。经毒理学研究表明，苏丹红具有致癌性。油溶性的苏丹红染料一旦被摄入人体，极易溶解在机体组织中（如脂肪），由于不具水溶性，因而不会在消化和循环过程中随尿液排出体外。如果长期较大剂量地摄入，就会在体内累积而对机体造成损伤或基因突变而致癌。这种潜在的致癌物一直是大量召回产品的焦点。目前，世界各国对苏丹红系列染料的生产和使用均有控制。

（1）完善食品安全监督管理法规及其执行细节　目前各地有关食品安全监督管理的主要依据是地方食品安全监督管理规定。以北京市为例，在《北京市食品安全监督管理规定》（2003 年 2 月 1 日以市政府令的方式公布）中第二十五条规定：有关行政管理部门对经检测确定为不符合安全标准的食品，应当责令生产经营者停止生产经营，立即公告追回。生产经营者发现自己生产经营的食品不符合安全标准，应当立即主动采取有效措施追回或者收回。该地方法规是目前国内唯一提到"追回"的地方规章，但该规章规定的追回也与国际通行的召回不同，同时对追回的程序及如何补偿消费者等细节部分缺乏相应规定。国际通用的食品召回制度，通常是由食品生产商主动上门取回问题食品，或者由消费者直接到购买该问题产品的零售终端退货；但国内苏丹红事件中的问题生产商却以消费者邮寄方式实现食品召回，这在一定程度上有逃避问题食品追回的嫌疑、回避问题产品消费后的主动补偿措施，且整个召回过程缺乏政府监管。在苏丹红事件中，国内质监部门从未得到企业主动通报，这也和中国食品流通体系执法过程中的惩戒手段不强硬有一定关系。同时，国内质检部门检测食品中苏丹红所用方法的主要依据为欧盟标准，但目前国家有关部门规定的食品安全标准为"国家标准、行业标准或者地方标准中涉及人体健康和人身安全的强制性标准"，两者之间存在一定差距。国际标准与国内标准的不同以及目前快速检测法律地位的不明确，不仅为严格执法带来了难题，也易于产生监管缺口。

（2）建立食品生产链审查制度　苏丹红事件反映了食品生产行业的一个普遍趋势，即食品成分的日益复杂化。由于工厂化生产的食品大多配料复杂，相应的食品生产链也复杂，这就增加食品出现安全问题的概率，加大了追踪潜在问题食品的难度。为了抵制有害食品进入流通和消费，简化问题食品追踪难度，监管部门有必要规定和帮助供应商、生产商和销售商之间建立一个严格、完善的审查记录体制，完善监测体系。在生产源头上监测控制，从而在源头上切断违禁原料的流通，杜绝问题食品的产生。

(3) 建立地方食品风险信息监测和突发食品安全事件应急处理机制　在苏丹红事件中，从中央到地方各有关部门对苏丹红进行"围追堵截"，态度十分坚决，这虽然表明了政府对此次食品安全事件的重视，但是也暴露了过去监管工作的不足。如每次食品安全事件发生时监管部门都处于被动地位，没有足够的防范措施。仅仅"追杀"是远远不够的，因为类似的隐患在国内完全有可能继续存在。这要求政府相关部门必须在食品安全立法中进一步强化对食品安全风险事件的防范和处理，进一步密切关注国内外食品安全动向，加大与国际食品安全管理机构的风险信息交流，借鉴国外的风险评估、风险管理和风险信息交流为核心内容的风险分析模式，继续建立和完善食品风险信息监测网络和应急处理机制。

(4) 完善食品添加剂检测标准　由于没有苏丹红检测标准，地方质检部门以及出入境检验机构也从未将苏丹红列入常规检测项目，因此国内在紧急状况下检验食品中苏丹红的主要依据是欧盟标准。苏丹红事件仅仅是食品添加剂违规的个例，但不是唯一。中国目前批准使用的食品添加剂有22类1500多种，但绝大部分调味品并没有行业标准和国家标准，行业发展水平参差不齐，一些企业在生产过程中，超量使用添加剂，甚至将化工用品用在食品生产中。有鉴于此，中国有关部门急需加强国际合作与交流，加强食品添加剂和药物残留分析方法的技术研究和引进，提高中国现有的农产品标准水平，加大采用国际标准和国外先进标准的力度，制定出完善的食品添加剂标准体系，从而保证中国食品食用的安全性，提高中国农产品的国际市场竞争力。

第十四节　三聚氰胺

三聚氰胺（melamine）是典型的极性三嗪类有机杂环化合物，化学式是$C_3H_6N_6$，它通常被广泛应用于化工原料。由于它的含氮量高达66.7%，按凯氏定氮法换算成粗蛋白质的含量为416.27%。应用凯氏定氮法来检测乳制品中的氮含量时并不能将三聚氰胺和蛋白质氮区分开来。基于以上特点，三聚氰胺被一些不法商贩人为地在食品和饲料商品中进行大量添加，从而达到降低生产成本、牟取巨额暴利的目的。2007年"美国宠物毒粮事件"、2008年"中国毒奶粉事件"，同样的事件在新加坡等国也被报道出来。此外，饲喂掺假饲料也可使牛奶、鸡蛋、鱼和肉类等畜产品中污染三聚氰胺。日常生活中，三聚氰胺也可以通过用于食品包装的黏合剂渗入到食品当中。

畜禽体内三聚氰酸的来源有两种途径，一种是外源摄入的，另一种是由摄入体内的三聚氰胺在体内水解而来。其过程是氨基逐步被羟基取代，先生成三聚氰酸二酰胺，再水解生成三聚氰酸一酰胺，最后被水解成三聚氰酸。这三种产物均为三聚氰胺的同系物。近年来的毒性研究也多表现为三聚氰胺与其同系物的联合作用上。早期对动物实验的研究表明，摄入高剂量三聚氰胺将会导致膀胱结石和膀胱癌的发生。而近年来新的研究发现，三聚氰胺与三聚氰酸单独作用时毒性较小，但当它们联合作用时，即使摄入比它们单独作用时小很多的剂量也会导致结石的发生。

一、三聚氰胺的化学特性

1834 年，德国的化学家 Liebig 首次合成了分子量为 126.12、分子式为 $C_3N_3(NH_2)_3$ 的白色单斜晶体物质——三聚氰胺（俗称密胺），其物理性状为白色单斜晶体、无味、低毒、无刺激性，高温下可能分解产生氰化物（有较大毒性），相对密度 1.573（14℃），熔点 354℃，能溶于甲醛、乙酸，微溶于水及醇，不溶于醚、苯和四氯化碳。盐酸、硫酸、硝酸、乙酸、草酸等均能与三聚氰胺反应形成盐类化合物。三聚氰胺有良好的光泽度、机械强度、绝缘性能和稳定性，不易燃，对水、热、老化、电弧和化学腐蚀均具有耐受性。在医药制造、纺织及皮革加工、木材和塑料制造、涂料、造纸、电气和化肥等行业中均有广泛应用。

二、三聚氰胺的毒理学

三聚氰胺的毒理机制主要是通过刚断奶的大鼠和成年大鼠的饲喂试验评估。对比分析刚断奶的大鼠和成年大鼠饲喂含三聚氰胺的日粮后的生理生化现象，发现三聚氰胺对成年大鼠的毒性高于刚断奶的大鼠，并且有明显的慢性毒性。主要原因是三聚氰胺的结晶体在动物机体内消除缓慢，难溶解而容易蓄积，最终引起慢性毒性。Burns 研究指出，三聚氰胺对动物的毒害作用主要是动物长时间摄入含三聚氰胺的食物，致使膀胱及肾出现结石，造成泌尿系统损害，严重的会导致部分细胞增生而诱发膀胱癌；摄入同样浓度的对邻苯二甲酸二甲酯、对苯二甲酸和三聚氰胺等易致结石的化学物质，刚断奶大鼠的结石发病率要比成年大鼠高得多，而成年大鼠的结石发病率与易致结石的化学物质的摄入量有明显的剂量-效应关系。三聚氰胺对人的毒害作用是人摄入含有三聚氰胺的食物后，部分三聚氰胺在机体内发生水解生成三聚氰酸，三聚氰酸代谢到膀胱和肾脏后，又能与未水解的三聚氰胺在膀胱及肾形成大的网状结构，形成结石。而婴幼儿由于膀胱及肾的功能发育尚不完全，对三聚氰胺的敏感度比成人高，这可能是婴幼儿食用含三聚氰胺奶粉易导致结石的原因。

三、食品中三聚氰胺的吸收、分布、排泄和生物转化

三聚氰胺进入机体后主要通过肾脏排泄。血液经滤过、重吸收到最后形成终尿约经过 1000 倍浓缩，三聚氰胺被浓缩到一定程度后就可与其体内分解产物三聚氰酸形成结晶结构。三聚氰胺和三聚氰酸结构中的氢氧基和氨基之间能形成水合键使这两种物质相互连接构成一个大分子的复合物，这种复合物不溶于水，在肾脏中形成结石，肾结石导致肾小管进行性管道阻塞和变性。这一病变将导致机体内的尿液排出困难，使肾毒性增加，最终引发肾衰竭。

四、三聚氰胺的危险评估

美国食品和药品管理局（FDA）提出三聚氰胺及其结构类似物（三聚氰酸二酰胺、三聚氰酸一酰胺、氰尿酸）每日耐受摄入量（TDI）为 $0.63mg/(kg\ BW \cdot d)$，而欧洲食品安全机构提出的每日耐受摄入量为 $0.5mg/(kg\ BW \cdot d)$。

三聚氰胺溶于水，且成人的肾小管比较成熟，大多数不被消化的三聚氰胺可随尿液排出体外，因此对成人造成肾结石的可能性较小。美国食品和药品管理局、欧洲食品安全局和中国卫计委均对人体摄入三聚氰胺的安全限量进行评估：一个 60kg 体重的成年人，食用含三

聚氰胺的液态奶不超过 2kg/d 是安全的。IARC 得出结论：在膀胱结石的情况下，三聚氰胺使人易患膀胱癌。婴幼儿的肾小管相对于成人要细得多，更容易造成堵塞，且婴幼儿的主食是奶粉，摄入量多，所以更易形成结石。

五、三聚氰胺的监测和控制

1. 三聚氰胺的监测

目前检测饲料、乳及乳制品中三聚氰胺的方法主要分定性检验法和定量检测法。定性检测方法有含苦味酸法及升华法在内的重量法、电位滴定法和 ELISA 试剂盒检测法；定量检测方法有液相色谱法、气相色谱-质谱联用法和液相色谱-质谱联用法三种。

（1）重量法 GB/T 9567—1997《工业用三聚氰胺》中推荐用苦味酸法和升华法测定较高含量的三聚氰胺。苦味酸法测定三聚氰胺的原理是：试样加水加热溶解后，与苦味酸溶液反应生成苦味酸三聚氰胺沉淀，称量苦味酸三聚氰胺沉淀的质量即可知三聚氰胺的含量。升华法测定三聚氰胺的原理是：试样在升华装置中抽负压并加热，使固体三聚氰胺升华后称量残渣量，再用试样质量减去残渣量，即可知三聚氰胺含量。

（2）电位滴定法 电位滴定法较苦味酸法和升华法简便。其原理是用硫酸标准溶液滴定含三聚氰胺的溶液，依据三聚氰胺溶液 pH 值由 5 降至 3 的过程中消耗的硫酸标准溶液的体积来计算三聚氰胺的含量。计算公式为：溶液中三聚氰胺的含量（%）＝ 溶液中总固体的含量（%）×6.307×等当量点时消耗硫酸标液的体积（mL）×0.5 mol/L 硫酸标液的校正系数÷滴定时所称取总固体的质量。

（3）色谱法 饲料、乳及乳制品中基质成分复杂，干扰因素多，重量法和电位滴定法等对化工产品中的三聚氰胺的检测往往得不到准确的结果。高效液相色谱法、气-质联用色谱法和液-质联用色谱法因不需衍生生化处理，采取简单的前处理即可简便、快速定量检测饲料及畜产品中的三聚氰胺。其中，高效液相色谱法由于较质谱法成本低，应用较广泛；而气-质联用色谱法和液-质联用色谱法的灵敏性较高效液相色谱法高。

2. 三聚氰胺的控制措施

（1）加大宣传力度 要充分发挥舆论监督和宣传导向作用，利用电视、广播、网络、报刊、宣传单等多种手段，宣传兽药、饲料打假工作经验和成效，宣传有关法律法规，加大对制售、使用三聚氰胺案件的查处力度，震慑违法犯罪分子；普及识假、辨假和科学使用知识，提高畜牧从业人员的职业道德，提高农民的维权意识和能力。

（2）普及动物营养知识 现行的饲料企业产品标准中，关于饲料蛋白质营养方面的评价标准尚停留在饲料中粗蛋白质含量的水平上。实际上，蛋白质营养的价值主要体现在必需氨基酸的比例、数量和可消化性上。通过测定饲料中氮元素的含量，换算出饲料中粗蛋白质含量的评价方法过于粗糙，没有反映饲料蛋白质营养价值的本质，为一些企业掺杂造假、牟取不正当利益提供了机会。强化饲料企业产品标准中氨基酸的指标，有利于杜绝三聚氰胺在饲料中的非法添加。

（3）加强对三聚氰胺及其衍生物的检测技术研究 现有的对三聚氰胺检测方法的报道很少，中国有国标方法——重量法、高效液相色谱法和电位滴定法，但这些方法均是针对化工产品中的常量三聚氰胺，而饲料及添加剂产品的基质成分复杂，用以上方法检测干扰因素多，不能得到准确结果。目前，检测三聚氰胺的液相色谱、气相色谱、质谱联用设备昂贵，检测费用高，一般养殖场大都缺乏相应的检测设备，难以进行三聚氰胺的检测。因此，有条件、有资质的检测机构，应积极研究、开发出快速、简单及操作方便的检测方法，降低检测成本，提高检测效率。

（4）加强安全监管体系建设 这就要求中国农产品质量安全检测体系内部各级间以及和外部相关部门有明确的分工，通力协作和信息沟通，建立更加完善、严密的法律法规和产品标准，进一步建立和完善兽药饲料监管档案、信息报送、责任追究、绩效考核等制度。同时，通过建立饲料原料及饲料产品生产销售企业的信用体系，提高饲料安全的意识。

（5）加大监督抽查力度 监管部门要定期、不定期对饲料厂及养殖场的饲料进行抽查。监测的品种如下。

① 蛋白质饲料。植物性蛋白质饲料中，饲料用玉米蛋白粉、大豆蛋白粉、豌豆蛋白粉、稻米蛋白粉为必检产品；其他包括饲料用大豆粕、菜子粕、棉子粕、花生粕、葵粕、米糠、酵母粉等。动物性蛋白质饲料包括鱼粉、羽毛粉、骨粉、肉骨粉、血粉、禽肉粉、虾粉等。建议植物性蛋白质饲料和动物性蛋白质饲料的抽样比例为2：1。

② 配合饲料、浓缩饲料。配合饲料、浓缩饲料包括猪、禽、水产、反刍动物饲料产品，产品抽样比例原则为4：2：2：1。饲料生产企业和经营企业的抽样比例原则为3：2。

（6）加强市场监管 加大执法力度，禁止三聚氰胺在任何饲料生产中使用，是饲料、兽药市场监管的重点之一。饲料管理部门应对各辖区内生产、经营三聚氰胺的企业进行彻底的摸底检查，对非法生产和经营三聚氰胺的企业进行查处和登记备案，建立定期检查制度。同时，应加大案件查处力度，按属地管理、分级负责的原则，各地要完善信访举报制度，鼓励社会各方面积极举报各类制售假劣兽药、饲料行为，拓宽案件发现渠道，做到"闻报必动，有诉必接，接案必查，查必到底"。要在当地政府的领导下，加强与公安、检查、工商等部门的合作，加大联合整治力度，从严处罚，并逐步立法，从源头杜绝三聚氰胺的生产和使用。

思 考 题

1. 什么是农药及农药残留？农药有哪些种类？食品中农药的残留有哪些来源及其危害？控制食品中农药的残留有哪些措施？

2. 什么是兽药及兽药残留？兽药有哪些种类？食品中兽药的残留有哪些来源及其危害？控制食品中兽药的残留有哪些措施？

3. 什么是食品添加剂及其分类？

4. 食品中有哪些对人体有害的化学元素？食品中的化学元素的毒性和毒性机制如何？食品中有毒化学元素的毒性及危害如何？如何防止有毒化学元素对食品的污染？

5. 怎样控制多氯联苯的污染？

6. 二噁英的化学性质有哪些？如何控制二噁英的危害？

7. 简述 PAH 的毒性，采取什么措施才能控制 PAH 的污染和危害？

8. 如何防止丙烯酰胺的污染？

9. 简述氯丙醇污染的来源及危害。

10. 简述前体物硝酸盐和亚硝酸盐的来源，如何控制 N-亚硝基化合物危害？

11. 简述孔雀石绿的危害？

12. 简述苏丹红的种类及其毒性？

13. 简述三聚氰胺的来源和危害防治措施？

参考文献

[1] Committee on Drug Use in Food Animals, Panel on Animal Health, Food Safety and Public Health, Board on Agriculture, National Research Council. The use of drugs in food animals. benefits and risks. Washington D C: National Academy Press, 1999.

[2] Knight T M, et al. Chem Toxic, 1987, 25 (4): 277.

[3] Jones J M. Food Safety. Minnesota USA: Eagan Press, 1992.

[4] 赵海青. 食品中孔雀石绿和罗硝唑残留检测新方法研究. 南华大学, 2016.

[5] 欧盟食品安全局评估孔雀石绿用于水产品的安全性. 中国食品卫生杂志, 2016, 28 (04): 444.

[6] 薛燕妮. 草鱼体内孔雀石绿代谢规律及残留分析. 华南农业大学, 2016.

[7] Poe W E, Wilson R P. Absorption of malachite green by channel catfish [Residues, fungicides for use on fish eggs, effective for prevention and control of fungal growths and external parasites on fishes]. Progressive Fish Culturist United States Fish & Wildlife Service, 1983.

[8] Plakas S M, Said K R, Stehly G R, et al. Optimization of a liquid chromatographic method for determination of malachite green and its metabolites in fish tissues. Journal of AOAC International, 1995, 78 (6): 1388.

[9] Bergwerff A A, Kuiper R V, Scherpenisse P. Persistence of residues of malachite green in juvenile eels (*Anguilla anguilla*). Aquaculture, 2004, 233 (1-4): 55.

[10] 李晓丽. 孔雀石绿类违禁兽药检测技术优化研究及膳食暴露评估. 西南大学, 2012.

[11] 左舜宇, 张天闻. 水产品中孔雀石绿检测方法的优化. 中国渔业质量与标准, 2017, 7 (01): 35-40.

[12] Srivastava S, Sinha R, Roy D. Toxicological effects of malachite green. Aquatic Toxicology, 2004, 66 (3): 319.

[13] 李绪鹏, 郭少忠. 浅析养殖水产品中孔雀石绿的来源毒性及应对措施. 海洋与渔业, 2017, (05): 72.

[14] 岳茜岚, 张立实. 苏丹红对人体毒性作用的研究进展. 中国毒理学会第七次全国毒理学大会暨第八届湖北科技论坛论文集. 2015: 153.

[15] 魏明, 侯进, 李萍. 苏丹红的毒性研究进展. 医学综述, 2012, 18 (21): 3619.

[16] Yilmaz U T, Yazar Z. Determination of melamine by diferen- tial pulse polarography/application to milk and milk powder. Food Analytical Methods, 2012, 5 (1): 119.

[17] Ingelfinger J R. Melamine and the global implications of food contamination. The New England Journal of Medicine, 2008, 359 (26): 2745.

[18] Reimschuesel R, Gieseker C M, Miler R A, et al. Evaluation of the renal efects of experimental feding of melamine and cy-anuric acid to fish and pigs. American Journal of Veterinary Research, 2008, 69 (9): 1217.

[19] Puschner B, Poppenga R H, Lowenstine L J, et al. Asesment of melamine and cyanuric acid toxicity in cats. Journal of Veterinary Diagnostic Investigation, 2007, 19 (6): 616.

[20] 程惠娟. 三聚氰胺毒性、毒理及其检测研究. 河南化工, 2010, 27 (11): 39.

[21] 李刚, 牛非, 范蕾, 等. 三聚氰胺检测方法研究进展. 医学信息旬刊, 2011, 24 (4): 332.

[22] 王世忠, 陆荣柱, 高坚瑞, 等. 三聚氰胺的毒性研究概况. 国外医学: 卫生学分册, 2009, 36 (1): 14.

[23] Burns K. Researchers examine contaminants in food, deaths of pets. Journal of the American Veterinary Medical Association, 2007, 231 (11): 1636.

[24] Zhang M Q, Li S J, Yu C Y, et al. Determination of melamine and cyanuric acid in human urine by a liquid chromatography tandem mas spectrometry. Journal of Chromatography B: Analytical Technologies in the Biomedical and Life Sciences, 2010, 878 (9-10): 758.

[25] Puschner B, Reimschuese R. Toxicosis caused by melamine and cyanuric acid in dogs and cats: uncovering the mystery and subsequent implication. Clinics in Laboratory Medicine, 2011, 31 (1): 181.

[26] Manuel D E, Anne C, Paolo M, et al. Using urinary solubility data to estimate the level of safety concern of low levels of mel- amine (MEL) and cyanuric acid (CYA) present simultaneously in infant formulas. Regulatory Toxicology and Pharmacology, 2010, 57 (2-3): 247.

[27] Kobayashi T, Okada A, Fuji Y, et al. The mechanism of renal stone formation and renal failure induced by administration of melamine and cyanuric acid. Urological Research, 2010, 38 (2): 117.

[28]　Chen K C，Liao C W，Cheng F P，et al. Evaluation of subchronic toxicity of pet food contaminated with melamine and cyanuric acid in rats. Toxicologic Pathology，2009，37（7）：959.

[29]　FDA/USDA Joint News Release：Scientists Conclude Very Low Risk to Humans from Food Containing Melamine. USDA and FDA（May 7，2007）（http：//www. fda. gov/bbs/topics /NEWS/ 2007/ NEW01629. html）.

[30]　He L L，Liu Y，Lin M S，et al. A new approach to measure melamine，cyanuric acid，and melamine cyanurate using surface enhanced Raman spect roscopy coupled with gold nanosubst rates. Sens Inst rumen Food Qual，2008，（2）：66.

[31]　IARC. Monographs on the Evaluation of the Carcinogenic Risk of Chemicals to Man. Geneva：World Health Organization，International Agency for Research on Cancer，Visponible ici（au 17/09/2008）.

[32]　汪勇 . 升华法和苦味酸法测定工业三聚氰胺纯度对比 . 中氮肥，2015，（4）：73.

第五章

动植物中的天然有毒物质

第一节 概 述

食品是人类赖以生存和发展的物质基础，食品关系到国计民生。当今，由于人口不断增长，为了扩大食物来源，人们不断开发利用丰富的生物资源，以增加食物的种类。长期以来，人们对化学物质引起的食品安全性问题有不同程度的了解，却忽视了人们赖以生存的动植物本身所具有的天然毒素。于是在生产中不添加任何化学物质的天然食品颇受青睐，身价倍增，一些宣传媒体也将其描述为有百利而无一害的食品。事实并非如此，动植物中的天然有毒物质引起的食物中毒屡有发生，由此而带来的经济损失触目惊心。

一、存在于天然食物中有毒物质的种类

动植物天然有毒物质就是指有些动植物中存在的某种对人体健康有害的非营养性天然物质成分，或因贮存方法不当在一定条件下产生的某种有毒成分。由于含有毒物质的动植物外形、色泽与无毒的品种相似，因此，在食品加工和日常生活中应引起人们的足够重视。动植物中含有天然有毒物质，它们结构复杂，种类繁多，与人类关系密切的主要有以下几种。

1. 苷类

在植物中，糖分子中的半缩醛羟基和非糖化合物中的羟基缩合而成具有环状缩醛结构的化合物称为苷，又叫配糖体或糖苷。苷类一般味苦，可溶于水和醇中，易被酸或酶水解，水解的最终产物为糖及苷元。苷元是苷中的非糖部分。由于苷元的化学结构不同，苷的种类也

有多种，主要有氰苷、皂苷等。

2. 生物碱

生物碱是一类具有复杂环状结构的含氮有机化合物，主要存在于植物中，少数存在于动物中，有类似碱的性质，可与酸结合成盐，在植物体内多以有机酸盐的形式存在。其分子中具有含氮的杂环，如吡啶、吲哚、嘌呤等。

生物碱的种类很多，已发现的就有 2000 种以上，分布于 100 多个科的植物中，其生理作用差异很大，引起的中毒症状各不相同，有毒生物碱主要有烟碱、茄碱等。生物碱多数为无色味苦的固体，游离的生物碱一般不溶或难溶于水，易溶于醚、醇、氯仿等有机溶剂，但其无机酸盐或小分子有机酸易溶于水。

3. 酚类及其衍生物

主要包括简单酚类、黄酮、异黄酮、香豆素、鞣酸等多种类型化合物，是植物中最常见的成分。

4. 毒蛋白和肽

蛋白质是生物体中最复杂的物质之一。当异体蛋白质注入人体组织时可引起过敏反应，内服某些蛋白质也可产生各种毒性。植物中的胰蛋白抑制剂、红细胞凝集素、蓖麻毒素等均属有毒蛋白，动物中鲇鱼、鳇鱼等鱼类的卵中含有的鱼卵毒素也属于有毒蛋白。此外，毒蘑菇中的毒伞菌等含有毒肽和毒伞肽。

5. 酶类

生物体内的酶属于蛋白质类化合物。某些植物中含有对人体健康有害的酶类，它们通过分解维生素等人体必需成分或释放出有毒化合物。如蕨类中的硫胺素酶可破坏动植物体内的硫胺素，引起人的硫胺素缺乏症；豆类中的脂肪氧化酶可氧化降解豆类中的亚油酸、亚麻酸，产生众多的降解产物，现已鉴定出近百种氧化产物，其中许多成分可能与大豆的腥味有关，从而不仅产生了有害物质且降低了大豆的营养价值。

6. 非蛋白质类神经毒素

这类毒素主要指河豚毒素、肉毒鱼毒素、螺类毒素、海兔毒素等，多数分布于河豚、蛤类、螺类、海兔等水生动物中，它们本身没有毒，却因摄取了海洋浮游生物中有毒藻类（如蓝藻等），或通过食物链间接摄取将毒素积累和浓缩于体内。

7. 硝酸盐和亚硝酸盐

叶菜类蔬菜中含有较多的硝酸盐和极少量的亚硝酸盐。一般来说，蔬菜能主动从土壤中富集硝酸盐，其硝酸盐的含量高于粮谷类，尤其叶菜类的蔬菜中含量更高。人体摄入的 NO_3^- 中 80％以上来自所吃的蔬菜。蔬菜中的硝酸盐在一定条件下可还原成亚硝酸盐，当其蓄积到较高浓度时，食用后就能引起中毒。

8. 草酸和草酸盐

草酸在人体内可与钙结合形成不溶性的草酸钙，不溶性的草酸钙可在不同的组织中沉积，尤其在肾脏。人食用过多的草酸也有一定的毒性。常见含草酸多的植物主要有菠菜等。

9. 其他

畜禽是人类动物性食品的主要来源，但如摄食过量或误食其体内的腺体、脏器和分泌物，可干扰人体正常代谢，引起食物中毒。

二、天然有毒物质引起中毒的可能性

天然有毒物质引起食物中毒有以下几种原因：

1. 食物过敏

食物过敏是食物引起机体对免疫系统的异常反应。如果一个人喝了一杯牛奶或吃了鱼、虾出现呕吐、呼吸急促、接触性荨麻疹等，即发生食物过敏。我国目前缺乏食物过敏的系统资料。在北美，整个人群中食物过敏的发生率为 10%（儿童为 13%，成人为 7%）。在欧洲，儿童时期食物过敏的发病率为 0.3%～7.5%，成人为 2%。某些食物可以引起过敏反应，严重者甚至死亡。如菠萝是许多人喜欢吃的水果，但有人对菠萝中含有的一种蛋白酶过敏，当食用菠萝后出现腹痛、恶心、呕吐、腹泻等症状，严重者可引起呼吸困难、休克、昏迷等。盐水浸泡 30min 或煮熟菠萝可去除这种蛋白酶。

在日常生活中，并不是每个人都对致敏性食物过敏，相反地，大多数人并不过敏。即使是食物过敏的人，也是有时过敏，而有时又不过敏。

2. 食品成分不正常

食品成分不正常，食后引起相应的症状。有很多含天然有毒物质的动物和植物，如河豚、发芽的马铃薯等，食用少量者也可引起食物中毒。

3. 遗传因素

由于人体遗传因素引起的症状，如对大多数人来说牛奶是营养丰富的食品，但有些人由于先天缺乏乳糖酶，因而不能吸收利用，而且饮用牛奶后还会发生腹胀、腹泻等症状。

4. 食用量过大

因食用量过大引起各种症状，如荔枝若大量食用，可引起"荔枝病"，出现头晕、心悸，严重者甚至死亡。

三、食物的中毒与解毒

1. 食物中毒的定义

食物中毒是指摄入了含有生物性、化学性有毒有害物质的食品或把有毒有害物质当作食品摄入后所出现的非传染性急性、亚急性疾病。

2. 食物中毒的特征

食物中毒表现为头痛、呕吐、腹泻，严重者昏迷、休克甚至死亡。主要特征为：

(1) 潜伏期短而集中；

(2) 发病突然，来势凶猛；

(3) 患病与食物有明显关系；

(4) 发病率高；

(5) 人与人之间不传染。

3. 食物中毒的解毒方法

(1) 用解毒剂解毒。

(2) 采用催吐、洗胃和导泻等方法清除毒物。

(3) 在专业人员指导下，确切了解引起中毒的原因后对症治疗。

(4) 通过输液、利尿、换血、透析等措施促使体内毒物排泄。

第二节　食物中的天然植物性毒素

　　世界上有 30 多万种植物，可是用作人类主要食品的不过数百种，这是由于植物体内的毒素限制了它的应用。植物毒素是指植物产生的能引起人和动物致病的有毒物质。植物毒素大部分属于苷类、生物碱、棉酚、毒蛋白和酶类等。

　　有毒植物分布在整个植物界，从藻类到蕨类，从裸子植物到被子植物，大部分的科都能产生毒素。目前，我国有毒植物约有 1300 种，分别属于 140 科。植物的毒性主要取决于其所含的有害化学成分，如毒素或致癌的化学物质，它们虽然量少，却严重影响了食品的安全性。因此，研究食物中的天然植物性毒素，防止植物性食物中毒，具有重要的现实意义。

一、苷类

1. 氰苷

　　氰苷是结构中含有氰基的苷类。其水解后产生氢氰酸，从而对人体造成危害，因此，有人将氰苷称为生氰糖苷。生氰糖苷由糖和含氮物质（主要为氨基酸）缩合而成，能够合成生氰糖苷的植物体内含有特殊的糖苷水解酶，将生氰糖苷水解产生氢氰酸。氰苷在植物中分布广泛，它能麻痹咳嗽中枢，因此有镇咳作用，但过量可引起中毒。氰苷对人的致死量以体重计为 18mg/kg。氰苷引起的慢性氰化物中毒现象也比较常见。在一些以木薯为主食的非洲和南美地区，就存在慢性氰化物中毒引起的疾病。虽然含氰苷植物的毒性决定于氰苷含量的高低，但还与摄食速度、植物中催化氰苷水解酶的活力以及人体对氢氰酸的解毒能力大小有关。

　　(1) 中毒机制　氰苷的毒性主要来自氢氰酸和醛类化合物的毒性。氰苷所形成的氢氰酸被吸收后，随血液循环进入组织细胞，并透过细胞膜进入线粒体，与线粒体中细胞色素氧化酶的铁离子结合，导致细胞的呼吸链中断，造成组织缺氧，体内的二氧化碳和乳酸量增高，机体陷入内窒息状态。氢氰酸的口服最小剂量以体重计为 0.5～3.5mg/kg。

　　(2) 预防措施

　　① 不直接食用各种生果仁，对杏仁、桃仁等果仁及豆类在食用前要反复用清水浸泡，充分加热，以去除或破坏其中的氰苷。

　　② 在习惯食用木薯的地方，要注意饮食卫生，严格禁止生食木薯，食用前去掉木薯表皮，用清水浸泡薯肉，使氰苷溶解出来。

　　③ 发生氰苷类食品中毒时，应立刻给中毒者口服亚硝酸盐或亚硝酸酯，使血液中的血红蛋白转变为高铁血红蛋白，高铁血红蛋白的加速循环可将氰化物从细胞色素氧化酶中脱离出来，使细胞继续进行呼吸作用。再给中毒者服用一定量的硫代硫酸钠进行解毒，被吸收的氰化物可转化成硫氰化物而随尿排出。

2. 皂苷

　　皂苷是类固醇或三萜系化合物的低聚配糖体的总称。由于其水溶液振摇时能产生大量泡沫，与肥皂相似，所以称皂苷，又叫皂素。皂苷易与红细胞膜的胆固醇结合成不溶性化合物，因而有溶血作用。皂苷由肾脏排出，因此对肾脏也有毒性作用。同时，皂苷对黏膜，尤其对鼻黏膜的刺激性较大。内服量过大可引起食物中毒。含有皂苷的植物有豆科、蔷薇科、葫芦科、苋科等，动物有海参和海星等。

3. 芥子苷

芥子苷主要存在于甘蓝、萝卜、油菜、芥菜等十字花科植物中，种子中含量较多，比茎、叶高 20 倍以上。

芥子苷中毒表现为甲状腺肿大，导致生物代谢紊乱，阻止机体正常的生长发育，精神萎靡，食欲减退，呼吸减弱，伴有胃肠炎、血尿等，严重者甚至死亡。

(1) 中毒机制　芥子苷在植物组织中葡萄糖硫苷酶的作用下，可水解为硫氰酸酯、异硫氰酸酯及腈并释放出葡萄糖和 HSO_4^-。腈的毒性很强，能抑制动物生长或致死，其他几种分解物都有不同程度的致甲状腺肿作用，主要是由于它们可阻断甲状腺对碘的吸收而使之增生肥大。

(2) 预防措施

① 采用高温（140～150℃）或 70℃加热 1h，破坏菜子饼中芥子酶的活性。但该法会造成干物质流失，易破坏营养成分。

② 采用微生物发酵中和法将已产生的有毒物质除去，即通过寻找和培育能够降解芥子苷的菌株，经发酵破坏菜子饼中的芥子苷，而不破坏其营养成分。

③ 选育不含或仅含微量芥子苷的优良品种。

二、生物碱

1. 茄碱

又名龙葵素或龙葵苷，主要存在发芽的马铃薯中，其一般含量为 0.005%～0.01%，当马铃薯发芽后，其幼芽和芽眼部分的茄碱含量高达 0.3%～0.5%，此时，人食用发芽的马铃薯就可能引起食物中毒。

(1) 中毒机制　茄碱对胃肠黏膜有较强的刺激作用，对呼吸中枢有麻痹作用，并能引起脑水肿、充血，而且对红细胞有溶血作用。

(2) 预防措施

① 马铃薯应放在低温、无阳光照射地方，以防止生芽变绿。

② 发芽较多的马铃薯不能食用；吃发芽较少的马铃薯时，应剔除芽和芽眼，并把芽眼周围削掉一部分，这种马铃薯应煮或烧吃。烹调时可加些醋，以破坏茄碱，使之无毒。

2. 烟碱

烟草的茎、叶中含有多种生物碱，已分离出的生物碱就有 14 种之多，其中主要有毒成分为烟碱，尤以叶中含量最高。一支纸烟含烟碱约 20～30mg。烟碱的毒性与氢氰酸相当，急性中毒时的死亡速度也几乎与之相同（5～30min 即可死亡）。在吸烟时，虽大部分烟碱被燃烧破坏，但仍可产生一些致癌物。

吸烟会降低脑力及体力劳动者的反应能力。吸烟过多可产生各种毒性反应，由于刺激作用，可致慢性咽炎以及其他呼吸道症状，肺癌与吸烟有一定的相关性。此外，吸烟还可引起头痛、失眠等神经症状。

(1) 中毒机制　烟碱为脂溶性物质，可经口腔、胃肠道、呼吸道黏膜及皮肤吸收。进入人体后，一部分暂时蓄积在肝脏内，另一部分则可氧化为无毒的 β-吡啶甲酸（烟酸），而未被破坏的部分则可经肾脏排出体外；同时也可由肺、唾液腺和汗腺排出一小部分；还有很少量可由乳汁排出，此举会减弱乳腺的分泌功能。

（2）预防措施

① 不吸烟或少吸烟；

② 使所处环境保持空气流畅；

③ 远离烟雾。

3．秋水仙碱

秋水仙碱主要存在于黄花菜等植物中。食用未处理或处理不当的黄花菜，即可引起食物中毒。秋水仙碱结构中有稠合的两个七碳环，并与苯环再稠合而成，侧链呈酰胺结构。

中毒表现为胸闷、头痛、腹痛、呕吐、腹泻等，严重者出现血尿、血便与昏迷等。

（1）中毒机制　主要是麻痹中枢神经系统。

（2）预防措施

① 不吃腐烂变质的鲜黄花菜，最好食用干制品，用水浸泡发胀后食用；

② 鲜黄花菜必须加热至熟透再食用，且避免食用过多而引起中毒；

③ 食用鲜黄花菜中毒时，立即用 4％鞣酸或浓茶水洗胃，口服蛋清、牛奶，对症治疗。

三、棉酚

棉花属棉葵科，棉子可榨油，棉子油是一种适于食用的植物油。粗制生棉子油中有毒物质主要是棉酚、棉酚紫和棉酚绿三种。它们存在于棉子的色素腺体中，其中以游离棉酚含量最高。棉酚是棉子中的一种芳香酚，主要分布于棉花的叶、茎、根和种子中。

棉酚是萘的衍生物，分子式为 $C_{30}H_{30}O_8$，分子量为 518，该化合物在结构上有三种形式，即醛、烯醇、醌式互变异构体，结构如图 5-1 所示。

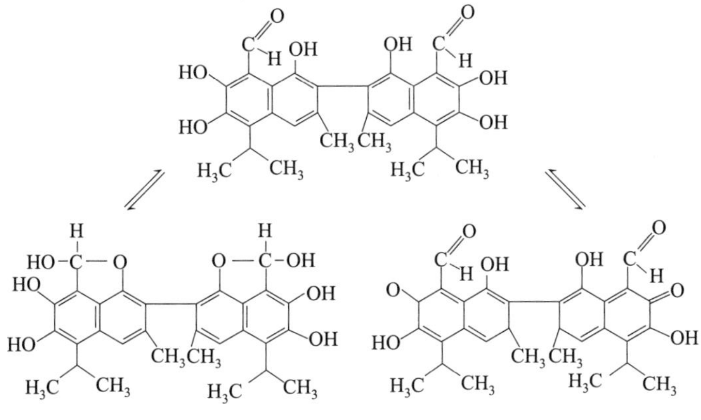

图 5-1　棉酚的分子结构

棉酚多呈游离状态，棉子中含有 0.15％～2.8％的游离棉酚。

棉酚中毒者表现为中枢神经、心、肝、肾等损害。长期食用粗制棉子油，可出现皮肤潮红、烧灼难忍、口干、无汗或少汗，并伴有四肢麻木、心慌无力等症状。棉酚可影响生育功能，还会引起低血钾，出现肢体瘫软等症状。

（1）中毒机制　游离棉酚是一种含酚毒苷，或为血浆毒和细胞原浆毒，对神经、血管、实质性脏器细胞等都有毒性。

（2）预防措施

① 不要食用粗制生棉子油；

② 榨油前，必须将棉子粉碎，经蒸炒加热脱毒后再榨油；

③ 榨出的毛油再加碱精炼，则可使棉酚逐渐分解破坏；

④ 棉子油中游离棉酚不得超过 0.02%，棉酚超标的棉子油严禁食用；

⑤ 对中毒者予以催吐、洗胃及导泻，并对症治疗。

四、毒蛋白

1. 胰蛋白酶抑制剂

胰蛋白酶抑制剂是一组功能性蛋白质或蛋白质复合物，主要存在于大豆和谷类中。

胰蛋白酶抑制剂对热稳定性较高，在 80℃ 加热温度下仍残存 80% 以上的活性，延长保温时间，并不能降低其活性。

(1) 中毒机制 胰蛋白酶抑制剂活性很高时能抑制胰蛋白酶对蛋白质的分解活性，引起人体对蛋白质消化吸收率下降，降低蛋白质的营养价值。

(2) 预防措施 对含有胰蛋白酶抑制剂的食品原料，可采用 100℃ 处理 20min 或 120℃ 处理 3min 的灭活方法，可使胰蛋白酶抑制剂丧失 90% 以上的活性。

2. 红细胞凝集素

红细胞凝集素主要存在于大豆、菜豆和扁豆中，儿童对大豆红细胞凝集素较为敏感，中毒后可出现头晕、头痛、呕吐、腹泻等症状。

(1) 中毒机制 大豆中含有 4 种红细胞凝集素，是由两对 α 和 β 链组成的糖蛋白系列物。其特异性糖为 N-乙酰-D-半乳糖胺，具有能使人类红细胞凝集的活性。

(2) 预防措施

① 在烹调菜豆时应炒熟、煮透。

② 豆浆应煮沸后继续加热数分钟才可食用。

3. 蓖麻毒素

蓖麻为一年生草本或多年生灌木，原产非洲，现分布于热带至温带。蓖麻传入我国已有 1400 多年，主要分布于东北、内蒙古、河北、广东、广西、福建、海南、云南、四川等地。蓖麻种子中含有对热不稳定的毒素，第一、第二次世界大战期间，国外学者曾将蓖麻毒素作为候选化学武器，并在英国进行了野外试验，但从未在战场上应用过。

蓖麻全株有毒，种子毒性最大，主要含蓖麻毒素，儿童吃 3~4 颗、成人吃 20 颗种子即可中毒死亡。蓖麻中毒潜伏期较长，一般为食后 3~24h，也有到 3 天才出现症状。中毒表现为全身无力、恶心、呕吐、血尿、头痛、腹痛、体温上升、血压下降，严重者痉挛、昏迷甚至死亡。

(1) 中毒机制 蓖麻毒素与细胞接触时，使核糖体失活，从而抑制蛋白质合成。只要有一个蓖麻毒素分子进入细胞，就能使这个细胞的蛋白质合成完全停止，最终杀死这个细胞。另外，蓖麻毒素可诱导细胞因子的产生，引起体内氧化损伤，诱导细胞凋亡。

(2) 预防措施

① 可用 0.5%~1% 的鞣酸或 2% 的高锰酸钾溶液洗胃，内服盐类泻剂以导泻，排出毒物，并服用绿豆、甘草水解毒；

② 静脉注射复方氯化钠溶液，维持水和电解质平衡；

③ 给予碳酸氢钠，使尿液碱化，防止血红蛋白沉积于肾而导致肾功能衰竭；

④ 注射抗蓖麻毒血清。

五、硝酸盐和亚硝酸盐

硝酸盐广泛分布于水、土壤和植物中，在人体内和食品中，硝酸盐常常转化为亚硝酸盐。亚硝酸盐是一种允许使用的食品添加剂，只要使用控制在安全范围内不会对人体造成危害。但过量食用亚硝酸盐会产生食物中毒，中毒者的表现为头痛、头晕、恶心、呕吐、腹痛，严重者呼吸困难、昏迷，甚至死亡。

(1) 中毒机制 高剂量的亚硝酸盐能够使血色素中的二价铁氧化为三价铁，产生大量高铁血红蛋白从而使其失去携氧和释氧能力，引起全身组织缺氧，出现高铁血红蛋白症，可导致死亡。

(2) 预防措施

① 在食品加工中避免过量加入硝酸盐和亚硝酸盐。如我国食品添加剂使用卫生标准规定在肉制品中硝酸盐的使用量不得超过 0.5g/kg，亚硝酸盐的使用量不得超过 0.15g/kg。亚硝酸盐在肉制品中的最终残留量不得超过 50mg/kg，肉罐头中不得超过 30mg/kg。

② 尽量少吃隔夜的剩菜，尤其是叶菜类。因为叶菜类蔬菜中含有较多的硝酸盐，在一定条件下蔬菜中的硝酸盐可还原成亚硝酸盐，食用后容易引起食物中毒。

③ 少吃腌制过的青菜。因为在蔬菜的腌制过程中，亚硝酸盐的含量会增高，如腌制过的青菜亚硝酸盐的含量可高达 78mg/kg。

六、草酸及其盐类

大部分植物都含有草酸，某些植物含量尤其多。菠菜中为 0.3%～1.2%，甜菜中为 0.3%～0.9%，茶叶中为 0.3%～2.0%，可可为 0.5%～0.9%（鲜重）。但大多数水果和蔬菜只有上述含量的 1/10～1/5。

(1) 中毒机制 草酸在人体内可与钙结合形成不溶性的草酸钙，不溶性的草酸钙可在不同的组织中沉积，尤其在肾脏，人过量食用含草酸多的蔬菜可引起食物中毒。中毒者表现为口腔及消化道糜烂、胃出血、尿血，甚至惊厥。

(2) 预防措施 避免过量食用含草酸多的蔬菜。

七、芥酸

菜子油中含有大量的芥酸。

(1) 中毒机制 大量摄入含芥酸的油脂，可使心肌中脂肪含量积聚并且大部分为芥酸组成的甘油三酯，严重者可导致死亡。

(2) 预防措施 食用油脂中的芥酸含量不得超过 5%。

八、紫质及其衍生物

紫质及其衍生物是植物中所含的对光过敏性物质，灰菜、刺菜、马齿菜、杨树叶、柳树叶、洋槐叶等植物中都含有较多该类物质。

(1) 中毒机制 紫质及其衍生物进入体内，可导致机体对日光的敏感性增强，在阳光照射的部位引起皮炎。

(2) 预防措施
① 在食用前先用开水过一下，再用水泡，勤换水；
② 晒成干菜食用。

第三节　食物中的天然动物性毒素

一、水产类

1. 河豚毒素

河豚是无鳞鱼的一种，全世界有 200 多种，我国有 70 多种。其鱼肉鲜美，但含有剧毒物质。河豚鱼类广泛分布于温带、亚热带及热带海域，是近海食肉性底层鱼类。我国沿海从南到北均有河豚鱼类分布，其中黄海、渤海和东海是世界上河豚种类和数量最多的海区之一。

河豚毒素无色、无味、无臭，稳定性好，在中性及弱酸性中比较稳定，在强酸性的溶液中分解，在弱碱性的溶液中部分分解，pH 达到 14 时，河豚毒素失去毒性。

河豚毒素是一种毒性强烈的非蛋白质类神经毒素，分子式 $C_{11}H_{17}O_8N_3$，分子量 319.27，其化学结构如图 5-2 所示。

河豚毒素主要分布在河豚的卵巢、肝脏、肾脏、血液和皮肤中。河豚内脏毒素含量的多少因部位及季节而异。卵巢和肝脏有剧毒，其次为肾脏、血液、眼睛、鳃和皮肤。一般精巢和肉无毒，但个别种类河豚的肠、精巢和肌肉也有毒性，如鱼死亡时间较长，内脏和血液中的毒素也会慢慢渗入到肌肉中，引起中毒。每年 2～5 月是河豚的卵巢发育期，毒性较强，6～7 月产卵后，卵巢退化，毒性减弱。引起人们中毒的河豚毒素有河豚素、河豚酸、河豚卵巢毒素及河豚肝毒素等。

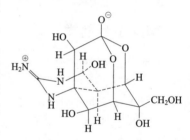

图 5-2　河豚毒素的分子结构

河豚毒素的毒性比氰化钠高 1000 倍，0.5mg 河豚毒素即可使人中毒死亡。河豚毒素的理化性质比较稳定，采用加热和盐腌的方法均不能破坏其毒性。

(1) 中毒机制　河豚毒素的毒理作用现已证明主要是阻碍神经和肌肉的传导，使骨骼肌、横膈肌及呼吸神经中枢麻痹，导致呼吸停止。

(2) 中毒症状　河豚毒素中毒的临床表现分为四个阶段。中毒的初期阶段，首先感到发热，接着便是嘴唇和舌间发麻，头痛、腹痛、步态不稳，同时出现呕吐。第二阶段，出现不完全运动麻痹，运动麻痹是河豚毒素中毒的一个重要特征之一。呕吐后病情的严重程度和发展速度加快，不能运动，知觉麻痹，语言障碍，出现呼吸困难和血压下降。第三阶段，运动中枢完全受到抑制，运动完全麻痹，生理反射降低。由于缺氧，出现紫绀，呼吸困难加剧，各项反射渐渐消失。第四阶段，意识消失。河豚毒素中毒的另一个特征是患者死亡前意识清楚，当意识消失后，呼吸停止，心脏也很快停止跳动。

(3) 预防措施
① 掌握河豚的特征，学会识别河豚的方法，不食用河豚。
② 发现中毒者，以催吐、洗胃和导泻为主，尽快使食入的有毒食物及时排出体外。

2. 肉毒鱼类毒素

肉毒鱼类的主要有毒成分是一种叫作"雪卡"的毒素，它常存在于鱼体肌肉、内脏和生殖腺等组织或器官中，它是不溶于水的脂溶性物质，对热稳定，是一种外因性和累积性的神经毒素，它具有胆碱酯酶阻碍作用，类似有机磷农药中毒的性质。

(1) 中毒机制 此种毒素的中毒机制目前还不十分清楚。

(2) 中毒症状 初期感觉口渴，唇舌和手指发麻，并伴有恶心、呕吐、头痛、腹痛、肌肉无力等症状，几周后可恢复。很少出现死亡，其死亡原因较复杂，中毒者大多死于心脏衰竭。

(3) 预防措施 肉毒鱼类毒素不能在日常烹调、蒸煮中去除，食用前需在专业人员指导下，确认鱼无毒后才可以食用。

3. 青皮红肉的鱼

青皮红肉的鱼类主要有金枪鱼、鲐鱼、刺巴鱼、沙丁鱼等，这些鱼类肌肉中组胺酸含量较高，当受到富含组胺酸脱羧酶的细菌污染，并在适宜的环境条件下（环境温度在 $10\sim30℃$，特别是 $15\sim20℃$ 的条件下，鱼体盐分浓度在 $3\%\sim5\%$ 时，pH7 或稍低的中性偏酸性环境中），组胺酸即被组胺酸脱羧酶脱去羧基而产生组胺，当组胺积蓄一定量时，食后便有中毒危险。大肠埃希氏菌、产气杆菌、变形杆菌、无色菌和细球菌等均能使组胺酸分解产生组胺。

(1) 中毒机制 组胺中毒主要是刺激心血管系统和神经系统，促使毛细血管扩张充血，使毛细血管通透性增加，使血浆进入组织，血液浓缩，血压下降，心率加速，使平滑肌发生痉挛。

(2) 中毒症状 组胺对血管作用明显，摄入含量较高的组胺，可引起局部或全身毛细血管扩张，通透性增加、支气管收缩等。这种中毒发病快，潜伏期一般为 $0.5\sim1h$，长者可达 $4h$。主要表现为脸红、头晕、心率加快、胸闷和呼吸急迫等。部分中毒者眼结膜充血、瞳孔散大、脸发胀、四肢麻木、荨麻疹。但大多数人症状轻、恢复快。死亡者少。

(3) 预防措施

① 在捕到青皮红肉的鱼类后应及时冷藏，向市场供应的鲜鱼应加冰保存，对体型较厚的鱼类加工时要劈开背部以利盐分渗入，使蛋白质较快凝固，用盐量不要低于 25%。

② 避免食用不新鲜或腐败变质的鱼类，防止中毒。

4. 蛤类毒素

蛤类含有石房蛤毒素，又名甲藻毒素，为一种分子量较小的非蛋白质类神经毒素。该毒素呈白色，可溶于水，易被胃肠道吸收；对热稳定，100℃加热 0.5h 毒性仅减少一半；若pH 值升高会迅速分解，但对酸稳定。其毒性很强，对人口服的致死量为 $0.54\sim0.90mg$。石房蛤毒素主要存在于石房蛤、文蛤与花蛤等蛤类以及海蟹中。

(1) 中毒机制 石房蛤毒素属于麻痹型神经毒，为强神经阻断剂，能阻断神经和肌肉间的神经冲动的传导。

(2) 中毒症状 其潜伏期短，仅几分钟，最长不超过 4h。症状初期为唇、舌、指间麻木，随后四肢、颈部麻木，运动失调，伴有头晕、恶心、胸闷乏力，甚至死亡，其死亡率为 $5\%\sim18\%$。

(3) 预防措施

① 中毒无有效解药，应尽早采取催吐、洗胃、导泻的方法排出毒素。

② 在 pH 3 的条件下煮沸 $3\sim4h$ 可破坏石房蛤毒素。

③ 食用贝类前应彻底清洗，制作时先除去内脏及周围的暗色部分，并采取水煮后捞肉、

弃汤的烹调方法，使毒素含量降至最低程度。

5. 螺类毒素

螺类已知有8万多种，其中少数种类含有毒物质。其有毒部位分别在螺的肝脏或鳃下腺、唾液腺内，误食或过食可引起中毒。螺类毒素属于非蛋白质类麻痹型神经毒素，易溶于水，耐热耐酸，且不被消化酶分解破坏。

（1）中毒机制　同蛤类毒素。

（2）预防措施

① 食用螺类食品时，应反复清洗、浸泡，并采取适当的烹饪方法，以清除或减少食品中的毒素。

② 定期对海水进行监测，当海水中大量存在有毒的藻类时，应同时监测捕捞的螺类所含的毒素量。

③ 发现中毒者，应采取催吐、洗胃、导泻等措施，尽早排出体内毒素。

6. 海兔毒素

海兔属后鳃贝类，贝壳已退化，仅剩一层薄而透明的角质层，软体部分几乎全部裸露。海兔又名海珠，是生活在浅海中的贝类。它的种类很多，其卵含有丰富的营养，是我国东南沿海地区人们喜爱的食品，并可入药。

海兔主要生活在浅海潮流较流畅、海水清澈的海湾，以各种海藻为食，其体色和花纹与栖息环境中的海藻相似。当它们食用某些海藻之后，身体就能很快地变为这种海藻的颜色，并以此来保护自己。我国已知海兔有19种，广泛分布于福建、广东、广西、海南等地。海兔的体内有毒腺，分泌海兔毒素等有毒物质。海兔毒素的分子结构如图5-3所示。

（1）中毒机制　海兔体内的毒腺又叫蛋白腺，能分泌一种酸性乳状液体，气味难闻。海兔的皮肤组织中含一种有毒性的挥发油，对神经系统有麻痹作用。海兔的毒素是神经毒素，其药理活性与乙酰胆碱相似。根据生物活性和溶解性的不同，可将毒素分为醚溶和水溶两部分。其中醚溶部分的毒素具有升血压特性，它能使动物兴奋、过敏、瘫痪、缓慢死亡；而水溶部分具有降血压特性，可使动物惊厥，呼吸困难，流涎，突然死亡。

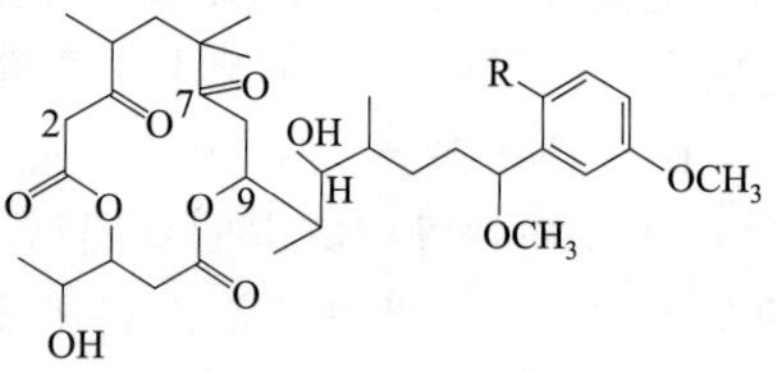

图5-3　海兔毒素的分子结构

（2）中毒症状　中毒表现为多汗、流泪、流涎不止；腹泻、腹痛，呼吸困难；严重者全身痉挛，甚至死亡。

（3）预防措施

① 通过洗胃、催吐排出毒物。

早期中毒患者喝温盐水或蛋清，可减少毒素吸收。因毒素溶于脂肪，可进食熟猪油催吐，并口服泻药，进行导泻。

② 全身治疗。

采用阿托品1～2mg肌内注射，可减轻或解除大部分中毒症状；用10%葡萄糖酸钙静脉注射，可减轻神经系统症状；用维生素B_6对症状有所缓解。

③ 对症治疗。

局部疼痛时，用冷水冲洗或湿敷；全身剧痛时用吗啡；呼吸困难时吸氧；严重者进行气管插管或气管切开。

7. 海参毒素

海参生活在海水中的岩礁底、沙泥底、珊瑚礁底。它们活动缓慢，在饵料丰富的地方，其活动范围很小，主要食物为混在泥沙或珊瑚泥沙里的有机质和微小的动植物。海参是珍贵的滋补食品，有的还具有药用价值。但少数海参含有毒物质，食用后可引起中毒。全世界的海参有 1100 种，分布在各个海洋，其中有 30 多个品种有毒。在我国沿海有 60 多种海参，有 18 种是有毒的。多数具毒海参的内脏和体液中都存在有海参毒素。当海参受到刺激或侵犯时，从肛门射出毒液或从表皮腺分泌大量黏液状毒液抵抗侵犯或捕获小动物。

（1）中毒机制　海参毒素是一类皂苷化合物，具有类似配糖体变态的羊毛甾醇。海参毒素具有强的溶血作用，这可能是脊椎动物中毒致死的主要原因。此外，海参毒素还具有细胞毒性和神经肌肉毒性。人除了误食海参发生中毒外，还可因接触由海参排出的毒黏液引起中毒。

（2）预防措施　食用海参前需在专业人员指导下，确认无毒后才可以食用。

二、两栖类

蟾蜍毒素

蟾蜍科有 13 个属，其中以蟾蜍属种类最多，全世界有 250 种以上。蟾蜍又叫癞蛤蟆，主要用作药材。它的形态与青蛙相似，但其背部为黑色，全身有点状突起。蟾蜍为两栖类动物，以肺呼吸，辅以皮肤呼吸。蟾蜍皮肤由表皮和真皮组成，具有保护、防御、感觉、防止水分蒸发、辅助呼吸等功能。在外界环境的影响下，真皮和表皮中的色素细胞可引起体色的改变，使体色与生活环境相适应，这种改变了的体色称为"保护色"。

（1）中毒机制　蟾蜍的耳后腺及皮肤腺能分泌一种具有毒性的白色浆液。蟾蜍分泌的毒液成分复杂，约有 30 多种，主要的毒性成分是蟾蜍毒素，在超剂量使用时将损害心肌，引起心率缓慢，心律不齐，最后导致心力衰竭而死亡。其病理变化主要表现为心脏呈舒张状态，心肌纤维断裂，外膜水肿及有出血斑点，心、脑、肺、肝、脾、肾和肾上腺血管显著扩张、充血等。

（2）中毒症状　主要表现为恶心、呕吐、腹胀、头痛、头晕、嗜睡、出汗，严重者抽搐、昏迷，甚至死亡。蟾蜍中毒的死亡率较高，而且无特效的治疗方法。

（3）预防措施
① 不食用蟾蜍。
② 如因治疗需要，应在医生的指导下食用，且食用量不宜过大。
③ 中毒后，应及时催吐、洗胃、导泻。
④ 中毒后，应补液，促进毒素的排泄，并给予维生素 B_1、维生素 C 等。

三、其他动物组织

1. 肾上腺皮质激素

在家畜中由肾上腺皮质激素分泌的激素为脂溶性类固醇（类甾醇）激素。

（1）中毒机制　如果人误食了家畜肾上腺，会因该类激素浓度增高而干扰人体正常的肾上腺皮质激素的分泌活动，引起系列中毒症状。

（2）预防措施　加强监督，屠宰家畜时将肾上腺除净，以防误食。

2. 甲状腺激素

甲状腺激素是由脊椎动物的甲状腺分泌的一种含碘酪氨酸衍生物。甲状腺激素的理化性质非常稳定，在 600℃ 以上的高温才可以破坏，一般烹调方法难以去毒。

(1) 中毒机制　大量的甲状腺激素可扰乱机体正常的内分泌系统活动；还能影响下丘脑功能；使组织细胞氧化速率提高，分解代谢作用增强，产热增加，各器官系统活动平衡失调。

(2) 预防措施

① 屠宰家畜时将甲状腺除净，且不得与"碎肉"混在一起出售，以防误食。

② 如果一旦发生甲状腺中毒，可用抗甲状腺素药及促肾上腺皮质激素急救，并对症治疗。

3. 动物肝脏中的毒素

肝脏是动物最大的解毒器官，动物体内各种毒素，大都经过肝脏处理、转化、排泄或结合，所以，肝脏中暗藏许多毒素。此外，进入动物体内的细菌、寄生虫往往在肝脏中生长、繁殖，其中肝吸虫病较为常见，而且动物也可能患肝炎、肝硬化、肝癌等疾病，因而动物肝脏存在许多潜在的不安全因素。

动物肝脏中的毒素主要是胆酸、牛磺胆酸和脱氧胆酸。其中，牛磺胆酸的毒性最强，脱氧胆酸次之。它们的结构如图 5-4 所示。

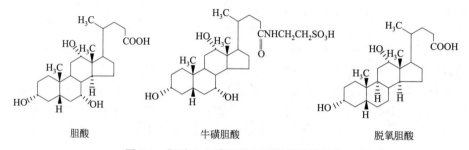

图 5-4　胆酸、牛磺胆酸和脱氧胆酸的结构

(1) 中毒机制　脱氧胆酸对结肠癌、直肠癌的发生有促进作用。此外，各种动物的肝脏中维生素 A 的含量都较高，在一般情况下，维生素 A 是不表现任何毒性作用的营养物质，当摄入量超过一定限度后，可能产生某些不良反应，甚至中毒。研究表明，人每天摄入 100mg（约 3000IU）/kg 体重维生素 A 即可引起慢性中毒。

(2) 预防措施

① 要选择健康肝脏食用。若肝脏淤血、异常肿大、流出污染的胆汁或见有虫体等，均视为病态肝脏，不可食用。

② 一次摄入的肝脏不能太多。

③ 可食肝脏，吃前必须彻底清除肝内毒物。

第四节　毒蘑菇和麦角毒素

一、毒蘑菇

蘑菇属真菌植物，我国的蘑菇种类繁多，形态各异，分布广泛。蘑菇含有多种氨基酸、糖和维生素，是人们喜爱的一种食物。目前，我国已鉴定的蘑菇有 800 多种，其中有毒蘑菇 180 多种，但可能威胁人类生命的有 20 余种，而含有剧毒者仅 10 种左右。由于蘑菇生长条件不同，不同地区发现的毒蘑菇种类也不同，且大小形状不一，所含毒素也不一样。

（1）中毒机制　毒蘑菇的有毒成分十分复杂，一种毒蘑菇可以含几种毒素，而一种毒素又可以存在于多种毒蘑菇中。白毒伞、鳞柄白毒伞主要含有两大类毒肽，即毒肽和毒伞肽。这两类毒肽严重损害肝脏，对心、肾、脑等也有损害。毒肽一般包括一羟毒肽、二羟毒肽、三羟毒肽、羧基毒肽和苄基毒肽等化学结构不同的毒素。毒伞肽包括 α-毒伞肽、β-毒伞肽、γ-毒伞肽、ε-毒伞肽、三羟毒伞肽和一羟毒伞肽酰胺等。

（2）中毒症状　毒肽对人体的作用较快，大剂量的毒肽 1～2h 即可导致人死亡。而毒伞肽对人体的作用较慢，即使大剂量也不会在 15h 内死亡。

（3）预防措施　毒蘑菇中毒在绝大多数情况下是由于误食所造成的。虽然提高鉴别毒蘑菇的能力非常重要，但由于蘑菇的外部形态和内部结构都比较复杂，而且蘑菇种类繁多，目前对毒蘑菇和可食蘑菇的鉴别，除动物试验和分类学外，没有可靠的简易办法。

① 在采集野生蘑菇时，需在有识别毒蘑菇能力的人员指导下进行。

② 对一般人来说，避免误食毒蘑菇的有效预防措施是，绝不采集不认识的蘑菇。尤其是对一些色泽鲜艳、形态可疑的蘑菇应避免食用。

③ 已经确认为毒蘑菇时，决不能食用，也不要将其喂给畜禽，以避免食物中毒。

二、麦角毒素

麦角毒素是麦角中的主要活性有毒成分，是以麦角酸（图 5-5）为基本结构的一系列生物碱衍生物，如麦角胺、麦角新碱和麦角毒碱等。

麦角是麦角菌侵入谷壳内形成的菌核，通常寄生于黑麦上，小麦、大麦、水稻、谷子、玉米、高粱等也可被侵害。麦角的毒性稳定，可保持数年不受影响。

麦角胺类和麦角毒碱类都不溶于水，只有麦角新碱类易溶于水。麦角生物碱可产生吲哚基的颜色反应，可在有氨水的碱性条件下溶于氯仿。

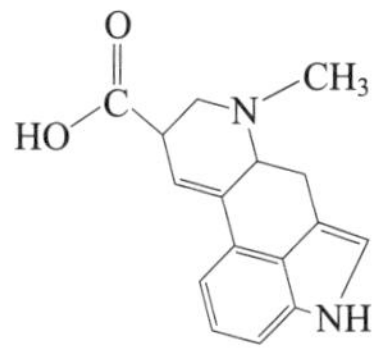

（1）中毒机制　氨基酸麦角碱类可直接作用于血管使其收缩，导致血压升高，使迷走神经中枢兴奋，引起心动过缓；大剂量氨基酸麦角碱能损害毛细血管内皮细胞，导致血管栓塞和坏死，并能使肾上腺素的升压作用反转。人误食被麦角污染的食品后会引起麦角中毒症，通常食用含 1% 以上麦角的粮食即可引起食物中毒，含量达 7% 即可引起致命性食物中毒。

图 5-5　麦角酸的结构

（2）中毒症状　中毒表现为三种类型：

① 痉挛型：感觉疲劳、头昏、周身刺痛感、手脚麻木、四肢无力、胸闷和胸痛，有时出现腹泻，常持续数周，继而出现疼痛性抽搐和肢体痉挛。中毒患者病死率为 10%～20%。

② 坏疽型：主要表现为四肢麻木，痛感、触觉消失，皮肤发黑、皱缩、干瘪变硬等。

③ 混合型：其临床表现兼有痉挛型和坏疽型麦角中毒的特点。

（3）预防措施

① 加强田间管理，清除杂草及自生麦；

② 不同作物轮作；

③ 选用不带菌核的种子或对麦角菌有抵抗力的农作物品种；

④ 清除麦收后留在麦田里的麦角。

■■■■■■■■ 思 考 题 ■■■■■■■

1. 什么是动植物天然有毒物质？
2. 动植物中天然有毒物质的种类有哪些？
3. 指出动植物中天然有毒物质的中毒原因。
4. 简述食物中毒的定义。
5. 简述食物中毒特征及解毒方法。
6. 试述食物中的天然植物性毒素。
7. 试述食物中的天然动物性毒素。

■■■■■■■■ 参考文献 ■■■■■■■

［1］ 钟耀广. 食品安全学. 第2版. 北京：化学工业出版社，2010.
［2］ 侯红漫. 食品安全学. 北京：中国轻工业出版社，2014.
［3］ 王朔，王俊平. 食品安全学. 北京：科学出版社，2016.
［4］ 《乳业科学与技术》丛书编委会. 乳品安全. 北京：化学工业出版社，2017.
［5］ 张双灵，等. 食品安全学. 北京：化学工业出版社，2017.
［6］ 黄昆仑，车会莲. 现代食品安全学. 北京：科学出版社，2018.
［7］ 刘宁，刘涛. 食品安全监测技术与管理. 北京：中国商务出版社，2019.

第六章

包装材料和容器的安全性

第一节　概　述

　　包装的出现，是人类社会发展的必然产物。包装起源于原始人对食物的贮运，到人类社会有商品交换和贸易活动时，包装逐渐成为商品的重要组成部分。现代生活离不开包装，而现代包装已成为人们日常生活消费中必不可少的内容。

　　食品包装从始至今，历来都是包装的主体部分之一。食品易腐败变质而丧失营养和商品价值，因此，必须适当包装才有利于贮存和提高商品价值。随着人们消费水平和科学技术水平的日益提高，对食品包装的要求也越来越高。食品包装的迅猛发展，既丰富了人们的生活，也逐渐改变了人们的生活方式。

　　现代包装技术无疑可大大延长食品的保存期，保持食品的新鲜度，提高食品的美观和商品价值。但是，由于使用了种类繁多的包装材料，如塑料、橡胶、纸、金属、玻璃、陶瓷和搪瓷等，在一定程度上也增加了食品的不安全因素。近年来，食品中农兽药残留、重金属、生物毒素等已引起全世界的普遍关注和重视。包装材料直接和食物接触，很多材料成分可迁移到食品中，这种现象可在各种包装材料中发生，并可能造成不良后果。竹、木、纸、布等包装材料及容器的主要特点是表面不光洁、质地疏松、渗水性强，因而增加了微生物污染食品的机会，尤其是纸包装中的造纸助剂、荧光增白剂、印刷油墨中的多氯联苯等还对食品造成化学污染；金属、陶瓷、搪瓷等包装材料，主要是有害金属溶出后，移入盛装的食品中；塑料、橡胶等包装材料中残留的单体、添加剂及裂解物等可迁移进入食品中，造成食品污染。

对于食品包装材料和容器的基本要求除了要适合食品的耐冷冻、耐高温、耐油脂、防渗漏、抗酸碱、防潮、保香、保色、保味等性能外，特别要注意食品容器、包装材料的安全性，即不能向食品中释放有害物质，不与食品中营养成分发生反应。

中国自 20 世纪 70 年代开始，就对食品包装材料和容器进行了大量的研究，并逐步制定各种卫生标准和卫生管理办法。在消除食品包装材料和容器对食品的污染，保障人民健康中起了积极作用。目前，人们越来越注重食品的安全和卫生问题，而食品包装作为保证食品安全卫生的重要手段得到了更广泛的重视。

一、食品包装的定义

包装是指为了在流通中保护产品、方便贮运、促进销售，按一定技术方法而采用的容器、材料和辅助材料的总称，也指为了达到上述目的而采用的容器、材料和辅助物的过程中施加一定技术方法等的操作活动。而食品包装是指采用适当的包装材料、容器和包装技术，把食品包裹起来，以使食品在运输和贮藏过程中保持其价值和原有形态。

二、食品包装的作用

食品包装的好坏直接影响到食品能否以完美的状态传达到消费者手中，其主要作用有以下几个方面：①保护商品；②方便贮运；③促进销售；④提高商品价值。

三、食品包装的类别

1. 按包装材料和容器分类

（1）纸和纸板 主要有纸盒、纸箱、纸袋、纸罐、纸杯等。

（2）塑料 主要有聚乙烯、聚丙烯、聚氯乙烯、聚苯乙烯、聚偏二氯乙烯、丙烯腈共聚塑料、聚碳酸酯树脂、复合薄膜以及塑料薄膜袋、编织袋、周转箱、热收缩膜包装、软管等。

（3）金属 主要有马口铁、无锡钢板等制成的金属管、桶等。

（4）玻璃 主要有瓶、罐、坛、缸等。

（5）其他 主要有橡胶、搪瓷、陶瓷等。

2. 按在流通过程中的作用分类

（1）运输包装 运输包装又称大包装，具有很好的保护作用，方便运输和易于装卸，其外表面对运输注意事项应有明显的文字说明或图示，如"不可倒置""易燃""防雨"等。木箱、金属大桶、集装箱等一般都属运输包装。

（2）销售包装 销售包装又称小包装或商业包装，不仅具有保护作用，而且注重包装的促销和增值功能，如瓶、罐、盒、袋及其组合包装等。

3. 按包装结构形式分类

（1）贴体包装　贴体包装是将产品封合在用透明塑料片制成的、与产品形状相似的型材和盖材之间的一种包装形式。

（2）组合包装　组合包装是将同类或不同商品组合在一起进行适当包装，形成一个搬运或销售单元的包装形式。

（3）托盘包装　托盘包装是将产品或包装件放在托盘上，通过捆扎、裹包或黏结等方法固定而形成包装的一种包装形式。

此外，还有可携带包装、热收缩包装、可折叠式包装等。

4. 按销售对象分类

可分为出口包装、内销包装、军用包装和民用包装等。

5. 按包装技术方法分类

可分为真空包装、充气包装、防潮包装、防水包装、防伪包装、无菌包装等。

第二节　纸及其制品

纸是一种古老的包装材料，自从公元 105 年中国发明了造纸术后，纸不仅带来了文化的普及和繁荣，也促进了科学技术的发展。

纸或纸基材料构成的纸包装材料，因其成本低、易获得、易回收等优点，在现代化的包装工业体系中占有非常重要的地位。从发展的趋势来看，纸及其制品作为食品的包装材料的用量越来越大。

纸及其制品包装材料在一些发达国家占整个包装材料总量的 40％～50％，在中国约占 40％。常用的食品包装用纸有牛皮纸、羊皮纸和防潮纸等。牛皮纸主要用于外包装；羊皮纸可用于奶油、糖果、茶叶等食品的包装；防潮纸又称涂蜡纸，有良好的抗油脂性和热封性，主要用于新鲜蔬菜等食品的包装。

一、纸的包装性能

纸及其制品在包装领域之所以独占鳌头，是因为其有一系列独特的优点：

① 安全性好，易回收利用。

② 原材料来源广，生产成本低。

③ 重量轻，便于运输。

④ 容易加工。

⑤ 印刷性能好。

⑥ 有良好的保护性。

⑦ 便于复合加工。

纸包装材料虽然有很多优点，但其资源消耗较大，造纸行业"三废"污染比较严重。

二、常用纸类包装容器

纸容器是以纸或纸板等纸复合材料制成的纸袋、纸盒、纸杯、纸箱、纸桶等容器。它按用途可分为两大类：一类用于销售包装，另一类用于运输包装。

1. 纸袋

纸袋是用纸加工而成的一种袋式容器，主要用于盛装农产品、食品等。

纸袋种类繁多，按其用途可分为大纸袋和小纸袋两种。大纸袋又称贮运袋，一般由多层纸或与其他材料复合而成，用于盛放砂糖、粮食等大宗粉粒状食品；小纸袋主要用于零售食品。

2. 纸杯

纸杯是一种纸质小型包装容器，纸杯通常口大底小，可以一只只套叠起来，便于取用、装填和贮存，并带有不同的封口形式。常用的纸杯为复合纸杯，是以纸为基材的复合材料经加工而成。

3. 纸盒

纸盒是一种半硬性纸包装材料。为保证食品安全，防止包装材料带来的污染，与食品的接触面应加衬里等，也有的涂覆 PE（聚乙烯）。用纸、塑料等材料复合制成可折叠纸盒，密封性能好，其材料由 PE/纸/PE/Al/PE 构成，常用的形状有屋顶长方形、平顶长方形、正四面体等，主要用于牛奶与果汁等饮料的无菌包装。

4. 纸桶

纸桶也称纸板桶或牛皮纸桶，容量一般在 220L 以下，最大装量 100kg，常用于粉状食品、化工原料等的包装。纸桶比金属桶轻，虽然可在桶外壁进行防水处理，但仍不适于户外存放或长期置于自然环境中。

5. 纸复合罐

纸复合罐于 20 世纪 50 年代开始用于食品包装。由于选用了高性能的纸板、金属薄层衬里及树脂薄膜，使复合罐密封性能有所提高。复合罐抗压性比马口铁罐差，不能用于蒸汽杀菌及水杀菌，气密封性能不如金属罐。

纸复合罐可用于盛装干性粉体、块体等固体食品，如可可粉、茶叶、麦片、咖啡及各类固体饮料；也适合于油性黏流体包装，如油料食品等；还适合于流体内容物包装，包括奶粉、调味品、酒、矿泉水、牛奶以及果汁饮料等。

纸复合罐的主要难题是解决防渗问题。日本研制了一种盒装食用油的复合纸盒，非常成功。复合纸的结构为 PE（聚乙烯）/纸/PE（聚乙烯）/Al/ PET（聚酯）/PE（聚乙烯），以纸为基材经铝塑层复合制成。

三、纸中有害物质的来源

纯净的纸是无毒的，但由于原料受到污染，或经过加工处理，纸和纸板中通常会有一些杂质、细菌和某些化学残留物，从而影响包装食品的安全性。纸中有害物质的来源主要有以下几个方面。

① 造纸原料中的污染物；

② 造纸过程中添加的助剂残留；

③ 彩色颜料污染；

④ 纸表面杂质及微生物污染；

⑤ 纸在加工处理时使其含有较多的化学污染物。

四、纸对食品安全的影响

包装纸对食品安全的影响与制纸原料、添加物、油墨等有关。

1. 制纸原料

制纸原料主要有木浆、草浆、棉浆等，木浆最佳。由于作物在种植过程中使用农药等，因此在麦秆、稻草等制纸原料中含有害物质，有的还掺有一定比例的回收废纸。虽然回收废纸经脱色可将油墨染料脱去，但铅、镉、多氯联苯等有害物质仍留在纸浆中。因此，制作食品包装用纸不应采用回收废纸作原料。

2. 添加物

造纸中所用的添加物有亚硫酸钠、硫酸铝、氢氧化钠、次氯酸钠、松香、防霉剂等，这些物质残留将对食品造成污染，因此应防止其在纸中残留。此外，为了使纸增白，往往在纸中添加荧光增白剂，这种增白剂是一种致癌物，应禁止在食品包装纸中添加。

第三节　塑料制品

塑料由于原料来源丰富、成本低廉、质量轻、运输方便、化学稳定性好、易于加工、装饰效果好以及良好的保护作用等特点而受到食品包装业的青睐，成为近年来世界上发展最快、用量最大的包装材料。塑料包装材料广泛用于食品的包装，大量取代了玻璃、金属和纸类等传统包装材料，使食品包装的面貌发生了巨大的改观。

一、塑料的组成、分类和性能

1. 塑料的组成

塑料是以一种高分子聚合物树脂为基本成分，再加入一些用来改善性能的各种添加剂制成的高分子材料。

（1）聚合物树脂　塑料中聚合物树脂占 $40\%\sim100\%$，树脂的种类、性质以及在塑料中所占的比例大小对塑料性能起着主导作用。

（2）塑料常用添加剂　塑料添加剂的类别和品种繁多，主要有以下几种。

① 增塑剂。这是一类可以增加塑料制品可塑性的添加剂。增塑剂主要有磷苯二甲酸酯类、磷酸酯类、己二酸二锌酯等。其中，磷苯二甲酸酯类应用最广，毒性较低；己二酸二锌酯耐低温性较好。

② 稳定剂。它的作用是防止塑料制品在空气中长期受光的作用，或长期在较高温度下降解的一类物质。稳定剂主要有硬脂酸锌盐、铅盐、钡盐、镉盐等，但铅盐、钡盐、镉盐对人体危害较大，食品包装材料一般不用这类稳定剂。锌盐稳定剂在许多国家都允许使用，其用量规定为 $1\%\sim3\%$。

③ 填充剂。它的作用是弥补树脂某些性质不足，改善塑料的使用性能，如提高制品的耐热性、硬度等，同时可降低塑料成本。常用的填充剂主要有滑石粉、碳酸钙、陶土、石棉、硫酸钙等，其用量一般为 $20\%\sim50\%$。

④ 着色剂。着色剂主要为染料及颜料，用于改变塑料等合成材料固有的颜色。它可使

制品美观，提高商品价值。

⑤ 其他添加剂。润滑剂主要是一些高级脂肪酸、高级醇类或脂肪酸酯类；抗氧化剂一般为 BHA（丁基羟基茴香醚）和 BHT（二丁基羟基甲苯）；抗静电剂有烷基苯磺酸盐、α-烯烃磺酸盐等，毒性均较低。

2. 塑料的分类

通常按塑料在加热、冷却时呈现的性质不同，把塑料分为热塑性塑料和热固性塑料两类。

(1) 热塑性塑料　主要以加成聚合树脂为基料，加入少量添加剂而制成。其优点为：成型加工简单，包装性能良好，废料可回收再利用。缺点为：刚硬性低、耐热性不高。用于食品包装及容器的热塑性塑料主要有聚乙烯、聚丙烯、聚苯乙烯、聚氯乙烯等。

(2) 热固性塑料　主要以缩降树脂为基料，加入添加剂、固化剂及其他一些添加剂而制成。其优点是耐热性高、刚硬、不溶、不熔等；缺点为性脆、成型加工效率低，废弃物不能回收再利用。热固性塑料主要有脲醛树脂及三聚氰胺等。

3. 塑料包装材料的性能

(1) 物理性能优良　塑料具有一定的强度和弹性，耐折、耐磨、抗振，并且具有一定阻隔性。

(2) 化学稳定性好　塑料大多耐酸、耐碱等。

(3) 质量轻　方便运输、销售等。

(4) 易加工成型　塑料容易加工成各种形状，可将塑料加工成薄膜、片材、中空容器、复合材料等包装制品。

(5) 美观　塑料可进行印刷装潢，应用透明的塑料包装，可增加商品的美观效果。

二、塑料中有害物质的来源

塑料包装体现了现代食品包装形式丰富多样、流通使用方便的发展趋势，成为食品销售包装最主要的包装材料，但塑料包装用于食品也存在着一些安全性问题。

① 树脂本身有一定的毒性；
② 树脂中残留有毒单体、裂解物及老化产生的有毒物质；
③ 塑料包装容器表面的微尘杂质及微生物污染；
④ 塑料制品在制作过程中添加的稳定剂、增塑剂、着色剂等带来的危害；
⑤ 塑料回收料再利用时附着的一些污染物和添加的色素可造成食品污染。

塑料以及合成树脂都是由很多小分子单体聚合而成，小分子单体的分子数越多，聚合度越高，塑料的性质越稳定，当与食品接触时，向食品中迁移的可能性就越小。用到塑料中的低分子物质或添加剂很多，如防腐剂、抗氧化剂、杀虫剂、热稳定剂、增塑剂、着色剂、润滑剂等，它们易从塑料中迁移，应事先采取措施加以控制。

三、塑料包装材料对食品安全的影响

1. 聚乙烯（PE）

聚乙烯是由乙烯单体聚合而成的化合物。聚乙烯包装的优点为：对水蒸气的透湿率低，有一定的拉伸强度和撕裂强度，柔韧性好，耐低温，化学性能稳定，热封性好，易成型加工等。其缺点为：对氧气、二氧化碳的透气率高，不耐高温，印刷性能和透明度较差。

采用不同工艺方法聚合而成的聚乙烯因其分子量大小及分布不同，分子结构和聚集状态不同，形成不同聚乙烯品种，一般分为低密度聚乙烯（LDPE）和高密度聚乙烯（HDPE）两种。低密度聚乙烯主要用于制造食品塑料袋、保鲜膜等；高密度聚乙烯主要用于制造食品塑料容器、管等。

聚乙烯塑料本身是一种无毒材料，它属于聚烯烃类长直链烷烃树脂。聚乙烯塑料的污染物主要包括聚乙烯中的单体乙烯、添加剂残留以及回收制品污染物。其中乙烯有低毒，但由于沸点低，极易挥发，在塑料包装材料中残留量很低，加入的添加剂量又非常少，基本上不存在残留问题，因此，一般认为聚乙烯塑料是安全的包装材料。但低分子量聚乙烯溶于油脂使油脂具有蜡味，从而影响产品质量。聚乙烯塑料回收再生制品存在较大的不安全性，由于回收渠道复杂，回收容器上常残留有害物质，难以保证清洗处理完全，从而造成对食品的污染。有时为了掩盖回收品质量缺陷往往添加大量涂料，导致涂料色素残留污染食品。因此，一般规定聚乙烯回收再生品不能用于制作食品的包装容器。

2. 聚丙烯（PP）

聚丙烯是由丙烯聚合而成的一类高分子化合物。其力学性能优于聚乙烯。聚丙烯的优点：其透明度高，光泽度好，具有良好的机械性能和拉伸强度，硬度及韧性均高于聚乙烯，耐油脂，耐高温，阻隔性能优于聚乙烯，其化学稳定性好，易加工成型。其缺点为：耐低温比聚乙烯差，热封性比较差。

聚丙烯主要用于制作食品塑料袋、薄膜、保鲜盒等。聚丙烯加工中使用的添加剂与聚乙烯塑料相似，一般认为聚丙烯是安全的，其安全性高于聚乙烯塑料。聚丙烯的安全性问题主要是回收再利用品，与聚乙烯相类似。

3. 聚氯乙烯（PVC）

聚氯乙烯被广泛地用于食品外包装，它是由氯乙烯聚合而成的。聚氯乙烯塑料是由聚氯乙烯树脂为主要原料，再加以增塑剂、稳定剂等加工制成。聚氯乙烯树脂本身是一种无毒聚合物，但其原料单体氯乙烯具有麻醉作用，可引起人体四肢血管的收缩而产生痛感，同时还具有致癌和致畸作用，它在肝脏中可形成氧化氯乙烯，具有强烈的烷化作用，可与DNA结合产生肿瘤。因此，聚氯乙烯塑料的安全性问题主要是残留的氯乙烯单体、降解产物以及添加剂的溶出造成的食品污染。单体氯乙烯对人体安全限量要求小于1mg/kg（以体重计）。

中国国产聚氯乙烯可控制在3mg/kg以下，成品包装材料已控制在1mg/kg以下。聚氯乙烯塑料有软质和硬质之分，软质聚氯乙烯塑料中增塑剂含量较大，用于食品包装安全性差，通常不用于直接的食品包装，常用于生鲜水果和蔬菜包装。硬质聚氯乙烯塑料不含或含极少增塑剂，单体氯乙烯残留量少，可用于食品的包装。美国国家毒性研究中心建议对聚氯乙烯保鲜膜增设检测项目，合理分类使用聚氯乙烯保鲜膜。

4. 聚苯乙烯（PS）

聚苯乙烯由苯乙烯单体聚合而成。聚苯乙烯本身无毒、无味、无臭、不易生长霉菌，可制成收缩膜、食品盒等。其安全性问题主要是单体苯乙烯及甲苯、乙苯和异丙苯等。残留量对大鼠经口的LD_{50}（半致死量）：苯乙烯单体5.0g/kg，乙苯3.5g/kg，甲苯7.0g/kg。苯乙烯单体还能抑制大鼠生育，使肝、肾重量减轻。残留于食品包装材料中的苯乙烯单体对人体最大无作用剂量为133mg/kg，塑料包装制品中单体残留量应限制在1%以下。

5. 聚偏二氯乙烯（PVDC）

聚偏二氯乙烯是由偏氯乙烯单体聚合而成的高分子化合物。纯的聚偏二氯乙烯很脆、很硬，不适合作包装材料，但与氯乙烯单体共聚，并加入增塑剂和稳定剂后，可制得化学性质稳定、透明性良好的薄膜。

聚偏二氯乙烯薄膜主要用于制造火腿肠等灌肠类食品的肠衣。聚偏二氯乙烯中可能有氯乙烯和偏氯乙烯残留，它属中等毒性物质。按 GB 15204—1994 规定，氯乙烯和偏氯乙烯残留分别低于 2mg/kg 和 10mg/kg。

6. 聚碳酸酯（PC）

聚碳酸酯是分子链中含有碳酸酯的一类高分子化合物的总称。目前只有双酚 A 型的芳香族聚碳酸酯可以用作食品包装材料和容器。双酚 A 型的芳香族聚碳酸酯以双酚 A 与碳酸二苯酯为原料，经酯交换和缩聚而成。聚碳酸酯无味、耐油、不易污染，因此，主要用于制造食品的模具、奶瓶及用于具有抗冲击和一定透明度要求的食品容器和食品加工设备等。

聚碳酸酯本身无毒，但双酚 A 与碳酸二苯酯进行酯交换时有中间体苯酚产生。苯酚不仅具有一定的毒性，而且还会产生异味，影响食品的感官性状。中国规定食品包装材料和容器用的聚碳酸酯和成品中游离苯酚含量应控制在 0.05mg/L 以下，而且不宜接触高浓度乙醇溶液。

7. 聚酯（PET）

聚酯是对聚对苯二甲酸乙二醇酯的简称，俗称涤纶。聚酯具有良好的阻气、阻湿、阻油和保香性能，化学稳定性良好。刚硬而有韧性，拉伸强度是聚乙烯的 5～10 倍，是聚酰胺的3 倍，还具有良好的耐磨和耐折叠性。鉴于聚酯的机械强度较高，耐化学性能较好、阻隔性能较好的特点而被广泛用于食品包装。近来，国内对聚酯材料开发新用途，利用其耐巴氏消毒的性能盛装酒类产品。

由于聚酯在醇类溶液中存在一定量的对苯二甲酸和乙二醇迁出，故美国药典有相关项目的控制，用聚酯盛装酒类产品应慎重。此外，欧盟法规对该类产品进行了铅、镉、汞、六价铬金属元素的控制。

8. 复合薄膜

复合薄膜是指由两层或两层以上的不同品种可挠性材料，通过一定技术组合而成，所用复合基材有塑料薄膜、铝箔、纸和玻璃纸等。

复合薄膜是塑料包装发展的方向，它具有以下特点：可以高温杀菌，食品保存期长；密封性能良好，适用于各类食品的包装；防氧气、水、光线的透过，能保持食品的色、香、味；如采用铝箔层，则增加印刷效果。然而，复合薄膜所采用的塑料等材料应符合卫生要求，并根据食品的性质及加工工艺选择合适的材料。复合薄膜的突出问题是黏合剂。目前采用的黏合方式有两种：一种是采用改性聚丙烯直接复合，它不存在食品安全问题；另一种是采用黏合剂黏合，多数厂家采用聚氨酯型黏合剂，但这种黏合剂中含有甲苯二异氰酸酯（TDI），用这种复合薄膜袋装食品经蒸煮后，就会使 TDI 迁移至食品并水解产生具有致癌性的 2,4-二氨基甲苯（TDA）。

9. 聚乳酸

聚乳酸是利用有机酸乳酸为原料生产的新型类聚酯材料，具有胜于聚乙烯、聚丙烯、聚苯乙烯等材料的优点，被产业界定为 21 世纪最有发展前途的新型包装材料，应用前景广阔。

10. 离子交联聚合物

离子交联聚合物又称离子键聚合物，通常以乙烯为主体，加入 1%～10% 的丙烯酸等单体进行高压共聚，并在共聚物主链上引入金属离子交联而得的产品。

第四节 金属制品

金属用作包装材料有较长的历史，马口铁用作食品包装已有近200年的历史，其他金属包装材料用于食品包装也有100多年的历史。

金属包装主要是以铁、铝为原材料，将其加工成各种形式的容器来包装食品。由于金属包装材料及容器具有包装性能和包装效果优良、包装材料和包装容器的生产效率高、包装食品流通贮藏性能好等特点，其在食品包装材料中占有非常重要的作用，成为食品包装最重要的四大材料之一。

一、金属的包装性能

金属包装与其他包装相比，有许多显著的性能和特点。

1. 优良性能

（1）具有优良的阻隔性能 不仅可以阻隔气体，还可阻光，特别是阻隔紫外线。它还具有良好的保藏性能。这一特点使食品具有较长的货架寿命。

（2）具有优良的机械性能 主要表现为耐高温、耐湿、耐压、耐虫害、耐有害物质的侵蚀。这一特点使得用金属容器包装的商品便于运输与贮存，使商品的销售半径大为增加。

（3）方便性好 金属包装容器不易破损，携带方便，易开盖，增加了消费者使用的方便性。

（4）表面装饰性好 金属具有表面光泽，可以通过表面印刷、装饰提供理想的美观商品形象，以吸引消费者，促进销售。

（5）废弃物容易处理 金属容器一般可以回炉再生，循环使用，既回收资源、节约能源，又可减少环境污染。

（6）具有良好的加工适用性 金属材料具有良好耐高低温性、良好的导热性、耐热冲击性，可以适应食品冷热加工、高温杀菌以及杀菌后的快速冷却等加工需要。

2. 主要缺点

（1）化学稳定性差 主要表现为耐酸碱的能力差，金属包装高酸性内容物时容易腐蚀，金属离子易析出而影响食品风味，这在一定程度上限制了它的适用范围，但现在应用一些涂料，使这个缺点得以弥补。

（2）质量较大，价格较贵 金属材料与纸和塑料相比，其质量较大，加工成本较高，但随着生产技术的进步和大规模生产而得以改善。

二、金属包装材料对食品安全的影响

1. 铁质包装材料

铁质制作的容器在食品中应用较广，如烘盘及食品机械中的部件。铁质容器的安全性问题主要有以下两个方面。

（1） 白铁皮（俗称铅皮）镀有锌层，接触食品后，锌会迁移至食品。国内曾有报道用镀锌铁皮容器盛装饮料而发生食品中毒的事件。在食品工业中应用的大部分是黑铁皮。

（2） 铁质工具不宜长期接触食品。

2. 铝制包装材料

作为金属包装材料中应用最广泛的一种材料，铝制包装材料有许多优点：表面性能优异，光泽效果好；热传导率高，适合于热加工食品包装和冷冻食品包装；质量轻；易成型；阻隔性好；可循环利用。其缺点为：强度较低，不耐腐蚀，焊接性差等。

铝制包装材料主要分为熟铝、生铝、合金铝三类。过量摄入铝元素对人体的神经细胞带来危害，如炒菜使用的生铝铲会将铝屑过多地通过食物带入人体。因此，在铝制食具的使用上应注意，最好不要将剩菜、剩饭放在铝锅、铝饭盒内过夜，更不能存放酸性食物。因为，铝的抗腐蚀性很差，酸、碱、盐均能与铝发生化学反应，析出或生成有害物质。应避免使用生铝制作饮具。在食品中应用的铝材（包括铝箔）应该采用精铝，不应采用废旧回收铝作原料，这主要是因为回收铝来源复杂，常混有铅、镉等有害金属及其他有毒物质。

铝的毒性表现为对脑、肝、骨、造血和细胞的毒性。研究表明透析性脑痴呆与铝有关；长期输入含铝营养液的患者易发生胆汁淤积性肝病。铝中毒时常见的是小细胞低色素贫血。中国规定在食品包装材料和容器中精铝制品和回收铝制品的铅溶出量应分别低于 $0.2mg/L$ 和 $5mg/L$，锌、砷、镉溶出量应分别控制在 $1\ mg/L$、$0.04mg/L$、$0.02mg/L$ 以下。

3. 不锈钢包装材料

不锈钢包装材料以它精美、华丽、耐热、耐用等优点，日益受到人们的青睐。不锈钢的基本金属是铁，由于加入了大量的镍元素，能使金属铁及其表面形成致密的抗氧化膜，提高其电极电位，使之在大气和其他介质中不易被锈蚀。但在受高温作用时，镍会使容器表面呈现黑色，同时由于不锈钢食具传热快，温度会短时间升得很高，因而容易使食物中不稳定物质如色素、氨基酸、挥发物质、淀粉等发生糊化、变性等现象，还会影响食物成型后的感官性质。这里值得提醒的是，烹调食物发生焦糊，不仅使一些营养素遭到不同程度的破坏，使食物的色香味欠佳，而且能产生致癌物质。使用不锈钢还应注意另一个问题，就是不能与乙醇（酒精）接触，以防镉、镍游离。不锈钢食具盛装料酒或烹调使用料酒时，料酒中的乙醇可将不锈钢涂层镍溶解，容易导致人体慢性中毒。

由于食品与金属制品直接接触会造成金属溶出，因此对某些金属溶出物都有控制指标。中国罐头食品中的铅溶出量不超过 $1mg/kg$，锡溶出量不超过 $200\ mg/kg$，砷溶出量不超过 $0.5\ mg/kg$。对铝制品容器的卫生标准规定为在 4% 乙酸浸泡液中，锌溶出量 $\leqslant 1mg/L$，铝溶出量 $\leqslant 0.2mg/L$，镉溶出量 $\leqslant 0.02mg/L$，砷溶出量 $\leqslant 0.04mg/L$。

第五节　玻璃

玻璃是由硅酸盐、碱性成分（纯碱、石灰石、硼砂等）、金属氧化物等为原料，在 $1000 \sim 1500℃$ 高温下熔化而成的固体物质。

约 4500 年以前，在美索不达米亚已经发明了玻璃制造技术，主要制作玻璃珠等装饰品。到 $17 \sim 18$ 世纪，发明了以食盐为原料制造纯碱的技术，对玻璃工业的发展起了很大的促进作用。20 世纪以后，玻璃工业逐步达到了机械化和自动化的程度，玻璃包装工业进入了一个迅猛发展的时期。进入 21 世纪，计算机已广泛用于生产线的自动控制。

玻璃的种类很多，根据所用的原材料和化学成分不同，可分为氧化铝硅酸盐玻璃、铅晶体玻璃、钠钙玻璃、硼硅酸玻璃等。对于玻璃包装材料，食品级包装正在逐步推广使用硼硅玻璃，其主要成分除二氧化硅外，含硼量达 $8\%\sim13\%$。这种材料主要特点是化学稳定性好，极少有溶出物，透明，保香性等方面也占优势。从安全角度出发，对该类产品应加强砷溶出量、重金属的控制。

一、玻璃的包装性能

1. 玻璃包装材料的优点

（1）无毒无味，化学稳定性好，卫生清洁，与包装食品无任何不良反应；

（2）温度耐受性好，可高温杀菌，也可低温贮藏；

（3）光亮，透明，美观，内装物清晰可见，特别适合透明销售包装；

（4）原材料来源丰富，价格便宜，成本低；

（5）成型性好，加工方便，可制作各种形状，以适应市场需要；

（6）可回收及重复使用，对环境污染少；

（7）刚性好，不易变形；

（8）阻隔性能好，不透气，能提供良好的保质条件，对食品的风味、香气保持良好。

2. 玻璃包装材料的不足之处

（1）质量大，运输费用高；

（2）脆性大，易破碎；

（3）加工耗能大；

（4）印刷性能差。

二、玻璃包装材料对食品安全的影响

玻璃的着色需要用金属盐，如蓝色需要用氧化钴，茶色需要用石墨，竹青色、淡白色及深绿色需要用氧化铜和重铬酸钾等。玻璃是一种惰性材料，与大多数内容物不发生化学反应，是一种比较安全的包装材料。玻璃的安全性问题主要是从玻璃中溶出的迁移物，如在高脚酒杯中往往添加铅化合物，加入量一般高达玻璃的 30%，这有可能迁移到酒或饮料中，对人体造成危害。此外，在玻璃制品的原料中，二氧化硅的毒性虽然很小，但应注意二氧化硅原料的纯度。

第六节　橡胶制品、搪瓷和陶瓷

一、橡胶制品

橡胶制品一般以橡胶基料为主要原料，配以一定助剂加工而成。橡胶制品常用作奶嘴、瓶盖、高压锅垫圈及输送食品原料、辅料、水的管道等。橡胶可分为天然橡胶与合成橡胶两大类，天然橡胶是以异戊二烯为主要成分的天然长链高分子化合物，本身既不分解也不被人体吸收，一般认为对人体无害，但由于加工的需要，加入的多种助剂，如促进剂、防老剂、填充剂等，给食品带来了不安全的问题。合成橡胶是由单体聚合而成的高分子化合物，影响食品安全性问题主要是单体和添加剂的残留。

对用于食品包装的橡胶，国家已有明确的橡胶卫生标准。常规检测项目主要有重金属、高锰酸钾消耗量、可溶性有机物、蒸发残渣。从目前检测结果来看，质量可控。

二、橡胶助剂

橡胶中许多成分具有毒性，这些成分包括促进剂、防老化剂、填充剂等。橡胶制品在使用时，这些单体和助剂有可能迁移至食品，对人体产生不良影响。

1. 促进剂

橡胶促进剂分为无机促进剂和有机促进剂，具有橡胶硫化的作用，可以提高橡胶的硬度、耐热性和耐浸泡性。橡胶加工时使用的无机促进剂用量较少，因而较安全，主要有氧化钙、氧化镁、氧化锌等。有机促进剂如甲醛类的乌洛托品能产生甲醛，对肝脏有毒性；秋兰姆类、胍类、噻唑类、次氯酰胺类对人体也有危害。

2. 防老化剂

防老化剂可以提高橡胶的耐酸、耐热、耐臭氧等性能，防止橡胶制品的老化。食品用橡胶制品中允许使用的防老化剂主要有叔二丁基羟基甲苯等。

3. 填充剂

填充剂是橡胶制品中使用量最多的助剂。食品用橡胶制品允许使用的填充剂主要有碳酸钙和滑石粉等。

三、搪瓷和陶瓷

搪瓷器是将瓷釉涂覆在金属坯胎上，经过焙烧而制成的产品。搪瓷的配方复杂。陶瓷器是将瓷釉涂覆在由黏土、长石和石英等混合物烧结成的坯胎上，再经焙烧而成的产品。搪瓷的烧结温度为 $800\sim900℃$；陶瓷的烧结温度为 $1000\sim1500℃$。

搪瓷、陶瓷容器的主要危害是制作过程中在坯体上涂的彩釉、瓷釉、陶釉等引起。釉料主要是由铅、锌、镉、锑、钡、钛、铜、铬、镉、钴等多种金属氧化物及其盐类组成，它们多为有害物质。当使用搪瓷容器或陶瓷容器盛装酸性食品（如醋、果汁）和酒时，这些物质容易溶出而迁入食品，甚至引起中毒，如铅溶出量过多。陶瓷器卫生标准是以 4％乙酸浸泡后铅、镉的溶出量为标准，标准规定，镉的溶出量应小于 $0.5mg/L$。根据陶瓷彩饰工艺不同，分为釉上彩、釉下彩和粉彩，其中釉下彩最安全，金属迁移量最少，粉彩金属迁移量最多。

搪瓷器卫生标准是以铅、镉、锑的溶出量为控制要求，标准规定铅小于 $1.0mg/L$，镉小于 $0.5mg/L$，锑小于 $0.7mg/L$。

第七节 印刷油墨的安全问题

油墨含有重金属、残留溶剂、有机挥发物以及多环芳烃等大量有毒有害化学物质，可通过化学迁移对食品内容物造成污染，对人的危害极大，易引起癌症等疾病。

近年来，油墨污染食品的事件时有发生。如一些高档食品包装使用锡纸，据了解，很多锡纸中铅含量都超过了卫生允许指标，而铅是公认的造成重金属中毒的"元凶"。还有许多企业喜欢用彩色包装纸包装食品，虽然彩色油墨是单面印刷在食品包装纸外侧，但印刷后的彩纸是捆叠在一起的，每张包装纸的无印刷面也接触了油墨，即使是浸了石蜡的彩色蜡纸，也会因涂蜡不匀，彩色油墨仍有机会与食品直接接触。以前发生过的某品牌婴儿牛奶遭遇封杀事件，其原因为意大利食品监管部门在抽样检测后发现该品牌婴儿牛奶中存在微量感光化学物质——异丙基硫杂蒽酮。这种物质本来是存在于婴儿牛奶包装盒的印刷油墨中，牛奶中检出这种物质的原因很可能是微量的油墨渗透到婴儿牛奶中。尽管此物对人体健康是否有危害还无定论，但由于婴儿各器官系统发育尚未完全成熟，对外界有害物质抵抗力较低，因此长期饮用这种牛奶对婴儿可能带来的伤害是不能忽视的。中国也曾出现过印刷油墨污染食品的事件。甘肃某食品厂发现其生产的薯片有股很浓的怪味，厂方立即把已经批发到市场上的600多箱产品全部收回。经过兰州大学化学实验室的检测，认为怪味来自食品包装袋印刷油墨里的苯，其含量约是国家允许量的3倍。

欧盟实施食品包装印刷油墨新标准。欧盟制定了含4-甲基二苯甲酮或二苯甲酮的印刷油墨食品包装的最大迁移限量，规定食品包装印刷油墨材料内的4-甲基二苯甲酮及二苯甲酮总的迁移极限值须低于 0.6mg/ kg。面对欧盟严苛的法规，食品出口企业在选择包装材料生产商时必须严格把关，尽可能选择低风险、安全性能高、环保性能好的包装材料，并了解其生产工艺。为了防止油墨对食品造成的污染：一方面要加强对油墨配方的审查，选用安全的颜料和溶剂，印刷后油墨中的溶剂必须全部挥发，油墨固化彻底，并达到相应的行业标准；另一方面印刷面不能直接接触食品。企业在包装袋使用前也可将包装材料送往检验检疫机构具有相应资质实验室进行符合性验证，以确保产品安全。

第八节　中国食品包装存在的问题及发展趋势

中国的食品包装工业自改革开放以来发生了根本性的变化，但与国外发达国家相比，仍然有较大的差距，存在着许多问题。

一、中国食品包装存在的问题

1. 企业规模小

中国食品包装行业企业规模小，恶性竞争严重，行业平均利润较低。

2. 企业自主创新能力低

中国食品包装行业新技术、新产品开发等技术创新没有形成强大的体系，企业自主开发能力较弱。

3. 区域布局结构不合理

一些食品包装项目在东部沿海地区重复建设比较严重，而在西部一些省份尚属空白。

4. 专业人才较为缺乏

虽然近几年中国许多高校纷纷设立食品包装专业，但从总体上来说，食品包装专业人才较为缺乏。

5. 包装设备技术落后，拥有自主知识产权的品种少

中国食品包装设备在产品的性能、可靠性、服务等方面与进口产品相比有较大的差距。发达国家的食品包装机械产品一方面向高精度、大型化发展，另一方面向多功能方向发展。而中国食品包装设备品种及配套数量少，缺乏高精度和大型化包装设备。

二、食品包装的发展方向

近年来，中国食品工业得到迅猛的发展。面对如此快速发展的食品工业，食品包装技术远没有跟上形势的要求，致使许多产品因包装材料不符合国际标准而无缘参与国际竞争，失掉了在国际市场上应有的份额。因此，食品包装材料环保问题引起社会各界的普遍关注。

1. 大力发展无苯印刷技术

目前，中国软包装用油墨接近 5 万吨，其中氯化聚丙烯油墨约占 40% 以上。氯化聚丙烯油墨含有残留氯和甲苯等芳香烃，用其做溶剂可能引起食品的污染。目前，越来越多的企业正在研制无苯印刷技术，以减少甲苯的使用和排放。

2. 加强食品包装机械的研发

中国食品包装机械科研投入少，科研投入经费仅占销售额的 1%，而欧美国家的科研经费投入高达 8%～10%。随着全球环境的迅速恶化，要求食品包装机械按照资源利用合理化、废弃物生产少量化、减少对环境无污染的绿色设计已经成为各国所关注的热点。

3. 发展环境调节包装

环境调节包装是指含有封入干燥剂、吸氧剂的包装等。这些包装通常能更好地保护食品，延长保质期。环境调节包装所用的干燥剂、吸氧剂等根据食品的物性来使用，一般有硅胶、氧化铝、分子筛、纤维干燥剂。这些物质不会与食品产生反应而使其失效或改性。

4. 发展包装辅助材料与复合材料

虽然辅助材料用量占材料总量的比重较小，但对包装材料的安全性能影响很大。复合材料在包装材料中应用广泛，其最大的优点是具备多种功能，如多种阻隔功能、透湿功能等，其最大缺点就是回收难，而且在回收时复合材料如混入单一材料，就将使单一材料的回收质量受到破坏。因此，复合材料回收时一般只能作燃料，在焚烧炉焚烧获取热能。

5. 完善包装材料的标准与法规

包装材料的开发利用和包装的发展，没有政府和法规的强制要求是难以取得理想效果的。因为，包装材料的研究、开发需要花费大量的人力、物力、财力。目前，生产厂家和消费者环保意识还比较薄弱，是不会自觉用成本较高的环保包装。美国、日本及欧盟已经发布了针对包装材料中化学物质扩散的指导性法规。因此，需要通过立法来管理包装材料的生产、使用，以促进包装材料与容器的发展。制定行之有效的法规，一方面应吸收借鉴发达国家经验，另一方面应进行包装环境科学的研究工作。

6. 发展活性包装

活性包装是通过改变包装食品环境条件来延长食品货架期，改善食品安全性或感官特性，同时保持食品品质不变。如抗菌包装是活性包装的一种，作为一种包装系统，抗菌包装除了具有基本栅栏特性外，还有一些其他性质，这些性质是通过在包装系统增加活性元素或运用活性功能聚合物来实现的。抗菌包装是指能够杀死或抑制污染食品的腐败菌和致病菌的包装，可以通过在包装系统里增加抗菌剂或运用满足传统包装要求的抗菌聚合物，使它具有新的抗菌功能。这种包装系统获得抗菌活性后，系统通过延长微生物停滞期和降低生长速度或减少微生物成活数量来限制或阻止微生物生长。

7. 开展智能化包装研究

智能化包装是指在运输和储藏中监测包装食品条件并传递食品质量信息的包装系统。目前已开发出许多智能化包装，如带有时间-温度指示卡、腐败指示卡及化学和其他污染指示卡的包装，这些包装的设计都是从微生物或化学污染对食品安全造成的影响这一着眼点出发的。

8. 开发可降解包装材料

可降解包装材料指包装废弃后，废弃物能在自然环境中自行消解，不对环境产生污染。

9. 研究可食性包装材料

可食性包装一般指以人体可消化吸收的蛋白质、脂肪和淀粉等为基本原料，通过包裹、浸渍、涂布、喷洒覆盖于食品内部界面上的一层可食物质所组成的包装薄膜。此类包装对环境无污染。

总之，食品包装是以食品为核心的系统工程，它涉及食品科学、包装材料、包装方法、标准法规及包装设计等相关知识领域和技术问题。食品包装与人们日常生活密切相关，已成为一个高科技、高智能的产业领域，世界各国在此行业都投资巨大，成为国民经济的支柱产业。食品作为日常消费的特殊商品，其营养卫生极其重要，由于它又极易腐败变质，因此，包装可作为它的保护手段，在提高商品附加值和竞争力方面发挥越来越重要的作用。

思 考 题

1. 简述食品包装的定义及作用。
2. 试述食品包装的类别。
3. 论述塑料的组成、分类和性能。
4. 简述纸及其制品的安全性问题。
5. 塑料制品存在哪些安全性问题？
6. 简述金属包装材料对食品安全的影响。
7. 简述玻璃包装材料对食品安全的影响。
8. 论述中国食品包装存在的问题及其发展方向。
9. 印刷油墨有哪些安全性问题？

参考文献

[1] 钟耀广. 食品安全学. 第2版. 北京：化学工业出版社，2010.
[2] 王朔，王俊平. 食品安全学. 北京：科学业出版社，2016.
[3] 纵伟. 食品安全学. 北京：化学工业出版社，2016.
[4] 张双灵，等. 食品安全学. 北京：化学工业出版社，2017.
[5] 李良. 食品包装学. 北京：中国轻工业出版社，2017.
[6] 路飞，陈野. 食品包装学. 北京：中国轻工业出版社，2019.

［7］ Floros J D，Dock L L，Han J H Active packaging technologies and applications. Food Cosmetics and Drug Packaging，1997，20 (1) .10-17.

［8］ Han J H，Rooney M L. Personal communications. Active Food Packaging Workshop，Annual Conference of the Canadian Institute of Food Science and Technology (CIFST)，May 26. 2002.

［9］ Han J H Antimicrobial food packaging. Food Technology, 2000，54 (3)：56-65.

［10］ De Kruijf N，Van Beest M. Active and intelligent packaging. Food Addit Contam，2002，19：144.

［11］ Labuza，T P，BreeneW M Applications of active packaging for improvement of shelf-life and nutritional quality of fresh and extended shelf life foods. J Food Process Pres，1989，13：1-70.

第七章
非热力杀菌食品的安全性

主要内容

1. 超高压食品的安全性评价。
2. 辐照食品加工技术的定义及优点。
3. 辐照食品的安全性评价。
4. 国内外与辐照食品相关的法律法规。

第一节 概 述

食品非热力杀菌是指在杀菌过程中不引起食品本身温度有较大增加的杀菌方法。与传统热力杀菌方法相比，这类杀菌方法的特点是不通过提高食品加工温度达到杀死微生物的目的，而是依靠电子射线能、压力能、电场能、磁场能等物理能形式作用于食品并达到杀菌的目的。目前，食品非热力杀菌方法有辐照杀菌、超高压杀菌、高压脉冲电场杀菌和电磁场杀菌等，其中辐照杀菌、超高压杀菌技术已应用于食品的商业化生产中。采用非热力杀菌的目的有两个：一是非热力加工处理能较好地保持食品的感官品质和营养品质，尤其是能较好地保留食品中的热敏性成分，如香气、维生素、色泽、不饱和脂肪酸和其他非营养功能成分等；二是非热力杀菌能杀死食品中的致病菌、腐败菌，能保证食品的安全性。随着消费者对产品质量意识的增强，市场对食品的新鲜度、营养素的全面性和安全性提出了更高的要求，而采用热力杀菌的某些食品其品质得不到保证，尤其在风味、营养和质构上无法与非热力杀菌的食品相媲美，这就为非热力杀菌技术的发展创造了机会。最近几十年，中国、日本、欧洲、美国、西班牙等在食品超高压加工技术研究和商业化应用方面发展很快，尤其中国的超高压加工设备水平提高较大，已成为食品超高压加工高技术领域研究和应用的主要推动者。中国超高压加工设备制造水平不亚于欧美发达国家。尤其是中国海普瑞等企业制造的超高压设备已成功应用于鲜榨果蔬汁、冷鲜肉、水产品和中医中药等领域。这大大提高了中国超高压加工应用的机会和市场信心。

全世界每年因食品加工不当而引发的食品安全问题日益引起人们的关注。例如，2001

年美国 FDA 统计，美国每年 16000～48000 例疾病的发生与饮用果蔬汁有关。最近几年，沙门氏菌（*Salmonella* spp.）、李斯特氏菌（*Listeria monocytogenes*）、肉毒梭状芽孢杆菌（*Clostridium botulinums*）和大肠埃希菌（*E. coli* O157：H7）等食源致病性微生物引起的食品安全问题更加突出，而采用食品非热力杀菌技术可能产生的食品安全性问题同样受到重视。2002 年 1 月美国 FDA 规定：食品非热力加工必须采用 HACCP 质量控制方法，要求至少采用一种轻度加工（minimal processing）减菌技术，且能使目标致病菌或腐败菌减少 5 个对数周期，确保产品的安全性。该规定是强制性的。对于鲜榨果蔬汁加工企业，他们为保证鲜榨果蔬汁的安全设置了两条硬性条件：一是鲜榨果蔬汁加工企业必须建立 HACCP 质量管理体系；二是鲜榨果蔬汁必须采用一种或几种非热力杀菌处理，并保证这种处理能使目标致病菌或腐败菌的数量至少减少 5 个对数周期。这也为非热力杀菌强度的制定和杀菌效果的评价提供了依据。辐照杀菌、超高压杀菌等非热力杀菌技术可针对性地杀死污染果蔬汁的致病菌，降低腐败菌的初菌数，延长食品的保质期，完全能达到食品杀菌的卫生安全要求，因而它们已成功应用到食品的商业化杀菌中。

　　不管采用什么方法对食品进行杀菌，最终都要按照食品卫生的要求对杀菌食品的安全性进行评价，非热力杀菌也不例外。本章介绍的非热力杀菌食品的安全性主要从非热力杀菌食品安全性和非热力杀菌微生物的安全性两方面进行评价。

第二节　超高压食品的安全性

一、超高压杀菌的定义

　　超高压杀菌就是将食品放置在高压容器中，在常温或低温下，对食品施加 100MPa 以上的压力完全杀死或降低食品中的微生物和酶的活性，同时能较好地保持食品的色、香、味和营养品质的一种物理杀菌方法。

二、超高压处理的原理

1. Lechatelier 原理

　　指系统的反应平衡总是朝着减小施加于系统外部作用力的方向进行。对超高压处理而言，食品将向着体积减小的方向运动，包括食品各组分的体积和结构的压缩。

2. 帕斯卡原理

　　指液体物料的压力能够瞬间均匀地传递到物料的各个部位，而与食品的体积、尺寸无关。超高压处理能够压缩微生物的细胞膜，并使细胞膜破坏，导致细胞内的 DNA、蛋白质、酶等成分的结构破坏，从而使微生物、酶丧失活性。

三、超高压处理对食品中成分的影响

　　超高压处理对食品中的小分子，如维生素、矿物质、风味成分及某些色素等的破坏降解作用很小，一定超高压处理条件下能够对类胡萝卜素的顺反异构体的比例进行调整，甚至能提高其在人体内的吸收率，而对大分子物质如蛋白质、淀粉、脂肪等有一定熟化和改性作用，但不会产生人体消化系统不能酶解和消化吸收的成分。超高压处理本身只是一种利用压力来杀菌的物理方法，因此它不存在任何有害物污染和残留的问题。

超高压技术为开发加工食品新产品和高附加值食品产品创造机遇。日本、美国、欧盟、中国等都进行了超高压食品的动物试验和人体试验，并在果蔬、肉类、乳类、水产品类等加工方面实现了超高压食品的商业化生产，到目前为止都没有提出超高压食品本身的安全性问题。1990 年，日本实现了超高压草莓、苹果、猕猴桃果酱的商业化生产。1997 年美国实现了超高压鳄梨产品的工业化生产。到 2007 年，全世界约有 120 台工业化超高压生产线进行超高压食品的商业化加工。其中 80% 的生产线是 2000 年以后安装的。这说明超高压技术在食品加工领域的应用和发展已逐步走向成熟。

四、超高压对食品中微生物的影响

1. 超高压杀菌的分类

超高压杀菌可以分为超高压巴氏杀菌和超高压灭菌，这要取决于食品杀菌的目的和食品杀菌对象菌的耐压程度。若利用超高压技术加工鲜榨果蔬汁，则其杀菌的卫生和安全标准要符合美国 FDA 的规定，即要求超高压杀菌的效果能够保证果蔬汁杀菌对象菌至少减少 5 个对数周期，且杀菌的标准要达到热力杀菌果蔬汁的要求，即超高压果蔬汁要符合美国果蔬汁的卫生和安全标准。这一基本的原则和要求同样适用于不同种类的超高压食品。目前的研究已表明，食品中的致病菌并不耐压。我们需要做的就是确定超高压食品杀菌的目标腐败菌，并且了解超高压处理对它们的破坏作用和规律，同时，我们有必要建立适用于超高压食品的微生物检测分析方法和评价标准。

2. 超高压处理对食源性微生物的致死或抑制作用

一般而言，超高压处理对绝大多数致病菌和腐败菌的营养体有致死作用，其致死程度取决于施加的压力、温度和作用的时间，并与微生物的种类、食品成分、pH 和水分活性有关。有时超高压处理只能使微生物处于亚致死状态或只是一种非致命的伤害状态，在条件合适时，这些微生物仍然能够生长繁殖。有关超高压处理对食源性微生物的致死或抑制作用，主要归纳为以下几点。

① 革兰氏阴性菌、微生物芽孢、酵母和霉菌比革兰氏阳性菌对压力敏感；杆菌比球菌对压力敏感；对数期微生物对压力的敏感性比生长期微生物要高。

② 不同种属微生物对压力处理的敏感程度不同，但施压过程提高温度或常温条件下提高压力则会减小这种差异。

③ 食品中的微生物细胞较缓冲液中的细胞更耐压，食品的组成成分对微生物的耐压性有明显的影响。

④ 适当降低超高压处理食品的 pH 值和水分活性及添加生物防腐剂有助于杀菌和抑菌。

⑤ 微生物的存活率随压力、温度的提高而降低，而受压力作用时间的影响最小。

⑥ 非致死压力可使微生物遭受非致命的破坏，它们对低 pH 值、抗菌剂及重复施压敏感。

3. 超高压处理食品的目标

超高压处理食品的目标是杀死所有的致病菌及腐败菌，即杀死程度达到 99.999%，而又不影响食品的品质。对传统巴氏杀菌的食品则需冷藏且保藏时间较短。食品要在冷藏条件下获得 60~100 天的货架期，则败坏微生物，尤其是嗜冷微生物的致死率要达到 90% 以上。如果要延长食品的货架期就要求提高嗜冷微生物的致死率。酸性食品（pH<4.6，A_w>0.85）和低酸性食品（pH>4.6，A_w>0.85）的超高压杀菌强度是有较大区别的。酸性食品超高压杀菌的目标菌主要是无芽孢微生物，如球菌、酵母、无芽孢杆菌、霉菌等，这类食品容易在较低的超高压杀菌强度下达到商业无菌的要求；而低酸性食品进行超高压杀菌的对象菌主要为芽孢杆菌，这类食品达到商业无菌要求的超高压杀菌强度较高，要通过提高食品杀菌的压力来实现，这会增加超高压食品的加工成本。工业化超高压食品的杀菌会结合多种杀菌或保鲜方法进行，如食品抽真空包装、降低食品的水分活性和 pH 值、添加生物防腐剂和控制低温保藏等，且要通过基础研究预测产品安全的货架期。

采用压力（107～483MPa）、温度（25～60℃）和加压时间（5～30min）对李斯特氏菌、大肠杆菌、明串珠球菌、乳酸乳杆菌 4 种微生物的致死程度进行研究。先制成 $10^8 \sim 10^9$ cfu/mL 蛋白胨悬浮液，加压处理后，分别在琼脂培养基上培养计数，见表 7-1。

表 7-1　超高压对食源微生物致死率的影响（$\lg N_0/N$）

微生物种类	压力/MPa[①]		温度/℃[②]		时间/min[③]	
	138	345	25	45	5	10
李斯特氏菌	0.1	3.0	0.3	3.1	2.0	2.6
大肠杆菌	0.3	5.8	0.2	4.6	3.6	3.8
乳酸乳杆菌	0.2	2.5	0.6	4.2	2.6	2.8
明串珠球菌	0.2	8.0	0.2	4.2	5.0	5.3

① 25℃处理5min。②212MPa处理5min。③283MPa，35℃处理。

实验表明：138MPa、25℃、5min 处理，4 种菌的致死率为 0.1～0.3 个对数周期，而只将压力升高为 345MPa 时，其致死率为 2.5～8.0 个对数周期。212MPa、5min 温度从 25℃升高到 45℃，其致死率由 0.2～0.6 个对数周期升为 3.1～4.6 个对数周期。相反，各压力水平下加压时间由 5min 增加到 10min，微生物致死率并未按比例增加。这是因为超高压处理采用高压高温（<60℃）时微生物细胞大分子的弱化学键被破坏，其分子结构发生了改变，同时微生物细胞的压缩以及细胞内某些分子的相变也会导致微生物的死亡。如果配合抗菌抑菌条件，如调低 pH 值，提高温度，添加抗生素、有机酸、溶菌酶等，则受压力伤害的微生物细胞的致死率会增加。鲜榨果蔬汁的目标致病菌一般为大肠杆菌、李斯特氏菌、沙门氏菌等，它们不耐压，如采用 800 MPa 处理即可将 1.5×10^7 cfu/mL 的上述三种菌全部杀死。有关压力、pH 值、时间对酸性、中性橙汁中大肠杆菌的致死效果，见表 7-2。

由表 7-2 可见，同等压力、时间作用下，pH 值越小，大肠杆菌的致死率越高；pH 值相同时，压力增加，时间延长，杀菌的效果增加，但不如降低 pH 值的杀菌效果显著。

显微照相研究表明：超高压处理后马上显微照相，发现微生物细胞的大小、形态及表面结构与压力作用前的实验菌没有太大区别，但 4℃放置 120min 后，细胞溶解、崩溃且破碎，细胞表面粗糙、皱缩。观察表明，高压激活了微生物自动分解酶的活性，使细胞壁黏肽蛋白相互压缩接触，导致微生物细胞壁崩溃及其膜的质壁分离。

表 7-2　压力、pH 值、时间对酸性、中性橙汁中大肠杆菌的致死效果

p/MPa	时间/min	$\lg N_0/N$				
		pH3.4	pH3.6	pH3.9	pH4.5	pH5.0
400	1	1.9	1.1	0.9	0.8	0.4
	2	3.3	1.8	1.4	1.1	0.8
	4	5.9	3.1	2.5	2.6	1.6
500	1	5.4	3.5	1.9	3.2	2.0
	2	>6.0	4.4	3.1	4.2	3.1
	5	>0.6	>6.0	5.6	5.2	3.9

p/MPa	时间/min	lg N_0/N				
		pH3.4	pH3.6	pH3.9	pH4.5	pH5.0
550	1	>6.0	4.1	4.1	3.5	2.8
	2	>6.0	5.9	>6.0	3.9	3.5
	5	>6.0	>6.0	>6.0	5.9	3.5

4. 超高压处理对芽孢的作用效果

超高压处理对微生物芽孢的致死规律和致死程度对保障食品微生物的安全性至关重要，也是超高压食品微生物安全性研究和评价的重要内容。一般讲，在酸性食品中能够生长并存活的微生物多是非芽孢菌，所以超高压杀菌的对象菌主要是无芽孢杆菌、球菌、酵母菌、霉菌等，超高压杀菌所要求的强度不高；而在低酸性食品中生长并存活的微生物主要是一些芽孢杆菌、球菌、酵母、霉菌等，其杀菌的对象菌主要是芽孢杆菌的芽孢，确定在何种条件下才能有效破坏微生物的芽孢并达到超高压食品的商业无菌要求变得十分必要，尤其是如何优化超高压处理条件才能有效阻止芽孢发芽及芽孢发芽繁殖，或杀死发芽的芽孢及繁殖的芽孢。微生物芽孢对压力的抵抗力非常强，有的微生物芽孢甚至可以在高达 1000MPa 的压力下生存。关于超高压处理对芽孢的作用效果，现已有一些研究的结论，包括以下几点。

① 700MPa 压力以上对微生物芽孢有持续破坏作用；

② 杆菌芽孢对压力的敏感性比梭菌芽孢高；

③ 不同种属的微生物芽孢耐压程度不同，同种属不同株的微生物芽孢耐压性不同，休眠芽孢的耐压性较正常的芽孢高；

④ pH 值低，水分活性（A_w）低，可溶性固形物（SSC%）高，则芽孢耐压程度低；

⑤ 压力诱导发芽的芽孢极易受重复施压、加热及抗生素作用而致死，如生芽孢梭状芽孢杆菌 PA3679 菌的芽孢在 500MPa、75℃ 条件下作用 5min 芽孢数量减少 4 个对数周期，而在 54℃ 下要达到同样的杀菌效果则需要 1400MPa。

五、超高压食品安全性的评价标准

评价超高压食品安全性的一个基本标准就是检测分析超高压处理后的食品中是否有致病菌和腐败菌存活并达到一定浓度，对消费安全和产品质量构成威胁，且在其规定的温度条件下进行运输、贮藏和货架销售过程中是否有致病菌和腐败菌存活、繁殖和数量明显增长。这是所有加工食品的一个最基本的安全性要求。

第三节　辐照食品的安全性

辐照食品的安全性一直受到全世界的关注，尤其是随着政府部门对食品安全监管力度的加强以及消费者对食品安全意识的增强，消费者对采用新方法生产或加工食品安全性的知情权日益受到重视。目前，消费者对辐照食品的顾虑很大程度上是由于辐照食品与辐照、放射源这些词的联系而引起的，这些词会使人联想到核污染、核辐射。要使消费者完全明白辐照食品的加工过程和辐照食品的安全性是困难的。消费者更注重政府部门的态度和立场，这就要求政府部门在制定辐照食品的法律法规和进行辐照食品的宣传方面要有科学严谨的态度和透明务实的决策方式。实际上，辐照食品或食品原料早已进入到我们的日常膳食中。对于辐照食品的安全性，将从以下五个方面进行阐述。

一、辐照加工技术的安全性

1. 辐照加工技术的定义

它是指以原子能射线作为能量对食品原料或食品进行辐照杀菌、杀虫、抑制发芽、延迟后熟等处理，使其在一定的贮藏条件下能保持食品品质的一种物理性的加工方法。按《辐照食品卫生管理办法》，辐照食品是指用钴 60、铯 137 产生的 γ 射线或电子加速器产生的低于 10 MeV 电子束照射加工保藏的食品。食品辐照加工属于一种安全的物理性处理，加工过程温度变化较小，不会引起食品内部温度的增加，同时辐照加工过程食品物料绝对不直接接触辐照源，而是通过放射源发射的物理射线作用于食品，这种高能射线再对食品中的水、脂肪、蛋白质、维生素、糖类等产生作用。由于食品成分的化学性质不同，它们对辐照的敏感程度不同，所产生的化学变化也不同，最终会有一定的辐照产物产生，其他加工方法也都不可避免地产生相应的加工副产物。辐照产物的化学结构决定了它们无毒性，大量的实验证明它们没有对食品的安全性构成影响。

2. 食品辐照加工技术的优点

食品辐照属物理加工技术，与传统食品加工方法相比，它具有以下优点。

① 杀死微生物的效果明显，剂量可根据需要进行调节；

② 放射性辐照的穿透力强、均匀、瞬间即逝，与加热相比，可以对辐照过程进行准确控制；

③ 产生的热量极少，可保持原料食品的特性，在冷冻状态下也能进行处理；

④ 没有非食品成分的残留，可以提高食品的卫生质量；

⑤ 可对包装好的食品进行杀菌处理；

⑥ 节省能源。

3. 辐照食品无感生放射性和放射性污染

感生放射性是指辐照能量足以诱发食品中潜在物质产生放射性的现象。食品中天然存在放射性物质，由于这些物质的放射性能量非常小，且它们的半衰期较短，往往忽略不计。目前世界各国用于食品辐照的射线，主要是由 ^{60}Co 和 ^{137}Cs 辐射源所产生的 γ 射线，以及能量低于 10MeV 的电子加速器所产生的 β 射线，而食品辐照通常使用 γ 射线源。γ 射线是一种特定的高能量、短波长的电磁波，正如红外线、微波、紫外线和 X 射线，只是它们的波长和能量大小不同而已。γ 射线的量子能量比紫外线的量子能量要大几百倍。食品中的碳、氢、氧、氮等都具有潜在的放射性，要使它们在辐照后诱发放射性至少需要 10MeV 以上的能量，而且它们所生成的同位素的寿命非常短暂。

食品辐照适用的放射源有三种：

① ^{60}Co 和 ^{137}Cs 的 γ 射线，能量分别为 1.25 MeV 和 0.66 MeV；

② 加速器产生的电子束，能量小于 10MeV；

③ 加速器或 X 射线机产生的 X 射线，能量小于 5MeV。

^{60}Co γ 射线的放射性能量有 1.33 MeV 和 1.17 MeV，^{137}Cs γ 射线的放射性能量仅有 0.6MeV，因此从理论上讲，使用 ^{60}Co 和 ^{137}Cs 辐照食品不可能诱发食品中的这些元素产生放射线。研究表明：食品中常见元素在辐照过程中能诱发放射性的能量都在 10 MeV 以上

（表 7-3），且其寿命极短，在现有规定的食品允许的辐照剂量和食品实际生产采用的辐照剂量都要低于 10 MeV。对采用电子加速器辐照食品，国家标准规定其电子射线的能量必须低于 10 MeV。辐照食品安全辐照剂量的界定从根本上避免了辐照食品诱发放射性的可能性。

表 7-3 γ 射线所诱发的核反应和所需的临界能

核种类	核反应	临界能/MeV	生成核种类的半衰期
^{12}C（碳）	γ，n	18.7	21min
^{15}O（氧）	γ，n	16.3	2.1 min
^{14}N（氮）	γ，n	10.7	10 min
^{31}P（磷）	γ，n	12.4	25 min
^{39}K（钾）	γ，n	13.2	7.5s
^{32}S（硫）	γ，n	14.8	3.2s
^{40}Ca（钙）	γ，n	15.9	1min
^{54}Fe（铁）	γ，n	13.8	8.9 min
^{127}I（碘）	γ，n	9.3	15 天
^{2}Be（铍）	γ，n	1.8	极短
^{2}H（氢）	γ，n	22	—
^{7}Li（锂）	γ，n	9.8	0.85min

食品辐照处理是物理加工过程，当辐照处理食品时，食品本身不直接接触放射源，它仅仅是在放射源架前通过，食品接受的是射线的能量，受到的仅是放射源 γ 射线的作用，不存在放射性物质污染和放射性物质残留。

大量的动物、人体实验以及辐照食品的安全性检测实验表明，食品辐照加工技术是一种安全的食品加工方法，辐照食品的安全和品质是完全有保证的。

二、食品营养成分对辐照的敏感性

（1）蛋白质和氨基酸 辐照引起蛋白质分子的化学变化主要有脱氨、放出二氧化碳以及硫氢基的氧化、交联和降解。辐照剂量对蛋白质、氨基酸的肽键、氢键、三级结构和四级结构的离子键、酯键、二硫键、金属键等产生一定的破坏作用，这种结构性的破坏程度有轻有重。尽管辐射蛋白质和氨基酸的化学键很少断裂，但辐射过的蛋白质会发生变性、降解和聚合作用，蛋白质的物理性质会发生改变，如电导率增大，电泳迁移速度加快，黏度升高，旋光度、折射率、表面张力变化等。大剂量辐照时，蛋白质中的部分氨基酸会发生分解或氧化，游离氨基酸类和肽类会产生脱氨基作用和脱羧基作用，有些氨基酸的混合物经辐射杀菌后会损失谷氨酸和丝氨酸。盐、pH 值、温度和氧气等会影响氨基酸对辐射的敏感性。部分蛋白质会发生交联或裂解作用，但由于蛋白质的氨基酸以肽键结合，所以比溶液中的氨基酸更能抵抗辐射作用。

（2）碳水化合物 碳水化合物对辐照不敏感，在食品通常辐照剂量范围内相当稳定。大剂量辐照会引起碳水化合物的氧化和降解，产生辐解产物。葡萄糖、D-半乳糖和 D-甘露糖等单糖的水溶液，在射线照射下，几乎只能在第六个碳原子上发生作用，生成相应的糖醛酸。多糖类在射线照射下，会放出氢气、二氧化碳，而且变得松脆易于水解，黏度也下降。但由于氧气和水的辐照电离作用，产生大量的自由基，并参加与辐解作用有关的一系列反应，有降解和裂解，也有交联聚合作用，如己糖类发生脱氢降解，复杂的多糖类配糖被破坏；葡萄糖在受到辐照处理时还原能力会降低 2%～14%，水溶液中 50% 浓度的蔗糖会分解成还原糖。纤维素和淀粉这类多糖可以通过辐解聚合为蔗糖。辐射处理对碳水化合物的代谢能不会产生很大的影响。

（3）脂类　辐照脂肪的氧化程度与脂肪酸的饱和度、抗氧化剂的种类和含量、物料中氧气和水的含量、辐照的总剂量、速度剂量率等有关。大量研究发现，脂肪烃是辐照的产物。辐照脂肪和脂肪酸生成大量的正烷类，其次级反应可生成正烯类物质。在有氧存在时，由于烷自由基的反应而形成过氧化物及氢过氧化物，此反应类似常规脂类的自动氧化过程，最后产生醛、酮等。在辐射时由于自由基浓度较高，形成过氧化物的反应链比自动氧化的反应链短，辐射的剂量决定形成的过氧化物的浓度，在比较低的剂量下形成的过氧化物反而更多。照射过的不饱和脂肪酸在双键构型上发生变化。已知动物性脂肪辐射时比植物性脂肪更容易发生化学变化，辐照过程采用降低温度和除氧的措施可减轻这种变化。有些研究人员讨论了脂类辐射时过氧化氢的情况。辐射或过氧化作用对脂类的影响包括某些必需脂肪酸的变化，从而引起营养成分的不足。高度氧化、降解或聚合的脂类的消化吸收率是一个问题，但一般说来，这对营养价值影响不大。美国军医营养实验室 Fitzsimons 军医院对人体做了一项有参考价值的研究，Plough 等给代谢病房里的志愿者食用了以 2.79kGy 剂量辐射并在室温贮藏一年的猪肉，他们发现辐射过的猪肉脂肪的消化率同未辐射过的脂肪没有差别。

迄今的研究结论认为，辐照对食品中的脂肪酸，尤其是不饱和脂肪酸有一定的破坏作用，但与其他加工方法相比这种破坏损失是较小的。

（4）维生素　Kung 等证明，维生素 A 和类胡萝卜素在牛乳或乳脂杀菌过程中破坏程度较大。他们试验了全脂乳、炼乳、奶油和干酪，辐射持续 12h，在一定时间内这些产品中的维生素 A 和类胡萝卜素的破坏率见表 7-4。很明显，含水分较多的鲜乳在辐射过程中维生素 A 的破坏率高于炼乳、奶油、干酪或稀奶油。类胡萝卜素的破坏率不及维生素 A 高。食品中的其他成分可能会提供一种保护机制，例如添加抗坏血酸和维生素 E 能减轻胡萝卜素的破坏。维生素 E 是对辐射最敏感的脂溶性维生素，超过了其他所有的脂溶性维生素，其敏感性顺序如下：维生素 E＞胡萝卜素＞维生素 A＞维生素 D＞维生素 K。纯维生素溶液对辐照很敏感，若在食品中与其他物质复合存在，其敏感性就降低。抗坏血酸是一种对自由基有较大亲和力的化合物，在食品系统中添加抗坏血酸和其他物质，自由基与它们起反应而被消耗，并保护其他敏感性色素、风味化合物等食品组分。水溶性维生素 C 对辐照敏感性最强，其他水溶性维生素，如维生素 B_1、维生素 B_2、泛酸、叶酸等对辐照也较敏感，维生素 B_5 对辐照不敏感。在常温条件下，水溶液中的维生素 C 辐照将受到较大程度的破坏，而在冷冻状态下其辐照破坏作用小。肉类在低温（－80℃）下辐射能保护维生素 B_1 免受破坏，保存率可高达 85％。在干燥状态下或在食品中的维生素会受到保护。

表 7-4　γ 辐射对牛乳和乳制品中维生素 A 和类胡萝卜素的破坏率

项目	辐射时间/h				
	0	1	3	6	12
维生素 A（破坏）/％					
鲜乳	—	31.0	46.0	70.0	—
炼乳	—	9.0	16.0	35.0	66.0
奶油	—	3.3	2.2	1.4	0.9
切达干酪	—	7.0	32.0	47.0	—
稀奶油	—	10.0	17.0	31.0	—
类胡萝卜素（破坏）/％					
鲜乳	—	5.3	26.0	40.0	45.0
炼乳	—	8.0	17.0	27.0	49.0

在所有食品成分中维生素对辐射最敏感，但维生素会受到其他化学成分和相互作用的维生素本身的保护。辐照食物中维生素的损失不至于对人的生理功能和营养状况造成影响。

三、辐照食品的安全性评价

(1) 毒理学评价 辐照食品是采用新的加工技术生产和保藏的食品，同样要列入食品安全性毒理学评价程序规定的范畴。

1980年FAO/IAEA/WHO（联合国粮农组织/国际原子能机构/世界卫生组织）辐照食品卫生安全评价专家小组得出结论：食品辐照加工是一种物理性加工方法，在食品中无残留。在辐照剂量小于10kGy的前提下，辐照不会引起任何食品的毒理学危害，无须做毒理学检验。

中国辐照食品管理规定：食品辐照剂量小于10kGy时，对辐照食品卫生安全性评价资料中只要求提供感官性状、营养及微生物等指标，没有要求做毒理和90天饲养试验；而对于10kGy以上剂量辐照的食品新品种，需提供感官性状、营养、毒理及辐解产物、微生物等指标。

1997年世界卫生组织食品辐照安全性研究小组宣布，超过10kGy的辐照剂量也不存在安全性问题。这是基于两方面的考虑：一是10kGy的辐照剂量不能达到商业灭菌的作用，这对发展辐照食品不利；二是美国等诸多国家采用的食品辐照剂量实际上都超过了10kGy，没有发生安全性问题。中国在这个问题上的态度是科学谨慎的，依照中华人民共和国国家标准GBl5193.1—94食品安全性毒理学评价程序规定，目前中国批准的6大类别辐照食品的卫生标准规定的辐照剂量都没有超过10kGy，因此无须做毒理学评价。

(2) 辐射化学法评价 联合国粮农组织（FAO）、世界卫生组织（WHO）、国际原子能机构（IAEA）组织的辐照食品卫生安全联合专家委员会（JECFI）曾做出规定：食品辐照是为防止食品腐败增加的一个新的物理加工方法，它能杀灭食品中的腐败菌、致病菌和昆虫，延长食品的货架寿命及提高各种食品的安全性等，无残留。该规定对辐照加工技术的本质进行了解释。

1970年10月14日有19个国家在巴黎签订了一项辐照食品国际合作研究计划（IFTP），即支持合作开展辐照食品卫生安全性研究，并提供经费支持。例如：德国给卡尔斯鲁厄的联邦营养研究院辐射工艺研究所提供设施，进行辐解产物分析，从而为辐照食品的安全性提供保证。诸多国家的大量研究证明，从辐射化学的角度研究说明辐照食品是安全的。这种评价方法科学、合理、可靠并且节省时间和费用，避免了不必要的重复。

1976年9月，FAO/IAEA/WHO辐照食品卫生安全联合专家委员会确认了5种"无条件接受"的辐照食品，即鸡肉、番木瓜、土豆、草莓和小麦，并暂时批准了辐照洋葱、大米、新鲜鳕鱼和鲱鱼。加拿大、法国、匈牙利、荷兰和苏联等22个国家根据这个推荐宣布无条件或暂时许可辐照保藏食品，如鳕鱼、鸡肉、调味品、草莓、蘑菇、洋葱和马铃薯。1980年FAO/IAEA/WHO辐照食品卫生安全联合专家委员会正式宣布用10kGy辐照的任何食品不再做毒理学试验。这是对辐照食品中蛋白质、脂肪、碳水化合物、维生素的辐解产物的结构、化学性质及稳定性进行系统研究后得出的结论。1980～1997年WHO组织对10kGy以上辐照食品的安全性评价，也采用辐射化学的研究方法，得出了不存在安全性问题的结论。

辐照食品易产生一些异味成分，这是辐照食品存在的共同现象。如发现鲜橙汁辐照后产生苦味、草药味和煮熟味，橙汁辐照生成的异味成分是二甲基二硫醚和二甲基三硫；辐照

"金皇后"汁中的亚油酸、亚麻酸及其中间产物或终端产物产生含6～9碳原子的醇、醛和酮，它们在浓度高时呈现异味；含不饱和脂肪酸的肉制品辐照会产生特有的血腥气、热脂肪味和焦油味等，它们与辐照产生的烷类、醛类等有关。不同食品因其组成成分和香气成分不同，辐照会增加或减少其挥发物，引起产品品质的变化，尤其因辐照处理产生的异味会降低产品的接受程度。

辐照食品包装材料的安全性也引起了高度重视，这需要进行包装材料辐照试验和性能及化学变化等方面的评价。

随着辐照食品检测分析水平的提高及安全性评价体系和指标的完善，今后仍有必要加强对已知或未知辐照化合物的分析和安全性评价。这也是辐照食品有待进一步研究的一个方面。

四、辐照对微生物的致死作用及辐照安全值

食品辐照引起的微生物细胞生物学效应与其体内物质的化学变化有关，对微生物细胞内某些物质的辐照效应可分为直接效应和间接效应。辐照射线穿透微生物的细胞膜直接对细胞膜和染色体上的 DNA 造成损伤，同时微生物体内的水分电离辐解产生大量的自由基间接对细胞膜上的脂肪酸、DNA、次生代谢产物（如色素、香气）造成破坏。辐照对微生物细胞的损害与细胞的生长状态有关，在致死剂量以下的辐照效应，与微生物的种类、细胞的生长阶段、生长环境、辐照速率以及辐照时间等因素有关。诱导期、对数生长期的微生物细胞对辐照的敏感性比在休眠期时要大得多。但对脱水干燥的微生物或其芽孢则很少产生间接的效应，一般芽孢的抗辐照能力很强。大量研究证实辐照能引起微生物的变异，微生物的常规育种会采用辐照的方法，但都不会导致辐照微生物产生变异的毒株或特殊毒素。在辐照微生物体内会出现不正常的代谢产物，这主要与辐照引起的细胞伤害、伤害细胞的不正常代谢以及细胞内物质的辐解反应有密切的关系。辐照对微生物细胞的损伤主要与其代谢反应有关，视其受辐照损伤后的恢复能力而异，更取决于所使用的辐照总剂量。

根据辐照食品中微生物的种类、腐败性、致病性和食品的卫生要求以及食品保质期的规定，可采用不同的辐照剂量。世界卫生组织规定：采用 1～7kGy 处理可杀灭鲜、冻海产品和冻家禽、肉中的腐败致病菌；采用 10～30kGy 高剂量辐照可杀灭肉、家禽、海产品和半成品食品中的所有微生物。中国对不同的辐照食品规定了平均辐照吸收剂量，见表 7-5。

表 7-5　辐照食品卫生的国家标准

品种	编号	平均吸收剂量/kGy
辐照熟畜禽肉类	GB 14891.1—1997	8.0
辐照干果果脯类	GB 14891.3—1997	0.4～1.0
辐照香辛料类	GB 14891.4—1997	10.0
辐照新鲜水果、蔬菜类	GB 14891.5—1997	1.5
辐照冷冻包装畜禽肉类	GB 14891.7—1997	2.5
辐照豆类、谷类及其制品	GB 14891.8—1997	0.2～0.6

辐照食品的卫生质量和安全性主要是指辐照处理能否杀死食品中的腐败菌、致病菌，能否保证辐照食品符合国家辐照食品卫生和安全的标准。对一般食品而言，在采用符合国家规定辐照剂量的前提下，必须保证辐照杀菌后不得有致病菌存活，且腐败对象菌的致死率要达到一定的要求，才能保证辐照杀菌食品的卫生安全。

1977年FAO/IAEA/WHO辐照食品卫生安全联合专家委员会报告，"辐照可减轻传染性病原微生物的致病力，且未曾发现辐照后增加致病力的情况。同时大多数实验结果证明，辐照能降低毒性产物，食品经辐照后贮藏能够防止产毒微生物过多生长，对于未经辐照的食品来说，这种情况是不可避免的。"

食品辐照的第一目标就是要完全杀死食品中的致病菌，并在一定贮藏条件和保质期内能有效控制腐败微生物的生长和污染，从而提高辐照食品的卫生质量，保证其食用的安全性。根据食品的成分、细菌的种类和数量及产品要求的保质期等，可将辐照杀菌强度分为以下几种。

1. 选择性辐射杀菌

选择性辐射杀菌指通过一定剂量的电离辐射，减少初始细菌的总量，以限制腐败菌作用的辐照处理。它不能杀死全部细菌，仍有一定数量的细菌存活。

2. 针对性辐射杀菌

针对性辐射杀菌指能针对性地全部杀死无芽孢致病菌的辐照处理，如杀灭食品中的沙门氏菌、大肠杆菌、志贺氏菌、李斯特氏菌、副溶血性弧菌等。该辐照强度值是保证辐照食品安全性的最低限值。

3. 辐射灭菌

辐射灭菌指能将食品中的致病菌和腐败菌完全杀死的辐照处理，它能保证辐照食品在任何贮藏、运输和销售条件下都是安全的，不会有微生物的生长。该辐照杀菌要求食品杀菌后的对象菌能减少12D值，即辐照后对象菌减少到1×10^{-12}cfu/mL，这是评价食品杀菌安全性的一个指标。辐照微生物的D_{10}值是指在一定的环境条件下杀死90%细菌所需的剂量。它能衡量微生物耐辐照的程度，该值越大，微生物越耐辐照；反之，微生物对辐照敏感，易杀死。食品中常见微生物的D_{10}值见表7-6。

食品辐照D_{10}值和剂量的大小与食品的污染程度、食品辐照杀菌的对象菌种类和生长状态、食品的组成和酸度、辐照的温度以及微生物培养的条件等有关，这也表明辐照的D_{10}不是固定值。对于低酸和低盐食品，辐照杀菌的对象菌首先要考虑肉毒梭状芽孢杆菌，它的耐辐射性较强，易引起辐照食品中毒，也是危害性最大的细菌。但实际上，食品辐照杀菌的剂量要参考比肉毒梭状芽孢杆菌更耐辐照的微生物D_{10}值来制定。

根据辐照低酸食品要求的最低杀菌安全值计算，$F = nD$，n值与原料污染程度和杀菌残留程度有关。若其D_{10}为3~4kGy，则12D的辐照剂量值为36~48kGy。按照辐照食品杀菌的最低安全值12D，能够计算出不同微生物的最低安全辐照剂量（MRD），该值与辐照食品的种类、辐照温度、微生物的种类和其生长状态等有关，这些条件变化时，该值也变。通常采用模拟体系实验菌株的D值为计算依据，最终计算的最低安全辐照剂量F值是个理论值，它是计算食品辐照杀菌的依据。

近年随着天然风味果汁市场的兴起，辐照非热力杀菌技术在鲜榨果汁的加工应用上得到重视，辐照处理已成为鲜榨果汁商业化杀菌的一种选择。

美国FDA规定：鲜榨果蔬汁生产必须采用HACCP质量控制方法，且要求至少采用一种轻度加工减菌技术保证将可能污染果蔬汁的目标致病菌减少5个对数周期，确保产品的安全性。辐照处理可针对性地杀死或降低污染果蔬汁的致病菌、腐败菌，其辐照杀菌的剂量见表7-7。

表 7-6　微生物辐照的 D_{10} 值

微生物	D_{10}/kGy	辐照时的培养基	辐照品的温度/℃
空肠弯曲菌	0.14～0.16	生牛肉	18～20
大肠杆菌	0.21	营养肉汤	5
大肠杆菌	0.43	低脂肪牛肉	5
大肠杆菌	0.42	高脂肪牛肉	5
短乳杆菌 NCD110	1.20	缓冲液	—
短乳杆菌 NCDO-343	0.08	缓冲液	—
耐辐射微球菌 R_1	2.50	生牛肉	5
耐辐射微球菌 U_1	2.79	生牛肉	5
耐辐射微球菌 R_w	2.75	生牛肉	5
普通变形杆菌	0.10	营养肉汤	—
普通变形杆菌	0.20	牡蛎	—
荧光假单胞菌	0.05	营养肉汤	5
荧光假单胞菌	0.13	低脂肪牛肉	5
肠炎沙门氏菌	0.25	营养肉汤	—
肠炎沙门氏菌	0.70	低脂肪牛肉	—
肠炎沙门氏菌	0.49	高脂肪牛肉	—
金黄色葡萄球菌	0.24	营养肉汤	5
金黄色葡萄球菌	0.58	低脂肪牛肉	5
金黄色葡萄球菌	0.30	高脂肪牛肉	5
嗜酸热芽孢杆菌	1.29	缓冲液	24
枯草芽孢杆菌	2.60	盐水	—
枯草芽孢杆菌	0.35	豌豆汤	—
枯草芽孢杆菌	1.70	炼乳	—
肉毒梭状芽孢杆菌 Type A	3.45～3.60	熟牛肉	25
肉毒梭状芽孢杆菌 Type B	3.17	缓冲液	10
产气荚膜菌 Type C	2.10	水	RT(室温)
产气荚膜菌 Type D	1.80	水	RT(室温)
产气荚膜菌 Type E	1.20	水	RT(室温)
生芽孢梭状杆菌 PA 3679	2.20	水	RT(室温)

表 7-7　不同果蔬汁辐照的安全剂量

品种	辐照剂量/kGy	
	辐照处理	辐照与热处理
苹果汁	＞10	3
橙汁	8	4
葡萄汁	15～20	10
梨汁	＞4	4
番茄汁	5	—

　　大肠杆菌对辐照敏感，采用较小的辐照剂量即可将其全部杀死。用 1kGy 处理 10^7 cfu/mL 大肠杆菌 pH6.8 和 pH4.3 的磷酸缓冲悬浮液，均未检测出大肠杆菌，这说明采用 1kGy 的辐照剂量即可将大肠杆菌的数量降低至少 5 个对数周期。一般新鲜果蔬采用 0.4～1.5kGy 辐照剂量即可将其中的大肠杆菌减少 5 个对数周期，见表 7-8。

表 7-8　不同新鲜食品基质下大肠杆菌的 D_{10} 　　　　　　单位：kGy

食品基质	$E.coli$	食品基质	$E.coli$
菠萝	0.08	胡萝卜	0.14
芹菜	0.2	番茄	0.17
白菜	0.2	四季萝卜	0.30
莴苣	0.22	苜蓿	0.27

在采用辐照杀菌的同时，有必要结合其他杀菌或保鲜的方法，以构建辐照食品杀菌的栅栏效应。在建立良好生产管理体系的同时，要按照辐照食品的管理要求建立辐照食品的HACCP质量管理体系，从辐照加工技术和辐照食品质量管理两方面着手才能保证辐照食品的安全性。

五、国内外辐照食品相关的法律法规

1. 国外辐照食品相关的法律法规

辐照食品相关法律法规的建立和完善是保证辐照食品产业健康发展的基础，也是辐照食品产业走向成熟的标志。

1984年FAO/WHO食品法典委员会（CAC）向其成员国建议辐照食品的CAC标准及辐照食品设施推荐规程。20世纪80年代，很多国家建立了自己的辐照食品法规、标准。现在40多个国家已批准了100多种辐照食品。1997年9月WHO/FAO/IAEA在食品卫生安全性联合专家组会议上提出大于10kGy剂量辐照的食品是安全的。辐照食品剂量无上限的结论已提交CAC用于法典标准的修订。

2. 国内辐照食品相关的法律法规

中国自1984年以来，卫生部开始组织研制，并批准发布了辐照食品的卫生标准共18项，其中专业标准7项，国家标准11项。随后为了与国际辐照食品类别标准接轨，1997年卫生部全部废止了以前发布的7项专业标准，同时发布了6类辐照食品国家标准。另外11项国家标准中，除了保留3项国家标准外，其余8项标准已废止。中国对辐照食品的监督管理实行许可审批制度。从事辐照加工食品的单位，必须按照国家辐照食品的卫生法规、标准，制定良好的辐照食品工艺（GIP），并配备中、高级专业人员及足够数量的、经过训练并考核合格的操作人员。目前，在中国对于辐照食品的监督管理，已初步形成了一个三级组织管理网络，它们在不同层次上，各司其职，各负其责，具体分工如下。

国家级监督职责：组织辐照食品卫生法规、标准的编制，负责审批和发布；负责进口辐照食品（包括非辐照食品）的卫生监测和审批。负责新资源（新开发研制）食品卫生申请的审批。

省级监督职责：负责辐照食品卫生许可证的审批与发放；负责辐照设施运行许可登记证的审批与发放；负责操作人员的培训、考核以及"放射工作人员证"的审批发放；负责放射工作人员个人剂量的监测（每人每年4~6次）以及个人健康的监督（每人1年或2年体检1次）。

市级监督职责：定期对辐照设施场所的辐照防护进行监测与评价（包括对井水的监测），每年2次；对市场上销售的各种食品（辐照和非辐照）的卫生质量进行不定期抽检。

由于采取了上述措施，辐照加工设施的安全及其操作人员的素质已得到很大提高，辐照食品的卫生质量也逐步改善，这对促进中国辐照食品的商业化进程，消除公众对辐照食品保鲜技术的疑虑，增强消费者对辐照食品的信任程度都起到了积极作用。

1996年4月5日卫生部令第47号发布《辐照食品卫生管理办法》，该办法对辐照后食品感官性状、卫生质量、农药残留量以及平均辐照吸收剂量、剂量均匀度、辐照加工食品的卫生许可、市场销售、辐照加工设施的安全防护、操作人员的资格等都作了严格的规定。辐照食品在卫生上应结合推荐的国际操作工艺规范——食品卫生一般原则（CAC/RCP—1969，修定于 1997 年 3 月）进行制备、加工和运输，包括为了食品安全目的对 HACCP 系统七个原理的应用。微生物危害的控制按照国际工艺法规——食品卫生一般原则（RCPO1—1969，1999 年 1 月再次修正），辐照加工者应将食品危害分析与关键控制点（HACCP）管理系统应用于所有辐照食品。

中国是世界辐照食品的第一大国。2005 年中国辐照食品产量达到 14.5 万吨，占世界辐照食品总量的 36%，产值达到 35 亿元，2006 年又有新的增长。至 2006 年底，中国已建和在建设计装源能力 30 万居里❶以上的 γ 辐照装置共 107 座，总设计装源能力超过 1 亿居里，实际装源能力约为 3600 万居里。到 2007 年 10 月，中国已建和在建电子辐照加速器共 133 台，总功率 8258.2kW。辐照食品的质量安全问题也不断突显，例如，不能严格执行辐照食品质量管理规定、未获准允许辐照的食品上市、未按规定辐照剂量辐照食品、重复辐照食品、没有完整的辐照标识和标签等。中国在辐照食品监管方面还存在管理缺陷，缺少专业人员和队伍，鉴定辐照食品的技术跟不上。国家质量监督检验检疫总局的国质检食函〔2006〕322 号特急文件通知两年期间中国出口食品先后 10 次被欧盟食品预警系统通报非法辐照，2007 年上半年被欧盟食品预警系统通报非法辐照 4 次。在国内对辐照食品种类的随意增加、辐照剂量的人为增减、辐照标签标识的缺失、食品辐照与否的纷争比比皆是。辐照食品的监管需要有效的一线监管人员，需要科学的检测技术与手段，二者结合才能保证中国辐照食品监管体系的正常运行。辐照食品的质量安全管理体系中的一个重要组成要素就是配备国家级的辐照食品质量监督检验机构，建立一个具有科学性、有效性、公正性和法律性的检测机构。当前中国专业的辐照食品鉴定机构只有农业部辐照产品质量监督检验测试中心一家，能够鉴定的辐照食品种类还十分有限。要保证辐照食品的安全性就必须完善辐照食品法规框架体系，使辐照食品的管理、监管、检测、仲裁、告知等有法律依据，可采取统一管理，使辐照食品质量安全管理体系具有连贯性和可操作性，加强辐照食品质量安全的监管，落实对消费者权益的保护措施，提高辐照食品鉴定技术水平，确保检测结果的可信度和有效性。

经过几十年的努力，辐照食品相关法律法规制度和质量管理体系已日益完善，这意味着辐照食品的安全性比以往任何时候都更有保证。

▰▰ 思 考 题 ▰▰

1. 超高压杀菌技术特点和应用领域有哪些？
2. 美国 FDA 对非热力食品杀菌的安全性有哪些规定？
3. 超高压加工处理对食品的营养和食品中的微生物有哪些影响？
4. 如何确定超高压杀菌的目标菌及其杀菌的安全强度值？
5. 什么是辐照杀菌技术，该技术的杀菌特点和应用领域有哪些？
6. 辐照处理对食品营养和食品中的微生物有哪些影响？
7. 辐照杀菌食品安全性评价指标有哪些？这些指标确定的依据是什么？
8. 如何确定辐照杀菌的目标菌及其杀菌的安全强度值？

---

❶　1 居里（Ci）=37GBq。

参考文献

[1] 钟耀广. 食品安全学. 第 2 版. 北京: 化学工业出版社, 2010.

[2] 王锋, 哈益明, 周洪杰, 等. 食品工业科技, 2008, 29 (9): 289-291.

[3] Urbain W M. Food Irradiation. (London) ITD: Academic Press INC, 1986.

[4] Niemira A B, Sommers H C, Boyd G. Irradiation Inactivation of Four Salmonella Serotypes in Orange Juice with Various Turbidities. J Food Protec, 2001, 64 (5): 614-617.

[5] Josephson E S, Peterson M S. Preservation of Food Ionizing Radiation. Florida USA: CRC Press, 1983.

[6] JOIT FAO/IAEA DIVISION. Use of Irradiation to Ensure Hygienic Quality of Fresh, Pre-Cut Fruits and Vegetable and Other Minimally Processed Food of Plant Origin. Balfast, Ireland. 2003.

[7] Diehl J F. Safety of Irradiated Foods. New York USA: Marcel Dekker Inc, 1995.

[8] Molins R A Food Irradiation: Principles and Application. USA: A Jhon Willey Sons Inc, publication, 2001.

[9] Patterson M F, Linton M, McClements J M J. Pathogen Inactivation by High Pressure Treatment of Foods. Horst Luwig Edited, 1999: 108-109.

[10] Marc E G, Knorr H. Ultra High Pressure Treatments of Foods. USA: Kluwer Academic/Plenum Publishers, 2001: 167-183.

[11] Fox J A Influence on purchase of irradiated foods. Food Technol, 2002, 56 (11): 34-37.

[12] Fox J B, Lakritz L, Hampson J, Richardson R, Ward K, Thayer D W. Gamma irradiation effects on thiamin and riboflavin in beef, lamb, pork, and turkey. J Food Sci, 1995, 60: 596-598, 603.

[13] Fox J B, Lakritz L, Thayer D W. Thiamin, riboflavin, and a-tocopherol retention in processed and stored irradiated pork. J Food Sci, 1997, 62: 1022-1025.

第八章

转基因食品的安全性

1. 转基因食品的安全性问题。
2. 转基因食品安全性评价的目的、原则。
3. 转基因食品安全性评价的内容。
4. 转基因食品的管理与法规。

第一节 概 述

1989 年瑞士当局批准第一例重组 DNA 基因工程菌生产的凝乳酶在奶酪工业的应用，标志着转基因食品的诞生。1993 年 Calgene 公司转反义 PG 基因的延熟番茄 Flavr-Savr 在美国上市，随后，转基因植物的种植面积迅速增加。

据国际农业生物技术应用咨询服务中心（ISAAA）统计，1996 年转基因作物进行商业化种植，当时种植面积仅有 170 万公顷。截至 2017 年全世界转基因作物种植面积为 1.898 亿公顷，全球种植面积增长了约 112 倍（见图 8-1）。其发展速度之快，超出人们的预料。种植转基因作物的国家也由最初的几个国家发展到目前的 24 个，其中 18 个国家转基因作物种植面积超过 5 万公顷，最主要的国家为美国、巴西、阿根廷、加拿大、印度。目前已商品化大面积种植的转基因作物种类主要为大豆、玉米、棉花和油菜。从 2011 年开始，发展中国家转基因作物的种植面积已连续 6 年超过了发达国家的转基因作物种植面积，2016 年，转基因作物为发展中国家和发达国家所带来的经济效益分别为 100 亿美元和 82 亿美元。2017 年，全球转基因作物的种子价值高达 172 亿美元。

但是，生物技术如同其他新出现的技术一样，是一把双刃剑。有其对人类有利的一面：利用生物技术改造农作物，使其自身可以对病虫害产生抵抗力，从而减少对农药的需求；利用生物技术生产生物农药，在提高药效的同时，减少了农药降解的时间和对人畜的毒性；利用生物技术改造家畜和家禽，使其对病害的抵抗力增加，减少抗生素的使用；利用基因工程技术使其内源生长

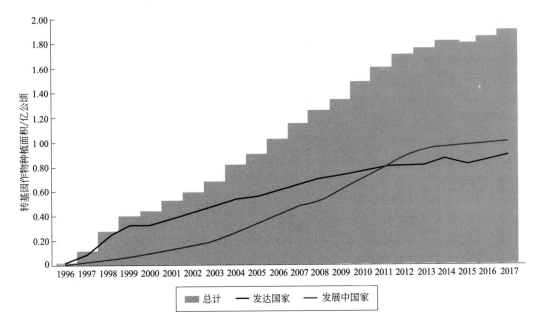

图 8-1　商业化转基因作物从 1996 年到 2017 年的增长趋势

激素分泌增加，对饲料的利用率提高，脂肪生成减少，瘦肉增加，可以杜绝抗生素、激素和违禁药物的使用；利用现代生物技术检测方法可以快速、准确地测定食品中的有害、有毒物质，更好地保障食品的安全食用。因此，生物技术可以改善食品生产的环境、提高食品的营养、消除食品的污染源，在改善和保障食品安全方面有着巨大的应用前景。

　　同时，也有其对人类不利的一面：如果对生物技术不加以管理，就会对人类产生灾难性的后果，这些后果有短期的，也有长期的。好在生物技术对人类的潜在危害在其发展的初期就被科学家们认识到，在发展转基因食品的同时，相应的管理和安全性评价也在世界各国展开。

第二节　转基因食品的安全性问题

一、转基因食品安全性问题的由来

　　自 1953 年 Watson 和 Crick 揭示了遗传物质 DNA 双螺旋结构，现代分子生物学的研究进入了一个新的时代。20 世纪 60 年代末斯坦福大学教授 Berg 尝试用来自细菌的一段 DNA 与猴病毒 SV40 的 DNA 连接起来，获得了世界上第一例重组 DNA。但这项研究受到了其他科学家的质疑，因为 SV40 病毒是一种小型动物的肿瘤病毒，可以将人的细胞培养转化为类肿瘤细胞，如果研究中的一些材料扩散到环境中将对人类造成巨大的灾难。于是在 1973 年的 Gordon 会议和 1975 年的 Asilomar 会议专门针对转基因生物的安全进行了讨论。美国国立卫生院依据专家会议的讨论结果制定了美国的生物技术管理条例。

　　到 20 世纪 80 年代后期，随着第一例基因重组转基因食品牛乳凝乳酶的商业化生产，转基因食品的安全性受到了越来越广泛的关注。1990 年，召开的第一届 FAO/WHO 专家咨询会议在转基因食品安全性评价方面迈出了第一步。会议首次强调了食品生产加工中生物技术的地位，讨论了在进行转基因食品安全性评价时的一般性和特殊性的问题，认为传统的食品安全性评价毒理学方法已不再适用于转基因食品。1993年，经济发展合作组织召开了转基因食品安全会议，会议提出了《现代转基因食品安全性评价：概念与原则》的报告，报告中的"实质等同性原则"得到了世界各国的认同。1996年和2000年FAO/WHO专家咨询会议，2000年和2001年在日本召开的世界食品法典委员会（CAC）转基因食品政府间特别工作组会议都对"实质等同性原则"给予了肯定。随后，在2003—2008年间，CAC出台了一系列的转基因生物安全评价指南，用以指导各国的转基因生物安全评价工作。

在此期间，1998年英国的普兹泰（Pustai）在"Nature"上发表文章报道用转有植物雪花莲凝集素的转基因马铃薯饲养大鼠，可引起大鼠器官发育异常，免疫系统受损。这件事如果得到证实，将对生物技术产业产生重大的影响。在经过英国皇家协会组织的评审后，认为该研究存在六条缺陷，所得出的结论不科学。1999年，美国康乃尔大学学者在"Nature"上发表文章，报道斑蝶幼虫在食用了撒有转Bt基因玉米花粉的马利筋草（milkweed），有44％死亡。此事引起了美国公众的关注，因为色彩艳丽的斑蝶是美国人所喜爱的昆虫。但一些科学家认为，这个实验是在实验室条件下通过人工将花粉撒在草上，不能代表田间的实际情况。此外，绿色和平组织的示威游行、印度和德国销毁转基因作物试验田等事件加剧了人们对转基因食品安全性的疑虑，同时也要求科学家对转基因食品安全性给予更多的关注和研究，以便更好地利用生物技术为人类造福。

二、转基因食品食用安全性问题

人们对转基因食品食用安全性的担忧主要有以下五个方面。

(1) 转基因食品的营养性问题。人们担心转基因操作可能导致某种营养物质的减少甚至缺失，影响食用价值，尤其是像转基因水稻等粮食作物长期大量食用后对人体产生的影响难以预料。

(2) 转基因食品的毒性问题。有人担心新引入的蛋白质有毒性，经常有人将转基因抗虫作物与化学农药相比，提出"虫子不能吃，人能吃吗"的疑问。

(3) 转基因食品的过敏性问题。转基因转入的蛋白质可能成为一种过敏原，从而使原来不具有过敏性的食品成为新的过敏原。例如，曾经出现过将巴西坚果中的2S清蛋白转入大豆中，结果对巴西坚果过敏的人对这种大豆也发生过敏的案例，这个产品最后被终止研究。

(4) 转基因食品中的抗生素抗性标记基因的耐药性问题。转基因生物基因组中插入的外源基因通常连接了抗生素标记基因，用于帮助转化体的选择。抗生素标记基因可能产生的不安全因素包括两个方面：标记基因的表达产物可能有毒或有过敏性、标记基因的水平转移。人们担心标记基因转移到人体胃肠道内有害微生物体内，会导致微生物产生耐药性，影响抗生素的治疗效果。

(5) 转基因食品的非期望效应。由于基因的插入是随机的，无法精确控制，因此可能会产生预料外的效果。例如引起某种有用基因沉默，从而导致某种营养成分的减少，或者激发某种抗营养因子水平的增加。

第三节 转基因食品安全性评价

一、转基因食品安全性评价的目的与原则

(一) 安全性评价的目的

转基因食品作为人类历史上的一类新型食品，在给人类带来巨大利益的同时，也给人类

健康和环境安全带来潜在的风险。因此，转基因食品的安全管理受到了世界各国的重视。其中，转基因食品的安全性评价是安全管理的核心和基础之一。转基因食品安全性评价的目的是从技术上分析生物技术及其产品的潜在危险，对生物技术的研究、开发、商品化生产和应用各个环节的安全性进行科学、公正的评价，以期在保障人类健康和生态环境安全的同时，也有助于促进生物技术的健康、有序和可持续发展。因此，对转基因食品安全性评价的目的可以归结为以下几个方面。

① 提供科学决策的依据；
② 保障人类健康和环境安全；
③ 解决回答公众疑问；
④ 促进国际贸易，维护国家权益；
⑤ 促进生物技术的可持续发展。

（二）安全性评价的原则

1. 实质等同性原则

在 1996 年 FAO/WHO 召开的第二次生物技术安全性评价专家咨询会议上，将转基因植物、动物、微生物产生的食品分为三类。

① 转基因食品与现有的传统食品具有实质等同性；
② 除某些特定的差异外，与传统食品具有实质等同性；
③ 与传统食品没有实质等同性。

实质等同性比较的主要内容有：

生物学特性的比较：对植物来说包括形态、生长、产量、抗病性及其他有关的农艺性状；对微生物来说包括分类学特性（如培养方法、生物型、生理特性等）、侵染性、寄主范围、有无质粒、抗生素抗性、毒性等；对动物来说包括形态、生长生理特性、繁殖、健康特性及产量等。

营养成分比较：包括主要营养素、抗营养因子、毒素、过敏原等。主要营养素包括脂肪、蛋白质、碳水化合物、矿物质、维生素等；抗营养因子主要指一些能影响人对食品中营养物质的吸收和对食物消化的物质，如豆科作物中的一些蛋白酶抑制剂、脂肪氧化酶以及植酸等。毒素指一些对人有毒害作用的物质，如马铃薯中的茄碱、番茄中的番茄碱等。过敏原指能造成某些人群食用后产生过敏反应的一类物质，如巴西坚果中的 2S 清蛋白。一般情况下，对食品的所有成分进行分析是没有必要的，但是，如果其他特征表明由于外源基因的插入产生了不良影响，那么就应该考虑对广谱成分予以分析。对关键营养素的毒素物质的判定是通过对食品功能的了解和插入基因表达产物的了解来实现的。但是，在应用实质等同性评价转基因食品时，应该根据不同的国家、文化背景和宗教等的差异进行评价。在进行评价时应根据下列情况分别对待。

① 与现有食品及食品成分具有完全实质等同性。

若某一转基因食品或成分与某一现有食品或成分具有实质等同性，那么就不用考虑毒理和营养方面的安全性，两者应等同对待。

② 与现有食品及成分具有实质等同性，但存在某些特定差异。

这种差异包括：引入的遗传物质是编码一种蛋白质还是多种蛋白质，是否产生其他物质；是否改变内源成分或产生新的化合物。新食品的安全性评价主要考虑外源基因的产物与功能，包括蛋白质的结构、功能、特异性食用历史等。在这种情况下，主要针对一些可能存在的差异和主要营养成分进行比较分析。目前，经过比较的转基因食品大多属于这种情况。

③ 与现有食品无实质等同性。

如果某种食品或食品成分与现有食品和成分无实质等同性，这并不意味着它一定不安全，但必须考虑这种食品的安全性和营养性。

2. 预先防范的原则

转基因技术作为现代分子生物学最重要的组成成分，是人类有史以来，按照人类自身的意愿实现了遗传物质在四大系统间的转移，即人、动物、植物和微生物。由于转基因技术的特殊性，必须对转基因食品采取预先防范（precaution）作为风险性评估的原则。必须以科学为依据，并结合其他评价的原则，对转基因食品进行评估，防患于未然。

3. 个案评估的原则

由于转基因生物及其产品中导入的基因来源、功能各不相同，受体生物及基因操作也可能不同。因此，必须针对性地进行逐个评估，这也是目前大多数国家采取的评估原则。

4. 逐步评估的原则

转基因生物及其产品的研发是经过了实验室研究、中间试验、环境释放、生产性试验和商业化生产等几个环节。每个环节对人类健康和环境所造成的风险是不相同的。实验规模既影响所采集的数据种类，又影响检测某一个事件（event）的概率。一些小规模的试验有时很难评估大多数转基因生物及其产品的性状或行为特征，也很难评价其潜在的效应和对环境的影响。逐步评估的原则就是要求在每个环节上对转基因生物及其产品进行风险评估，并且以前一步的实验结果作为依据来判定是否进行下一阶段的开发研究。一般来说，有三种可能：第一，转基因生物及其产品可以进入下一阶段试验；第二，暂时不能进入下一阶段试验，需要在本阶段补充必要的数据和信息；第三，转基因生物及其产品不能进入下一阶段试验。例如，1998 年在对转入巴西坚果 2S 清蛋白的转基因大豆进行评价时，发现这种可以增加大豆甲硫氨酸含量的转基因大豆对某些人群而言是过敏原，因此，进一步的开发研究终止了。

5. 风险效益平衡的原则

发展转基因技术就是因为该技术可以带来巨大的经济和社会效益。但作为一项新技术，该技术可能带来的风险也是不容忽视的。因此，在对转基因食品进行评估时，应该采用风险和效益平衡的原则，综合进行评估，在获得最大利益的同时，将风险降到最低。

6. 熟悉性原则

所谓的熟悉是指了解转基因食品的有关性状、与其他生物或环境的相互作用、预期效果等背景知识。转基因食品的风险评估既可以在短期内完成，也可能需要长期的监控。这主要取决于人们对转基因食品有关背景的了解和熟悉程度。在风险评估时，应该掌握这样的概念：熟悉并不意味着转基因食品的安全，而仅仅意味着可以采用已知的管理程序；不熟悉也并不能表示所评估的转基因食品不安全，也仅意味着对此转基因食品熟悉之前，需要逐步地对可能存在的潜在风险进行评估。因此，"熟悉"是一个动态的过程，不是绝对的，是随着人们对转基因食品的认知和经验的积累而逐步加深。

二、转基因食品安全性评价内容

为保障生物技术的健康发展，制定各国认可的转基因植物的安全性评价框架，有关国际组织如世界卫生组织（WHO）、联合国粮农组织（FAO）、国际生命科学学会（ILSI）及世界经济合作发展组织（OECD）等多次召开专家咨询会议，研究制定有关条例。食品法典委员会（CAC）于2003年7月1日，通过了有关转基因植物安全检测的标准性文件CAC/GL 45—2003《重组DNA植物及其食品安全性评价指南》。依据该指南，目前国际上对转基因植物的食用安全性评价主要是从致敏性评价、毒性评价、营养学评价、抗生素抗性评价等方面进行评估。

（一）致敏性评价

1. 转基因食品与食物过敏

食物过敏是人类食物食用史上一个由来已久的问题。食物过敏常发生在某些特殊人群，全球有近2%的成年人和4%~6%的儿童有食物过敏史。食物过敏是指在食品中含有某些能引起人产生不适反应的抗原分子，这些抗原分子主要是一些蛋白质，这些蛋白质具有对T细胞和B细胞的识别区，可以诱导人免疫系统产生免疫球蛋白E抗体（IgE）。过敏蛋白含有两类抗原决定簇，即T细胞和B细胞的抗原决定簇。抗原一般为小于16个氨基酸残基的短肽。在食物过敏性反应中还有一类是细胞介导的过敏反应，包括由于淋巴细胞组织敏感产生的，叫滞后型的食物过敏。这种过敏反应是在进食过敏性食品8h以后才开始有反应，目前婴儿多发生这种类型的反应。但在一些患有胃病的人群中，这种过敏反应也是常见的。例如，谷蛋白敏感性胃病。

食物过敏反应通常在食物摄入后的几分钟到几小时内发生。在儿童和成年人中，90%以上的过敏反应是由这八种或八类食物引起的：蛋、鱼、贝壳、奶、花生、大豆、坚果和小麦。一般过敏性食品都具有一些共同特点：如大多数是等电点小于7的蛋白质或糖蛋白，分子量在10000~80000；通常都能耐受食品加热操作；可以抵抗肠道消化酶的作用等。但是，具有这些特性的物质并非都是过敏原。

一般在下列情况下转基因食品可能产生过敏性。

① 所转基因编码已知的过敏蛋白。

② 基因含过敏蛋白，如Nebraska大学证明，表达巴西坚果2S清蛋白的大豆有过敏性，该转基因大豆因此未被批准商业化。

③ 转入蛋白质与已知过敏原的氨基酸序列在免疫学上有明显的同源性。可从Genebank、EMBL、Swissport、PIR等数据库查找序列同源性，但至少要有8个连续的氨基酸相同。

④ 转入蛋白质属某类蛋白质的成员，而这类蛋白质家族的某些成员是过敏原。如肌动蛋白抑制蛋白（profilins）为一类小分子量蛋白质，在脊椎动物、无脊椎动物、植物及真菌中普遍存在。但在花粉、蔬菜、水果中的肌动蛋白抑制蛋白为交叉反应过敏原。

2. 转基因食品致敏评价决策树

国际食品生物技术委员会与国际生命科学研究院的过敏性和免疫研究所一起制定了一套分析遗传改良食品过敏性树状分析法（见图8-2）。该法重点分析基因的来源、目标蛋白与已知过敏原的序列同源性、目标蛋白与已知过敏患者血清中的IgE能否发生反应，以及目标蛋白的理化特性。

2001年FAO/WHO举行的有关转基因食品安全的专家咨询会议，对过敏原的评价提出了新的致敏评价策略（图8-3）。CAC在2003年的《重组DNA植物及其食品安全性评价指南》中等同采用了新的致敏评价策略。主要评价方法包括基因来源、与已知过敏原的序列相似性比较、过敏患者的血清特异 IgE 抗体结合试验、定向筛选血清学试验、模拟胃肠液消化试验和动物模型试验等，最后综合判断该外源蛋白质的潜在致敏性的高低。

按照该评价策略，首先进行氨基酸序列的相似性比较。如果证明重组蛋白质和已知致敏蛋白质间存在相似序列，就可判定该重组蛋白质为可能致敏原，无需进行下一步试验；如果重组蛋白质和已知致敏蛋白质间不存在相似序列，则需用对基因来源物种过敏患者的血清进行特异 IgE 抗体结合试验。在进行

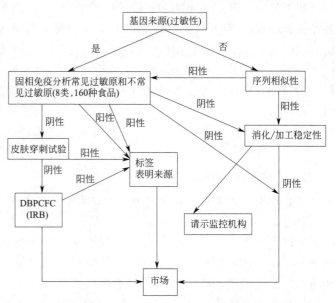

图 8-2　食品过敏性的树状分析法

血清学试验时，该评估策略没有区分转入的基因是否来源于常见的致敏性物种，只要氨基酸序列相似性比较结果为阴性，都需进行特异 IgE 抗体检测试验。如果特异 IgE 抗体检测试验结果为阳性，就可判定该重组蛋白质为可能致敏原，无需进行下一步试验；如果试验结果为阴性，则需进行定向筛选血清学试验、模拟胃肠液消化试验和动物模型试验。

但是由于目前对致敏机制了解的局限性，现有的方法只能为外源蛋白质的致敏性评价提供有价值的信息，但没有一项指标与待测蛋白质的致敏反应有直接的联系。当以上所得结果为阴性时，待测蛋白质仍可能是一种致敏原；如果得到阳性结果，仍需进一步试验来证实新蛋白质的潜在致敏性。

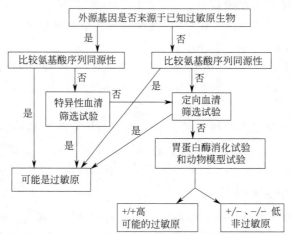

图 8-3　2001 年 FAO/WHO 新的致敏评价策略

通常认为致敏性蛋白质具有较强的抗消化性，因此外源蛋白质在模拟消化液中的消化性就作为其是否具有致敏性的评价手段之一。将外源基因的原核表达产物或转基因食品的初提液以及与人体胃肠液具有相似 pH 值、盐离子浓度、酶含量的模拟消化液在 37℃环境中共

同孵育，取不同消化时间的消化液进行蛋白质电泳，根据电泳图谱或者进一步做蛋白质印迹反应，判断目标蛋白能否被消化液降解，从而推断蛋白质在人体内的可消化情况。

动物模型是在 2001 年 FAO/WHO 生物技术食品致敏性联合专家咨询会议发布的转基因食品致敏性评估树状分析策略中新增加的评估方法。目前已有几种动物模型被认为有良好的应用前景，包括皮下注射致敏 BlAb/c 小鼠模型、经口致敏的 BN 大鼠模型，这些模型均可出现 IgE 介导的致敏反应。给试验动物注射或者灌喂外源蛋白质一段时间后，通过酶联免疫反应检测动物血清中是否产生蛋白质特异性 IgG 与 IgE。但对动物试验是否可以代替人体试验尚有争议，因为动物的免疫试验可能与人的遗传过敏情况不同，不会产生人多样性的 IgE。因此，目前还没有一个公认有效的动物致敏模型。

（二）毒性评价

1. 转基因食品与毒性物质

毒性物质是指那些由动物、植物和微生物产生的对其他种生物有毒的化学物质。从化学的角度看，毒性物质包括了几乎所有类型的化合物；从毒理学角度看，毒性物质可以对各种器官产生化学和物理化学的直接作用，因而引起机体损伤、功能障碍以及致癌、致畸，甚至造成死亡等各种不良生理效应。

现在已知的植物毒素中，绝大部分是植物次生代谢产物，属于生物碱、萜类、苷类、酚类和肽类等有机物。其中，最重要的是生物碱和萜类植物。如天芥菜碱等双稠吡咯烷以及金雀儿碱、羽扁豆碱等双稠哌啶烷类生物碱是强烷化剂，具有强烈的肝脏毒性，并有致癌、致畸作用。植物性食品也产生大量的毒性物质和抗营养因子。如蛋白酶抑制剂、溶血剂、神经毒剂等。到目前为止，自然界共发现四类蛋白酶抑制剂：丝氨酸蛋白酶抑制剂、金属蛋白酶抑制剂、巯基蛋白酶抑制剂和酸性蛋白酶抑制剂。这些蛋白酶抑制剂在抗虫基因工程研究中得到了广泛的应用。许多豆科植物产生相对较高水平的凝集素和生氰糖苷。植物凝集素在食用前未被消化或加热浸泡除去，可以造成严重的恶心、呕吐和腹泻。如果生食豆类和木薯，其生氰糖苷能导致慢性神经疾病甚至死亡。

从理论上讲，任何外源基因的转入都可能导致遗传工程体产生不可预知的或意外的变化，其中包括多向效应。这些效应需要设计复杂的多因子试验来验证。如果转基因食品的受体生物有潜在的毒性，应检测其毒素成分有无变化，插入的基因是否导致毒素含量的变化或产生了新的毒素。在毒性物质的检测方法上应考虑使用 mRNA 分析和细胞毒性分析。

2. 转基因食品毒性评价

食品安全性毒理学评价的作用就是从毒理学的角度，研究食品中可能含有的有毒有害物质对食用者的作用机理，检验和评价食品（包括食品添加剂）的安全性或安全范围，从而达到确保人类健康的目的。常用的毒理学评价方法有急性毒性、遗传毒性、亚慢性毒性和慢性毒性试验。食品毒理学评价的手段是以动物试验为主，即让动物代替人摄入待测的食品或食品成分，通过观察动物的中毒表现和检测动物的生理生化指标来确定待测物的毒性和安全摄入量，并推论到人。目前转基因食品毒理学评价的方法主要是基于传统单一成分化学物质的毒理学评价手段，国际上主要依据的是 OECD 关于化学物质评价方法（OECD，1995），我国的转基因食品安全性评价采用的是 1983 年由卫生部首次颁发的《食品安全性毒理学评价程序和方法》，该标准经 1985 年、1996 年、2003 年、2015 年的四次修订。

转基因食品的毒理学评价包括新表达蛋白质与已知毒蛋白和抗营养因子氨基酸序列相似

性的比较，新表达蛋白质热稳定性试验，体外模拟胃液蛋白质消化稳定性试验。当新表达蛋白质无安全食用历史，安全性资料不足时，必须进行急性经口毒性试验；必要时应进行免疫毒性检测评价。新表达的物质为非蛋白质，如脂肪、碳水化合物、核酸、维生素及其他成分等，其毒理学评价可能包括毒物代谢动力学、遗传毒性、亚慢性毒性、慢性毒性/致癌性、生殖发育毒性等方面。具体需进行哪些毒理学试验，采取个案分析的原则。而对于转基因全食品的毒理学评价主要是进行大鼠 90 天喂养的亚慢性毒性评价。

(1) 外源蛋白质与已知毒蛋白序列同源性比对 利用生物信息学分析软件，将待测外源蛋白质的氨基酸序列与蛋白质数据库中的毒性蛋白质和抗营养因子的氨基酸序列进行序列相似性比较，E 值越小，表明序列相似性越高。但是，生物信息学分析仅是毒性分析的第一步，如出现相似性较高的结果，应结合后续的毒理学试验进行进一步的验证。

(2) 外源蛋白质急性毒性评价 在进行化学物质的急性毒性分析时采用的是纯物质进行评价，而转基因食品中的目标蛋白（外源蛋白质）表达量一般都比较低，如 Bt 蛋白通常表达量小于 1%。在此情况下用转基因食品直接进行急性毒性评价意义不大。关键是要对转入的外源蛋白质进行毒理学评价。但是，外源蛋白质通常不易获得。国际通用的做法是将外源蛋白质转入微生物中，分析微生物表达蛋白质与转基因植物中表达的蛋白质在分子量、免疫原性、糖基化、氨基酸序列及生物活性等方面具有等同性后，发酵表达大量的外源蛋白质，用纯化的蛋白质进行急性毒性评价。

在进行外源蛋白质急性毒性试验时，其灌胃剂量是试验的关键。由于大部分转入食品中的外源蛋白质毒性都不明显，因此很难测出 LD_{50}。通常估算出人类正常的食物摄入中转基因食品的最大摄入量（即假设摄入的同类食品均为该种转基因食品），再根据转基因食品中外源蛋白质的含量，估算出外源蛋白质的最大摄入量，然后以最大摄入量的百倍甚至千倍的剂量灌胃小鼠，观察两周内动物中毒及死亡的情况，计算外源蛋白质的半数致死量（LD_{50}）或者最大耐受剂量，最后宰杀动物，观察内脏病变。对于超过人体摄入量百倍甚至千倍的耐受剂量的蛋白质通常认为不会对人体产生急性毒性。目前我国的外源蛋白质急性毒性评价标准中主要采用最大限量法进行急性毒性试验，建议灌胃剂量达到 5000 mg/kg 体重的实际无毒水平。

(3) 转基因全食品亚慢性毒性评价 动物亚慢性毒理学试验可以反映出转基因食品对于生物体的中长期营养与毒理学作用，因此是转基因食品食用安全性评价工作的重要评价手段之一。通常试验动物选择大鼠。在不影响动物膳食营养平衡的前提下，按照一定比例（通常设高、中、低三个剂量组）将转基因食品掺入到动物饲料中，让动物自由摄食，喂养 90 天时间（NY/T1102－2006）。观察动物的中毒表现、死亡情况，定期称量动物体重与进食量。实验末期，宰杀动物，观察是否有脏器病变，称量脏器重量，计算脏体比。如果发现有病变脏器，则应进行毒理切片观察。最后，检测实验动物的血液学指标和尿液指标，进一步观察动物体内各种营养素的代谢情况。并将转基因食品与非转基因食品及正常动物饲料组的各项指标进行比较，分析动物的生长情况、对食物的利用情况以及各项生理指标，观察转入基因是否对生物体产生了不良的营养学与毒理学作用。

由于目前没有更为有效的快速的方法观察转基因食品对于人类健康的长期影响，所以，亚慢性毒理学试验为转基因食品的长期影响提供了重要的评价手段。通常，转基因食品的亚慢性毒性试验无异常反应的话，可以认为其不会在长期的食用过程中对人体造成不良影响。但是，一旦亚慢性毒性试验显示转基因食品可能会对生物健康产生不良作用，则应延长试验时间（通常为两年），进行长期毒性试验。

（三）营养成分和抗营养因子评价

食品的功能就在于它对人类的营养，因此，营养成分和抗营养因子是转基因食品安全性评价的重要组成部分。依据转基因安全评估的"实质等同性"原则（或称为比较性原则），应对转基因植物及其产品中的营养成分（包括营养元素、抗营养因子和天然毒素）与其亲本对照进行比较，这是转基因食品安全性评价的一个重要组成部分。对转基因食品营养成分的评价主要针对蛋白质、淀粉、纤维素、脂肪、矿物元素、维生素等与人类健康营养密切相关的物质。根据转基因食品的种类，还需要有重点地开展一些营养成分的分析，如转基因大豆的营养成分分析，还应重点对大豆中的大豆异黄酮、大豆皂苷等进行分析。一方面，这些成分是一些对人类健康具有特殊功能的营养成分，同时，也是抗营养因子。在食用这些成分较多的情况下，这些物质会对我们吸收其他营养成分产生影响，甚至造成中毒。

由于各种转基因作物及其加工后产品的主要营养成分、抗营养因子与天然毒素各不相同，需要检测的项目与指标也就不能一概而论。通常，主要营养成分包括大量营养成分（如蛋白质、水分、灰分、脂肪、纤维素、碳水化合物）和微量营养成分（如氨基酸、脂肪酸、矿物质、维生素等）。其中，大量营养成分各物种变化不大，微量营养成分则可能根据物种的不同稍有不同，如水稻中几乎不含维生素 A，因此无需进行维生素 A 的检测，但总体上变化不大。而天然毒素和抗营养因子则因物种而异，差别较大。OECD 出台了一系列的作物成分手册，总结了各种作物的加工方式，并给出了不同种的作物及其加工产品的营养检测指标，提供了相应的历史数据和参考文献。2001 年到 2015 年，共公布 19 种作物的成分共识文件，包括甜菜、土豆、玉米、小麦、水稻、棉花、大麦、苜蓿与其他饲料作物、蘑菇、向日葵、番茄、木薯、高粱、甘薯、木瓜、甘蔗、油菜子、大豆、菜豆。同时 ILSI 也建立了各种农作物的成分数据库，为玉米、棉花和大豆三种常见的转基因受体植物的营养成分提供参考。

检测完各种成分后，就需要对转基因作物的成分进行分析，其采用的评价标准主要是前面提到的"实质等同性"的比较方法，即将转基因作物的各种成分与其非转基因同源亲本进行比较。如果二者之间没有显著性差异，则认为转基因作物与其亲本同样"安全"；如果二者有显著性差异，则认为转基因作物存在潜在的毒理与营养方面的改变，需要进行进一步的生物学评价。但是，由于遗传与环境的差异，即使是同一品种的植株间也会有差异，因此很难保证转基因作物及其亲本的各种成分均保持完全一致。这时候就要参考 OECD 与 ILSI 提供的相应作物的历史参考数据，以判断这种差异是否在正常的范围内。

传统的转基因作物主要以提高农作物的抗逆特性为目的，称为第一代转基因产品。这一类产品中主要的改变是抗逆基因产生的外源蛋白质，而对其营养成分没有造成大的影响。因此适用于选取传统品种进行实质等同性分析。然而，随着转基因技术的发展，单纯提高农作物的抗逆性质已不能满足市场需求，从消费者的角度出发，增强或添加对人体有益成分的含量，改善食品的营养品质的新型转基因食品已经成为研发的主流。对于这一类产品的成分分析就不能用与传统食品成分是否等同来分析。例如对于提高植物蛋白与必需氨基酸含量的转基因食品，蛋白质与氨基酸含量升高就是期望的目的性状。对于这一类产品的安全评价目前还没有定论，但是必须结合进一步的营养学、毒理学及免疫学研究。

（四）抗生素抗性标记基因评价

抗生素抗性标记基因在传统转基因技术中是比较常用的筛选基因，主要应用于对已转入外源基因生物体的筛选。其原理是把选择剂（如卡那霉素、四环素等）加入选择性培养基中，使其产生一种选择压力，致使未转化细胞不能生长发育，而转入外源基因的细胞因含有抗生素抗性基因，可以产生分解选择剂的酶来分解选择剂，因此可以在选择培养基上生长。因为抗生素对人类疾病的治疗关系重大，对抗生素抗性标记基因的安全性评价，是转基因食品安全评价的主要问题之一。

美国食品与药品管理局（FDA）评价抗生素抗性标记基因时，认为在采取个案分析原则的基础上，还应考虑以下几个方面。

① 使用的抗生素是否是人类治疗疾病的重要抗生素；

② 是否经常使用；

③ 是否口服；

④ 在治疗中是否是独一无二不可替代的；

⑤ 细菌菌群中所呈现的对抗生素的抗性水平状况如何；

⑥ 选择压力存在时是否会发生转化。

目前我国已经禁止含有抗生素抗性基因的转基因生物应用于商业化生产，因此，未来抗生素抗性的风险将逐渐淡化。

（五）非期望效应评价

由于转入基因的插入位点无法精确控制，转基因生物可能会产生预期效应之外的变化，称为非期望效应。非期望效应的研究是国际上生物技术食品安全性研究的前沿课题，对其研究的分析手段涉及了现代分析仪器技术和现代分子生物学研究技术。目前的研究主要在以下两个方面进行：一类是定向方法，即对一些重要营养素和关键毒素进行单成分分析的定向方法；另一类是非定向方法，主要包括微阵列分析基因表达（功能基因组学）、蛋白质双向电泳和质谱分析蛋白质（蛋白质组学）、液质联用与核磁共振分析代谢化合物（代谢组学）。对于食用转基因食品后对动物健康可能产生的非期望效应，可以在毒理和生理指标的基础上检测动物的肠道菌群与肠道健康的变化，以及动物尿液与粪便的代谢物的变化等。

（六）转基因作物对生态环境可能造成的影响

转基因作物对生态环境的潜在威胁是转基因食品安全性评价的另一个重要方面，根据转基因作物的特点不同，转基因作物对环境的潜在威胁也不相同。转基因作物对环境的潜在威胁主要体现在以下几个方面。

1. 转基因作物本身演化为杂草的可能性

杂草是指对人类行为和利益有害或有干扰的任何植物，杂草危害使世界农作物的产量及农业生产蒙受巨大经济损失。一个物种可能通过两种方式转变为杂草：一是它能在引入地持续存在；二是它能入侵和改变其他植物栖息地。理论上讲许多性状的改变都可能增加转基因植物杂草化趋势。例如，对有害生物和逆境的耐性提高、种子休眠的改变、种子萌发率的提高等都可能促进转基因植物生存和繁殖能力。判断一种植物是不是有杂草化趋势，主要分析这种植物有无杂草特征。现今主要栽培植物都是经人类长期驯化培育而成，已失去了杂草的遗传特性，仅用一两个或几个基因就使它们转化为杂草的可能性非常小。但随着更多基因的导入，不能排除引起转基因作物杂草化的可能性。那些具有杂草特征的作物，尤其是在特定的条件下，不能排除引起转基因作物杂草化的可能，例如曾引起严重杂草问题的向日葵、草莓、嫩茎花椰菜等。这类作物遗传转化后，应密切监测以防杂草化出现。

2. 基因漂移与转基因逃逸对近源物种的潜在威胁

基因漂移（gene flow）是指在一个随机交配中，由于合子或配子的散布而造成基因流动，从而引起等位基因频率的改变，这是生物进化的原因之一。基因流引起基因逃逸，与非转基因植物一样，转基因也可与近缘植物种杂交，产生杂种。如果转基因流向有亲缘关系的杂草，则有可能产生更加难以控制的杂草。如果转基因流向生物多样性中心的近缘野生种并在野生种群中固定将会导致野生等位基因的丢失而造成遗传多样性的丧失。因此，转基因作物与其野生亲缘种间的基因流动是转基因作物释放后可能带来风险的一个重要方面。

抗除草剂基因"漂移"到杂草上导致耐药性杂草产生是基因漂移重点评估的内容。在许多农业生态系统中，作物与其野生杂草近缘种同时存在。大面积种植抗除草剂转基因作物，其抗性基因可能"漂移"到可交配的杂草上，使杂草获得除草剂抗性。抗除草剂转基因作物抗性基因"漂移"到杂草上的风险，还取决于可交配的杂草与作物在发生地及生长时间的一致性。一种作物即使和某种杂草可进行杂交，但如果它们在发生地及其生长时间上不一致（即该杂草在作物种植区不发生，或有发生，但发生期与作物不同、花期不同、花期不遇），在田间实际也不可能发生杂交，也就不存在基因"漂移"问题。同时也要看到这种不一致性不是一成不变的。作物种植地域的扩展、远距离传播、杂草在新环境发生等亦可影响到抗性基因"漂移"成功的可能性。

3. 转基因植物对生物多样性的影响

在这方面，抗虫转基因作物表现的威胁更为显著，首先是害虫对转基因作物抗性的产生。在农药的使用中，害虫由于选择压力的存在，会对农药产生抗性，这已经是不争的事实。是否害虫也会对转基因作物产生抗性，这是值得研究的。如转 Bt 基因作物有可能使害虫对 Bt 产生抗性，McGaghey 在 1985 年最早报道了害虫可以对 Bt 毒蛋白产生抗性。1994年 Tabashnik 等报道了有些转基因作物在商业化前，在田间试验或实验室中观察到某些害虫产生一定水平的 Bt 毒蛋白抗性。但这只是个别的报道。从目前的大多数研究结果来看，害虫对 Bt 产生抗性的概率还很小。

转 Bt 基因作物对昆虫群落的影响是危害生物多样性的主要问题，这主要是由于 Bt 毒蛋白对鳞翅目昆虫有广谱的杀虫效果。大田作物栽培生态区域内，同时存在着害虫和益虫，益虫往往以害虫为食物，或将它们的幼虫或卵寄生在害虫身上，由于害虫数量的减少势必影响益虫的种群数量。Hilbeck（1998）用取食转基因 Bt 玉米的欧洲钻心虫饲喂草蛉幼虫，草蛉幼虫的死亡率在 60% 以上，而对照组的草蛉幼虫死亡率在 40% 以下。Brich（1996）用饲喂转基因马铃薯的蚜虫作为瓢虫的食物，雌瓢虫的存活时间比对照组少了一半。因此，在种植转基因作物时，这种对生物多样性的影响应该引起足够的重视。目前，已经采取了一定的措施来减少这种危害，如种植非转基因作物在转基因作物的旁边，为其他非靶标生物和靶标生物提供一个繁衍后代的场所，同时也减少可能产生的对转基因作物的抗性。

抗除草剂转基因作物对野生植物群落及非靶生物的影响，若抗性基因"漂移"到其他野生植物上，则会改变它们的适应性，导致植物群落结构的改变。抗除草剂作物也有可能影响到昆虫、鸟、微生物等非靶标生物。

4. 转基因植物潜在风险评价的技术路线与方法

（1）种群替代实验 所谓种群替代是指经过世代交替，当年种群次年可被它自己产生的后代或被另一类更具活力的后后代的取代。种群替代实验是检测不同世代间基因型增加或减少的一种有效方法，可检测出某一特定基因型能否持续存在。具体说该实验可检测两类信息，即某一种群自身被替代的频率和种群种子库（指在土壤中存留的所有种子）的持久性。

（2）转基因植物花粉散布的测度 通常使用亲本分析法来研究转基因作物花粉散布。其做法是在实验地中心设一个转基因作物样方，周围种植非转基因作物或其近缘种，于作物成熟期在不同方向的不同距离上取一定面积的样方或一定数量的植株或种子（果实），分析成熟种子或果实中转基因存在频率，即可作为转基因作物传粉的频率。

（3）鉴定转基因存在的方法 基因流动的鉴定则要采用形态特征分析、细胞学鉴定、蛋白质及同工酶电泳分析、DNA 分析标记技术等分子检测和统计分析方法（如 F 检测等）。这些方法可在研究中综合运用，然而对转基因存在与否的直接鉴定，则要用特异引物扩增转基因片段或用特定探针与可能含有转基因的植物总 DNA 进行 Southern 杂交。

（4）外源基因转移的检测 主要检测外源基因向野生近缘种中转移的可能性。在实验室和温室中对转基因植物进行个体分析的基础上，进一步需在种群和生态系统水平上进行研究。调查转基因植物与近缘物种杂交的可能性及其杂交后的生物学特征性和竞争力变化等参数。同时还需调查外源基因特别是来自微生物整合到微生物中的可能性，这就要了解转基因植物与微生物相互作用及相关的微生物区系变化和环境因素等情况。

（5）转基因植物潜在风险评估的基本程序 一般多采用三步式评估程序。

第一步，通过已有知识，将实验对象进行风险分类，判断是属于较高风险一类，还是属于较低风险甚至无风险一类；

第二步，根据第一步的分类进行不同的田间实验，来评价其生态上的表现；

第三步，如果转基因作物经第二步证明具有更高的行为表现，则要进一步检测转基因作物在何种条件下和以什么程度造成潜在危险。

三、用于转基因食品的检测技术

出于对转基因作物安全性的考虑，各国政府对转基因作物的生物安全性管理工作非常重视。1997 年欧盟首次提出了转基因产品的标识制度，其主要目的是为了保障消费者自由选择转基因产品和非转基因产物的权利。2003 年欧盟继续出台相关法规规定，转基因生物含量超过 0.9％的所有食品和饲料应该建立完善的追溯体系（EC 2003）。自从欧盟制定了相关规章之后，全球各个国家也针对转基因的标识做出了相关规定。我国 2001 年的《农业转基因生物安全管理条例》中指出在我国境内销售的含有转基因成分的产品应该有明确的标识。此外，日本、韩国等国家实施强制定量标识制度；而美国、加拿大则实行自愿标识管理制度。由于全球各个国家都对转基因作物的成分做了相关的界定，在此基础上，各个国家都加紧开发相应的转基因作物检测体系。

1. 基于 DNA 的检测技术

基于 DNA 的检测方法主要是针对转基因作物中的外源插入基因进行检测。现行主流的基因检测技术主要是：分子杂交技术、PCR 检测技术和芯片检测技术。其中应用最广的是 PCR 检测技术。这种方法可以用于转基因成分的单重或者多重的品系鉴定。PCR 的方法按结果类型分类可以分为定性和定量两种检测方法，其中又包含了巢式 PCR、多重 PCR 等类型。PCR 检测方法的检测目标主要是针对转基因的外源插入基因，按照特异性的高低和目的片段的位置，可以分为筛选 PCR 检测（screening PCR）、基因特异性 PCR 检测（gene-specific PCR）、构建特异性 PCR 检测（construct-specific ）和转化事件特异性 PCR 检测（event-specific PCR）。其检测的目的片段和特异性的排列如图 8-4 所示。

由于转化事件特异性 PCR 检测的目的片段为外源插入片段和原基因组的交界处，所以具有极高的特异性，现在已经被广泛应用。

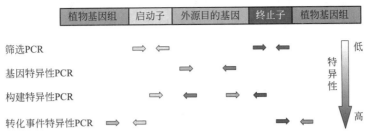

图 8-4　不同 PCR 技术检测外源基因示意图

2. 基于蛋白质的检测技术

基于蛋白质的检测技术主要是针对转基因作物中外源基因表达的蛋白质产物进行检测。蛋白质检测是利用免疫化学原理，将外源基因表达的蛋白质制备抗体，根据抗原抗体特异性结合和酶对底物的高效催化的原理，检测目标蛋白。主要有酶联免疫吸附法（enzyme linked immunosorbent assay，ELISA）、试纸条、Western 杂交技术等。Western 杂交是植物基因工程中检测外源基因是否表达出蛋白质的常用方法。但该方法需要转膜及杂交，操作繁琐且费用高，不适合大批量样品的检测。ELISA 试剂盒是目前转基因蛋白质检测最成熟的商业化产品，检测灵敏度可高于 0.1%，具有可定量分析、操作简单、易自动化等优点。而试纸条法检测外源蛋白质的灵敏度可达到 0.15%，且简单、快速、易操作，可随身携带。目前已开发出针对广泛应用的耐除草剂的莽草酸羟基乙酰转移酶（EPSPS）、草丁膦乙酰转移酶（PAT）以及抗虫 Bt 毒蛋白（Cry1Aa，Cry1Ab，Cry1Ac，Cry1B，Cry1C，Cry1F，Cry2A，Cry3B，Cry9C）等多种商业化试剂盒和试纸条出售。

四、转基因食品安全性评价应注意的问题

① 在保障人类健康和生态环境的同时，促进转基因食品的发展；

② 小规模试验的结果能否推广应用到大规模商业化生产，需要做具体的分析；

③ 转基因食品的安全性评价应进行量化考核；

④ 转基因食品安全性评价的方法和标准应实现国际统一化；

⑤ 在进行全食物饲喂的动物试验时，要十分谨慎，且不能持续时间太长，以避免因营养不平衡等原因掩饰了转基因食品的安全性问题。

第四节　转基因食品的管理与法规

一、转基因生物安全管理模式

不同国家和地区转基因生物技术发展和产业化程度的不同，转基因生物安全产业化安全监管体制和模式也有所不同。转基因生物安全管理模式可分为以下三种模式，即产品管理型、技术管理型和介于两者之间的中间管理型。

1. 产品管理型

产品管理型是以生物技术产品为基础的生物安全管理模式，遵循可靠科学原则，即科学

是法律管制体制的基石。这种模式以美国为代表，认为转基因生物和非转基因生物没有本质的区别，风险分析中应用实质等同性原则，不单独立法，多部门分工协作管理。

2. 技术管理型

技术管理型是以技术为基础的生物安全管理模式，遵循预防原则，进行全程监控。这种模式以欧盟为代表，认为重组 DNA 技术有潜在风险，无论是何种基因和生物，只要通过重组 DNA 技术获得的转基因生物均需要接受严格的安全性评价和监控，风险分析中应用预防原则，单独立法，统一管理。

3. 中间管理型

中间管理型模式介于以美国为代表的产品管理型以及以欧盟为代表的技术管理型之间，既兼顾产品管理又兼顾过程管理。这种模式以巴西为代表，根据本国国情制定出相应的法律法规以及监管体系，既促进生物技术产业的发展，又保护传统种植业，风险分析中应用实质等同原则和预防原则。这种管理模式分别借鉴了欧盟统一机构设置和全过程管理及美国以产品为主导型的多部门分散监管模式，具有风险与利益兼顾的特点。

二、中国转基因食品安全的管理体系

中国农业转基因生物安全管理实行"一部门协调、多部门主管"的体制。国务院组建了由农业、科技、环境保护、卫生、检验检疫等有关部门组成的农业转基因生物安全管理部级联席会议制度，研究和协调农业转基因生物安全管理工作中的重大问题。农业农村部负责全国农业转基因生物安全的监督管理工作，成立了农业转基因生物安全管理办公室。县级以上农业农村部门，按照属地化管理原则管理本行政区域的转基因安全管理工作。出入境检验检疫部门负责进出口转基因生物安全的监督管理工作。县级以上各级人民政府卫生行政主管部门依照《食品安全法》的有关规定负责转基因食品卫生安全的监督管理工作。同时，要求转基因研发单位、种子生产经营单位等转基因从业者落实主体责任，做好本单位农业转基因生物安全管理工作，依法依规开展转基因活动。

三、中国转基因食品安全的主要管理制度

中国关于转基因技术安全管理最早的部门规章是在 1993 年由国家科委（现科学技术部）颁布的《基因工程安全管理办法》。1996 年，农业部（现农业农村部）颁布《农业生物基因工程管理实施办法》，规范了农业生物基因工程领域的研究与开发。2000 年 8 月，中国政府签署了《〈生物多样性公约〉的卡塔尔生物安全议定书》，成为签署该议定书的第七十个国家。至此，中国对生物安全的监管，开始致力于国际接轨。2001 年，国务院颁布了《农业转基因生物安全管理条例》，对农业转基因生物进行全过程安全管理，确立了转基因生物安全评价、生产许可、加工许可、经营许可、进口管理、标识等制度。2002 年以来，根据《农业转基因生物安全管理条例》，农业部先后制定了《农业转基因生物安全评价管理办法》《农业转基因生物进口安全管理办法》《农业转基因生物标识管理办法》《农业转基因生物加工审批办法》等配套规章，国家质量监督检验检疫总局发布了《进出境转基因产品检验检疫管理办法》，从而确立了中国农业转基因生物安全管理"一条例、五规章"的基本法规框架。根据转基因安全管理的发展和需要，2016 年农业部对《农业转基因生物安全评价管理办法》进行了修改。2017 年，国务院对《农业转基因生物安全管理条例》进行了修改，安全评价、标识、进口管理办法也据此进行了相应修改。此外，中国制定了转基因植物、动物、动物用

微生物安全评价指南，发布实施了农业转基因生物安全管理标准 190 余项，涵盖了转基因安全评价、监管、检测等多个方面，形成了一套科学规范的技术规程体系。

以上这些管理办法完全符合联合国环境规划署《生物多样性公约》和《生物安全议定书》的有关生物安全的规定，充分考虑了 WTO 的规则要求和中国加入 WTO 的承诺。中国是发展利用转基因技术及其产物的大国，也是较早实行转基因安全管理的国家之一，已形成了一套适合中国国情并与国际接轨的转基因安全管理体系，能够在保障人类健康、保护生态环境安全的同时，促进农业转基因生物技术和产业健康有序发展。

第五节　基因编辑技术进展及安全管理

传统的转基因技术是将外源 DNA 片段插入受体的基因组中，改善基因功能，进而使受体表达优良的性状，获得人类需要的品种。随着分子生物学的迅速发展，能够实现对生物体基因组精确编辑的多种基因组编辑（genome editing）技术相继出现。基因组编辑技术利用核酸酶对生物体内的 DNA 双链进行断裂，并以非同源末端连接或同源重组的方式对基因组 DNA 特定位点进行突变、缺失或者基因的插入与替换。锌指核酸酶、转录激活因子样效应物核酸酶、成簇规律间隔短回文重复序列是目前基因组编辑技术应用中的 3 种关键核酸酶。基因组编辑技术已在动植物基因功能、育种等领域广泛应用，特别是基于成簇规律间隔短回文重复序列的基因编辑技术 CRISPR-Cas9 近几年发展尤为迅速。

在植物品种改良方面，具有优良性状的基因组编辑大豆、玉米等产品已逐步从实验室走向田间，基因组编辑作物展现了较传统转基因作物更为优越的应用前景。在动物育种改良方面，与传统的转基因技术相比，基因编辑技术不依赖于胚胎干细胞，能够应用于更多物种，并且具有效率高、定向修饰精确、所需时间短以及得到的突变可以稳定遗传等优点，现已广泛应用于人类细胞、果蝇、斑马鱼、食蟹猴、猕猴、小鼠、大鼠、犬、牛、羊、猪等多个物种。目前，基因组编辑技术已经广泛应用于多种新型动物品种的开发中，性状包括提高动物生长速度、改善肉质性状、增强抗病或抗逆能力，以及提高饲料转化率等，具有重要的科学和研究价值。

但是基因组编辑技术可能存在脱靶效应，会对受体生物产生非期望的效应，对于人体和动物健康也存在一定的风险性；基因组编辑技术对靶标生物的基因组改变较小，这也对现有的分子检测技术提出了严峻挑战；基因组编辑动物的遗传稳定性以及其带来的环境安全风险也需要进一步评价。因此，对于基因组编辑产品有必要进行风险评估，并依据评估标准进行分级，为以后的管理工作奠定基础。

一、基因编辑技术简介

基因组编辑技术是指对基因组进行定点修饰和改变的技术。该技术主要利用序列特异性的 DNA 结合结构域和非特异性的 DNA 修饰结构域组合而成的序列特异性核酸内切酶（sequence specific nuclease，SSN）在基因组特定位置对双链 DNA 进行定向切割，进而激活细胞自身的修复机能来实现基因敲除、定点插入或替换等定向改造。这种技术能够在不改变目标生物基因组整体稳定性的基础上，在目标位点产生碱基缺失或插入，实现对单一或多个性状的消除或获得，研究基因的功能，进而应用于生物育种、临床治疗等领域。

目前，基因编辑技术主要有：锌指核酸酶（zinc finger nuclease，ZFN）、转录激活因子样效应物核酸酶（transcription activator-like effector nucleases，TALEN）系统、成簇规律间隔短回文重复序列（clustered regularly interspaced short palindromic repeats，CRISPR）/ CRISPR 关联蛋白（CRISPR-associated proteins，Cas）系统、格氏嗜盐碱杆菌的 Argonaute 蛋白（*Natronobacterium gregoryi* Argonaute，NgAgo）核酸酶和结构引导的内切酶（structure-guided nuclease，SGN）系统等。其基本原理是核酸内切酶在基因组的特定位点切割 DNA 双链，然后利用细胞自身的 DNA 损伤应答机制。以同源重组修复（homologydirected repair，HDR）或非同源末端连接（nonhomologous end joining，NHEJ）的方式修复断裂 DNA 双链，从而实现外源基因的插入、一个或多个碱基的缺失或替换，使目的基因的功能发生改变。上述 5 种基因组编辑技术的主要区别在于对序列的靶向识别方式和机制。ZFN 和 TALEN 是利用蛋白质与 DNA 结合方式靶向特定的基因组位点，而 CRISPR-Cas9、NgAgo 和 SGN 系统则利用简单的核苷酸互补配对方式识别结合基因组靶位点。下面将简单介绍常用的三种基因编辑技术。

1. ZFN 系统

ZFN 是经过人工改造的核酸内切酶，由特异性 DNA 结合结构域和非特异性切割域核酸内切酶 *Fok* I 两部分组成。结合结构域由一系列串联的具有 Cys2-His2 结构的锌指蛋白构成。每个锌指蛋白识别并结合一个特异的碱基三联体，结合域能识别一段 9～12 bp 的碱基序列。在基因组靶标位点左右两边各设计 1 个 ZFN，识别结构域会将 2 个 ZFN 结合到特定靶点，当 2 个识别位点间距为 6～8 bp 时，2 个 *Fok* I 单体相互作用形成二聚体，行使酶切功能对目标 DNA 双链进行切割，实现基因组编辑。

2. TALEN 系统

TALEN 的构成与 ZFN 相似，由改造的 TALEN 蛋白 DNA 结合域和 *Fok* I 核酸酶两部分融合而成，TALEN 蛋白最初来源于黄单胞杆菌。TALEN 和 ZFN 的差别在于特异性的结合结构域，其 DNA 结合域由 13～28 个串联的具有 DNA 识别特异性的高度保守的重复单元组成。每个重复单元含有大约 34 个氨基酸，且不同单元的氨基酸序列非常保守，仅第 12 和 13 位氨基酸不同。这两个可变氨基酸被称为重复可变的双氨基酸残基（repeat variable-diresidue，RVD），它们决定重复单元的 DNA 识别特异性。TALEN 根据靶标位点两侧的序列设计一对 TALEN，结合到对应的识别位点后，2 个 *Fok* I 单体相互作用形成二聚体，对靶标序列进行切割，实现基因修饰。

3. CRISPR-Cas9 系统

CRISPR-Cas9 系统基于细菌降解入侵的病毒 DNA 或其他外源 DNA 的免疫机制而产生，由 CRISPR 及其相关 Cas 蛋白组成。该系统先产生与靶标序列对应的 RNA 序列，与病毒或质粒的 DNA 互补形成 RNA-DNA 复合结构，然后引导 Cas9 内切酶对目的 DNA 双链进行切割，使 DNA 双链断裂，进而对基因组进行编辑。靶序列通常由 23 个碱基组成，包括与小向导 RNA（small guide RNA，sgRNA）碱基配对的前 20 个碱基，以及 3′端 Cas9 识别的三核苷酸 NGG 序列原间隔子相邻基序（protospacer adjacent motifs，PAM）。Cas9 切割位点位于 PAM 上游 3nt 处。靶序列的结合特异性是由 sgRNA 和 PAM 序列共同决定的。Cas9 蛋白质不需要形成蛋白质二聚体起作用，而向导 RNA（guide RNA，gRNA）通过碱基互补配对决定靶序列的特异性。因此，CRISPR-Cas9 系统大大降低了技术门槛，一经面世就迅速得到广泛应用。

新型基因组编辑技术的兴起，已经开启了基因组工程的一个新篇章。特别是 CRISPR-Cas9 系统已成功应用于植物、细菌、酵母、鱼类及哺乳动物细胞，为构建更高效的基因定点修饰技术提供了全新的平台，是目前最高效的基因组编辑系统。

二、基因编辑产品安全管理

基因组编辑技术及其产品已经从实验室研究阶段逐步进入产业化应用阶段，基因组编辑产品将对农牧渔业生产、粮食安全、医疗健康产业等国计民生产生重大而深远的影响，其潜在经济效益更是不可估量。在分子育种方面，基因组编辑技术已经展现了较传统转基因技术高效、精准、经济等优势，未来将会有大量的基因组编辑作物新品种出现。鉴于世界各国对于转基因技术及转基因产品的安全性的高度关注和争议，通过基因组编辑技术获得的产品的安全性将会同样引起全社会的关注。中国在基因组编辑技术研究和应用方面已处于世界前列，理应尽早思考和规划即将出现的基因组编辑技术产品和新品种的安全性及其安全管理策略。

（一）国外安全评价和管理现状

自 2014 年开始，欧美等国多家公司相继研发生产了源于基因组编辑技术的作物新品种，并向本国政府提交了这些新品种的商业化应用申请。由于基因组编辑技术作为一种新的技术，世界各国还没有明确的、针对性的法律法规，目前，对于这类产品的安全性及其安全管理很大程度上还处于讨论阶段或者是发布初步的管理建议。

1. 美国

2015 年 7 月，美国白宫表示，将对 1992 年颁发的《生物科技产品的审核框架》进行修订，重新明确美国食品和药品管理局（FDA）、美国农业部（USDA）和美国环境保护局（EPA）在判定转基因动植物安全性中的地位和作用。此外，针对新型技术的审核过程也将进行更新修正。如对基因组编辑产品的监管遵循个案分析的原则，以科学为基础开展。美国农业部认为某些基因组编辑作物与传统育种得到的作物相似，基因组编辑作物不需要像转基因产品那样进行审批管理。2016 年 5 月，美国农业部宣布利用 CRISPR-Cas9 基因组编辑的蘑菇和玉米不属于转基因生物监管范畴。

2. 欧盟

历来对转基因产品持相对保守态度的欧盟也在审视其针对基因组编辑技术的政策。欧盟委员会已启动了对"转基因生物体"定义的法律审查程序，重新定义转基因生物体。欧洲食品安全局转基因生物小组则表示，如果新品种中无外源遗传物质且基因组编辑产生改变与自然突变无法区分，不应作为转基因产品对待。欧洲科学院科学咨询委员会认为，需要对新产品进行评估，不对育种技术进行风险评估。

3. 阿根廷

2015 年，阿根廷决定针对新的育种技术产品（包括基因组编辑技术产品）实施"个案分析"的管理审批政策。如果确认最终产品不含有外源基因，则不属于转基因生物监管范畴。

4. 澳大利亚和新西兰

2013 年，澳大利亚和新西兰食品标准局建议，简单的碱基缺失的基因组编辑技术产品不属于转基因产品，但是有新的外源 DNA 插入的基因组编辑产品仍将以转基因产品进行管理。

5. 日本

日本明确表示基因组编辑产品不属于转基因产品的范畴，和常规作物产品一样。

6. 加拿大

加拿大对于基因组编辑产品的管理基于产品管理的原则，关注其是否产生新的性状，而不考虑利用什么样的技术获得新性状。

（二）中国安全评价和管理探讨

中国已利用基因组编辑技术研发了一系列的水稻、小麦和动物等新品系，具有良好的商业化生产应用前景。为此，中国农业管理部门十分重视基因组编辑技术产品的安全性及其安全管理，努力为新产品的生产应用保驾护航。

根据中国《农业转基因生物安全管理条例》（以下简称《条例》）第三条的定义，"本条例所称的农业转基因生物，是指利用基因工程技术改变基因组构成，用于农业生产或者农产品加工的动植物、微生物及其产品。"基因组编辑技术主要是对基因组 DNA 序列进行定向修饰的技术，其属于基因工程技术范畴。根据上述定义，通过基因组编辑技术获得的农作物产品，应该属于农业转基因生物，应依法纳入农业转基因生物安全管理范畴。但由于《条例》主要是针对第一代转基因技术而言，即通过基因工程技术，在受体基因组上插入整合了外源 DNA 序列，而获得的具有新的性状的产品。基因组编辑技术主要用来对靶标基因进行精准修饰或将目标基因定点整合到基因组中，对内源基因进行精准修饰时只在操作过程中涉及外源 DNA 的导入，筛选的后代中只有目标基因被修饰而不含有外源 DNA，与传统诱变育种获得的最终产品相似。因此，建议将进行基因精准修饰获得的少量碱基缺失、替换或者敲除的突变体类新产品视为特殊农业转基因产品，可简化这一类产品的安全评价和管理。通过基因组编辑技术进行定点整合有外源 DNA 插入的，则按传统的转基因生物进行安全评价和管理。

通过科学专家组探讨，目前提出了基因组编辑作物管理框架，包括 5 个关键点：①产品在实验室和田间试验阶段，应该严格控制管理，避免向外界逃逸。②如果开发过程中基因编辑的元件以 DNA 载体的形式引入，必须确保基因组编辑作物中的外源 DNA 被完全去除。③准确报告记录靶标位点处详尽的 DNA 序列变化。如果通过同源重组引入了新的序列，需确定供体和受体的亲缘关系，以此来表征引入的序列与遗传背景是否有新的相互作用可能性。若通过同源重组引入的外源基因与受体亲缘关系很远，须具体情况具体分析。④确保产品中的主要靶点没有发生非预期的二次编辑事件，并基于现有参考基因组信息和全基因组重测序技术，评价是否发生脱靶效应及其可能的安全性风险。⑤以上 4 点应在新品种登记资料中详细说明备案。只有在满足上述 5 个条件的基础上，基因组编辑作物产品在进入市场之前才能和常规育种作物同等监管。

随着基因组编辑技术的研发应用，原有法规中规定的农业转基因生物概念的范围等已经不完全适合于基因组编辑技术产品。因此，中国亟须对已有的法律法规进行修改完善，参考国际上先进做法，相机而行。促进新技术的发展，推进第二代基因工程育种技术创新性革命，创制新农作物种质资源，培育突破性新品种。

思 考 题

1. 你怎样看待食品生物技术对食品安全的影响？
2. 你对转基因食品安全性是怎样认识的？你认为转基因食品安全吗？
3. 为什么要对转基因食品进行安全性评价？
4. 转基因食品安全性评价的原则是什么？
5. 转基因食品主要存在哪几方面的安全性问题？
6. 对转基因食品进行安全性评价时应注意什么？
7. 中国如何对转基因食品进行管理？
8. 基因编辑产品与转基因产品的管理有何异同？

参考文献

[1] 黄昆仑，许文涛. 转基因食品安全评价与检测技术. 北京：科学出版社，2009.
[2] 罗云波. 生物技术食品安全的风险评估与管理. 北京：科学出版社，2016.
[3] 沈平，章秋艳，杨立桃，张丽，李文龙，梁晋刚，李夏莹，王颢潜，沈晓玲，宋贵文. 基因组编辑技术及其安全管理. 中国农业科学，2017，50（8）：1361-1369.
[4] 许文涛，贺晓云，黄昆仑，罗云波. 转基因植物的食品安全性问题及评价策略. 生命科学，2011，2：179-185.
[5] 包琪，贺晓云，黄昆仑. 转基因食品安全性评价研究进展. 生物安全学报，2014，23（4）：248-252.
[6] 农业部农业转基因生物安全管理办公室. 转基因食品面面观. 北京：中国农业出版社，2014.
[7] ISAAA. Global status of commercialized Biotech/GM Crops in 2017：Biotech crop adoption surges as economic bene-fits accumulate in 22 Years. ISAAA Brief No. 53. ISAAA：Ithaca, NY. 2017.
[8] OECD. Safety Evaluation of Foods Derived by Modern Biotechnology：Concepts and Principles. Organization for Eco-nomic Co-operation and Development（OECD），1993：1-74.
[9] Guideline for the conduct of food safety assessment of foods derived from recombinant-DNA plants，CAC/GL 45-2003.

第九章

食品安全管理体系

主要内容

1. 食品安全管理体系（FSMS）概念。
2. HACCP 的特点与基本原理。
3. HACCP 的发展。
4. 中国食品生产通用卫生规范（GMP）。
5. 食品企业应建立和实施的前提方案。
6. 良好农业规范（GAP）的基本内容和实施要求。
7. ISO 9000 族标准。

第一节　概　述

为了保证食品安全，保障公众身体健康和生命安全，中国政府制定的食品安全法于2015 年 10 月 1 日正式生效实施。在中华人民共和国境内从事食品生产和加工，食品销售和餐饮服务，食品添加剂的生产经营，用于食品的包装材料、容器、洗涤剂、消毒剂，用于食品生产经营的工具、设备，食品生产经营者使用食品添加剂，食品相关产品，食品的贮存和运输等方面应遵守此法。食品安全法作为中国食品安全管理最重要的法律，为我们食品安全管理提出系统的要求。中国对食品安全工作实行预防为主、风险管理、全程控制、社会共治，建立科学、严格的监督管理制度。

建立食品安全管理体系（Food Safety Management System，FSMS）是保障食品安全科学有效的方法。食品组织通过食品安全管理体系能够及时识别食品生产活动中所涉及可能发生的潜在危害（包括生物的、化学的和物理的危害），在科学的基础上建立基于危害分析的预防控制措施，帮助食品组织系统控制食品安全危害，保障食品组织正常运营和持续改进。食品安全管理体系为食品生产企业和政府监督机构提供了一种理想的食品安全监测和控制方法，使食品安全管理与监督体系更完善、管理过程更科学。

食品安全管理体系已经被各国政府监督机构、媒介和消费者公认为是一种非常有效的食品安全保障方法。食品的卫生和安全是食品安全管理的重要内容，就食品而言，安全卫生是食品的重要指标。国际食品法典委员会（CAC）在《食品卫生通则》中对食品安全定义为当根据食品的消费用途进行处理或食用时，不会给消费者带来危害的一种保证。为保证食品安全，需要在食品链中各个阶段采取适当的管理方法和运用工具，并在食品组织内部有机地综合运用这些工具和方法。目前提供给食品组织参考运用的食品安全管理体系主要有 ISO 22000（食品安全管理体系 要求）、GB/T 27341（危害分析与关键控制点体系），这些管理标准核心管理工具主要包括 HACCP（Hazard Analysis and Critical Control Point，危害分析与关键控制点）、前提方案（PRP）、卫生标准操作程序（SSOP）。世界各国政府及相关机构针对食品中的初级农产品的种养殖方面，提出通过良好农业规范（Good Agricultural Practices，GAP），实现经济的、环境的和社会的可持续发展措施，以达到全面保障食品安全目的。另外，国际标准化组织发布的 ISO 9001（质量管理体系 要求），对食品组织提高整体管理绩效，推动食品组织可持续发展也具有积极意义。

HACCP 是"Hazard Analysis and Critical Control Point"英文词的首字母缩写，即危害分析与关键控制点。HACCP 体系是一种科学、合理、针对食品生产加工过程进行过程控制的预防性体系，这种体系的建立和应用可保证食品安全危害得到有效控制，以防止发生危害公众健康的问题。HACCP 全面分析食品生产过程，通过危害分析，确定生产过程中需要关注的显著危害，对显著危害进行分析判断识别，确定相应关键控制点，并建立相应的控制体系。HACCP 已经成为国际上共同认可和接受的用于确保食品安全的科学的、经济的、有效的控制体系。

HACCP 是一种预防性的食品安全控制体系，对所有潜在的生物的、化学的、物理的危害进行分析。HACCP 的应用强化了食品的安全保障。HACCP 将食品安全管理延伸到食品生产的每一个环节，从原有的产品终端检验变成全程控制，强化了食品生产者在食品安全体系中的作用。HACCP 在现有食品安全管理体系中起着核心的作用。目前世界各国政府、商业协会基于不同角度提出各种各样的针对食品安全管理的法规、准则和指南等，这些法规、准则和指南的核心内容正是 HACCP。

针对食品生产环节，世界各国政府监管部门发布各类通常称为良好生产规范（Good Manufacturing Practice，GMP）的内容，它规定了食品生产、加工、包装、贮存、运输和销售的规范性卫生要求。在中国，这个 GMP 通常指 GB 14881（食品生产通用卫生规范）以及其他相关相应行业具体的食品生产卫生规范要求。在美国，这个 GMP 目前称为 CGMP（Current Good Manufacturing Practice），系指美国食品和药品管理局发布的 21 CFR 117 食品良好生产规范、危害分析和基于风险的预防控制措施法规。这些 GMP 核心思想是确保构建一个良好的卫生加工环境来加工食品，其主要目的是确保在食品企业生产加工出安全卫生的食品。这些 GMP 各国通常以法规、条例或准则等形式公布，不同国家和地区的 GMP 要求，其内容在编排和组合形式、表达方式等方面可能不同，但是规定的内容所涉及的范围均大同小异。GMP 要求通常存在通用要求和针对特定产品的特定要求两方面。除了各国政府部门制定的 GMP 要求外，在一些国家的行业协会、零售商组织、认证机构等也制定相应的 GMP。

在 ISO 22000 食品安全管理体系标准中提出前提方案（Prerequisite Program，PRP）概念。它是指在整个食品链中为保持卫生环境所必需的基本条件和活动，以适合生产、处理和提供安全终产品和人类消费的安全食品。前提方案决定于组织在食品链中的位置及类型，等同术语如良好农业规范（GAP）、良好兽医规范（GVP）、良好生产规范（GMP）、良好卫生规范（GHP）、良好分销规范（GDP）、良好贸易规范（GTP）。

中国 GB/T 27341《危害分析与关键控制点体系 食品生产企业通用要求》中提到的卫生标准操作程序（SSOP）的管理思路来源于美国食品和药品管理局（FDA）发布的联邦法规《水产品 HACCP 法规》中有关章节内容，推荐食品生产组织按至少包括 8 个方面建立卫生操作控制程序。

GAP 是良好农业规范（Good Agricultural Practice）的简称，主要针对种植业和养殖业分别制定和执行相应的操作规范，鼓励减少农用化学品和药品的使用，关注动物福利、环境保护、工人的健康和安全及福利，保证初级农产品生产安全的规范体系。

ISO 是国际标准化组织（International Organization for Standardization）的简称，ISO 9000 族标准是 ISO 国际标准化组织针对质量管理而制定的系列标准。其核心标准包括 ISO 9000:2015《质量管理体系 基础和术语》、ISO 9001:2015《质量管理体系 要求》，其中 ISO 9001:2015 标准应用了以过程方法为基础的质量管理体系模式，规定了建立和实施质量管理体系的要求。它是 ISO 9000 族标准中唯一的可用于内部和外部评价组织满足顾客、法律法规和组织自身要求的标准。

GMP 是 SSOP 的基础，而 GMP 和 SSOP 的有效建立和实施是 HACCP 体系的基础和前提条件。组织没有一个有效的 GMP 或没有可操作的 SSOP，实施 HACCP 就会成为空中楼阁。GMP 是整个食品安全管理体系的基础，SSOP 是根据 GMP 中相关管理要素而制定的卫生控制程序，是执行 HACCP 重要基础。ISO 9001 标准作为通用的质量管理体系，对组织进行食品安全管理起到积极的支持作用，但要注意的是它同 HACCP 两者不能相互替代，毕竟两个体系关注的重点不一样。ISO 组织为了协调各国在食品安全管理所制定的标准上升到国际标准，于 2005 年正式发布 ISO 22000:2005《食品安全管理体系 食品链中各类组织的要求》，该标准同 ISO 9001 能进行有效体系整合，更好地帮助组织全方位地保证食品安全。

第二节 HACCP

一、HACCP 的产生和发展

HACCP 是在 20 世纪 60 年代由美国承担宇航食品开发的 Pillsbury 公司的研究人员 H. Bauman 博士等与美国航空航天局（NAS）、美国陆军 Natick 研究所共同提出的。宇航员在航天飞行中使用的食品必须安全，要想明确判断一种食品是否能为空间旅行所接受，必须做大量的检验。这些早期的认识促成了"危害分析与关键控制点（HACCP）"体系的逐渐形成。在美国第一届食品保藏的全国会议上，Pillsbury 公司首次提出 HACCP 原理，虽然在这次会议中只是一项提议，但随后于 1974 年发布了 HACCP 原理的全部内容。这些内容得到美国食品和药品管理局（FDA）的重视，并首先在低酸罐头食品中加以运用。1985 年，美国国家研究委员会和美国国家科学院的一个小组委员会提出，由于 HACCP 是一种控制与食品相关危害的有效方法，应在食品行业积极倡导。表 9-1 列出 HACCP 在国外的发展历程。

表 9-1 HACCP 在国外的发展历程

阶段	年代	部门	内容
创始阶段	20 世纪 60 年代	Pillsbury 公司、宇航局、美国陆军 Natick 研究所	研究了一种生产宇航员食品的管理系统

阶段	年代	部门	内容
创始阶段	1974 年	美国食品和药品管理局(FDA)	正式将 HACCP 引入低酸罐头食品法规
	1985 年	美国国家科学院食品微生物学基准分析委员会(NAS)	就 HACCP 的有效性发表了评价结果,发布了政府应采用 HACCP 的公告
	1987 年	美国农业食品安全检查局(FSIS)、水产局(NMFS)、FDA、美国陆军 Natick 研究所、一些大学及民间机构专家	组成了"食品微生物标准咨询委员会"(NACMCF),倡导 HACCP 体系在食品企业中的应用
	1988 年	国际食品微生物顾问委员会(ICMSF)和世界卫生组织(WTO)	提出了在国际标准中导入 HACCP 的建议
	1989 年	美国微生物标准咨询委员会(NACM-CF)	发布了"HACCP 的七个原理"
发展阶段	1992 年	加拿大海洋渔业署	推行水产食品的登记制度,规定申请登记的必备条件为水产品工厂施行以 HACCP 为基础的管理计划
	1993 年	食品法典委员会(CAC)	采用并制定了 HACCP 体系应用指南
	1994 年	欧共体委员会	发布了根据 HACCP 原理制定的水产品 94/5356/EC 决议《应用欧共体理事会 91/493/EEC 指令对水产品作自我卫生检查的规定》
	1995 年	美国 FDA	颁布了强制性的水产品 HACCP 法规
	1996 年	美国农业部(USDA)	颁布了畜禽肉的"减少致病菌、危害分析与关键控制点系统最终法规"
	1997 年	加拿大农业部	制订强化食品安全计划(FSEP),推动肉制品、乳制品等的 HACCP 管理制度,并提出了 11 种食品的 HACCP 的一般模式
	2001 年	美国 FDA	发布了果蔬汁 HACCP 法规

二、HACCP 在中国

HACCP 在 20 世纪 80 年代传入中国,90 年代初国家进出口商品检验局科学技术委员会的食品专业技术委员会针对出口食品出现的安全问题,开展了"出口食品安全工程的研究和应用计划",在包括水产品、肉类、禽类和低酸性罐头食品等十种食品中采用 HACCP 原理进行控制其安全的研究,并制定了良好生产规范（GMP）。这是 HACCP 在中国首次运用。1993 年 FAO 培训署与中国农业部联合在青岛举办了 HACCP 培训班。1997 年国家商检局派人到美国接受了培训,随后又对商检系统水产品检验人员进行分批分期培训;后又对出口水产品加工厂人员进行培训。在此基础上指导水产品加工厂建立 HACCP 体系管理。2001年国家质量监督检验检疫总局成立,国家认证认可监督委员会（简称国家认监委）负责包括 HACCP 为核心的食品安全管理体系认证在内的认证认可工作。国家认监委 2002 年 3 月发布《食品生产企业危害分析与关键控制点（HACCP）管理体系认证管理规定》,自 2002 年 5 月 1 日起执行;2002 年 4 月发布《出口食品生产企业卫生注册登记管理规定》,自 2002 年 5 月 20 日起施行。按照上述管理规定,必须建立 HACCP 体系的有六类出口食品企业,分别是水产品、肉及肉制品、速冻蔬菜、果蔬汁、水产品的速冻食品、罐头产品的企业,这是中国首次强制性要求食品生产企业实施 HACCP 体系,标志着中国应用 HACCP 进入新的发展阶段。2009 年 6 月,中国认证认可标准化技术委员会（SAC/TC 261）正式提出 GB/T 27341《危害分析与关键控制点体系 食品生产企业通用要求》,通过标准的提出全面规定了食品生产企业危害分析与关键控制点（HACCP）体系的通用要求,使其有能力提供符合法律法规和顾客要求的安全食品。

中国卫生系统从 20 世纪 80 年代开始在有关国际机构的帮助下开展 HACCP 的宣传、培训工作，并于 20 世纪 90 年代初开展了乳制品行业的 HACCP 应用试点，特别是在十一届亚运会（1991 年 12 月）上成功地运用 HACCP 原理进行食品安全保障。2002 年 7 月 19 日，卫生部组织制定并发布了《食品企业 HACCP 实施指南》。2003 年卫生部发布的《食品安全行动计划》中确定酱油、食醋、植物油、熟肉制品等食品加工企业、餐饮业、快餐供应企业和医院营养配餐企业 2007 年实施 HACCP 管理。在 2008 年北京奥运会期间，对食品供应企业的管理当中，HACCP 也是其中的重要内容。

1996 年 12 月开始，农业部开始了较大规模的 HACCP 培训活动。1999 年 10 月，农业部推出了行业标准 SC/T 3009—1999《水产品加工质量管理规范》，该标准采用了 HACCP 原则作为产品质量保证体系。农业部已将推行 HACCP 管理作为加强饲料生产安全监管，提高饲料行业国际竞争力的战略性措施；并在各项农产品质量安全推进计划中提出积极推行 HACCP 质量认证。

中国虽是食品生产和消费大国，但食品安全控制技术与发达国家存在很大的差距。在中国推广应用 HACCP 可以提高食品企业的质量控制技术与水平，有效地保证食品安全和消费者的健康。通过采用 HACCP 体系也有助于中国食品安全监督，并通过增加食品安全可信度促进国际贸易。

三、HACCP 的特点

作为科学的预防性的食品安全体系，HACCP 具有以下特点。

① HACCP 是预防性的食品安全控制保证体系，HACCP 不是一个孤立的体系，HACCP 应建立在现行的食品安全卫生控制基础上，例如 GMP、SSOP 等。

② 每个 HACCP 计划都反映了某种食品加工方法的专一特性，其重点在于预防。

③ HACCP 体系作为食品安全控制方法已被全世界所认可。

④ 克服传统食品安全控制方法（现场检查和终成品测试）的缺陷。

⑤ HACCP 将组织的精力集中到加工过程中最易发生安全显著危害的环节上。

⑥ 不是零风险体系，并不能完全消除所有的危害，可以尽量减少食品安全危害的风险。

食品企业建立并实施 HACCP 后，其主要有下列的收益。

① 可以提供给顾客或者下一级加工者更高的信任感，特别是国际知名食品生产商或大公司的客户，或者当你作为其原料的供应商以及希望成为大客户的供应商而正接受安全评估时，这个体系的作用显得尤为重要。

② 可以使企业成为其他食品生产商受欢迎的合作者。

③ 作为已经实施 HACCP 体系的生产商会直接影响他们的原料供应商也采用相似的方法来控制食品安全。

④ 在预防性防止的前提下，现场检查和成品抽样检验不再作为产品安全的保证，而是作为验证的一种方法，其抽样的批次、频率和数量大大减少，即减少了破坏性地对成品的抽查检验，从而避免了严重的浪费，使得在管理上更加科学。

⑤ 食品生产商的社会收益得到较大的提高。

⑥ 使操作者能更好地了解产品的生产步骤以及应承担的安全责任，增强员工的责任感和成就感。

⑦ 具备了改善食品质量的潜能，可以潜在地提高产品质量。建立 HACCP 体系后，产品

的安全危害风险降低，在此基础上，生产商可以利用其余的力量，加大对产品质量的改进。

四、HACCP 原理

1. HACCP 的七个基本原理

HACCP 原理包括七个方面，其中的两个核心原理是危害分析（Hazard Analysis，HA）和关键控制点（Critical Control Point，CCP）。HACCP 原理经过实际应用与修改，已被食品法典委员会（CAC）确认。其七个基本原理组成如下：

原理一：进行危害分析。

原理二：确定关键控制点（CCP）。

原理三：确定关键限值。

原理四：建立关键控制点监控体系。

原理五：当监控显示某 CCP 失控时，建立所要采取的纠正措施。

原理六：建立验证程序以确定 HACCP 运行有效。

原理七：建立相关记录。

2. HACCP 实施要点、过程及要求

HACCP 计划在不同的国家有不同的模式，即使在同一国家，不同的管理部门对不同的生产推行的 HACCP 计划也不尽相同。FDA 推荐采用 18 个步骤来制定 HACCP 计划，包括一般资料、描述产品、描述销售和贮存的方法、确定预期用途和消费者、建立流程图、建立危害分析工作单、确定与品种有关的潜在危害、确定与加工过程有关的潜在危害、填写危害分析工作单、判断潜在危害、确定潜在危害是否显著、确定关键控制点、填写 HACCP 计划表、设置关键限值、建立监控程序、建立纠正措施、建立记录保存系统、建立验证程序等内容。食品法典委员会（CAC）和美国微生物标准咨询委员会（NACMCF）推荐采用以下 12 个步骤来实施 HACCP 计划，如图 9-1 中所示。

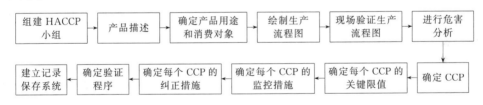

图 9-1　HACCP 计划的实施步骤

（1）组建 HACCP 小组　组建 HACCP 小组的目的是建立、实施、保持和持续改进 HACCP 体系，HACCP 小组成员应具备多学科的知识和具有实施 HACCP 体系的经验，这些知识和经验不仅限于企业 HACCP 体系范围内的产品、过程、设备和食品安全危害。组成人员通常包括质量管理、品质控制、采购、生产、实验室、销售、设备维护保养等人员，适当时也可邀请外部专家。

组织的管理者应任命 HACCP 小组组长，无论该组长在组织承担其他方面的职责如何，他应具有管理 HACCP 小组并组织小组各项工作的职责，应确保 HACCP 小组成员进行相关的培训和教育，例如 HACCP 原理培训、相关微生物危害知识等。应有能力带领小组成员建立、实施、保持和更新 HACCP 体系的职责，应有在组织最高管理者报告 HACCP 体系运行有效性和适宜性的职责。在 HACCP 小组内部应及时获得有关的食品安全信息，例如原料、辅料、包装材料、最终成品、生产系统和设备、生产加工环境、清洗和消毒产品、包装贮存

和分销系统、顾客、立法监管部门等方面的信息。

(2) 产品描述 应对生产过程中涉及的产品相关特性进行系统的确认和描述，产品包括原料、辅料、与产品接触的材料以及最终的成品等。描述的详略程度应能使 HACCP 小组成员足以实施危害分析。适宜时，对原料、辅料和与产品接触的材料的描述内容包括：化学、生物和物理特性；配制辅料的组成，包括添加剂和加工助剂；产地；生产方法；包装和交付方式；贮存条件和保质期；使用或生产前的预处理；与采购材料和辅料预期用途相适宜的有关食品安全的接收准则或规范等内容。HACCP 小组应识别以上方面有关的食品安全法律法规要求。对最终产品的特性描述通常包括产品名称、成分表、与产品有关的化学物理生物的特性（如 A_w、pH 值、含盐量等）、预期的保质期和贮存条件、包装、与食品安全有关的标识（如过敏原等）、用途（主要消费对象、分销方法等）等内容。同样，HACCP 小组成员应确定与这些方面有关的食品安全法律法规要求。

(3) 确定产品用途和消费对象 HACCP 小组应考虑最终产品的预期用途和合理的预期处理，确定产品最终使用者或消费者怎样使用产品，并应考虑消费群体中确定的食品安全危害的易感人群（如婴儿、老人、体弱者、免疫功能缺乏者）。另外，还要识别非预期但可能会出现的产品的错误处理和误用。

(4) 绘制生产流程图 应绘制 HACCP 体系覆盖的产品或过程类别的流程图。流程图应为评价食品安全危害可能出现、增加或引入提供基础。流程图应清晰、准确和足够详尽。适宜时，流程图应包括：生产操作中所有步骤的顺序和相互关系；原料、辅料和中间产品投入点；产品返工和循环点；最终产品、中间产品和副产品放行点，废弃物的排放点等。流程图由 HACCP 小组人员通过现场核对来验证流程图的准确性。

(5) 现场验证生产流程图 HACCP 小组应将生产流程图与实际操作过程进行比较，在不同操作时间检查生产工艺，以确保该流程有效；所有 HACCP 实施人员都要参与流程图的确认工作。若有必要，对流程图进行调整，如改进产品配方或改变设备时，以确保流程图的准确性和完整性。

(6) 进行危害分析 危害是指一切可能造成食品不安全消费，引起消费者疾病或伤害的生物的、化学的和物理的特性。危害分析是 HACCP 最重要的一环，根据对食品安全造成的危害来源与性质，常划分为生物性危害、化学性危害和物理性危害。HACCP 要求在危害分析中不仅要确定潜在的危害及其发生点，并且要对危害程度进行评价。对识别的危害在组织现有条件下造成不良健康后果的严重性及其发生的可能性的评估。严重程度可以根据造成伤害的可接收程度进行划分，如十分严重、严重、中度、一般、轻度或可忽略等。发生的可能性需要根据数据或经验进行判断，可以划分为频繁、经常、偶然、很少、不曾发生等。HACCP 小组在此基础上，根据两者的函数关系确定危害的风险，从而对危害进行潜在或显著性判定，确定相应的控制措施。

HACCP 小组应实施危害分析，以确定需要控制的危害，确定为确保食品安全所要求的控制程度，并确定所要求的控制措施内容。HACCP 小组应进行危害识别和可接受水平的确定，识别产品类别、过程类别和实际生产设施相关的所有合理预期发生的食品安全危害。HACCP 小组在识别危害时，应考虑特定生产操作的前后工序、生产设备、设施或周边环境情况以及危害在食品链中的前后关联情况。针对每个识别的食品安全危害，只要可能，应确定对最终产品食品安全危害的可接受水平。确定的水平应考虑已发布的法律法规要求、顾客对食品安全的要求、顾客对产品的预期用途以及其他相关数据。

通常危害分析主要是分析危害的种类、程度及改进条件、安全措施，常从以下角度进行。

① 原材料。原材料多来自动植物原料，主要危害有来自微生物（各种致病菌等）、化学物（抗生素、杀虫剂、农药兽药等）和物理性杂质（小石子、玻璃、金属等）。生产过程的用水及其他辅料的卫生状况也需引起重视。

② 加工过程和加工后，食品的物理特性与组成变化。加工过程有哪些有害微生物会存在、繁殖，有哪些毒素可能形成，上述有害成分是否可能在流通、贮藏时形成对人体健康不安全的因素，对食品的 pH 值、酸性种类、可发酵营养物、防腐剂等成分在加工过程与加工后的变化、稳定性应清楚。

③ 生产设备及车间内设施。工艺流程布置是否将原材料与成品分开；人流、物流是否有交叉感染存在；包装区域是否具备正压条件；设备及各种仪表（如温度、时间）运行是否稳定，是否产生不安全因素（碎玻璃、碎金属、机油渗漏等）；设备清洗消毒是否有效，是否存在不安全因素；是否需要安装辅助设备以保证产品安全（如金属探测器、吸铁石、过滤网、温度计、紫外杀菌灯）等。

④ 操作人员的健康、卫生及教育。操作人员的健康、个人卫生是否会影响加工产品的安全性，生产人员是否理解采取的控制手段、方法及其重要性，是否理解食品安全操作的必要性和重要性，操作人员是否清楚如何处理各种问题或报告有关人员处理问题。

⑤ 包装。包装材料、包装方式能否防止微生物感染（如细菌侵袭）及毒素物质形成（有氧或无氧包装），包装过程是否存在安全保证措施，是否有合适的包装标签。

⑥ 食品的贮运及消费。食品贮运过程是否容易被存放在不当的温度环境条件下，不当贮运是否会导致危害发生或加重，消费者是否在加热后食用，消费对象是否有易于生病的群体（体弱者、免疫功能缺乏者等），食物吃后是否剩余并再食用。

美国微生物标准咨询委员会（NACMCF）曾将食品的潜在危害程度分为以下六类：

a 类：专门用于非杀菌产品和专门用于特殊人群（如婴儿、老人等）消费的食品。

b 类：产品含有对微生物敏感的成分，如牛奶、鲜肉等含水分高的新鲜食物。

c 类：生产过程缺乏可控制的步骤，不能有效地杀灭有害的微生物，如碎肉过程以及分割、破碎等无热处理过程。

d 类：产品在加工后，包装前会遭受污染的食品，如大批量杀菌后再包装的食品。

e 类：在运输、批发和消费过程中，易造成消费者操作不当而存在潜在危害的产品，如应冷藏的食品，却在常温或高温下放置。

f 类：包装后或在家里食用时不再加热处理的食品（如即食食品等）。

根据危害分析，评价食品危害程度（risk category），习惯上将微生物造成的危害程度分为七级，最高潜在危害性食品为 a 类特殊性食品；其次为含 b～f 类所有特征的食品；含 b～f 类所有特征中四项的食品；含 b～f 类所有特征中三项的食品；含 b～f 类所有特征中两项的食品；含 b～f 类所有特征中一项的食品；不含 b～f 任何特征的食品。

HACCP 小组应对每种已识别的食品安全危害进行危害评价，以确定消除危害或将危害降至可接受水平是否是生产安全食品所必需；以及是否需要控制危害到规定的可接受水平。应根据食品安全危害造成不良健康后果的严重性及其发生的可能性，对每种食品安全危害进行评价。

HACCP 小组应选择适宜的控制措施，使食品安全危害得到预防、消除或降低至规定的可接受水平。对所采取的控制措施进行相应评价，评价包括：

① 针对实施的严格程度，控制措施对确定食品安全危害的控制效果；

② 对该控制措施进行监视的可行性（如及时监视以便立即纠正的能力）；

③ 相对其他控制措施，该控制措施在体系中的位置；

④ 该控制措施作用失效的可能性或在此过程发生显著变异的可能性；

⑤ 一旦该控制措施的作用失效，结果的严重程度；

⑥ 控制措施是否有针对性地建立并用于消除或显著降低危害水平。

(7) 确定关键控制点（CCP）　HACCP 小组针对确定的显著危害，经过逻辑的分析确定关键控制点（CCP），对关键控制点（CCP）的数量确定取决于产品或生产工艺的复杂性、性质等。通常食品加工制造过程的 CCP 包括：蒸煮、冷却、特殊卫生措施、产品配方控制、交叉污染的防止、操作工人及环境卫生状况。目前，国际上通常确定 CCP 的判断方法是采用关键控制点判断树（CCP decision tree）工具，通过对图 9-2 中所列出的问题进行逐一判断，得出 CCP。要注意的是，判断树不是万能的，有时运用判断树会得出不适宜的结果，HACCP 小组在实际生产活动中加以确认。

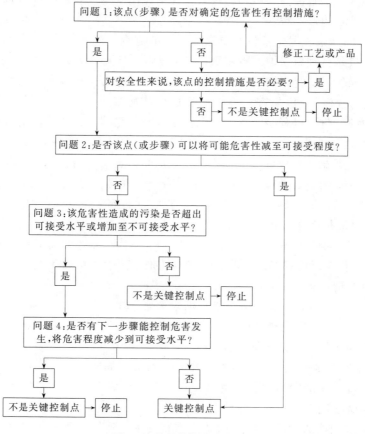

图 9-2　关键控制点判断图

(8) 确定每个 CCP 的关键限值　关键限值是区分可接受或不可接受的判定值，对每个 CCP 需有对应的一个或多个参数作为关键限值（CL），且这些参数应能确实表明 CCP 是可控制的。CL 应直观，易于监测，必要时，可进行连续监测。一般情况下不用微生物指标作为 CL，而采用一些物理参数和可快速测定的化学参数。这些参数包括温度、时间、流速、水分含量、pH 值、盐度、有效氯、重量等。基于主观信息（如对产品、加工过程、处置等的视觉检验）的关键限值，应有规范性文件、员工培训等支持。

在实际执行 HACCP 计划中，生产过程的监控也可以选择一个比关键限值（CL）稍严格的操作限值（OL），设立操作限值的好处在于综合考虑食品质量要求，可预先发现 CCP

发生偏离的趋势，可以弥补设备和监测仪表自身存在的正常误差（如水银温度计和自动温度记录仪的记录误差）。在实际管理中，在发生操作限值的偏离情况时，只需要采取加工调整，将控制参数恢复到正常状态，在发生操作限值期间生产的食品是符合要求的。

（9）确定每个 CCP 的监控措施　监控是一个有计划、有序的观察或测定来证明 CCP 在控制中，并产生相应准确的记录用于验证活动。应制订监控计划或程序，内容包括：监控什么、如何监控、监控频率和由谁进行监控。监控什么是确定产品的性质或加工过程是否符合关键限值。如何监控就是如何进行监控关键限值和预防措施，采取哪些具体的监控方法和手段，例如采用温度计（自动或人工）、秒表、pH 计、水活度计、盐度计等。监控的频率分为连续或不连续情况。能连续监控最好，如自动温度、时间记录仪、金属探测器等。在连续监控方式下，可以做到及时进行加工调整。对连续监控设备本身应定期查看校验。针对不连续监控的情况，在设置监控频率时应充分考虑频率设置的适宜性，如当监控发现 CCP 偏离限值时，是否能及时识别出受影响产品的范围、数量等内容。

来自监控过程的数据需由专门训练的人员评价，这些人员经过 CCP 监控技术的培训，能理解 CCP 监控的重要性，有能力进行监控活动，能准确地记录或反馈每个监控活动。

（10）确定每个 CCP 的纠正措施　当关键控制点的关键限值发生偏离时，组织应确保根据产品的用途和放行要求，识别和控制受影响的产品。识别和评估受影响的终产品，以确定对它们进行适宜的处置，评审所实施的纠正，通过监视计划所获得的数据，启动纠正措施。当关键限值超出时，所采取纠正措施应能识别和消除已发现的不符合的原因，防止其再次发生，并在不符合发生后，使相应的控制点恢复受控状态。

除非组织能确保相关的食品安全危害已降至规定的可接受水平，确保相关的食品安全危害在进入食品链前将降至确定的可接受水平，确保尽管不符合，但产品仍能满足相关规定的食品安全危害的可接受水平等情况下。否则应采取措施处置所有不合格产品，以防止不合格产品进入食品链。评价后，当产品不能放行时，产品应按在组织内或组织外重新加工或进一步加工，以确保食品安全危害得到消除或降至可接受水平，或者对产品进行销毁处理。

（11）确定验证程序　验证是用来确定 HACCP 体系是否按照确定的 HACCP 计划运作，或者对计划是否需要修订、更新，以及再被确认生效使用的方法、程序、检测及审批手段。验证的内容包括 CCP 的验证，监控设备的校正，对产品或过程进行有针对性的检测，对 CCP 记录的复查，对最终产品的检验或检测等。例如检查生产工艺是否按照 HACCP 计划被监控，是否符合关键限值，相关记录是否完整，监控活动是否按照拟定的频率进行监控，监控设备是否有进行校正等。

（12）建立记录保存系统　记录的保存为 HACCP 体系提供有效运行的证据。记录应保持清晰、易于识别和检索。对记录的标识、贮存、保护、检索、保存期限和处理所需的控制应进行管理。保存的记录包括：说明 HACCP 体系的各种措施（手段），用于危害分析采用的数据，HACCP 小组会议上的报告或决议，监控方法和相关记录，纠正措施记录，HACCP 计划表，危害分析工作表等。

第三节　GMP

一、GMP 含义

传统的食品卫生预防和控制的重点是对食品成品的监督监测，这种方式有明显的局限性，已远远跟不上现代食品工业发展的需要。把预防和控制重点前移，用对食品生产加工的全过程的管理代替单一的终产品的质量检验已成为必然趋势，各国政府及相关国际组织都在努力促进这一进程，建立和实行保证食品生产质量的管理制度并制定相应的技术规范。

"GMP"是英文 Good Manufacturing Practice 的缩写，中文的意思是"良好生产规范"，是一种特别注重在生产过程实施对食品卫生安全的管理。简要来说，GMP 要求食品生产企业应具备良好的生产设备，合理的生产过程，完善的质量管理和严格的检测系统，确保终产品的质量符合标准。

食品 GMP 的管理要素主要包含四个"M"。

① 人员（Man）　要由适任的人员来制造与管理。

② 原料（Material）　要选用良好的原材料来制造。

③ 设备（Machine）　要采用标准的厂房和机器设备。

④ 方法（Method）　要遵照既定的最适方法来制造。

二、GMP 介绍

GMP 产生于药品生产。第二次世界大战以后，人们在经历了数次较大的药物灾难之后，逐步认识到以成品抽样分析检验结果为依据的质量控制方法有一定缺陷，不能保证生产的药品都做到安全并符合质量要求。美国于 1962 年修改了《联邦食品、药品、化妆品法》，将药品质量管理和质量保证的概念制定成法定的要求。美国食品和药品管理局（FDA）根据修改法的规定，由美国坦普尔大学 6 名教授编写制定了世界上第一部药品的 GMP，并于 1963 年通过美国国会颁布成法令。1969 年，美国食品和药品管理局又将 GMP 的观点引用到食品的生产法规中，制定了《食品制造、加工包装及贮存的良好工艺规范》（Current Good Manufacturing Practice in Manufacturing, Processing Packing or Holding Human Food CGMP）。从 20 世纪 70 年代开始，FDA 又陆续制定了低酸性罐头等几类食品的 GMP，其中 CGMP 和低酸性罐头 GMP 已作为法规公布。

GMP 大致可分为三种类型：

① 由国家政府机构颁布的 GMP，如美国 FDA 制定的低酸性罐头 GMP、中国的《保健食品良好生产规范》。

② 行业组织制定的 GMP，这类 GMP 可作为同类食品企业共同参照、自愿遵守的管理规范。

③ 食品企业自订的 GMP 为企业内部管理的规范。

从 GMP 的法律效力来看，又可分为强制性 GMP 和指导性（或推荐性）GMP。

强制性 GMP 是指食品生产企业必须遵守的法律规定，由国家或有关政府部门颁布并监督实施。指导性（或推荐性）GMP 由国家有关政府部门或行业组织、协会等制定并推荐给食品企业参照执行，遵循自愿遵守的原则，不执行不属违法。

GMP 是对食品生产过程的各个环节、各个方面实行全面质量控制的具体技术要求和为保证产品质量必须采取的监控措施。它的内容可概括为硬件和软件两部分。所谓硬件指对食品企业提出的厂房、设备、卫生设施等方面技术要求，而软件则指可靠的生产工艺、规范的生产行为、完善的管理组织和严格的管理制度等。

三、国内外主要 GMP

1. 食品法典委员会（CAC）

CAC 针对食品加工企业发布了"食品卫生通则"，内容包括：

① 初级生产

- 环境卫生

- 食品原料的卫生生产

- 搬运、储藏和运输

- 初级生产中的清洁、养护和个人卫生

② 加工厂的设计和实施

- 选址

- 厂房和车间

- 设备

- 设施

③ 生产控制

- 食品危害控制

- 卫生体系控制关键要素

  时间和温度

  特殊加工步骤

  有关微生物及其说明

  微生物交叉污染

  物理和化学污染

- 外购材料的要求

- 包装

- 水

- 管理与监督

- 文件和记录

- 产品召回程序

④ 养护与卫生

- 养护和清洁

- 清洁计划

- 虫害控制

- 废弃物管理

- 储藏场所的清洁

⑤ 个人卫生

- 健康状况

- 疾病或受伤

- 个人清洁

- 个人行为举止

⑥ 运输

⑦ 产品信息和消费者意识

⑧ 培训

2. 中国

中国 GB 14881—2013《食品安全国家标准 食品生产通用卫生规范》系统、全面地提出中国食品生产企业 GMP 基本内容，标准规定了食品生产过程中原料采购、加工、包装、贮存和运输等环节的场所、设施、人员的基本要求和管理准则。

(1) 选址及厂区环境 厂区不应选择对食品有显著污染的区域。不应选择有害废弃物以及粉尘、有害气体、放射性物质和其他扩散性污染源不能有效清除的地址。不宜择易发生洪涝灾害的地区,难以避开时应设计必要的防范措施。厂区周围不宜有虫害大量孳生的潜在场所,难以避开时应设计必要的防范措施。应考虑环境给食品生产带来的潜在污染风险,并采取适当的措施将其降至最低水平。厂区应合理布局,各功能区域划分明显,并有适当的分离或分隔措施,防止交叉污染。厂区内的道路应铺设混凝土、沥青或者其他硬质材料;空地应采取必要措施,如铺设水泥、地砖或铺设草坪等方式,保持环境清洁,防止正常天气下扬尘和积水等现象的发生。厂区绿化应与生产车间保持适当距离,植被应定期维护,以防止虫害的孳生。厂区应有适当的排水系统。生活区应与生产区保持适当距离或分隔。

(2) 厂区和车间 厂房和车间的内部设计和布局应满足食品卫生操作要求,避免食品生产中发生交叉污染。厂房和车间的设计应根据生产工艺合理布局,预防和降低产品受污染的风险。厂房和车间应根据产品特点、生产工艺、生产特性以及生产过程对清洁程度的要求合理划分作业区,并采取有效分离或分隔。如通常可划分为清洁作业区、准清洁作业区和一般作业区;或清洁作业区和一般作业区等。一般作业区应与其他作业区域分隔。厂房内设置的检验室应与生产区域分隔。厂房的面积和空间应与生产能力相适应,便于设备安置、清洁消毒、物料存储及人员操作。建筑内部结构应易于维护、清洁或消毒。应采用适当的耐用材料建造。

(3) 设施与设备 供水设施应能保证水质、水压、水量及其他要求符合生产需要。食品加工用水的水质应符合 GB 5749 的规定,对加工用水水质有特殊要求的食品应符合相应规定。间接冷却水、锅炉用水等食品生产用水的水质应符合生产需要。食品加工用水与其他不与食品接触的用水(如间接冷却水、污水或废水等)应以完全分离的管路输送,避免交叉污染。各管路系统应明确标识以便区分。自备水源及供水设施应符合有关规定。供水设施中使用的涉及饮用水卫生安全产品还应符合国家相关规定。排水系统的设计和建造应保证排水畅通、便于清洁维护;应适应食品生产的需要,保证食品及生产、清洁用水不受污染。排水系统入口应安装带水封的地漏等装置,以防止固体废弃物进入及浊气逸出。排水系统出口应有适当措施以降低虫害风险。室内排水的流向应由清洁程度要求高的区域流向清洁程度要求低的区域,且应有防止逆流的设计。污水在排放前应经适当方式处理,以符合国家污水排放的相关规定。应配备足够的食品、工器具和设备的专用清洁设施,必要时应配备适宜的消毒设施。应采取措施避免清洁、消毒工器具带来的交叉污染。应配备设计合理、防止渗漏、易于清洁的存放废弃物的专用设施;车间内存放废弃物的设施和容器应标识清晰。必要时应在适当地点设置废弃物临时存放设施,并依废弃物特性分类存放。生产场所或生产车间入口处应设置更衣室;必要时特定的作业区入口处可按需要设置更衣室。更衣室应保证工作服与个人服装及其他物品分开放置。生产车间入口及车间内必要处,应按需设置换鞋(穿戴鞋套)设施或工作鞋靴消毒设施。应根据需要设置卫生间,卫生间的结构、设施与内部材质应易于保持清洁;卫生间内的适当位置应设置洗手设施。卫生间不得与食品生产、包装或贮存等区域直接连通。应在清洁作业区入口设置洗手、干手和消毒设施;如有需要,应在作业区内适当位置加设洗手和(或)消毒设施;与消毒设施配套的水龙头其开关应为非手动式。洗手设施的水龙头数量应与同班次食品加工人员数量相匹配,必要时应设置冷热水混合器。洗手池应采用光滑、不透水、易清洁的材质制成,其设计及构造应易于清洁消毒。应在临近洗手设施的显著位置标示简明易懂的洗手方法。根据对食品加工人员清洁程度的要求,必要时应可设置风淋室、淋浴室等设施。

应具有适宜的自然通风或人工通风措施；必要时应通过自然通风或机械设施有效控制生产环境的温度和湿度。通风设施应避免空气从清洁度要求低的作业区域流向清洁度要求高的作业区域。应合理设置进气口位置，进气口与排气口和户外垃圾存放装置等污染源保持适宜的距离和角度。进、排气口应装有防止虫害侵入的网罩等设施。通风排气设施应易于清洁、维修或更换。若生产过程需要对空气进行过滤净化处理，应加装空气过滤装置并定期清洁。根据生产需要，必要时应安装除尘设施。厂房内应有充足的自然采光或人工照明，光泽和亮度应能满足生产和操作需要；光源应使食品呈现真实的颜色。如需在暴露食品和原料的正上方安装照明设施，应使用安全型照明设施或采取防护措施。

应具有与所生产产品的数量、贮存要求相适应的仓储设施。仓库应以无毒、坚固的材料建成；仓库地面应平整，便于通风换气。仓库的设计应能易于维护和清洁，防止虫害藏匿，并应有防止虫害侵入的装置。原料、半成品、成品、包装材料等应依据性质的不同分设贮存场所或分区域码放，并有明确标识，防止交叉污染。必要时仓库应设有温、湿度控制设施。贮存物品应与墙壁、地面保持适当距离，以利于空气流通及物品搬运。清洁剂、消毒剂、杀虫剂、润滑剂、燃料等物质应分别安全包装，明确标识，并应与原料、半成品、成品、包装材料等分隔放置。应根据食品生产的特点，配备适宜的加热、冷却、冷冻等设施，以及用于监测温度的设施。根据生产需要，可设置控制室温的设施。

应配备与生产能力相适应的生产设备，并按工艺流程有序排列，避免引起交叉污染。与原料、半成品、成品接触的设备与用具，应使用无毒、无味、抗腐蚀、不易脱落的材料制作，并应易于清洁和保养。设备、工器具等与食品接触的表面应使用光滑、无吸收性、易于清洁保养和消毒的材料制成，在正常生产条件下不会与食品、清洁剂和消毒剂发生反应，并应保持完好无损。所有生产设备应从设计和结构上避免零件、金属碎屑、润滑油或其他污染因素混入食品，并应易于清洁消毒、易于检查和维护。设备应不留空隙地固定在墙壁或地板上，或在安装时与地面和墙壁间保留足够空间，以便清洁和维护。用于监测、控制、记录的设备，如压力表、温度计、记录仪等，应定期校准、维护。应建立设备保养和维修制度，加强设备的日常维护和保养，定期检修，及时记录。

（4）**卫生管理**　应制定食品加工人员和食品生产卫生管理制度以及相应的考核标准，明确岗位职责，实行岗位责任制。应根据食品的特点以及生产、贮存过程的卫生要求，建立对保证食品安全具有显著意义的关键控制环节的监控制度，良好实施并定期检查，发现问题及时纠正。应制定针对生产环境、食品加工人员、设备及设施等的卫生监控制度，确立内部监控的范围、对象和频率。记录并存档监控结果，定期对执行情况和效果进行检查，发现问题及时整改。应建立清洁消毒制度和清洁消毒用具管理制度。清洁消毒前后的设备和工器具应分开放置妥善保管，避免交叉污染。厂房内各项设施应保持清洁，出现问题及时维修或更新；厂房地面、屋顶、天花板及墙壁有破损时，应及时修补。生产、包装、贮存等设备及工器具、生产用管道、裸露食品接触表面等应定期清洁消毒。应建立并执行食品加工人员健康管理制度。食品加工人员每年应进行健康检查，取得健康证明；上岗前应接受卫生培训。食品加工人员如患有痢疾、伤寒、甲型病毒性肝炎、戊型病毒性肝炎等消化道传染病，以及患有活动性肺结核、化脓性或者渗出性皮肤病等有碍食品安全的疾病，或有明显皮肤损伤未愈合的，应当调整到其他不影响食品安全的工作岗位。进入食品生产场所前应整理个人卫生，防止污染食品。进入作业区域应规范穿着洁净的工作服，并按要求洗手、消毒；头发应藏于工作帽内或使用发网约束。进入作业区域不应配戴饰物、手表，不应化妆、染指甲、喷洒香水；不得携带或存放与食品生产无关的个人用品。使用卫生间、接触可能污染食品的物品或从事与食品生产无关的其他活动后，再次从事接触食品、食品工器具、食品设备等与食品生产相关的活动前应洗手消毒。非食品加工人员不得进入食品生产场所，特殊情况下进入时应遵守和食品加工人员同样的卫生要求。

应保持建筑物完好、环境整洁，防止虫害侵入及孳生。应制定和执行虫害控制措施，并定期检查。生产车间及仓库应采取有效措施（如纱帘、纱网、防鼠板、防蝇灯、风幕等），防止鼠类昆虫等侵入。若发现有虫鼠害痕迹时，应追查来源，消除隐患。应准确绘制虫害控制平面图，标明捕鼠器、粘鼠板、灭蝇灯、室外诱饵投放点、生化信息素捕杀装置等放置的位置。采用物理、化学或生物制剂进行处理时，不应影响食品安全和食品应有的品质，不应污染食品接触表面、设备、工器具及包装材料。除虫灭害工作应有相应的记录。使用各类杀虫剂或其他药剂前，应做好预防措施避免对人身、食品、设备工具造成污染；不慎污染时，应及时将被污染的设备、工具彻底清洁，消除污染。应制定废弃物存放和清除制度，有特殊要求的废弃物其处理方式应符合有关规定。废弃物应定期清除；易腐败的废弃物应尽快清除；必要时应及时清除废弃物。车间外废弃物放置场所应与食品加工场所隔离，防止污染；应防止不良气味或有害有毒气体溢出；应防止虫害孳生。进入作业区域应穿着工作服。应根据食品的特点及生产工艺的要求配备专用工作服，如衣、裤、鞋靴、帽和发网等，必要时还可配备口罩、围裙、套袖、手套等。应制定工作服的清洗保洁制度，必要时应及时更换；生产中应注意保持工作服干净完好。工作服的设计、选材和制作应适应不同作业区的要求，降低交叉污染食品的风险；应合理选择工作服口袋的位置、使用的连接扣件等，降低内容物或扣件掉落污染食品的风险。

（5）食品原料、食品添加剂和食品相关产品 应建立食品原料、食品添加剂和食品相关产品的采购、验收、运输和贮存管理制度，确保所使用的食品原料、食品添加剂和食品相关产品符合国家有关要求。不得将任何危害人体健康和生命安全的物质添加到食品中。采购的食品原料应当查验供货者的许可证和产品合格证明文件；对无法提供合格证明文件的食品原料，应当依照食品安全标准进行检验。食品原料必须经过验收合格后方可使用。经验收不合格的食品原料应在指定区域与合格品分开放置并明显标记，并应及时进行退、换货等处理。加工前宜进行感官检验，必要时应进行实验室检验；检验发现涉及食品安全项目指标异常的，不得使用；只应使用确定适用的食品原料。

食品原料运输及贮存中应避免日光直射、备有防雨防尘设施；根据食品原料的特点和卫生需要，必要时还应具备保温、冷藏、保鲜等设施。食品原料运输工具和容器应保持清洁、维护良好，必要时应进行消毒。食品原料不得与有毒、有害物品同时装运，避免污染食品原料。食品原料仓库应设专人管理，建立管理制度，定期检查质量和卫生情况，及时清理变质或超过保质期的食品原料。仓库出货顺序应遵循先进先出的原则，必要时应根据不同食品原料的特性确定出货顺序。采购食品添加剂应当查验供货者的许可证和产品合格证明文件。食品添加剂必须经过验收合格后方可使用。运输食品添加剂的工具和容器应保持清洁、维护良好，并能提供必要的保护，避免污染食品添加剂。食品添加剂的贮藏应有专人管理，定期检查质量和卫生情况，及时清理变质或超过保质期的食品添加剂。仓库出货顺序应遵循先进先出的原则，必要时应根据食品添加剂的特性确定出货顺序。采购食品包装材料、容器、洗涤剂、消毒剂等食品相关产品应当查验产品的合格证明文件，实行许可管理的食品相关产品还应查验供货者的许可证。食品包装材料等食品相关产品必须经过验收合格后方可使用。运输食品相关产品的工具和容器应保持清洁、维护良好，并能提供必要的保护，避免污染食品原料和交叉污染。食品相关产品的贮藏应有专人管理，定期检查质量和卫生情况，及时清理变质或超过保质期的食品相关产品。仓库出货顺序应遵循先进先出的原则。

（6）生产过程的食品安全控制 应通过危害分析方法明确生产过程中的食品安全关键环节，并设立食品安全关键环节的控制措施。在关键环节所在区域，应配备相关的文件以落实控制措施，如配料（投料）表、岗位操作规程等。鼓励采用危害分析与关键控制点（HAC-CP）体系对生产过程进行食品安全控制。应根据原料、产品和工艺的特点，针对生产设备和环境制定有效的清洁消毒制度，降低微生物污染的风险。清洁消毒制度应包括以下内容：清洁消毒的区域、设备或器具名称；清洁消毒工作的职责；使用的洗涤、消毒剂；清洁消毒方法和频率；清洁消毒效果的验证及不符合的处理；清洁消毒工作及监控记录。应确保实施清洁消毒制度，如实记录；及时验证消毒效果，发现问题及时纠正。根据产品特点确定关键控制环节进行微生物监控；必要时应建立食品加工过程的微生物监控程序，包括生产环境的微生物监控和过程产品的微生物监控。食品加工过程的微生物监控程序应包括：微生物监控指标、取样点、监控频率、取样和检测方法、评判原则和整改措施等。微生物监控应包括致病菌监控和指示菌监控，食品加工过程的微生物监控结果应能反映食品加工过程中对微生物污染的控制水平。应建立防止化学污染的管理制度，分析可能的污染源和污染途径，制订适当的控制计划和控制程序。应当建立食品添加剂和食品工业用加工助剂的使用制度。不得在食品加工中添加食品添加剂以外的非食用化学物质和其他可能危害人体健康的物质。生产设备上可能直接或间接接触食品的活动部件若需润滑，应当使用食用油脂或能保证食品安全要求的其他油脂。建立清洁剂、消毒剂等化学品的使用制度。除清洁消毒必需和工艺需要，不应在生产场所使用和存放可能污染食品的化学制剂。食品添加剂、清洁剂、消毒剂等均应采用适宜的容器妥善保存，且应明显标示、分类贮存；领用时应准确计量、做好使用记录。应当关注食品在加工过程中可能产生有害物质的情况，鼓励采取有效措施降低其风险。应建立防止异物污染的管理制度，分析可能的污染源和污染途径，并制订相应的控制计划和控制程序。应通过采取设备维护、卫生管理、现场管理、外来人员管理及加工过程监督等措施，最大限度地降低食品受到玻璃、金属、塑胶等异物污染的风险。应采取设置筛网、捕集器、磁铁、金属检查器等有效措施降低金属或其他异物污染食品的风险。当进行现场维修、维护及施工等工作时，应采取适当措施避免异物、异味、碎屑等污染食品。食品包装应能在正常的贮存、运输、销售条件下最大限度地保护食品的安全性和食品品质。使用包装材料时应核对标识，避免误用；应如实记录包装材料的使用情况。

（7）检验 应通过自行检验或委托具备相应资质的食品检验机构对原料和产品进行检验，建立食品出厂检验记录制度。自行检验应具备与所检项目适应的检验室和检验能力；由具有相应资质的检验人员按规定的检验方法检验；检验仪器设备应按期检定。检验室应有完善的管理制度，妥善保存各项检验的原始记录和检验报告。应建立产品留样制度，及时保留样品。应综合考虑产品特性、工艺特点、原料控制情况等因素，合理确定检验项目和检验频次，以有效验证生产过程中的控制措施。净含量、感官要求以及其他容易受生产过程影响而变化的检验项目的检验频次应大于其他检验项目。同一品种不同包装的产品，不受包装规格和包装形式影响的检验项目可以一并检验。

（8）食品的贮存和运输 根据食品的特点和卫生需要选择适宜的贮存和运输条件，必要时应配备保温、冷藏、保鲜等设施。不得将食品与有毒、有害或有异味的物品一同贮存运输。应建立和执行适当的仓储制度，发现异常应及时处理。贮存、运输和装卸食品的容器、工器具和设备应当安全、无害，保持清洁，降低食品污染的风险。贮存和运输过程中应避免日光直射、雨淋、显著的温湿度变化和剧烈撞击等，防止食品受到不良影响。

(9) 产品召回管理 应根据国家有关规定建立产品召回制度。当发现生产的食品不符合食品安全标准或存在其他不适于食用的情况时，应当立即停止生产，召回已经上市销售的食品，通知相关生产经营者和消费者，并记录召回和通知情况。对被召回的食品，应当进行无害化处理或者予以销毁，防止其再次流入市场。对因标签、标识或者说明书不符合食品安全标准而被召回的食品，应采取能保证食品安全且便于重新销售时向消费者明示的补救措施。应合理划分记录生产批次，采用产品批号等方式进行标识，便于产品追溯。

(10) 培训 应建立食品生产相关岗位的培训制度，对食品加工人员以及相关岗位的从业人员进行相应的食品安全知识培训。应通过培训促进各岗位从业人员遵守食品安全相关法律法规标准和执行各项食品安全管理制度的意识和责任，提高相应的知识水平。应根据食品生产不同岗位的实际需求，制订和实施食品安全年度培训计划并进行考核，做好培训记录。当食品安全相关的法律法规标准更新时，应及时开展培训。应定期审核和修订培训计划，评估培训效果，并进行常规检查，以确保培训计划的有效实施。

(11) 管理制度和人员 应配备食品安全专业技术人员、管理人员，并建立保障食品安全的管理制度。食品安全管理制度应与生产规模、工艺技术水平和食品的种类特性相适应，应根据生产实际和实施经验不断完善食品安全管理制度。管理人员应了解食品安全的基本原则和操作规范，能够判断潜在的危险，采取适当的预防和纠正措施，确保有效管理。

(12) 记录和文件管理 应建立记录制度，对食品生产中采购、加工、贮存、检验、销售等环节详细记录。记录内容应完整、真实，确保对产品从原料采购到产品销售的所有环节都可进行有效追溯。应如实记录食品原料、食品添加剂和食品包装材料等食品相关产品的名称、规格、数量、供货者名称及联系方式、进货日期等内容。应如实记录食品的加工过程（包括工艺参数、环境监测等）、产品贮存情况及产品的检验批号、检验日期、检验人员、检验方法、检验结果等内容。应如实记录出厂产品的名称、规格、数量、生产日期、生产批号、购货者名称及联系方式、检验合格单、销售日期等内容。应如实记录发生召回的食品名称、批次、规格、数量、发生召回的原因及后续整改方案等内容。食品原料、食品添加剂和食品包装材料等食品相关产品进货查验记录、食品出厂检验记录应由记录和审核人员复核签名，记录内容应完整。保存期限不得少于 2 年。应建立客户投诉处理机制。对客户提出的书面或口头意见、投诉，企业相关管理部门应做记录并查找原因，妥善处理。应建立文件的管理制度，对文件进行有效管理，确保各相关场所使用的文件均为有效版本。鼓励采用先进技术手段（如电子计算机信息系统）进行记录和文件管理。

第四节　卫生标准操作程序

SSOP 是卫生标准操作程序（Sanitation Standard Operation Procedure）的简称。SSOP 是食品生产企业为了保证达到 GMP 所规定的卫生要求，保证加工过程中消除不良的人为因素，使其所加工的食品符合卫生要求而制定的，用于指导食品生产加工过程中如何实施清洗、消毒和卫生保持的作业指导文件。SSOP 的正确制定和有效执行，对控制危害是非常有价值的。企业可根据法规和自身需要建立文件化的 SSOP。

美国《水产品 HACCP 法规》中，推荐生产企业按至少八个主要卫生控制方面来起草一个卫生操作管理文件。这八个方面是：

① 与食品或食品表面接触的水或生产用冰的安全；

② 食品接触表面（包括器具、手套和工作服）的状况和清洁；

③ 防止不卫生的物品与食品、食品包装材料和其他与食品接触的表面，以及未加工原料对已加工产品的交叉污染；

④ 洗手、手消毒和卫生间设施的维护；

⑤ 防止食品、食品包装材料和与食品接触的表面混入润滑油、燃料、杀虫剂、清洁剂、消毒剂、冷凝水及其他化学、物理和生物污染物；

⑥ 正确标识、存放和使用有毒化合物；

⑦ 员工健康状况的控制，避免对食品、食品包装材料和与食品接触的表面造成微生物污染；

⑧ 害虫的灭除。

国家认监委发布的《食品生产企业危害分析与关键控制点（HACCP）管理体系认证管理规定》中已明确，企业必须建立和实施卫生标准操作程序，达到以上 8 个方面的卫生要求，也就是说，企业制定的 SSOP 计划应至少包括以上 8 个方面的卫生控制内容，企业可以根据产品和自身加工条件的实际情况增加其他方面的内容。SSOP 各个方面的内容应该是具体的、具有可操作性的，还应该有一整套相关的执行记录、监督检查和纠正措施记录，否则将成为一纸空文。

一、卫生标准操作程序八个方面

1. 生产用水（冰）的安全

水和冰在食品工厂是一个重要控制要素，具有广泛的用途。主要有：作为产品的组成成分（如饮料）、清洗、传送或运输、饮用等。

管理要点：

① 避免饮用水与非饮用水系统之间的交叉污染；

② 水管材质（制冰设备卫生、无毒、不生锈），设置防回流装置；

③ 避免水管放在脏水或浸在洗涤槽里；

④ 自供水源要有对水源的实验室分析报告（井水在投产前必须检测）；

⑤ 冰的储藏、运输、铲运，避免与地面接触；

⑥ 井口应离地面一定高度，地面与保护性装置有一定的坡度，避免地表水进入，水源远离污染源；

⑦ 不同水管道可以采用不同的颜色；

⑧ 水的储藏的卫生，如水塔、蓄水池、储水罐等；水处理方式，如沉淀、过滤、化学处理、离子交换等；

⑨ 水的消毒处理，如加氯处理、臭氧处理、紫外线消毒，确保管网末端出水口余氯含量；

⑩ 水质的日常监控内容和频率，水网络设施的维护保养。

2. 与食品接触表面的清洗、消毒

典型的食品接触表面，如工器具、刀具、桌面、案板、生产设备、工作服（手套、围裙等）。

管理要点：

① 加工设备和工器具的条件状态适于卫生操作；

② 无毒、不吸水、抗腐蚀，不与清洁剂和消毒剂产生化学反应，表面光滑；

③ 被适当地清洁和消毒；

④ 使用被许可的消毒剂的类型，消毒浓度适当；

⑤ 可能接触食品的手套和外衣清洁并且状况良好；

⑥ 视觉检查和对消毒剂的化学检测相结合；

⑦ 避免残留物、部件、螺钉或螺帽脱落；

⑧ 建立适当的清洗消毒程序，包括清洗消毒的内容、人员、频率等；

⑨ 用于清洗消毒工具自身的卫生。

3. 防止交叉污染

交叉污染的定义：通过生的食品、食品加工者或食品加工环境把生物或化学的污染物转移到食品的过程。

管理要点：

① 人流、物流符合要求，不出现交叉；

② 预防员工不适当操作造成对食品的污染；

③ 生、熟食品的隔离；

④ 食品的运输、储存；

⑤ 对设备和设施的消毒避免二次污染；

⑥ 员工的卫生规范。

4. 手、卫生设施的清洗、消毒

许多员工将与食品相接触，因此对员工建立相应的卫生控制，如手部的消毒是非常重要的。

管理要点：

① 清洗消毒设施的设置位置；

② 洗手消毒的程序；

③ 使用的消毒液；

④ 卫生设施的维护保养；

⑤ 员工卫生意识的培训；

⑥ 洗手消毒标识。

5. 防止污染物的污染

防止食品、食品包装材料和食品接触面被各种生物的、化学的和物理的，如润滑剂、燃料、杀虫剂、清洁剂、消毒剂、冷凝物等污物污染。在不卫生的条件下加工的食品即使没有任何证据证明其已被污染，也是不允许的。需要了解可能导致食品被间接污染或不可预见的污染，如可能的外部污染、有毒化合物的污染。

管理要点：

① 除去不卫生表面的冷凝物；

② 调节空气流通和房间温度以减少凝结；

③ 安装遮盖物防止冷凝物落在食品、包装材料或食品接触面上；

④ 清扫地板，清除地面上的积水；

⑤ 在有死水的周边地带，疏通行人和交通工具；

⑥ 清洗因疏忽暴露于化学外部污染物的食品接触面；

⑦ 在非产品区域操作有毒化合物时，设立遮盖物以保护产品；

⑧ 测算由于不恰当使用有毒化合物所产生的影响，以评估食品是否被污染；

⑨ 加强对员工的培训，纠正不正确的操作；

⑩ 丢弃没有标签的化学品。

6. 有毒化合物的标识、储存和使用

大多数食品工厂日常加工中会涉及各类化学物质的使用，如果没有得到很好的控制，将对食品造成不安全因素，因此有必要对工厂使用的化学物质，特别是有毒化学物质做到正确标识、储存、使用，选用的化学物质应与生产的食品相适应，并且要符合法规要求。这些化学物质包括：清洗消毒剂、杀虫剂、实验化学试剂、机械润滑油、各类食品添加剂等。

管理要点：

① 选择法规允许的化学物质；

② 正确标识，以免误用；

③ 正确储存，如温度、湿度、时间等；

④ 正确使用，如人员经过培训。

7. 员工的健康与卫生控制

员工的健康状况对食品加工有着非常重要的影响，因此应对员工的健康状况进行监控，避免员工成为食品的污染源。

管理要点：

① 工厂对员工的健康体检要求；

② 每日员工健康状况检查；

③ 工厂对员工建立健康防护措施。

8. 虫害的控制

老鼠、苍蝇、蟑螂等在自然界中具有非常强的生命力，而且通常携带细菌、病毒及虫卵等有害物质，因此工厂应建立对虫害的控制措施，避免它们对食品安全造成威胁。

管理要点：

① 检查可能存在虫害的区域；

② 环境卫生整洁，设施具有适当的防护，如对下水道铺设防护网；

③ 去除虫害的孳生场所；

④ 对虫害的驱除和杀灭；

⑤ 采用与食品生产相适宜的虫害控制手段，如合理选择物理的或化学的方法进行灭鼠；

⑥ 必要的硬件设施，如纱窗、灭蝇灯等。

二、SSOP 范例

1. 水的安全

A 目的：直接接触食品或食品表面的水，其水源要安全卫生，或经处理使其安全。

程序：XYZ 苹果汁公司将使用井水，井水经处理后达到饮用水标准。该井被认为是一个公共的水源，并由认可的外部实验室每季度检测一次大肠菌群。

B 目的：在饮用水系统和非饮用水系统之间没有交叉联系。

程序：质量控制监督员将会每月对饮用水系统和污水系统进行定期检查，从而确认无交叉，所有这些结果将会记录在每月的卫生审核表中。认可的外部机构每年对井的密封性进行检查，并检查所有的回流装置。

C目的：流水槽中使用的水必须卫生，以防止原料苹果的交叉污染。

程序：流水槽中的水每天更换一次，加氯以保持100mg/kg的水平。用适当的检测设备，每小时检测有效氯含量。在积极使用期间，氯含量保持在可检测的残留水平。

2. 食品接触面

A目的：工厂中所有与食品有接触的设备或器具表面，都要使用易于清洁的和保持卫生的材料制成，所有这些材料都不能含有有毒物质，而且要被设计得与预期使用的环境及食品清洁剂和消毒剂相适。

程序：在更换设备的任何主要部件前，质量保证、生产及维修部门对此进行评估。此评估将会决定更换的部件是否对相联系的加工过程造成影响。所有设备的说明书将被审核，以确保设备是否与预期用途符合和能够易于清洗。同样的评估也将用于工厂的装修材料。用于生产中的非主要设备和器具的订单，要让生产上订货的监督人和质量保证部复查。如果必要，可以请专业清洁公司的人员来审查用于清洁消毒设备和器具的方法是否可行，所有以上的评估记录都要存在档案中。质量控制监督者将会每月对工厂设备和器具进行检查，并且记录在每月的卫生核查表中。

B目的：在加工过程中所有接触食品的器具表面要用有效清洁剂和消毒剂进行清洗和消毒。

程序：在不考虑预期目的情况下，所有的加工线都需要在每天操作后进行清洁和消毒。每天生产结束后，XYZ苹果汁公司员工清除设备中堆积的残片。此外，工人将清扫和消毒所有的设备、工器具和仪器。在清洗中使用食用碱清洁剂，然后用100mg/kg的氯液清洗。氯液清洁剂的浓度在使用前将由质量控制监督员检查，而且结果需被记录在每日的卫生核查表中。

每日开工前，设备和工器具使用100mg/kg的氯液清洗。氯液清洁剂的浓度在使用前将由质量控制监督员检查，结果被记录在每日的卫生核查表中。质量控制监督员在开工前进行卫生检查。消毒公司的一个代表将在场，如果必要的话，要立即消除任何注意到的问题，这项工作将会记录于每日卫生核查表中。

C目的：与食品及食品接触面相接触的手套和外工作服的表面必须由防水原料制成，并保持清洁和卫生。

程序：公司将发给生产线上的工人橡胶工作裙和工作手套，生产线监督员将确保其员工配有这些物品，员工除非有生产线监督员或主管的允许，不得使用个人的此类物品替代配给的物品。同时要求员工保持这些物品处于卫生并随时可用的状态，如果必要的话，必须由生产线监督员更换。监督员要求所有的员工必须遵守。此外，质量控制监督员将在每日工作开始时检查这些物品，检查情况将记录在每日卫生核查表中。

3. 防止交叉污染

A目的：员工的手、手套和工作服、工器具、与废料接触的设备的食品接触面、地面及其他不卫生的物品，如没有事先进行适当的消毒和清洁，不能与食品相接触。

程序：

① 员工将会被培训如何和何时清洗和消毒手部，培训情况将被记录在案。

② 班组长将维护洗手消毒站的卫生。

③ 班组长将维护隔离的工器具清洗站的卫生。

④ 如果生产线被任何形式的污水、地板喷溅物污染，监督员或指定人员将马上停止生产线。被污染的区域在生产重新开始前将被清洗、消毒，并由质量控制监督员检查。检查的结果记录在每日卫生核查表中。

⑤ 监督员、维护人员、质量控制和生产者，包括那些处理废弃物、接触地面或其他不卫生物体的人，必须清洁并消毒他们的手和手套后才能处理产品。

⑥ 曾经接触地面污物和其他不卫生物品的工器具和设备的食品接触面，必须被清洗和消毒后才能接触产品。

B 目的：防止食品、食品接触面和包装物料被污染物喷到、滴到、排放到或落到而造成的污染。

程序：维修保养部门负责建立一套完善的维护保养系统，以保持工作室的通风，从而确保适当通风、空气流动及空气压力以避免或禁止工作室、生产区内及储存区内冷凝物的形成，冷凝物可能导致产品、产品接触面及包装材料的污染。

监督员也必须保证在生产中所进行的清洁和消毒过程中不会出现地板飞溅物的情况发生。他们必须保证在重新开始生产前，该区域是干净、消毒过的并被检查过的。食品加工区将进行可能污染源的检查，包括冷凝物，这项工作将由质量控制监督员在生产操作过程中每日进行一次，其结果将被记录于每日卫生核查表中。

4. 保持手的清洗和厕所设施的卫生

A 目的：洗手、消毒手的设备必须放置于所有要求良好卫生规范的生产区域内，要求员工清洗和消毒他们的手。这些设施必须配备洗手的设备、流动的冷热水、一次性使用的毛巾和适当处理废弃物的桶。

程序：洗手站必须位于工作间的所有入口处，以便员工进入加工间时使用。

洗手站由质量控制监督员在操作前每天检查所有供应物是否充足。每位员工被教育要求发现供应物品不足时，立即报告监督员补充。所有的结果将记录于每日的消毒审核表中。

B 目的：提供数量足够的、易于进出的卫生间，这些设施要下水畅通，卫生和设备状况良好。

程序：为员工在休息区和毗邻加工区的地方提供隔离的男、女卫生间。每个卫生间配有双层只可由里向外打开的门，并通风良好。卫生间的数量应根据员工的数量而定，同时单独考虑员工的性别。XYZ 苹果汁公司有 25 名男员工，35 名女员工，因而要有 3 个男卫生间，5 个女卫生间。如果员工增加，必须安装更多的卫生间。

卫生间内装设洗手设施，配备有肥皂和一次性使用毛巾。

在生产期间，生产线上的监督员来回检查卫生间的卫生设备是否卫生、供应物是否充足。生产之后，企业卫生员负责清洁和消毒卫生间设施以及补充供应物。

维修部门保持卫生间设施操作正常以及其妥善保养。

卫生间的条件由质量控制监督员每日检查。检查结果记录在每日卫生核查表中。

5. 防止食品的掺杂

目的：食品、食品接触面及食品包装材料应防止接触润滑油、燃料、杀虫剂、清洁剂、消毒剂、金属碎块以及其他物理和化学污染。

程序：所有在生产环境使用的消毒剂和清洁剂都要清楚地标记，并放置在远离加工区的位置和存放其他润滑油及化学物质的场所。清洁服务公司对存放于工厂内的所有药剂,给质量保证部提供材料安全说明书(MSDS)。

所有的食用润滑油要与非食用润滑油分开存放,并正确标识。

杀虫剂公司不能将任何杀虫剂存放于工厂内。该公司为所有用于杀虫的杀虫剂提供材料安全说明书(MSDS)。

维修部门将所有的非食用润滑油存放并正确标识于维修区域内。燃料不能存放于厂房内。所有气体燃料(如氧气和电石气)都被存放于厂外的可移动罐内,并且只能在生产停止后才能运入厂区内。如果在生产期间必须使用这些燃料,保养者必须加高屏障以确保生产区域不会被污染。当燃料使用完毕后,在生产开始前,该使用区域必须被彻底清洁、消毒并检查。

质量控制监督员在生产期间,每日检查工作区内工作时可能的污染源,并确保有毒物质被正确标记并存放,结果将会记入每日的卫生核查表中。

6. 正确标识、存放和使用有毒物质

目的:所有允许进入厂内的有毒物质应被有秩序鉴别、暂存、使用、存放,以避免污染食物、食物接触面或包装材料。

程序:质量控制监督员在生产时,每日检查工作区内任何可能的污染源,并确保有毒物质被正确标记并存放,结果记入每日卫生核查表中。

7. 员工的卫生控制

目的:通过体检或监督员的观察,任何带有或可能带有疾病、传染性伤口、外伤,例如烫伤和疮及其他任何可能对食品及食品接触面或包装材料造成污染的人都要从生产线上隔离出来,直到病愈或情况解决为止。

程序:作为新员工培训的一部分,员工将被特别告知,可能会导致任何生产过程的污染的生病或受伤要立即通知监督员。员工一旦被确认患有沙门氏菌病(如伤寒)、A型肝炎等,特别是还没有症状时,要立即通知管理员。另外,员工将被告知在任何可能的情况下,他们有义务不破坏此程序。培训结果将被记录在案。

观察员工的身体状况是所有质量监督控制员的责任。员工在每天开始前,由质量监督控制员检查他们的体征,发现任何可能导致污染的生产工序工人生病或受伤的情况下,质量控制员要求此人离开生产线并报告工厂经理。如果此工人的身体状况不能安排其他工作时,将会立即被送回家,直到他们病愈或由医务机构出具证明他们可以重新工作后,才可以回到工厂内。检查结果将记录于每日卫生核查表中。

8. 虫害的控制

A目的:在工厂的任何区域不得有害虫。

程序:在工厂内不能有老鼠、昆虫、鸟及其他害虫,害虫防治公司将负责处理厂内及地面的害虫,使用的杀虫剂的原料安全说明书(MSDS)都保存成文件。害虫防治公司的代表将每月与质量控制管理员会面,商讨害虫控制情况。另外,在每日开工前,质量控制监督员将检查车间、设备以确保无害虫。结果将被记录在每日卫生核查表中。

B目的:工厂将被设计成把对食品、食品接触面、食品包装材料的污染风险减小到最低。

程序:质量控制监督员和维修部门的代表将会每月对工厂结构及车间检查,以确保加工中没有来自内部和外部的污染源,结果将会被记录在每月卫生核查表中。

如果改变现有的任何设施，必须征求有资格的卫生专家的意见。

第五节　良好农业规范

一、概述

随着化肥、农药、良种等增产要素在农业生产经营活动中的广泛使用，农业生产总量明显增长。伴随着大量农业投入品的使用和农业生产经营活动的不当，土壤肥力下降，农产品农兽药残留超标、重金属超标等问题越来越严重。1991 年联合国粮农组织（FAO）召开了"农业与环境会议"，发表了著名的"博斯登宣言"，提出了"可持续农业和农村发展（SARD）"的概念，得到联合国各成员国的广泛支持。良好农业规范（Good Agriculture Practice，GAP）在此背景下应运而生，其基本思想是建立规范的农业生产经营体系、保证农产品产量和质量安全的同时，更好地配置资源，寻求农业生产和环境保护之间的平衡，实现农业可持续发展。

1997 年欧洲零售商农产品工作组（EUREP）在零售商的倡导下提出了"良好农业规范（Good Agricultural Practices，GAP）"，简称为 EUREPGAP。2001 年 EUREP 秘书处首次将 EUREPGAP 标准对外公开发布。EUREPGAP 标准主要针对种植业和养殖业，分别制定和执行各自的操作规范，鼓励减少农用化学品和药品的使用，关注动物福利、环境保护、工人的健康和安全及福利，保证初级农产品生产安全的一套规范体系。它是以危害分析与关键控制点（HACCP）、良好卫生规范、可持续发展农业和持续改良农场体系为基础，避免在农产品生产过程中受到外来物质的严重污染和危害。该标准主要涉及大田作物种植、水果和蔬菜种植、畜禽养殖、牛羊养殖、奶牛养殖、生猪养殖、家禽养殖、畜禽公路运输等农业产业。

2003 年 4 月，国家认证认可监督管理委员会首次提出在中国食品链源头建立"良好农业规范"体系，并于 2004 年启动了 ChinaGAP 标准的编写和制定工作，ChinaGAP 标准起草主要参照 EUREPGAP 标准的控制条款，并结合中国国情和法规要求编写而成。目前 ChinaGAP 标准为系列标准，包括：术语、农场基础控制点与符合性规范、作物基础控制点与符合性规范、大田作物控制点与符合性规范、水果和蔬菜控制点与符合性规范、畜禽基础控制点与符合性规范、牛羊控制点与符合性规范、奶牛控制点与符合性规范、生猪控制点与符合性规范、家禽控制点与符合性规范。

二、良好农业规范的实施

1.《良好农业规范》系列国际标准基本内容

① 食品安全危害的管理要求。在种植业生产过程中，针对不同作物生产特点，对作物管理、土壤肥力保持、田间操作、植物保护组织管理等提出了要求；在畜禽养殖过程中，针对不同畜禽的生产方式特点，对养殖场选择、畜禽品种、饲料和水的供应、设施设备、畜禽健康、药物使用、养殖方式、运输、废弃物的无害化处理、养殖生产过程记录、追溯以及员工培训等提出要求。

② 提出环境保护的要求。通过要求生产者遵守环境保护的法规和标准，构建良好生态环境，协调农产品生产和环境保护的关系。

③ 员工的职业健康、安全和福利要求。

④ 动物福利的要求。

2. 良好农业规范实施要点

① 生产用水与农业用水的良好规范。管理包括：水的质量影响着农产品的污染程度，有效的灌溉技术，减少对水资源的浪费；尽量增加小流域地表水渗透率和减少无效外流；改善土壤结构，增加土壤有机质含量；通过采用节水措施或进行水再循环防止土壤盐渍化；为牲畜提供充足、安全、清洁的水。

② 肥料的使用。管理包括：利用适当的作物轮作、施用肥料、牧草管理和其他土地利用方法以及合理的机械、保护性耕作方法；通过利用调整碳氮比的方法，保持或增加土壤的有机质；保护土层；使用有机肥和矿物肥料以及其他农用化学物的施用量、时间和方法应适合农学、环境和人类健康的需求。

③ 农药使用规范。管理包括：加强对有害生物和疾病进行生物防治；对有害生物情况进行趋势分析，预防为主；尽量减少农用化学物使用量；按照法规要求储存农用化学物并按照用量和时间以及收获前的停用期规定使用农用化学物；严禁使用法律法规禁止的农药；在使用农药时应尽量对环境的破坏降到最低；对从事农药处理人员进行必要的培训，规范用药。

④ 作物和饲料生产的良好规范。管理包括：根据品种特性合理安排生产；设计作物种植制度，优化种植模式。

⑤ 收获、加工及储存规范。管理包括：收获的时机、产品储存的适宜温度和湿度要求、产品清洁的安全方式、容器清洗消毒安全方式、运输设施设备的维护保养和清洁。

⑥ 员工健康规范。管理包括：员工符合健康要求，员工的卫生清洁、接受相关卫生培训。

⑦ 卫生设施规范。管理包括：厕所洗手设施的配置、使用方式和清洁卫生。

⑧ 溯源规范。管理包括：建立有效的产品溯源系统，建立产品从种子到收获全过程的追溯信息。

第六节 ISO 9000

本节主要介绍 ISO 9000 族标准的一些基本常识，包括 ISO 标准、ISO 9000 族标准的产生和发展，2015 版 ISO 9000 族标准的特点，以及实施 ISO 9000 族标准的意义。

一、ISO 标准简介

ISO 是一个国际性的非营利的组织。国际标准化组织的前身是国家标准化协会国际联合会和联合国标准协调委员会。1947 年 2 月 23 日，国际标准化组织正式成立。ISO 的宗旨是在全世界促进标准化及有关活动的发展，以便于国际物资交流和服务，并扩大知识、科学、技术和经济领域中的合作。

ISO 9001 就是 ISO 在世界范围内推行最成功的标准之一。这套标准是由国际标准化组织的质量管理和质量保证技术委员会负责制定的。

ISO 9000 族标准的产生有着几个因素，首先它是市场经济的产物。20 世纪中期，尤其是第二次世界大战以后，科技水平在不断发展，技术力量一方面带动了经济的发展，经济全球化的特征也日益显著，贸易向国际贸易转化，使得全球成为一个大的加工厂，各个国家都在扮演不同的角色，国际化分工越来越细。在这种情况下，怎样才能够保证产品的质量，使得在贸易时可以有一个统一的标准来进行衡量，逐渐提上了日程。ISO 9000 族标准就是在这种情况下开始酝酿并产生。

ISO 在 1986 年 6 月发布了第一个与质量有关的管理标准。1987 年发布 ISO 9000、ISO 9001、ISO 9002、ISO 9003、ISO 9004 等五个标准。这套标准推出以后，得到了世界上的普遍关注，越来越多的企业将其作为质量管理的标准之一，9000 的系列认证已经成为国际间商贸交流和市场的通行证之一。中国于 2000 年 12 月 28 日发布 2000 版 9001 的中文版，编号为 GB/T 19001—2000。2005 年颁布了 ISO 9000：2005《质量管理体系　基础和术语》。2008 年 11 月 15 日正式发布 ISO 9001：2008《质量管理体系》标准。2015 年 9 月正式发布 ISO 9001：2015《质量管理体系》标准。中国均采用等同采用方式将以上标准转化为国家标准。采用双编号方式，即国家标准号与国际标准号相结合。如 GB/T 19000—2005 idt ISO 9000：2005。"GB"表示"国家标准"，"T"表示推荐，均由汉语拼音的第一个字母表示，"idt"是"identical"的缩写，表示"等同"。

二、2015 版 ISO 9001 标准概要

1. 标准采用的七大管理原则主要特点

（1）以顾客为关注焦点　组织质量管理的主要关注点是满足顾客要求并且努力超越顾客的期望。组织只有赢得顾客和其他相关方的信任才能获得持续成功。与顾客相互作用的每个方面，都提供了为顾客创造更多价值的机会。理解顾客和其他相关方当前和未来的需求，有助于组织的持续成功。增加顾客价值；提高顾客满意；增进顾客忠诚；增加重复性业务；提高组织的声誉；扩展顾客群；增加收入和市场份额。了解从组织获得价值的直接和间接顾客；了解顾客当前和未来的需求和期望；将组织的目标与顾客的需求和期望联系起来；将顾客的需求和期望，在整个组织内予以沟通；为满足顾客的需求和期望，对产品和服务进行策划、设计、开发、生产、支付和支持；测量和监视顾客满意度，并采取适当措施；确定有可能影响到顾客满意度的相关方的需求和期望，确定并采取措施；积极管理与顾客的关系，以实现持续成功。

（2）领导作用　各层领导建立统一的宗旨及方向，他们应当创造并保持使员工能够充分实现目标的内部环境。统一的宗旨和方向，以及全员参与，能够使组织将战略、方针、过程和资源保持一致，以实现其目标。提高实现组织质量目标的有效性和效率；组织的过程更加协调；改善组织各层次、各职能间的沟通；开发和提高组织及其人员的能力，以获得期望的结果。在整个组织内，就其使命、愿景、战略、方针和过程进行沟通；在组织的所有层次创建并保持共同的价值观和公平道德的行为模式，培育诚信和正直的文化；鼓励在整个组织范围内履行对质量的承诺；确保各级领导者成为组织人员中的实际楷模；为组织人员提供履行职责所需的资源、培训和权限；激发、鼓励和表彰员工的贡献。

（3）全员参与　整个组织内各级人员的胜任、授权和参与，是提高组织创造价值和提供价值能力的必要条件。为了有效和高效的管理组织，各级人员得到尊重并参与其中是极其重要的。通过表彰、授权和提高能力，促进在实现组织的质量目标过程中的全员参与。通过组织内人员对质量目标的深入理解和内在动力的激发以实现其目标；在改进活动中，提高人员的参与程度；促进个人发展、主动性和创造力；提高员工的满意度；增强整个组织的信任和

协作；促进整个组织对共同价值观和文化的关注。与员工沟通，以增进他们对个人贡献的重要性的认识；促进整个组织的协作；提倡公开讨论，分享知识和经验；让员工确定工作中的制约因素，毫不犹豫地主动参与；赞赏和表彰员工的贡献、钻研精神和进步；针对个人目标进行绩效的自我评价；为评估员工的满意度和沟通结果进行调查，并采取适当的措施。

（4）过程方法 当活动被作为相互关联的功能过程进行系统管理时，可更加有效和高效地始终得到预期的结果。质量管理体系是由相互关联的过程所组成。理解体系是如何产生结果的，能够使组织尽可能地完善体系和绩效。提高关注关键过程和改进机会的能力；通过协调一致的过程体系，始终得到预期的结果；通过过程的有效管理、资源的高效利用及职能交叉障碍的减少，尽可能提高绩效；使组织能够向相关方提供关于其一致性、有效性和效率方面的信任。确定体系和过程需要达到的目标；为管理过程确定职责、权限和义务；了解组织的能力，事先确定资源约束条件；确定过程相互依赖的关系，分析个别过程的变更对整个体系的影响；对体系的过程及其相互关系继续管理，有效和高效地实现组织的质量目标；确保获得过程运行和改进的必要信息，并监视、分析和评价整个体系的绩效；对能影响过程输出和质量管理体系整个结果的风险进行管理。

（5）改进 成功的组织总是致力于持续改进。改进对于组织保持当前的业绩水平，对其内外部条件的变化做出反应并创造新的机会都是非常必要的。改进过程绩效、组织能力和顾客满意度；增强对调查和确定基本原因以及后续的预防和纠正措施的关注；提高对内外部的风险和机会的预测和反应能力；增加对增长性和突破性改进的考虑；通过加强学习实现改进、增加改革的动力。促进在组织的所有层次建立改进目标；对各层次员工进行培训，使其懂得如何应用基本工具和方法实现改进目标；确保员工有能力成功地制定和完成改进项目；开发和部署整个组织实施的改进项目；跟踪、评审和审核改进项目的计划、实施、完成和结果；将新产品开发或产品、服务和过程的更改都纳入改进中予以考虑；赞赏和表彰改进。

（6）循证决策 基于数据和信息的分析及评价的决策更有可能产生期望的结果。决策是一个复杂的过程，并且总是包含一些不确定因素。它经常涉及多种类型和来源的输入及其解释，而这些解释可能是主观的。重要的是理解因果关系和潜在的非预期后果。对事实、证据和数据的分析可导致决策更加客观，因而更有信心。改进决策过程；改进对实现目标的过程绩效和能力的评估；改进运行的有效性和效率；增加评审、挑战及改变意见和决策的能力；增加证实以往决策有效性的能力。确定、测量和监视证实组织绩效的关键指标；使相关人员能够获得所需的全部数据；确保数据和信息足够准确、可靠和安全；使用适宜的方法对数据和信息进行分析和评价；确保人员对分析和评价所需的数据是胜任的；依据证据，权衡经验和直觉进行决策并采取措施。

（7）关系管理 为了持续成功，组织需要管理与供方等相关方的关系。相关方影响组织的绩效。组织管理与所有相关方的关系，以最大限度地发挥其在组织绩效方面的作用。对供方及合作伙伴的关系网的管理是非常重要的。通过对每一个与相关方有关的机会和限制的响应，提高组织及其相关方的绩效；对目标和价值观，与相关方有共同的理解；通过共享资源和能力，以及管理与质量有关的风险，增加为相关方创造价值的能力；使产品和服务稳定流动的、管理良好的供应链。确定组织和相关方（例如：供方、合作伙伴、顾客、投资者、雇员或整个社会）的关系；确定需要优先管理的相关方的关系；建立权衡短期收益与长期考虑的关系；收集并与相关方共享信息、专业知识和资源；适当时，测量绩效并向相关方报告，以增加改进的主动性；与供方、合作伙伴及其他相关方共同开展开发和改进活动；鼓励和表彰供方与合作伙伴的改进和成绩。

2. 实施 ISO 9000 族标准的意义和作用

① 有利于组织的持续改进及持续满足顾客的需求和期望。

② 实施 ISO 9000 族标准有利于提高产品质量，保护消费者利益。

③ 为提高组织的运作能力提供有效的方法。

④ 有利于开展国际贸易，消除技术壁垒。

思考题

1. HACCP 的定义和特点是什么？

2. 食品企业建立并实施 HACCP 的意义。

3. HACCP 的七个基本原理。

4. 如何建立一个 HACCP 计划？

5. 食品企业 GMP 的管理要素是什么？

6.《食品企业通用卫生规范》包括哪些要素？

7. 什么是 SSOP？SSOP 至少包括哪些内容？

8. ISO 9001 标准提出的七项质量管理原则包括哪些内容？

参考文献

[1] GB 14881—2013 食品企业通用卫生规范.

[2] GB/T 27341—2009 危害分析与关键控制点（HACCP）体系.

[3] Hazard Analysis and Critical Control Point（HACCP）System and Guidelines for its Application. CAC/RCP1-1969，REV. 3（1997）.

[4] FDA，U. S. Department of Health and Human Services. HACCP Guideline. Food Code Annex 5. 1994.

[5] Current Goal Manufacturing Practice（C-GMP）. U. S. A 21 CFR part 117.

[6] General Principles of Food Hygiene. CAC/RCP1-1969，REV. 3（1997）.

[7] WHO. Application of the Hazard Analysis Critical Control point（HACCP）System for the Improvement of Food Safety. Report of WHO supported case studies. Geneva：WHO. 1993.

[8] Food Safety Management System——Requirements（ISO/DIS 22000，IDT）.

第十章
食品安全检测技术

第一节　食品安全检测技术概论

随着科学技术的进步，食品安全检测技术的发展十分迅速。食品安全检测技术不仅要解决有关测量数据的获取问题，更需要解决从大量数据中提取有用信息的问题。因此，目前应用在生产实际中的食品安全检测仪器大部分都带有计算机控制分析系统，现代食品安全检测技术的特点鲜明。

1. 数据处理能力较强

模糊数学、模式识别、多元回归、试验优化设计等现代数学的引入，使得食品检验分析过程计算量相当大。计算机的应用使得这项工作变得十分容易。在计算机控制下的食品检测现代技术以惊人的速度完成采集、归整、变换和处理大量的数据，如果没有计算机系统高效地从试验数据中获得信息，想要完成这样的任务，是难以想象的。计算机化的食品检测技术加上有效先进的数学方法就可以解决传统食品分析检验很难解决或不能解决的问题，如谱图识别、多组分混合物分析、实验条件的最优化、多变量拟合、多指标评价等问题。计算机数据处理能力的提高给食品安全检测技术带来了巨大变化。

2. 自动化水平较高

食品检测的自动化是多年努力的方向，目前大多数食品安全检测系统均配有计算机完成数据测量、显示与控制的任务。各种工作参数的选择也均由计算机来协调优化。食品安全检测自动化的进一步发展，不仅仅只是要求操作自动化功能的进一步扩充，而且将包括发展管理食品安全检测信息的能力，如与分析仪器自动进样器相结合的实验程序的开发，人机友好交互能力的增强，检测数据的自动存档保存等方面。这些工作最终提高了食品安全检测自动化的水平。

3. 智能化程度初级

智能化是现代食品安全检测的重要发展方向之一，是信息技术的最高层次，它应包括理解、推理、判断与分析等一系列功能，是数值、逻辑与知识的综合分析结果。当前的智能化食品安全检测系统多数仍处于智能化的低级阶段，系统把计算机技术与传统的食品安全检测分析仪器结合起来以后，即可逐步使食品安全检测具备理解、推理、判断与分析等一系列功能，从而稳步提高食品安全检测系统的智能化程度。

第二节　气相色谱-质谱联用检测技术

一、GC-MS 系统的组成

气质联用仪是分析仪器中较早实现联用技术的仪器。在所有联用技术中气质联用（GC-MS）发展最完善，应用最广泛。目前从事有机物分析的实验室几乎都把 GC-MS 作为主要的定性确认手段之一，在很多情况下又用 GC-MS 进行定量分析。目前市售的有机质谱仪，不论是磁质谱、四极杆质谱、离子阱质谱还是飞行时间质谱（TOF）、傅里叶变换质谱（FTMS）等均能和气相色谱联用。还有一些其他的气相色谱和质谱连接的方式，如气相色谱-燃烧炉-同位素比质谱等。GC-MS 逐步成为分析复杂混合物最为有效的手段之一。GC-MS 联用仪系统一般由图 10-1 所示的各部分组成。

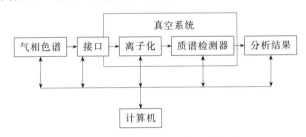

图 10-1　GC-MS 联用仪组成框图

气相色谱仪分离样品中各组分，起着样品制备的作用；接口把气相色谱流出的各组分送入质谱仪进行检测，起着气相色谱和质谱之间适配器的作用，由于接口技术的不断发展，接口在形式上越来越小，也越来越简单；质谱仪对接口依次引入的各组分进行分析，成为气相色谱仪的检测器；计算机系统交互式地控制气相色谱、接口和质谱仪，进行数据采集和处理，是 GC-MS 的中央控制单元。

二、GC-MS 联用中主要的技术问题

气相色谱仪和质谱仪联用中主要着重解决两个技术问题。

1. 仪器接口

气相色谱仪的入口端压力高于大气压，在高于大气压力的状态下，样品混合物的气态分

子在载气的带动下，因在流动相和固定相上的分配系数不同而产生的各组分在色谱柱内的流速不同，使各组分分离，最后和载气一起流出色谱柱。通常色谱柱的出口端为大气压力。质谱仪中样品气态分子在具有一定真空度的离子源中转化为样品气态离子。这些离子在高真空的条件下进入质量分析器运动。在质量扫描部件的作用下，检测器记录这些离子流强度及其随时间的变化。因此，接口技术中要解决的问题是气相色谱仪的大气压的工作条件及质谱仪的真空工作条件的连接和匹配。接口要把气相色谱柱流出物中的载气尽可能多地除去，保留或浓缩待测物，协调色谱仪和质谱仪的工作流量。

2. 扫描速度

没有与色谱仪连接的质谱仪一般对扫描速度要求不高。与气相色谱仪连接的质谱仪，由于气相色谱峰很窄，有的仅几秒钟时间。一个完整的色谱峰通常需要至少 6 个以上数据点。这样就要求质谱仪有较高的扫描速度，才能在很短的时间内完成多次全质量范围的质量扫描。另外，要求质谱仪能很快地在不同的质量数之间来回切换，以满足选择离子检测的需要。

三、GC-MS 联用仪器的分类

GC-MS 仪器的分类有多种方法，按照仪器的机械尺寸，可以粗略地分为大型、中型、小型三类气质联用仪；又可以按照仪器的性能，粗略地分为高档、中档、低档三类气质联用仪或研究级和常规检测级两类。按照质谱技术，GC-MS 通常是指四极杆质谱或磁质谱，GC-ITMS 通常是指气相色谱-离子阱质谱，GC-TOFMS 是指气相色谱-飞行时间质谱等。按照质谱仪的分辨率，又可以分为高分辨（通常分辨率高于 5000）、中分辨（通常分辨率在 1000 和 5000 之间）、低分辨（通常分辨率低于 1000）气质联用仪。小型台式四极杆质谱检测器（MSI）的质量范围一般低于 1000。四极杆质谱由于其本身固有的限制，一般 GC-MS 分辨率在 2000 以下。市场占有率较大的、与气相色谱联用的高分辨磁质谱一般最高分辨率可达 60000 以上。与气相色谱联用的飞行时间质谱（TOFMS），其分辨率可达 5000 左右。

第三节　液相色谱-质谱联用及接口

色谱与质谱（MS）的联用集高效分离、多组分同时定性和定量为一体，是分析混合物最为有效的工具。但由于许多有机化合物的高极性、热不稳定性、高分子量和低挥发度等原因，它们其中 90％以上的需要用液相色谱（LC）分离，因此，LC 和 MS 的联用在有机混合物分析中具有明显的重要意义。

液相色谱-质谱联用常用接口有如下几种。

1. 热喷雾接口

热喷雾（TS）接口是一个能够与液相色谱在线联机使用的 LC-TS-MS "软" 离子化接口，得到了比较广泛的应用。

2. 粒子束接口

粒子束接口（PB）是一种应用比较广泛的 LC-MS 接口，又称为动量分离器。在 PB 操作中，流动相及被分析物被喷雾成气溶胶，脱去溶剂后在动量分离器内产生动量分离，而后经一根加热的转移管进入质谱。在此过程中分析物形成直径为微米或小于微米级的中性粒子或粒子集合体。由喷嘴喷出的溶剂和分析物可以获得超声膨胀并迅速降低为亚声速。由于溶剂和分析物的分子质量有较大的区别，二者之间会出现动量差；动量较大的分析物进入动量分离器，动量较小的溶剂和喷射气体（氮气）则被抽气泵抽走。动量分离器一般由两个反向安置的锥形分离器构成，可以重复进行上述过程，以保证分离效率，但它不太适合热不稳定化合物的分析。

3. 快原子轰击

用加速的中性原子撞击以甘油调和后涂在金属表面的有机化合物而导致这些有机化合物电离的方法称为快原子轰击（FAB）。FAB 是在最初用于无机化合物表面分析的离子轰击源（FIB）的基础上发展起来的，是一种"软"离子化技术。

无论是快原子轰击或是离子轰击都是"冷"离子源，对热不稳定、难以汽化的化合物分析有独到的长处。尤其是它对肽类和蛋白质分析的有效性，在电喷雾接口出现前是其他接口无法相比的。原子轰击（FAB）在肽类和蛋白质分析方面有大量的报道和成功的蛋白质分析实例，显示出在此领域内具有很强的实用性。

由于它特殊的制样方法，FAB 一个很大的问题是混合物样品中共存物质的干扰，它们常常会抑制分析物的离子化，造成灵敏度下降甚至根本没有信号产生。

第四节　生物芯片检测技术

一、生物芯片的基本概念

生物芯片的概念来自计算机芯片，发展迅速，芯片分析的实质是在面积不大的基片表面上有序地点阵排列了一系列固定于一定位置的可寻址的识别分子。结合或反应在相同条件下进行，反应结果用同位素法、化学荧光法、化学发光法或酶标法显示，然后用精密的扫描仪记录。通过计算机软件分析，综合成可读的信息。

芯片分析实际上也是传感器分析的组合。芯片点阵中的每一个单元微点都是一个传感器的探头，所以传感器技术的精髓往往都被应用于芯片的研发。阵列检测可以大大提高检测效率，减少工作量，增加可比性。所以芯片技术也是传感器技术的延伸。

由于最初的生物芯片主要目标是用于 DNA 序列的测定、基因表达谱鉴定及基因突变体的检测和分析，所以它又被称为 DNA 芯片或基因芯片。但目前这一技术已扩展至免疫反应、受体结合等非核酸领域，所以按现状改称生物芯片更能符合发展的趋势。

生物芯片分析的过程一般来说包括图 10-2 所示的步骤。

迄今为止，绝大多数的生物芯片都是 DNA 芯片，所以制作的方法大多是为 DNA 芯片设计的。目前的 DNA 芯片有片上就位合成寡核苷酸点阵芯片（ONA）和用微量点样技术制作 cDNA 点阵芯片（CDA）两类。虽然 ONA 可以按常规方法先合成寡核苷酸，再点加于阵列的方法来制作，但应用就位合成法已证明是更成功的途径。

二、基因芯片检测致病菌的特点

基因芯片技术虽然脱胎于核酸杂交技术，并利用 PCR 技术制备检测模板，但基因芯片技术在许多方面是后两种技术所无法比拟的。

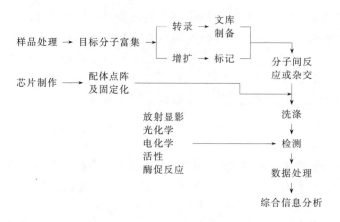

图 10-2　生物芯片分析步骤

① 基因芯片可以实现对样品的高通量检测，提高了检测速度。

② 芯片技术提高了检测结果的精确性和准确性。

③ 在基因芯片分析中可以采用荧光对样品进行标记，减少了人为因素的干扰。

④ 反应体积小，降低了试剂的消耗。

⑤ 反应物在单位体积内浓度高，反应快，缩短检测时间。

⑥ 特异性较强。

⑦ 基因芯片可以完全实现自动化及快速检测。

三、基因芯片技术检测致病微生物存在的问题

在微生物检测方面，基因芯片技术虽然有许多其他技术所不具备的优越性，但也有其急需解决的问题与不足。

1. 基因序列信息缺乏

人类结构基因组已被揭开，但与人类健康有关的微生物有成百上千种，而目前还有许多种微生物没被测序，因此有关致病微生物基因组的信息远满足不了实际检测与诊断的需要，这就限制了基因芯片技术在微生物检测与诊断中的应用。

2. 基因及基因芯片技术专利的限制

基因组将改变人类生活的面貌，由此已经诞生了基因组经济。基因专利越来越受到各国的重视，目前功能明确的 cDNA 基本都被申请了专利。同样，基因芯片技术一经诞生，其关键技术（如光导探针合成等）就已被专利保护起来。这些专利都限制了基因芯片技术的应用与普及。

3. 相关技术急需改进与提高

基因芯片技术是一项多学科交叉、基础研究与应用开发研究密切结合的技术，必须依靠各相关学科科学家的鼎力合作才能取得突破。目前基因芯片技术本身面临许多问题需要解决。

① 基因芯片检测的特异性有待提高，假阴性和假阳性困扰着这一技术的实际应用；

② 芯片制备操作复杂，探针的制备与固定费时费力，尤其是制备高密度的芯片；

③ 样品制备和标记操作需要简化；

④ 与芯片检测相关的小型化、价廉仪器急需研制与开发；

⑤ 实验室操作的标准化程序需要建立；

⑥ 芯片产品质量和可靠性需要保证等。

4. 检测费用过高

生物芯片的制备和检测费用目前仍居高不下，极大地限制了芯片技术的开发与应用。

四、基因芯片技术的发展前景

基因芯片技术一经出现就受到各领域的高度重视，并迅速在生命科学领域、医药卫生领域，尤其是食品安全领域得到快速发展。目前，以生物芯片技术为核心的相关产业在全球迅速崛起。

基因芯片在微生物检验领域的发展注意以下几个方面。

① 利用基因芯片的高通量检测特性研制所有已知致病微生物（细菌、病毒、真菌等）的检测与诊断芯片；

② 研制各种具有特定用途的微生物诊断芯片；

③ 研制微生物功能基因组芯片；

④ 研制以微生物为靶的药物芯片等。

第五节　生物传感器检测技术

传感器是一种信息获取与处理的装置。人体的感觉器官就是一套完美的传感系统，通过人类的视觉、听觉和触觉来感知外界的光、声、温度、压力等物理信息，通过嗅觉和味觉感知气味和味道这样的化学刺激。对物质成分传感的器件就是化学传感器，它是一种小型化的、能专一和可逆地对某种化学成分进行应答反应的器件，并能产生与该成分浓度成比例的可测信号。而生物传感器是一类特殊的化学传感器，它是以生物活性单元（如酶、抗体、核酸、细胞等）作为生物敏感基元，对被测目标物具有高度选择性的检测器。它通过各种物理、化学型信号转换器捕捉目标物与敏感基元之间的反应，然后将反应的程度用离散或连续的电信号表达出来，从而得出被测物的浓度。这些传感器之间的关系见图 10-3。

最先问世的生物传感器是酶电极。20 世纪 60 年代，Clark 等最先提出酶电极的设想，他们把酶溶液夹在两层透析膜之间形成一层薄的液层，再紧贴在 pH 电极、氧电极或电导电极上，用于监测液层中的反应。由于酶电极的寿命一般都比较短，提纯的酶价格也比较昂贵，而各种酶多数来自微生物或动植物组织，因此就自然地启发人们研究酶电极的衍生物：微生物电极、细胞器电极、动植物组织电极以及免疫电极等新型生物传感器。

生物传感器大致经历了三个发展阶段：第一代生物传感器是由固定了生物成分的非活性基质膜（透析膜或反应膜）和电化学电极所组成；第二代生物传感器是将生物成分直接吸附或共价结合到转换器的表面，而无需非活性的基质膜，测定时不必向样品中加入其他试剂；第三代生物传感器是把生物成分直接固定在电子元件上，它们可以直接感知和放大界面物质的变化，从而把生物识别和信号的转换处理结合在一起。

生物传感器是一门由生物、化学、物理、医学、电子技术等多种学科互相渗透成长起来的高新技术，具有选择性好、灵敏度高、分析速度快、成本低、能在复杂的体系中进行在线连续监测的特点；生物传感器的高度自动化、微型化与集成化，减少了对使用者环境和技术

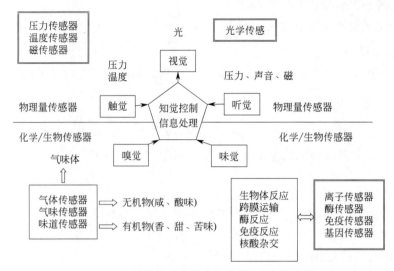

图 10-3　人体的感觉器官与化学/生物传感器

的要求，适合野外现场分析的需求，在生物、医学、环境监测、食品安全等领域有着重要应用价值。

一、生物传感器的分类

基于生物反应的特异性和多样性，从理论上讲可以制造出所有生物物质的生物传感器。生物传感器的结构一般有两个主要组成部分：其一是生物分子识别元件（感受器），是具有分子识别能力的生物活性物质（如组织切片、细胞、细胞器、细胞膜、酶、抗体、核酸、有机物分子等）；其二是信号转换器（换能器），主要有电化学电极（如电位、电流的测量）、光学检测元件、热敏电阻、场效应晶体管等。当待测物与分子识别元件特异性结合后，所产生的复合物（或光、热等）通过信号转换器转变为可以输出的电信号、光信号等，从而达到分析检测的目的（图 10-4）。生物传感器的选择性取决于它的生物敏感元件，而生物传感器的其他性能则和它的整体组成有关。

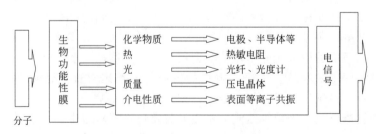

图 10-4　生物传感器的传感原理

生物传感器通常可从以下 3 个角度来进行分类：根据传感器输出信号的产生方式，可分为生物亲和型生物传感器、代谢型生物传感器和催化型生物传感器；根据生物传感器中生物分子识别元件上的敏感物质可分为酶传感器、微生物传感器、组织传感器、基因传感器、免疫传感器等；根据生物传感器的信号转化器可分为电化学生物传感器、半导体生物传感器、测热型生物传感器、测光型生物传感器、测声型生物传感器等。生物传感器按生物分了识别元件上的敏感物质分类如图 10-5 所示。

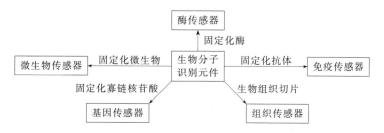

图 10-5　生物传感器按生物分子识别元件上的敏感物质分类

与传统的分析方法相比，生物传感器这种新的检测手段具有如下优点。

① 生物传感器是由选择性好的生物材料构成的分子识别元件，因此一般不需要样品的预处理，样品中的被测组分的分离和检测同时完成，且测定时一般不需加入其他试剂；

② 由于它的体积小，可以实现连续在线监测；

③ 响应快，样品用量少，且由于敏感材料是固定化的，可以反复多次使用；

④ 传感器连同测定仪的成本远低于大型的分析仪器，便于推广普及。

二、生物传感器的应用

生物传感器可广泛用于食品工业生产中，如对食品原料、半成品和产品质量的检测，发酵生产中在线监测等。利用氨基酸氧化酶传感器可测定各种氨基酸（包括谷氨酸、L-天冬氨酸、L-精氨酸等十几种氨基酸）。生物传感器也可用于食品安全方面的检测与分析。

1. 鲜度测定

生物传感器可直观地识别鱼的鲜度。

2. 生物传感器检测食品中的毒素

在各种食物中毒中，细菌性食物中毒占有较大的比重。细菌性食物中毒，一般可分为毒素型、感染型和混合型三类。生物传感器是一种简便快速、适合对食品中的致病毒素进行现场检测的方法。

3. 生物传感器检测食品中残留农药

传统的分析农药的方法不仅需要昂贵的设备，且方法繁琐，耗时长，既不能面向基层应用，更不能面向现场应用，而生物传感器在这方面显示出其独特的优点。这种传感器检测速度快，准确性高。

三、生物传感器的发展趋势

随着生物传感器在食品安全、医药、环境等方面应用范围的扩大，对生物传感器提出了更高的要求。为了获得高灵敏度、高稳定性、低成本的生物传感器，人们已着力于以下的研究与开发。

1. 开发新材料

功能材料是发展传感器技术的重要基础。由于材料科学的进步，人们可以控制材料的成分，从而可以设计与制造出各种用于传感器的功能材料。

2. 采用新工艺

传感器的敏感元件性能除了由其功能材料决定外，还与其加工工艺有关，集成加工技术、微细加工技术、薄膜技术等的引入有助于制造出性能稳定、可靠性高、体积小、质量轻的敏感元件。

3. 研究多功能集成传感器

对于复杂体系中多种组分的同时测定，生物传感器阵列提供了一种直接、简便的解决方法。

4. 研究智能型传感器

一种带微型计算机兼有检测、判断、信息处理等功能的传感器已开发出来，具有信号采集、数据分析与管理复杂基因信息的功能。

5. 研究仿生传感器

仿生传感器就是模仿人感觉器官的传感器。目前，只有视觉传感器与触觉传感器解决得比较好。真正能代替人的感觉器官功能的传感器还有待研制。

由于生物传感器具有方便、快捷、选择性高、可用于复杂体系等突出的优越性，它在分析仪器市场中所占的份额越来越大，并已开始大量取代相同领域内的其他分析仪器。

第六节　酶联免疫吸附测定

免疫酶技术是将抗原抗体反应的特异性与酶的高效催化作用有机结合的一种方法。它以酶作为标记物，与抗体或抗原联结，与相应的抗原或抗体作用后，通过底物的颜色反应做抗原抗体的定性和定量。目前应用最多的免疫酶技术是酶联免疫吸附测定（ELISA），它是使抗原或抗体吸附于固相载体，使随后进行的抗原抗体反应均在载体表面进行，从而简化了分离步骤，提高了灵敏度，既可检测抗原，也可检测抗体。ELISA 法测定技术与其他技术结合发展成为专门的分析方法，如与电泳技术结合的免疫印迹技术，与色谱结合的色谱-ELISA 技术等，特别是免疫印迹技术在生物化学、分子生物学中广泛用于生物大分子的分析和鉴别，已成为生物实验室的常规技术。

酶免疫测定法是利用抗原-抗体的免疫学反应的实验技术，具有高度特异性，要求参加反应的抗原和抗体纯度高，消除非特异性反应和假阳性反应，避免交叉反应，去除内源性酶活性等。

酶免疫测定法是利用抗原-抗体的初级免疫学反应和酶的高效催化底物反应的特点，具有生物放大作用，所以反应灵敏，可检出浓度在纳克级水平。在免疫反应部分，抗原-抗体的亲和力、抗原和半抗原的性质、测定方法的实验条件、酶标记物的性质等因素影响反应的敏感性。在酶学反应部分，酶的浓度、底物的浓度、反应 pH 和温度、酶的抑制剂和激活剂等因素也影响反应的敏感性。

酶免疫测定法中所使用的试剂都比较稳定，按照一定的实验程序进行测定，实验结果重复性较好，有较高的准确性。酶免疫测定法成本低，操作简便，可同时快速测定多个样品，不需要特殊的仪器设备，无放射危险。

第七节　聚合酶链检测技术

聚合酶链反应（PCR）又称无细胞分子克隆系统或特性 DNA 序列体外引物定向酶促

扩增法，是 1985 年由 Mullis 等创立的一种体外酶促扩增特异 DNA 片段的方法，发明人 Mullis 也因此获得 1993 年诺贝尔化学奖。

PCR 技术由于可以在短时间内将极微量的靶 DNA 特异地扩增上百万倍，从而大大提高对 DNA 分子的分析和检测能力，能检测单分子 DNA 或对每 10 万个细胞中仅含 1 个靶 DNA 分子的样品进行分析，因而此方法在疾病诊断、食源性病原菌和食品转基因成分的检测等方面得到了广泛的应用并显示出巨大的发展潜力。

一、PCR 的特点

① 特异性强。

② 灵敏度高。

③ 操作简便快速。

④ 对标本纯度要求低并且无放射性污染。

⑤ 可扩增 RNA 或 cDNA。

二、PCR 的类型

PCR 技术自诞生以来，发展迅速、应用面广。因实验材料、实验目的和实验要求等的不同，在标准 PCR 的基础上，已衍生出近几十种不同类型的 PCR，这些 PCR 和标准 PCR 的原理相同，但是由于实验目的不同，具体的操作过程有些不同，主要有以下几种。

1. 不对称 PCR

在标准 PCR 中两引物的浓度是相同的，如果引物的浓度不同，那么经过若干轮循环，低浓度的引物被消耗尽，以后的循环就只产生由高浓度引物引导产生的产物，结果就可以产生大量的由高浓度引物引导产生的单链 DNA（ssDNA），这些单链 DNA 可以作为探针或 DNA 测序的核酸。在这种 PCR 中由于两引物的浓度不同，所以被称为不对称 PCR。

2. 多重 PCR

一般 PCR 仅应用一对引物，通过 PCR 扩增产生一个核酸片段，而在多重 PCR（又称多重引物 PCR 或复合 PCR）中，在同一 PCR 反应体系里含有两对或两对以上引物，同时扩增出多个核酸片段。

多重 PCR 的特点如下。

① 高效性。在同一 PCR 反应管内同时检出多种病原微生物，例如用一滴就可检测多种病原菌。

② 系统性。多重 PCR 很适宜对症状相同或基本相同的一组病原菌进行分析。

③ 经济简便性。多种病原体在同一反应管内同时检出，将大大节省时间和试剂，节约经费开支，为临床或食品安全检测提供更多更准确的信息。

3. 反向 PCR

标准 PCR 只能对两引物之间的 DNA 片段进行扩增，而不能对引物外侧的 DNA 序列扩增，反向 PCR 则可以很好地解决这一问题，从而实现对已知 DNA 片段两侧未知片段的扩增，它是扩增未知 DNA 序列的一种简捷方法。

4. 原位 PCR

原位 PCR 就是在组织细胞里进行的 PCR 反应，它结合了具有细胞定位能力的原位杂交和高度特异敏感的 PCR 技术的优点，既能分辨、鉴定带有靶序列的细胞，又能标出靶序列在细胞内的位置，对在分子和细胞水平上研究疾病的发病机理等有重要的实用价值，并且其特异性和敏感性都高于一般的 PCR。

5. 定量 PCR

定量 PCR 包括定量 DNA-PCR 和定量 mRNA-PCR。前者用同位素标记的探针与电泳分离后的 PCR 扩增产物进行杂交，根据放射自显影后底片曝光强弱可以对模板 DNA 进行定量；后者则可以对 mRNA 进行定量分析，但是操作过程比定量 DNA-PCR 复杂。

6. 重组 PCR

使两个不相邻的 DNA 片段重组在一起的 PCR 称为重组 PCR（recombinant PCR）。

7. 免疫-PCR

免疫-PCR 是一种灵敏、特异的抗原检测系统。它利用抗原-抗体反应的特异性和 PCR 扩增反应的极高灵敏性来检测抗原，尤其适用于极微量抗原的检测。

免疫-PCR 优点如下。
① 异性较强。
② 敏感度高。
③ 操作简便。

8. 芯片 PCR

芯片 PCR 是一种微流量连续式的 PCR 反应过程，在一块载玻片上用三块恒温的铜片作为热源，当 PCR 反应的混合液流经不同的温度区时，自动变温，在流动中实现解链、退火和延伸。芯片 PCR 的体积小，变温迅速。

━━━━ **思 考 题** ━━━━

1. 现代食品安全检测技术的特点是什么？
2. 简述生物芯片分析的主要步骤。
3. 基因芯片检测致病菌具有哪些优越性？
4. 基因芯片技术检测致病微生物存在哪些问题？
5. 与传统的分析方法相比，生物传感器具有哪些优点？
6. 简述生物传感器的发展趋势。
7. 聚合酶链检测技术有何特点？

━━━━ **参考文献** ━━━━

[1] 赵杰文，孙永海．现代食品检测技术．北京：中国轻工业出版社，2008．
[2] 钟耀广．食品安全学．第 2 版．北京：化学工业出版社，2010．
[3] 侯红漫．食品安全学．北京：中国轻工业出版社，2014．
[4] 张双灵，等．食品安全学．北京：化学工业出版社，2017．
[5] 黄昆仑，车会莲．现代食品安全学．北京：科学出版社，2018．
[6] 刘宁，刘涛．食品安全监测技术与管理．北京：中国商务出版社，2019．

第十一章

食品掺伪成分的检验

1. 食品掺伪的定义。
2. 掺伪食品的现状与特征。
3. 掺伪食品对人体健康的危害。
4. 掺伪食品鉴别检验的方法。

第一节 概 述

由于受利益的驱使，当今世界频繁出现食品的造假、欺骗消费者的行为，严重伤害到消费者的身体健康。

一、食品掺伪的定义

食品掺伪是指人为地、有目的地向食品中加入一些非固有的成分，以增加其重量或体积，而降低成本；或以低劣物质代替原有成分，以次充好。

食品掺伪是食品掺假、掺杂和伪造的总称。

食品掺假是指向食品中非法掺入物理形状或形态相似的非同种物质，该类物质仅凭感官是不易鉴别的，要借助仪器、分析手段和有鉴别经验的人才能确定，如味精中掺食盐，粉条中掺塑料，牛乳掺中和剂等。

食品掺杂是指在食品中非法加入非同一种类或同一种类的劣质物质。掺入的杂物可通过仔细检查从感官上辨认出来，该类物质范围广，种类多，如糯米中掺大米、米中掺砂石。

食品伪造是指人为地用若干种物质经加工仿造，充当某种食品销售的违法行为，如用工业酒精兑制白酒等。一般的掺伪物质能以假乱真。

二、食品掺伪的种类

改革开放以来，中国食品工业虽然有了飞速的发展，但与国外发达国家相比，中国的食品工业基础较差，起步较晚，还处于发展阶段。一些食品企业厂房简陋，生产工艺落后，卫生设施不尽人意，规章制度还不够健全，给个别不法分子以可乘之机，他们不顾消费者的身体健康，生产、销售掺伪食品。

有些人为了掩盖牛乳酸败，降低牛乳的酸度，防止牛乳因变酸而发生凝结现象，在牛乳中加入少量碳酸氢钠、碳酸钠等中和剂，导致牛乳风味不好，产生某些有害物质。

咸肉作为正常肉类加工的一个品种，深受消费者欢迎。但某些商贩将盐溶解后，用注射器将盐注入新鲜肉中，使之重量增加，以达到牟利目的。

蟹肉是一种较贵重的食品。有人用价格低廉的鳕鱼肉加工成人造蟹肉，虽然营养价值无多大变化，但价格相差很多，假冒真蟹肉，经济上给消费者造成损失。

有些不法商贩为牟取暴利，将海参用水泡发后，掺入大量食盐和草木灰，欺骗消费者。

中国的酒类，特别是白酒种类繁多，风格各异，为世界各国所称道。但有个别不法经营制造者，采取掺伪、假冒商标等手段牟取暴利。甲醇是假酒中的毒性成分，可导致视力失明，严重者甚至死亡。

一些不法分子为了掩盖陈小米和陈黄米轻度发霉的现象，将其漂洗后，加入姜黄粉及黄色色素，对其染色进行再"加工"，如同当年的新米。一些生产企业为了提高面粉白度，增加经济效益，增白剂的使用量严重超标。

目前，食品掺伪主要有以下几类。

1. 乳品掺伪

(1) 牛乳掺中和剂。

(2) 牛乳掺可溶性钡盐。

(3) 牛乳掺水。

(4) 牛乳中掺食盐（氯化钠）。

(5) 牛乳中掺淀粉、米汁。

(6) 牛乳中掺豆浆。

(7) 牛乳掺洗衣粉。

2. 肉品掺伪

(1) 肉品掺水。

(2) 肉品掺入人工合成色素。

(3) 肉品掺入异源肉。

(4) 肉品掺盐。

(5) 肉品掺"瘦肉精"。

3. 水产品掺伪

(1) 天然海蜇掺人造海蜇。

(2) 蟹肉掺人造蟹肉。

4. 酒类掺伪

(1) 酒中掺甲醇。

(2) 白酒中掺水。

（3）白酒中掺糖。

（4）啤酒中掺水。

（5）啤酒中掺色素。

（6）啤酒掺洗衣粉。

5. 饮料掺伪

（1）饮料中掺甲醛。

（2）饮料中掺水杨酸及其盐类。

（3）饮料中掺入非食用色素。

（4）饮料中掺洗衣粉。

（5）饮料中掺漂白粉。

6. 粮食掺伪

（1）粉条中掺塑料。

（2）小米、黄米用姜粉染色。

（3）面粉中掺入面粉增白剂。

（4）大豆粉中掺入玉米粉

此外，还有味精中掺入磷酸盐、碳酸盐、食盐、蔗糖、铵盐等，酱油中掺入尿素等。

三、食品掺伪的特征

（一）食品掺伪的方式

随着科学技术的发展，食品掺伪的方式也更加隐蔽，给检验带来了更多的难题。食品掺伪的方式主要有以下几种。

1. 掺兑

主要是在食品中掺入一定数量的外观与该类食品类似的物质，以取代原食品成分的做法。如牛奶中兑水、酒中兑水等。

2. 混入

在固体食品中掺入一定数量外观类似的非同一种物质或虽种类相同但掺入的物质质量低劣。如藕粉中混入薯粉，味精中混入小苏打等。

3. 抽取

从食品中提取部分营养成分后仍冒充完整成分进行销售的做法。如从奶粉中提取脂肪后，剩余部分制成乳粉，仍以"全脂乳粉"在市场出售。

4. 粉饰

以色素（或颜料）、香料及其他严禁使用的添加剂对质量低劣的或所含营养成分低的食品进行调味、调色处理后，充当正常食品出售，以此掩盖低劣产品的作法。如糕点加非食用色素、糖精等。

5. 假冒

假冒食品指名不副实的食品，即食品的商标与其种类、品质、成分不相符合。如假咖啡、假麦乳精等。

（二）食品掺伪的规律

掺伪者的目的是用少量成本牟取更多非法的利润，食品掺伪主要有以下规律。

1. 违规使用食品添加剂

如肉品中过量添加亚硝酸盐，以获得良好的风味、色泽及贮存期等。

2. 迎合消费者的心理

有些不法分子向面粉中加吊白块等，使面粉增白，迎合消费者的心理。

3. 利用廉价获得的物质增加食品质量

一些不法商贩向豆浆、牛奶中加水，以牟取暴利等。

四、掺伪食品鉴别检验的原则

① 食品具有明显腐败变质或含有超量的有毒、有害物质时，不得供食用。

② 食品的某些指标的综合判定结果略低于产品质量有关标准，而新鲜度、病原体、有毒有害物质指标符合卫生标准时，可提出要求在某种条件下、某种范围内可供食用。

③ 在鉴别指标的分寸掌握上，婴幼儿、老年人、患者食用的功能食品、营养食品，要严于成年人、健康人食用的食品。

④ 鉴别结论必须明确，不得含糊不清、模棱两可。对符合条件可食的食品，可参照有关同类食品进行全面恰当的鉴别。

⑤ 在进行食品综合鉴别前，应向有关单位或个人收集食品的有关资料，如食品的来源、保管方法、贮存时间、原料组成、包装情况，寻找可疑环节、可疑现象，为鉴别结论奠定基础。

⑥ 食品检验人员应身体健康，具有丰富的食品加工专业知识和检验、鉴别的专门技能。

第二节　掺伪食品对人体健康的危害

一、食品掺伪的危害

掺伪食品对人体健康的危害取决于添加物的理化性质，主要分为以下几种情况。

① 添加物原属正常食品或原、辅料，仅是成本较低。

这些添加物，一般不会对人体产生急性损害，但食品的营养成分、营养价值降低，使消费者受到经济损失。

② 添加物是杂物。

人食用后，可能对消化道黏膜产生刺激和伤害。如米粉中掺入泥土、面粉中掺入沙石等杂质。

③ 添加物具有明显的毒害作用，或者具有蓄积毒性。

人食用这类食品后，胃部会受到恶性刺激，还可能对人体产生蓄积毒性，致癌、致畸、致突变等作用。如用尿素浸泡豆芽，用除草剂催发无根豆芽，添加绿色染料当作绿豆粉制成凉粉等。

④ 添加物是被细菌污染而腐败变质，通过加工生产仍不能彻底灭菌或破坏其毒素。

曾有食用变质月饼、糕点等引起食物中毒的典型事例，使消费者深受其害。

二、食品中常见的掺伪物质

食品中的掺伪物质种类繁多，常见的掺伪物质如下。

1. 甲醛

甲醛又称蚁醛，具有强烈的刺激味，防腐力强，掺伪者常将其用于食品的防腐。加入甲醛的食品，不论剂量大小都是不安全的。日本有人报道，在牛奶中加入万分之一的甲醛，婴儿连服 20 日即可引起死亡。

2. 吊白块

吊白块又称甲醛次硫酸氢钠，掺伪者常将其添加到面粉等食品中，用作漂白剂。因为吊白块加热时可分解产生甲醛和二氧化硫，有强烈的还原作用，可达到增白效果。甲醛和二氧化硫对人体有毒，可损害肝脏、肾脏，有潜在的致癌性，是禁用于食品中的漂白剂。

3. 甲醇

甲醇又称木醇，是假酒中的毒性成分，摄入后可造成视神经萎缩，视力减退，严重者可导致双目失明，甚至死亡。一般摄入 15mL 甲醇，可导致严重中毒，30mL 可导致死亡。

4. 硼酸、硼砂

掺伪者常将其用作食品的膨松剂和防腐剂。该物质在体内排泄很慢，可产生蓄积毒性。成人食入 1~3g 即可引起中毒，致死量成人约为 20g，幼儿约为 5g。

5. 可溶性钡盐（如氯化钡、硝酸钡等）

钡盐对各种类型的肌肉都有显著的兴奋作用，掺伪者常将其掺入蜂蜜、乳制品等食品中。钡离子能引起内脏出血等。人食入氯化钡 0.2~0.5g 可引起中毒，1.5~3g 可导致死亡。

6. 水杨酸

由于水杨酸对各种微生物的生长发育有很强的抑制作用，掺伪者常将其用作食品的防腐剂。水杨酸加热时分解为酚及二氧化碳，可引起慢性中毒。

7. 硫酸铜

掺伪者常将其用于果汁的护绿中。人食入 0.3g 可刺激胃部黏膜，引起呕吐，人长期食用可导致死亡。

8. β-萘酚

由于 β-萘酚对酵母菌等有很好的抑制作用，掺伪者常将其用作酱油的防腐剂。β-萘酚毒性很强，食入后可引起蛋白尿、血尿等，食入量大时还可能导致膀胱癌。

9. 黄樟素

掺伪者常将其用作食品的调香，但该物质有致癌作用。

10. 蓖麻油

掺伪者常将其掺入食用植物油中。食用含蓖麻油的食品后，可引起急性中毒性肝病、出血性胃肠炎等，也可引起呼吸及血管运动中枢麻痹，导致呼吸循环衰竭。

第三节　掺伪食品鉴别检验的方法

一、乳品掺伪的检验

（一）牛乳掺中和剂的检验

牛乳掺中和剂的检验方法主要有溴甲酚紫法和灰分碱度滴定法等，前者适合加入过量中和剂的牛乳样品，后者适合加入微量中和剂的牛乳样品。

1. 溴甲酚紫法

溴甲酚紫是一种酸碱指法剂，在 pH 值 5.2～6.8～8.0 的溶液中，颜色由黄变紫色变蓝色，牛乳加中和剂时，溶液呈天蓝色。

2. 灰分碱度滴定法

正常牛乳的灰分碱度以 Na_2CO_3 计为 0.025％，超过此值可认为掺入中和剂。

(1) 吸取牛乳 20mL，放入镍坩埚中，放在沸水浴上蒸发至干。

(2) 放在电炉上加热灼烧至完全炭化，再移入高温炉中。

(3) 在 550℃下灰化完全，取出坩埚放冷，加入 50mL 热水浸渍，使颗粒溶解，浸出液滤入三角瓶中，用热水反复洗涤，合并洗滤液。

(4) 加 1％酚酞指示液，用 0.1mol/L 盐酸标准溶液滴定至溶液红色消失，记录标准酸溶液的用量。

$$碳酸钠含量（％）=V_1 \times c \times 0.053 \times 100/(V_2 \times 1.030)$$

式中　V_1——测定时滴定牛乳消耗盐酸标准溶液的体积，mL；

　　　　c——盐酸标准溶液的浓度，mol/L；

　　　　V_2——牛乳的体积，mL；

　　1.030——牛乳平均相对密度；

　　0.053——碳酸钠毫摩尔质量。

（二）牛乳掺可溶性钡盐的检验

将滤纸条浸于 0.2％玫瑰红酸钠溶液中，待干燥后，滴加碱液 1 滴，如有钡存在显红褐色，再加 1∶20 的稀 HCl 1 滴，即转变为鲜红色。

（三）牛乳掺水的检查

通过牛乳密度、乳清密度的测定，都可判断出牛乳是否掺水。并可根据下述公式，计算出掺水量（％）。

$$掺水量（％）=［正常牛乳密度(1.03)-被检牛乳密度］/(1.03-1) \times 100％$$

（四）牛乳中掺食盐（氯化钠）的检验

牛乳中掺入食盐，可通过鉴定氯离子的方法检验。

1. 原理

在一定量的牛乳中加入一定量的铬酸钾和硝酸银，对于正常、新鲜的牛乳来讲，由于乳中氯离子含量很低（0.09％～0.12％），硝酸银主要与铬酸钾反应，生成红色铬酸银沉淀；如果牛乳中掺有氯化钠，由于氯离子的浓度很大，硝酸银则主要与氯离子反应，生成氯化银沉淀，并且被铬酸钾染成黄色。

2. 试剂

(1) 10％铬酸钾。

(2) 0.01mol/L 硝酸银：准确称取一定量的硝酸银于烧杯中，用少量去离子水溶解后，定量地转移至 1000mL 容量瓶中，定容至刻度，摇匀。此试剂应保存于棕色瓶中。

3. 方法

(1) 在一支洁净试管中加入 5mL 0.01mol/L 硝酸银溶液和 2 滴 10％铬酸钾溶液，摇匀，此时可出现红色铬酸银沉淀。

(2) 再加入待检乳 1mL，充分混匀。如牛乳呈现黄色，说明待检乳中氯离子含量超过0.14％，可能掺有食盐；如仍为红色，说明没有掺入氯化钠。

（五）牛乳中掺淀粉、米汁的检验

1. 原理

米汁中含有淀粉，淀粉遇碘变蓝色。

2. 试剂

碘溶液。

3. 方法

(1) 在试管中加入待检乳样 2～3mL，煮沸。

(2) 冷却后向其中滴入 2～3 滴碘溶液，如出现蓝色，说明乳样中掺有淀粉或米汁。

（六）牛乳中掺豆浆的检验（脲酶检验法）

脲酶是催化尿素水解的酶，广泛存在于植物中，在大豆的种子中含量较多。动物中不含脲酶，可通过检验脲酶来检验牛乳中是否掺有豆浆。此法也可用于乳粉中掺豆粉的检验。

1. 原理

豆浆中含有脲酶，脲酶催化水解碱-镍缩二脲后，与二甲基乙二肟的酒精溶液反应，生成红色沉淀。

2. 试剂

(1) 碱-镍缩二脲试剂　将 1g 硫酸镍溶于 50mL 水后，加入 1g 缩二脲，微热溶解后加入 15mL 1mol/L 氢氧化钠，滤去生成的氢氧化镍沉淀，置于棕色瓶中保存。试剂长时间放置后溶液会产生浑浊，经过过滤后仍可使用。

(2) 1％二甲基乙二肟的酒精溶液。

3. 方法

(1) 在白瓷点滴板上的 2 个凹槽处各加 2 滴碱-镍缩二脲试剂澄清液。

(2) 向 1 个凹槽滴加 1 滴调成中性或弱碱性的待检乳样，另一个中滴加 1 滴水，在室温下放置 10～15min。

(3) 往每一个凹槽中再各加 1 滴二甲基乙二肟的酒精溶液。如果有二甲基乙二肟络镍的红色沉淀生成，说明牛乳中掺有豆浆。作为对照的空白试剂，应仍维持黄色或仅有趋于变成橙色的微弱变化。

（七）牛乳掺洗衣粉的检验

1. 原理

洗衣粉的主要成分是直链烷基苯磺酸钠，在 365nm 的紫外线照射下可产生银白色的荧光，借此可以进行检验。

2. 仪器

荧光计。

3. 方法

取乳样 5～10mL 于暗室中用 365nm 的紫外线照射，观察是否有荧光产生。同时以正常乳为对照。掺洗衣粉的牛乳发银白色荧光；正常乳为黄色，无荧光。

二、肉品掺伪的检验

（一）肉品掺水的检验

感官检测、剖检、组织观察、滤纸浸润检查、贴纸法及水分检测的方法。

（二）肉品掺人工色素的检验

中国国家标准规定，凡是肉类及其加工制品都不能使用人工合成色素。一般可用纸色谱法和薄层色谱法进行定性检验，再利用吸光度进行定量测定。

（三）肉品掺入异源肉的检验

采用中红外光谱检测法、电子鼻技术、微分扫描热量测定技术、DNA 分子技术及酶联免疫吸附技术等。

（四）肉新鲜度的判定——pH 测定（pH 试纸快速测定法）

屠宰后的牲畜，随着血液及氧供应的停止，肌肉内的糖原由于酶的作用在无氧条件下产生乳酸，导致肉的 pH 下降。经过 24h 后，肉的 pH 可从 7.2 下降到 5.6～6.0。但当乳酸活性大大增强，开始促使腺苷三磷酸迅速分解，形成磷酸，因而肉的 pH 可继续下降至 5.4。随着时间的延长或保存不当，肉上有大量腐败微生物生长而分解蛋白质，产生胺类、CO_2 等，致使肉的 pH 升高，因此检测肉的 pH 有利于判定肉的新鲜度。

1. 原理

健康牲畜肉的 pH 为 5.7～6.2；次鲜肉的 pH 为 6.3～6.6；变质肉的 pH 在 6.7 以上。

2. 方法

(1) 用干净的刀将精肉按肌纤维横断剖切，但不将肉块完全切断。

(2) 撕下一条 pH 试纸，以其长度的 2/3 紧贴肉面，合拢剖面，夹紧纸条。

(3) 5min 后取出与标准色板比较，直接读取 pH 的近似数值。

（五）肉中亚硝酸盐的测定（盐酸萘乙二胺法）

1. 原理

样品经沉淀蛋白质、去除脂肪后，在弱酸性条件下，其中的亚硝酸盐与对氨基苯磺酸重氮化，再与盐酸萘乙二胺偶合形成紫红色染料，其最大吸收波长为538mm，可通过测定吸光度与标准进行比较定量。

2. 试剂

(1) 亚铁氰化钾溶液　称取 106g 亚铁氰化钾 $[K_4Fe(CN)_6 \cdot 3H_2O]$ 溶于水，定容至 1000mL。

(2) 乙酸锌溶液　称取 220g 乙酸锌 $[Zn(CH_3COO)_2 \cdot 2H_2O]$，加 30mL 冰乙酸，溶于水并定容至 100mL。

(3) 硼砂溶液　称取 5g 硼酸钠 $(NaB_4O_7 \cdot 10H_2O)$，溶于 100mL 热水中，冷却备用。

(4) 0.4%对氨基苯磺酸溶液　称取 0.4g 对氨基苯磺酸，溶于 100mL 20%盐酸中，避光保存。

(5) 0.2%盐酸萘乙二胺溶液　称取 0.2g 盐酸萘乙二胺，以水定容至 100mL，避光保存。

(6) 氢氧化铝乳液　溶解 125g 硫酸铝 $[Al_2(SO_4)_3 \cdot 18H_2O]$ 于 1000mL 重蒸馏水中，使氢氧化铝全部沉淀（溶液呈微碱性），用蒸馏水反复洗涤，再真空抽滤，直至洗液分别用氯化钡、硝酸银检验不发生浑浊为止。取下沉淀物，加适量重蒸馏水，使其呈稀糨糊状，捣匀后备用。

(7) 亚硝酸钠标准溶液　准确称取 0.1000g 于硅胶干燥器中干燥 24h 的亚硝酸钠 (GR)，加水溶解移入 500mL 容量瓶中，并稀释至刻度。此溶液每毫升相当于 200μg 亚硝酸钠。

(8) 亚硝酸钠标准使用液　吸取标准液 5mL 于 200mL 容量瓶中，用重蒸馏水定容。1mL 此溶液含 5μg/mL 亚硝酸钠，临用前配制。

3. 仪器

小型绞肉机或组织捣碎机、分光光度计。

4. 方法

(1) 试样中亚硝酸盐的提取

① 肉类制品（红烧肉类除外）　称取搅碎并混合均匀的试样 5g 于 50mL 烧杯中，加入硼砂饱和溶液 12.5mL，以玻璃棒搅匀，然后以 70℃ 左右重蒸馏水约 300mL 将其洗入 500mL 容量瓶中，置沸水浴中加热 15min，取出，一边转动一边加入 5mL 亚铁氰化钾溶液，摇匀，再加入 5mL 乙酸锌溶液以沉淀蛋白质，定容，混匀，静置 0.5h，除去上层脂肪，过滤，弃去初滤液 30mL，收集滤液备用。

② 红烧肉类制品　前面部分同①。取其滤液 60mL 于 100mL 容量瓶中，加氢氧化铝乳液至刻度，过滤，滤液应无色透明。

(2) 绘制标准曲线　吸取 0、0.2mL、0.4mL、0.6mL、0.8mL、1.0mL、1.5mL、2.0mL、2.5mL 亚硝酸钠标准使用液（依次相当于 0、1μg、2μg、3μg、4μg、5μg、7.5μg、10μg、12.5μg 亚硝酸钠），分别置于 50mL 比色管中，各加入 0.4%对氨基苯磺酸溶液 1mL，混匀，静置 3～5min 后各加入 1.0mL 0.2%盐酸萘乙二胺溶液，加水至刻度，混匀，

静置 15min，用 2cm 比色杯，调零，于 538nm 处测定吸光度，绘制标准曲线。

（3）测定样品 吸取 40mL 样品提取液于 50mL 比色管中，按绘制标准曲线的方法进行操作，于 538nm 处测吸光度，然后从标准曲线上查出测定用样液中亚硝酸钠的含量（μg/mL）。

5. 计算

肉制品(红烧肉类除外)亚硝酸盐含量(g/kg)＝$c \times 1000/[m \times (40/500) \times (1/50) \times 1000 \times 1000]$

肉制品(红烧肉类)亚硝酸盐含量(g/kg)＝$c \times 1000/[m \times (60/500) \times (40/100)$
$$\times (1/50) \times 1000 \times 1000]$$

式中　c——测定用样液中亚硝酸盐的含量，μg/mL；

　　　m——样品的质量，g。

6. 说明

（1）蛋白质沉淀剂也可采用硫酸锌（30％）溶液。

（2）实验中应用重蒸馏水，以减少误差。

（3）饱和硼砂溶液作用：一是亚硝酸盐提取剂；二是蛋白质沉淀剂。

（4）亚铁氰化钾和乙酸锌溶液作为蛋白质沉淀剂，使产生的亚铁氰化锌沉淀与蛋白质产生共沉淀。

（六）肉中"瘦肉精"的残留检测（HPLC法）

1. 提取样液

（1）称取 5.00g 样品于 100mL 三角瓶中，加入 30mL 甲醇和 30mmol/L HCl 的混合溶液（1＋1），于超声波浴中放置约 30min。

（2）将上述溶液过滤至 50mL 容量瓶中，用甲醇和 30mmol/HCl 的混合溶液（1＋1）定容至刻度。

2. 净化样液

（1）依次用 5mL 甲醇、5mL 水和 5mL 30mmol/L HCl 淋洗配有真空泵的过滤用 SCX 小柱。

（2）取 5mL 样品溶液通过小柱，再依次用 5mL 水和 5mL 甲醇淋洗小柱，用真空泵将小柱中残余的水抽干。

（3）用 1mL 乙腈-0.01mol/L KH_2PO_4（2＋8）溶解，备 HPLC 用。

3. 仪器

高效液相色谱仪（配 UV 检测器）。

（1）色谱柱　C_{18}，5μm，25cm×4.6mm。

（2）流动相　乙腈-0.01mol/L KH_2PO_4（2＋8），pH2.0。

（3）流速　1mL/min。

（4）检测器　247nm。

4. 方法

（1）用 20μL 不同浓度的工作标准溶液建立标准曲线。

（2）取 20μL 经净化的样品溶液注入色谱柱，经与标准曲线比较，得出样品溶液中盐酸克仑特罗的浓度（c），从而得出样品中的盐酸克仑特罗的含量。

5. 计算

盐酸克仑特罗的含量（μg/g）＝$c/[5.00×（5/50）]$

（七）肉品掺盐的检验

咸肉作为正常肉类加工的一种品种，深受消费者欢迎。但某些商贩将盐溶解后，用注射器将盐注入新鲜肉中，使之重量增加，以达到牟利目的。此种肉从外表观察难以鉴别，但切开后可见肌肉局部组织脱水，呈灰白色。嗅之有咸味。此种肉多见于前、后腿的肌肉厚实部位。

1. 原理

采用热水浸出法或炭化浸出法将样品中的氯化钠浸出，以铬酸钾为指示剂，氯化物与硝酸银作用生成氯化银白色沉淀。当多余的硝酸银存在时，则与铬酸钾指示剂反应生成红色铬酸银，表示反应达终点。根据硝酸银溶液的消耗量，计算出氯化物的含量。

2. 方法

（1）样品预处理

① 准确称取剪、切碎均匀的样品 10.0g，置于 100mL 烧杯中。

② 加入适量水，加热煮沸 10min，冷却至室温。

③ 过滤入 100mL 的容量瓶中，用温水反复洗涤沉淀物，滤液一起并入容量瓶内，冷却，用水定容至刻度，摇匀备用。

④ 或称取样品 5.0g 置于 100mL 瓷蒸发皿内，用小火炭化完全，炭粉用玻璃棒轻轻研碎。加入适量水，用小火煮沸后，冷却至室温，过滤入 100mL 容量瓶中，并以热水少量分次洗涤残渣及滤器。洗液并入容量瓶中，冷却室温后用水定容至刻度，摇匀备用。

（2）滴定

① 准确吸取滤液 10～20mL（视样品含量多少而定）于 150mL 三角烧杯内。

② 加入 1mL 5% 铬酸钾溶液，摇匀，用 0.1mol/L 硝酸银标准溶液滴定至初现橘红色即为终点。同时做试剂空白试验。

3. 计算

$$氯化物(以氯化钠计)含量(\%)＝(V_1－V_0)×c×0.0585×100/(m×V_2/1000)$$

式中　V_1——样品滴定时消耗硝酸银标准溶液的体积，mL；

$\quad\quad\;\;V_0$——空白滴定时消耗硝酸银标准溶液的体积，mL；

$\quad\quad\;\;\;c$——硝酸银标准溶液的浓度，mol/L；

$\quad\quad\;\;V_2$——滴定时所取样品制备液的体积，mL；

$\quad\quad\;\;\,m$——称取样品的质量，g。

三、水产品掺伪的检验

水产品是营养价值较高的一种动物性食品，含有较多的蛋白质、维生素 A 和维生素 D、矿物质、脂肪等营养成分，因其肉质细嫩，味道鲜美，易为人体消化吸收，深受人们的喜爱。

水产品体内酶的活性很强，而且在较低的温度下仍呈现较强的活性。健康活鱼的肉本身是无菌的，但由于生活在有菌环境中，鱼的体表、鳃、消化道等与水接触的部位均有一定数量的微生物存在，加上水产品本身含有较高的蛋白质和水分，一旦条件适宜，细菌就会大量生长繁殖，侵入鱼体肌肉组织，分解组织中的蛋白质、脂肪，致使水产品腐败变质。

（一）污染鱼虾的鉴别

有些从污水或被农药污染的沟渠池塘中捕获的鱼虾，体内外均含有不同程度的有毒物质和农药。另外，有些养鱼池塘为了防治鱼病，有时也会撒些农药，如药量过大也会在鱼虾体内积累，从而导致鱼虾污染甚至不能食用。

长期生活在污水和农药含量较高的水中的鱼虾，仔细观察是完全可以鉴别出来的。

1. 看鱼虾外表颜色

长久在污水中的鱼虾，鳞片和外壳颜色较黑较暗，光洁度较差。

2. 看鱼鳃

被有毒污水或农药污染的鱼虾，虽然鲜活，但鳃瓣却呈暗紫色或黑红色，并在口、鳃等处可闻到一股异味。而正常的鱼虾即使到了腐败变质的程度，鳃瓣也呈黑红色或暗紫色，但无异味。

3. 看鳞片有无异常

如鱼体有过大或过硬、色泽异常的鳞片，这是病态表现。而污水中有毒物质或农药的刺激，则是导致发病的原因之一。

4. 闻鱼虾的土腥味

淡水鱼虾一般都有一种土腥味，这是水中微生物和细菌在鱼虾体内外的分泌物所致。而污水中的有毒微生物和细菌数量远比一般池塘中大几倍、几十倍，故污染的鱼虾土腥味特大。

5. 看鱼鳍

正常的鱼死后，其腰鳍紧贴肚子；鱼的嘴巴和鳍容易被拉开；鱼鳍的颜色呈鲜红色或淡红色；很容易招引苍蝇。被农药毒死的鱼，腰鳍是张开的，并且很硬；鱼嘴巴紧闭，不容易被拉开；鱼鳍颜色呈紫红色或黑褐色；苍蝇很少叮咬。

（二）天然海蜇与人造海蜇的鉴别

人造海蜇是以褐藻酸钠、明胶为主，再加以调料而制成，色泽微黄或呈乳白色，脆而缺乏韧性，牵拉时易于断裂，口感粗糙如嚼粉皮并略带涩味。天然海蜇捕获后再经盐腌制后，外观呈乳白色，表面湿润而光泽，牵拉时不易折断，其形状呈自然圆形，无破边。

此外，优质海蜇外观色泽光亮，呈淡黄色；质地坚实而脆；整洁，无污秽物，无异味。变质海蜇色泽呈暗棕红色，海蜇皮呈白色冻胶状，质地酥软松弛，发黑腐败，有腥臭味或其他异味。

（三）蟹肉与人造蟹肉的鉴别

蟹肉是一种较贵重的食品。有人用价格低廉的鳕鱼肉加工成人造蟹肉，虽然营养价值无多大变化，但价格相差很多，假冒真蟹肉，经济上给消费者造成损失。

1. 原理

鳕鱼肉、梭鱼肉等在聚焦光束照射下，能显示出明显的有色条纹。而蟹肉及虾肉则不产生此现象。

2. 方法

(1) 将样品薄薄地涂抹在显微镜的载玻片上，上面再盖一张同样载玻片，两端用橡皮筋扎紧。

(2) 将载玻片置于尼科拉斯发光器发出的光束照射下，样品如果是鳕鱼或其他鱼肉加工的，或者掺有其他鱼肉，都会显示出有色条纹或图案。而未掺入鱼肉的蟹肉则无此现象。

（四）劣质海参的鉴别

有些不法商贩为牟取暴利，将海参用水泡发后，掺入大量食盐和草木灰，欺骗消费者。下面介绍识别劣质海参的方法。

1. 从外包装看

劣质海参以小透明塑料袋密封包装为主，包装袋上只印有"高级海产品"等字样，却没有生产日期等。

2. 从外表看

劣质海参呈灰黑色，形体饱满，用手摩擦其表皮，手上可染上黑色。

3. 内部看

劣质海参用手掰开后，其内部充满灰黑色杂质。

（五）水产品鲜度的快速检验

1. 原理

变质水产品会产生氨，使 pH 升高。判断标准：新鲜鱼的 pH 为 6.5～6.8；次鲜鱼的 pH 为 6.9～7.0；变质鱼的 pH 为 7.1 以上。

2. 方法

(1) 用干净的刀将肉依肌纤维横断剖切，但不将肉块完全切断。

(2) 撕下 1 条 pH 试纸，以其长度的 2/3 紧贴肉面，合拢剖面，夹紧纸条。

(3) 5min 后取出与标准色板比较，直接读取 pH 的近似数值。

（六）水产品中硫化氢的测定

1. 原理

变质水产品会产生硫化氢，在稀硫酸中，次鲜鱼、变质鱼产生的硫化氢与醋酸铅反应生成硫化铅呈褐色。新鲜鱼在滴醋酸铅碱性液时颜色无变化；次鲜鱼在接近滴液边缘处，呈现微褐色或褐色痕迹；变质鱼的滴液处全是褐色，边缘处色较深，或全部呈深褐色。

2. 方法

(1) 称取鱼肉 20g，装入小广口瓶内，加入 10％硫酸溶液 40mL。

(2) 取大于瓶口的方形或圆形滤纸 1 张，在滤纸中央滴 10％醋酸铅碱性液 1～2 滴。

(3) 将有液滴的一面向下盖在瓶口上，并用橡皮圈扎好。

(4) 15min 后取下滤纸，观察其颜色有无变化。

（七）水产品中氨的测定

1. 原理

腐败鱼含有的氨与爱贝尔试液反应生成 NH_4Cl，呈现白色雾状。

新鲜鱼无白色雾出现。次鲜鱼在取出检测样并离开试管的瞬间，有少许白色雾出现，但立即消散，或在检测样放入试管后，经数秒钟后才出现明显的白色雾状。变质鱼样放入试管后，立即出现白色雾状。

2. 试剂

爱贝尔试液：取 25％ 相对密度为 1.12 的盐酸 1 份，无水乙醚 1 份，96％ 酒精 3 份，混合。

3. 方法

(1) 取一块蚕豆大鱼肉，挂在一端附有胶塞而另一端带钩的玻璃棒上。

(2) 用吸管吸取爱贝尔试液 2mL，注入试管内，稍加振摇。

(3) 把带胶塞的玻璃棒放入试管内（注意：勿碰管壁），直到检测样距离液面 1～2cm 处。

(4) 迅速拧紧胶塞，立即在黑色背景下观察，看试管中样品周围的变化。

四、酒类掺伪的检验

中国的酒类，特别是白酒种类繁多，风格各异，为世界各国所称道。但个别不法经营者，采取掺伪、假冒商标等手段牟取暴利。

（一）白酒的感官品评鉴别

感官品评鉴别是利用人的感觉器官对酒的色、香、味等进行的鉴别。实践证明，感官品评是鉴别伪劣白酒的主要方法之一。

1. 色泽鉴别

(1) 先将酒倒入酒杯中，放在白纸上，正视和俯视酒体有无色泽或色泽深浅。

(2) 轻轻振动，立即观察其有无悬浮物和沉淀物。除滋补药酒带有颜色、允许有正常的瓶底聚集物外，其他白酒应为无色、清亮透明、无悬浮物和沉淀物。

2. 香气鉴别

(1) 将盛有酒样的酒杯端起，用鼻子嗅闻其香气是否与本品的香气特征相同。

(2) 在嗅闻时要注意：鼻子和酒杯的距离要一致；吸气量不要忽大忽小；嗅闻时只能对酒吸气，不要呼气。

3. 滋味鉴别

(1) 将盛酒样的酒杯端起，吸取少量酒样于口腔内，尝其味是否与本品的滋味特征相同。

(2) 在品尝时要注意：一次入口酒样要保持一致；将酒样布满舌面，仔细辨别酒的味道；酒样下咽后立即张口吸气，闭口呼气，辨别酒的味道；品尝次数不宜过多，一般不超过 3 次，防止味觉疲劳。

4. 风格判定

风格是对酒的色、香、味全面评价的综合体现。根据色、香、味的鉴别，判定受检酒样是否具有本品相同的典型风格，最后以典型风格的有无或不同程度作为判定伪劣酒的主要依据之一，如有实物标准样品（如国家名优白酒标准样品），对鉴别伪劣酒更有帮助。

5. 白酒浑浊沉淀的鉴别

(1) 将白酒倒入无色玻璃杯中，用肉眼观察是否浑浊沉淀。

(2) 将浑浊沉淀的白酒放于室温或于 15～20℃ 温水浴中，如果浑浊沉淀物立即溶解，证明该种物质主要是酒中的高沸点脂肪酸及其酯类，由于气温低，其溶解度下降而析出产生了浑浊沉淀。这类沉淀物无毒，在酒温升高时就自然溶解，恢复原状。这是一种正常现象，不影响酒的质量。

(3) 将浑浊沉淀物过滤后，观察其色泽、形态，可做如下判断：

① 白色沉淀物可能是钙镁盐物质或铝的化合物，大多数来自勾兑用水和铝制的盛酒容器。

② 黄色或棕色沉淀可能是铁、铜物质，来自盛酒容器或管路污染。

③ 黑色沉淀可能是铅、硫化物、单宁铁，可能来自铅锡冷却器、酒中的含硫化合物以及铁与软木塞中的单宁产生化学变化。

(二) 酒中甲醇含量的检验

甲醇是假酒中的毒性成分，可导致视力失明，严重者甚至死亡。

1. 原理

样品注入色谱仪后，利用醇类化合物在氢火焰中的化学电离进行测定。根据甲醇在色谱柱内的保留时间和峰高值，进行定性和定量测定。

2. 试剂

甲醇的标准溶液：准确称取甲醇 600mg，用少量水洗入 100mL 容量瓶中并加水稀释至刻度。吸取 10.0mL 此溶液，置于 100mL 容量瓶中，加入一定量的无甲醇、无甲醛的乙醇，控制含量在 60%，并加水稀释至刻度，此溶液贮于冰箱中备用。

3. 色谱条件

检测器：氢火焰离子检测器。

色谱柱：2m 长，内径 4mm 的玻璃柱，内装 60～80 目的 GDX-102。

温度：汽化室为 190℃，检测器为 180℃，柱温为 170℃。

流速：载气（纯氮）为 40mL/min，氢气为 40mL/min，空气为 450mL/min。

4. 方法

(1) 用微量注射器吸取酒样和甲醇标准溶液各 $0.5\mu L$，注入色谱仪。

(2) 分别测量标准溶液与样品溶液的保留时间和峰高并进行比较，以保留时间进行定性分析，测得峰高，计算样品中甲醇的含量。

5. 计算

$$甲醇含量(mg/100mL) = h_1 C V_1/(h_2 V_2)$$

式中　C——标准溶液中某组分的含量，mg/100mL；

h_1——样品中某组分的峰高，mm；

h_2——标准溶液中某组分的峰高，mm；

V_1——样品溶液进样量，μL；

V_2——标准溶液进样量，μL。

（三）白酒兑水的鉴别

1. 原理

白酒掺水后酒度下降，可用酒精计直接测试。

2. 仪器

酒精计；100mL量筒。

3. 方法

（1）将酒样100mL倒入量筒中，轻轻放入酒精计，放入时不使上下振动和左右摇摆，不接触量筒壁。

（2）轻轻按下少许，等其上升静置后，从水平位置观察其与液面相交处的刻度，即为乙醇浓度。

（3）测量酒样的温度，然后根据温度与所测乙醇浓度换算表，得出温度为20℃时的乙醇浓度。

4. 说明

（1）酒精计在使用前后必须洗净和擦干，酒精计读数时应以液面水平线为准。

（2）如果酒样中有颜色或杂质，可量取酒样100mL，置于蒸馏瓶中，加50mL水进行蒸馏，收集蒸馏液100mL，然后测量酒精度。

（四）白酒中掺糖的鉴别

1. 原理

白酒中的蔗糖与α-萘酚的乙醇液作用，加入硫酸后，则两相界面产生紫色环。

2. 试剂

15％α-萘酚乙醇溶液；浓硫酸。

3. 方法

（1）取酒样1mL，置于洁净的试管中。

（2）加入15％的α-萘酚乙醇溶液2滴，摇匀。

（3）沿管壁缓缓加入浓硫酸1mL，如两相界面之间呈现紫色环，则说明含糖。正常白酒，其界面应为黄色或无色。

（五）啤酒中掺水的鉴别

1. 感官检验

（1）啤酒掺水后酒色暗淡，不清亮透明。

（2）将啤酒徐徐倒入杯中，至泡沫达杯口为止，观察其泡沫情况。掺水的啤酒，泡沫少而粗糙，不洁白、不挂杯。

（3）品尝其香气和滋味淡薄，掺水啤酒缺乏酒花香气，欠纯正。

2. 理化检验

(1) 将酒样放在大烧杯中，缓慢振摇。

(2) 待不剧烈产泡后，再剧烈振摇，除去 CO_2。

(3) 取其 100mL，置于 250mL 蒸馏瓶中，加 50mL 蒸馏水，加二三粒玻璃珠，安装好整个蒸馏装置，加热蒸馏，用 100mL 容量瓶收集馏出液至刻度。

(4) 再将其移入至 100mL 量筒中，用酒精计测定其乙醇含量，换算成质量比。"11%（体积分数）啤酒"如果乙醇含量<3.1%（体积分数），疑为掺水。

（六）啤酒中 EDTA 化合物的检验

啤酒中加入微量 EDTA 及其化合物，可增加啤酒的抗氧化能力并延长其贮存期，但啤酒中的允许量是很微小的，最大值仅为 25mg/kg，主要的化合物为 EDTA 的无水钙盐或二钠盐。

1. 原理

啤酒中 EDTA 可使红色的双硫腙锌变成蓝色双硫腙，以此可定性或定量。

2. 试剂

显色剂。配制方法如下：

甲液：取 50mg 双硫腙，溶于 100mL 乙二醇-乙醚中。

乙液：将 4.398g 硫酸锌（$ZnSO_4 \cdot 7H_2O$）溶于 1L 水中，取此液体 1.00mL，用乙二醇-乙醚稀释至 100mL，此液为 10mg/kg 锌溶液。

临用前，在预先装有 40mL 乙二醇-乙醚的 100mL 容量瓶中，加入 2mL 甲液和 5mL 乙液，再用乙二醇-乙醚稀释至刻度，备用。

其中乙二醇-乙醚溶液为 1∶1（体积比）。

3. 方法

取 10mL 啤酒样置于试管中，加 10mL 显色剂混匀观察。混匀液红色不变者为没有 EDTA，灰暗色为可疑有 EDTA，绿色、蓝色则为有 EDTA。

4. 说明

本法受其他氨羧络合剂的干扰，灵敏度为 3～5mg/kg EDTA。

（七）啤酒中加非食用色素的检验

食用色素一般属酸性染料，而碱性色素、直接色素则属非食用色素。

1. 直接色素的检验

取样品 5mL，加 10%氯化钠溶液 10mL，混匀，放入脱脂棉，用水洗涤。将此脱脂棉放在烧杯中，加 1%氢氧化铵 10mL，在水浴上加温数分钟，取出脱脂棉，用水洗，如脱脂棉染色，则存在直接色素。

2. 碱性色素的检验

取样品溶液 5mL，加 10%氢氧化铵溶液使之呈碱性（加碱不要过量，过量的碱和色素阳离子结合，不易解离，因而染色困难），加脱脂羊毛 0.1g 搅拌，在水浴上加温 3min，取出羊毛用水洗。把此染色羊毛放入 1%乙酸溶液 5mL 中，加温数分钟，除去羊毛。溶液中加 10%氢氧化铵溶液呈碱性，再加入新羊毛搅拌，在水浴上加温 30min，此时如羊毛染色，则证明碱性色素存在。

（八）啤酒中加洗衣粉的检验

1. 原理

洗衣粉中的阴离子表面活性剂可与亚甲蓝生成蓝色化合物，易溶于有机溶剂。根据其呈色深浅，测定阴离子表面活性剂的含量。

2. 试剂

亚甲蓝溶液（取亚甲蓝30mg，溶于500mL蒸馏水中，加入硫酸6.8mL和磷酸二氢钠50g，溶解后用蒸馏水稀释至1000mL）；氯仿。

3. 操作方法

（1） 吸取2mL酒样置于50mL具塞比色管中。

（2） 加蒸馏水至25mL，加亚甲蓝溶液5mL，混匀，加氯仿5mL，剧烈振摇萃取1min，静置分层。如氯仿层呈明显蓝色为阳性，说明掺有洗衣粉。同时需做空白和阳性对照。

五、饮料掺伪的检验

（一）饮料中甲醛的检验

1. 样品处理

取100mL待检饮料于500mL蒸馏瓶内，加10mL25％磷酸溶液进行蒸馏，取蒸馏液50mL作为检液。

2. 呈色反应

（1） 取1mL样品处理液，加入1mL新配制的4％盐酸苯肼溶液及数滴5％三氯化铁溶液，并加入少许盐酸呈酸性，若有甲醛存在，则呈红色。

（2） 取5mL样品处理液于试管中，加少量4％盐酸苯肼，加4滴新配制的5％硝基铁氰化钠溶液及12滴10％氢氧化钾溶液，若有甲醛存在，则呈蓝色或蓝灰色。

（3） 取10mL样品处理液，加入2mL0.1％间苯三酚及数滴氢氧化钾溶液，加热煮沸约半小时，如有甲醛，则显出鲜明的红色。

（二）饮料中水杨酸及其盐类的检验

1. 样品处理

（1） 称取50mL待检饮料（如碳酸饮料，应先微热除去二氧化碳），放入100mL分液漏斗中。

（2） 加5mL稀盐酸，用30mL乙醚抽提，旋转振摇5min，静置待分层，分离醚层后用5mL水洗涤二次。

（3） 移入蒸发皿中，使其自然挥发，残渣备用。如果残渣物中含有色物质，可将蒸发残渣用25mL乙醚溶解，移入分液漏斗中，加10％氨水数滴及25mL水振摇2min，静置分层，取水层用滤纸过滤，滤液于蒸发皿中，在水浴上蒸干。

2. 呈色反应（三氯化铁反应）

取一部分残渣于白色反应板上，加1滴0.5％三氯化铁溶液，若有水杨酸存在，则呈紫色。

（三）饮料中糖精的定性检验

1. 原理

糖精溶解于酸性乙醚中，蒸去乙醚，残渣用少量水溶解，可直接尝味；另外，糖精与间苯二酚作用，产生特殊的颜色反应。

2. 试剂

10%磷酸二钠溶液；10%硫酸铜溶液；20%中性醋酸铅溶液；10%氢氧化钠溶液；间苯二酚固体；硫酸；盐酸；乙醚。

3. 方法

(1) 对不含有蛋白质及脂肪类物质的样品，如汽水、果汁等，量取50mL，置于250mL容量瓶中，加水稀释至刻度。备用。

(2) 取上述处理好的样品50mL，置于分液漏斗中，加1mL浓盐酸酸化，再加50mL乙醚提取，乙醚液用50mL水（含盐酸1滴）洗涤，然后将乙醚分成两部分。

(3) 将一部分乙醚蒸馏回收，残渣加入新升华的间苯二酚少许，再加浓硫酸数滴，用微火加热，至刚出现棕色为止。

(4) 冷却后，加10%氢氧化钠中和，若产生黄绿色荧光，则表示有糖精存在。

4. 说明

(1) 检验用的样品，应先除去脂肪、蛋白质，否则提取时易出现乳化。

(2) 回收乙醚时应在水浴上进行，切忌明火。

(四) 饮料中掺入非食用色素的鉴别

1. 原理

非食用色素在氯化钠溶液中可使脱脂棉染色，此染色的脱脂棉，经氨水溶液洗涤，颜色不褪。

2. 试剂

1%氢氧化铵溶液；10%氯化钠溶液。

3. 方法

取样品10mL，加10%氯化钠溶液1mL，混匀，投入脱脂棉0.1g，于水浴上加热搅拌片刻，取出脱脂棉，用水洗涤。将此脱脂棉放入蒸发皿中，加1%氢氧化铵溶液10mL，于水浴上加热数分钟，取出脱脂棉水洗，如脱脂棉染色，则证明有非食用色素存在。

(五) 饮料中掺洗衣粉的鉴别

制假者向饮料中加入洗衣粉，利用洗衣粉的发泡特性，配制冒牌饮料。

1. 原理

洗衣粉是含有十二烷基苯硫酸钠的阴离子表面活性剂，可与亚甲蓝生成一种易溶于有机溶剂的蓝色化合物。根据其呈色深浅，以判断检测液中阴离子表面活性剂的大致含量。

2. 试剂

亚甲蓝溶液：称取亚甲蓝溶液30mL溶于500mL蒸馏水中，加入6.8mL浓硫酸和磷酸二氢钠 50g，溶解后用蒸馏水稀释至 1000mL。

3. 方法

吸取 2mL 检测液于 50mL 带塞比色管中，加水至 25mL，加亚甲蓝溶液 5mL、氯仿 5mL，剧烈振摇 1min，静置分层，如氯仿层呈明显蓝色，为阳性。需同时做阴性和阳性对照实验。阴性样品为正常饮料，阳性对照样品是在一组 2mL 正牌饮料中加入不同数滴的 0.1％洗衣粉溶液，同样品一起操作，比较氯仿层呈色深浅，以判断样液中洗衣粉含量的多少。阴性样品氯仿层无色。

（六）软饮料和冷饮食品中掺漂白粉的检验

1. 感官检验

漂白粉具有独特的气味，对眼、鼻、喉有刺激作用。通过品尝少许饮料或者直接嗅闻气味，就可以感知有无漂白粉味和刺激性滋味。

2. 化学检验

取可疑冷饮 10mL 于 50mL 锥形瓶中，加入 2％硫酸溶液使呈酸性，再加入 5％碘化钾溶液 8～10 滴和 0.5％淀粉溶液 5 滴，摇匀。如呈现蓝色，即证明加入了漂白粉。

六、粮食掺伪的检验

（一）粉条掺塑料的检验

取适量粉条放入锅中加入一定量的水，煮沸半小时左右，掺入塑料的粉条，透明度好，有弹性，不易断条；正常粉丝煮沸后比较软，夹起易断。

（二）小米、黄米用姜粉染色的检验

一些不法分子为了掩盖陈小米和陈黄米的轻度发霉现象，将其漂洗后，加入姜黄粉及黄色色素，对其染色进行再"加工"，如同当年的新米。

1. 定性检验

取几粒小米，蘸点水在手心里搓一搓。凡用姜黄粉染过色的小米和黄米，其颜色会由黄变暗，手心会残留黄色。

2. 化学法

利用姜黄粉在碱性条件下呈红褐色的化学性质来鉴别。

（1）**试剂** 无水乙醇、10％氢氧化钠。

（2）**方法**

① 取 10g 小米于研钵中，加入 10mL 无水乙醇进行研磨。

② 待研碎后，再加入 15mL 无水乙醇研匀。

③ 取约 5mL 研磨溶液于试管中，加入 2mL 10％的氢氧化钠，摇匀。出现橘红色，证明存在姜黄粉。

（三）面粉中掺入面粉增白剂（过氧化苯甲酰）的检验

一些生产企业为了提高面粉白度，增加经济效益，增白剂的使用量严重超标。

1. 原理

在酸性条件下过氧化苯甲酰被还原成苯甲酸，冰乙酸参与化学反应量的多少表现在溶液颜色变化。结果判定：上清液若呈现淡黄绿色，则试样中过氧化苯甲酰含量较少或没有；若是无色，则试样中过氧化苯甲酰含量肯定超标。

2. 试剂

3%冰乙酸石油醚溶液。

3. 方法

取 5g 面粉，放进带塞三角瓶，倒入 30mL 冰乙酸石油醚溶液，盖上瓶塞，轻轻摇动三角瓶 3～5min，静置观察上清液颜色（冬天实验时需将三角瓶置于 30℃ 水中浸泡摇荡）。

（四）大豆粉中掺入玉米粉的检验

大豆粉的主要成分是蛋白质，淀粉含量较少；而玉米粉的主要成分则是淀粉，利用淀粉和碘的反应可以检验是否掺玉米粉。

1. 定性检验

(1) 试剂   0.01mol/L 碘溶液：将 0.12g 碘和 0.25g 碘化钾共溶于 100mL 水中制得。

(2) 方法

① 将 1g 样品用少量水调成糊状。

② 另取一烧杯，加入约 50mL 水煮沸。

③ 将调成的糊成细流状注入沸水中后再煮沸约 1min。

④ 放冷后，取糊化溶液约 5mL 于试管中，加入数滴碘溶液。纯大豆粉显淡灰绿色；若掺有玉米粉，则溶液为蓝色。

此方法也可适用于豆制品（如豆腐、豆浆）中掺玉米粉的检查。

2. 含量分析

(1) 原理   淀粉和碘反应，产物呈蓝色。

(2) 仪器   显微镜。

(3) 试剂   0.01mol/L 的碘溶液、50%（体积分数）乙醇溶液、50%（体积分数）甘油溶液。

(4) 方法

① 取少许大豆粉（豆制品需烘干研细）于载玻片上。

② 滴加 2 滴 50% 的乙醇溶液后，用玻璃棒轻轻研开涂匀。

③ 稍风干后再加 2 滴 50% 的甘油溶液。

④ 盖上盖玻片，勿使产生气泡。在盖玻片一侧滴加 1 滴碘溶液，使其逐步向内扩散。在显微镜下观察变蓝的玉米淀粉粒所占的比例。

━━━━━━ **思 考 题** ━━━━━━

1. 简述食品掺伪的定义。

2. 食品掺伪的方式有哪些？

3. 简述食品掺伪的危害。

4. 举例说明食品中常见的掺伪物质。

5. 论述酒类掺伪的检验方法。

6. 简述掺伪食品鉴别检验的原则。

参考文献

[1] 钟耀广. 食品安全学. 第 2 版. 北京：化学工业出版社，2010.

[2] 王朔，王俊平. 食品安全学. 北京：科学出版社，2016.

[3] 纵伟. 食品安全学. 北京：化学工业出版社，2016.

[4] 张双灵，等. 食品安全学. 北京：化学工业出版社，2017.

[5] 《乳业科学与技术》丛书编委会. 乳品安全. 北京：化学工业出版社，2017.

[6] 刘宁，刘涛. 食品安全监测技术与管理. 北京：中国商务出版社，2019.

[7] 杨继涛，季伟. 食品分析及安全检测关键技术研究. 北京：中国原子能出版社，2019.

第十二章

食品中有害成分测定

主要内容

1. 自然产生的毒素分析方法。
2. 真菌毒素的快速分析方法。
3. 食品中有毒微生物的测定方法。
4. 食品加工、贮藏过程中产生的有毒、有害物质的测定方法。

食用自身有毒或被微生物污染的食品而导致的疾病,称为食源性疾病。食源性疾病一直呈上升的趋势。因此,对食品中内源性毒素和有毒微生物的监测及检验也就显得尤为重要。现行有效的一些快速检测方法可以大大缩短检测时间,提高对毒素及微生物的检测率,以做到快速、简便、准确。本章介绍近些年来国际、国内常见的用于食品内源性毒素和有毒微生物的检测方法,所介绍的方法以快速和易于使用为原则,并以现行的标准方法和成熟的检测技术为重点。

第一节　食品中内源性毒素的测定

一、自然产生的毒素分析方法

(一) 贝类毒素的快速分析方法

在动物界中的软体动物,因大多数具有贝壳,故通常又称为贝类。下面介绍小鼠生物试验法检测麻痹型贝类毒素和腹泻型贝类毒素,目前进出口商品检验所用的行业标准(SN 0352—95,SN 0294—93)主要用小鼠生物试验法。

1. 麻痹型贝类毒素检验方法

（1）样品制备

① 蛤蜊、牡蛎、贻贝和扇贝样品　用清水将贝壳外表彻底洗干净，切断闭壳肌，开壳，用清水冲洗内部，除去泥沙和其他外来物。取出贝肉，不要割破肉体。开壳前不要加热或用麻醉剂。收集200g肉置于10号筛子中沥水5min（不要使肉堆积），拣出碎壳等杂物，将贝肉均质。

② 贝类罐头样品　将罐内所有内容物（肉及液体）倒入均质器充分均质。如果是大罐，将贝肉沥水并收集沥下的液体，分别称重，将固形物和汤汁按比例混合，充分均质。

③ 用酸保存的贝肉样品　沥去酸液，分别存放贝肉及酸液，将沥干的贝肉充分均质。

④ 冷冻贝类样品　在室温下，使冷冻的样品（带壳或脱壳的）呈半冷冻状态，按①方法开壳、清洗、取肉、均质。

⑤ 贝肉干制品　干制品可于HCl(0.18mol/L)溶液中浸泡（冷藏），按③方法沥干、均质。

⑥ 试样保存　上述经均质处理的样品如不能及时检测，可取100g已均质贝肉加入100mL HCl(0.18mol/L)溶液，置于4℃冷藏保存（尽可能及时检验）。

（2）测定方法　本方法采用鼠单位测定，对麻痹型贝类毒素（PSP）予以定量。鼠单位定义为：对体重为20g的小白鼠腹腔注射1mL贝类提取液后，在15min时杀死小鼠所需的最低毒素量。采用saxitoxin作为毒素的标准品，将鼠单位换算成毒素的质量（μg）。根据小鼠注射贝类提取液后的死亡时间，查出鼠单位，并按小鼠体重，校正鼠单位，计算确定每100g贝肉内的PSP的质量（μg）。所测定结果代表存在于贝肉内各种化学结构的PSP毒素的总量。

2. 腹泻型贝类毒素检验方法

本方法可以用于检验海产双壳类贝肉、贝柱、外套膜及其制品的腹泻型贝类毒素。

（1）样品的制备

① 生鲜带壳样品，用刀切开闭壳肌，开壳取出贝肉，不得以加热及加药物的方法开壳。注意不要破坏闭壳肌以外的组织，尤其是中肠腺（又称消化盲囊，组织呈暗绿色或褐绿色）。将去壳贝肉放在孔径约2mm的金属网上，沥水5min，按④或⑤制备检样。

② 冷冻的带壳样品，使其在室温下呈半冷冻状态后，按①方法开壳取肉，这时的贝肉仍呈冷冻状态。除去贝壳外部附着的冰片，轻轻抹去水分后，按④或⑤制备样品。

③ 事先已除水分的冷冻去壳贝肉，按④或⑤制备样品。

④ 扇贝、贻贝、牡蛎等可以切取中肠腺的去壳贝肉，称量200g贝肉后仔细切取全部中肠腺，将中肠腺称重后细切混合作为检样。同时，注意不要使中肠腺内容物污染案板。

⑤ 对不便切取中肠腺的去壳贝肉样品，可将全部贝肉细切，混合，作为检样。

⑥ 为避免毒素的危害，应戴手套进行检验操作。移液管等用过的器材应在5%的次氯酸钠溶液中浸泡1h以上，以使毒素分解。同样，废弃的提取液等也应以上述溶液处理。

（2）测定方法　用丙酮提取贝类毒素，转移至乙醚中，经减压浓缩至干后，用吐温-60生理盐水溶解残留物注射小白鼠，观察存活情况，计算其毒力。

(二) 鱼类毒素的检验

鱼类是人们日常生活中经常食用的水产品，其中有毒鱼类为数百种。有人将有毒鱼类区分为主动毒素鱼类和被动毒素鱼类。前者有一个较发达的产毒器官，作为防御和进攻的武器；后者是体内含有毒素，人们在食用时才引起中毒，它们主要分布在热带海中，不同种类的鱼，其毒性不同。下面介绍的是河豚毒素含量的检验方法。

1. 试样的制备

将样品剪碎后，用研钵充分磨碎，取 10g 放入烧杯，加 0.1‰醋酸溶液 25mL，沸水浴中不断搅拌，加热 10min。冷却后，减压过滤，将滤纸上的残渣用 0.1‰醋酸溶液反复洗净。滤液和洗液合在一起定容 50mL。难于过滤的皮、肝脏、卵巢分别用 0.1‰醋酸溶液处理后，经 3000r/min，10min 离心沉淀取上清液，用 0.1‰醋酸溶液定容至 50mL。该提取液称作原试液，1mL 相当于内脏组织 0.2g。

2. 毒性测试

采用小白鼠试验法进行毒性测试。试验动物为出生后 4 周、体重 19～21g 健康的 ICR 系雄性小白鼠。

(1) 预备试验　分别向两只小白鼠的腹腔内注射原试液各 1mL，以 s 为单位测定致死时间的平均值。根据河豚毒素致死—小白鼠单位换算表换算原试液 1mL 中的毒量，再以该值配制稀释到小白鼠在 10min 左右死亡的浓度。在本试验中使用 0.1‰醋酸水溶液作为稀释液，记录稀释度。

(2) 正式试验　分别向 2 只小白鼠的腹腔内注射稀释后的试液各 1mL，测定致死的时间。小白鼠在 10min 左右死亡时，再加注 1～3 只小白鼠测定致死时间。同时用 0.1‰醋酸溶液 1.0mL 注射 2 只 20g 左右的小白鼠作阴性对照，并取 1 只不注射任何液体的正常小白鼠作空白观察。

3. 毒力计算和表示

在该试验取得的 3～5 只小白鼠的致死时间也包括生存小白鼠，从短时间开始排列，求中间致死时间。从所得的中间致死时间，然后计算毒量（小白鼠单位：MU）。10g 内脏组织研磨物制成 50mL 毒素提取原试液，提取比是 5。求原检样 1g 的 MU。1MU 表示对一只 ICR 系体重 20g 的雄性小白鼠腹腔注射后 30min 内死亡的毒素剂量。

原检样 1g 的毒力（MU/g）：中间致死时间试液的毒力×提取比×稀释倍数。

二、真菌毒素的快速分析方法

真菌毒素对人体危害较大，以致近年来其快速检测方法得到迅速发展，特别是生物化学方法，如亲和色谱法和酶联免疫吸附测定法。在进行真菌毒素的检测时，大部分的毒素标准不仅很毒，而且非常难以得到，所以无毒素标准的方法适应了这种需求，如黄曲霉毒素荧光仪的使用。但是，由于毒素的分析属于痕量分析，因此在仲裁中最终必须通过气相或液相色谱方法进行准确定量。现代真菌毒素的快速分析方法主要有亲和色谱法和酶联免疫吸附测定法。

（一）亲和色谱法（affinity chromatography）简介

1. 亲和色谱法的基本原理

亲和色谱法是利用生物分子间所具有的专一亲和力而设计的色谱技术。首先将载体在碱性条件下用溴化氰（CNBr）活化，再用化学方法将能与生物分子进行可逆性结合的物质（称为配基）结合到某种活化固相载体上，此过程称为偶联反应。将偶联反应得到的亲和吸附剂装入色谱柱中而形成亲和柱，溶液样品通过亲和柱时，生物大分子和亲和柱中的配基结合而被吸附在亲和吸附剂表面，而其他没有特异结合的杂蛋白可通过清洗而流出。再用适当方法使这些生物大分子与配基分离而被洗脱下来，从而达到分离、纯化的目的。

2. 亲和色谱法载体的选择

用于亲和色谱法的理想载体的非特异性吸附要尽可能小，对其他大分子物质的作用很微弱；必须具有多孔的网状结构，能使大分子自由通过而增加配基的有效浓度；必须具有相当量的化学基团可供活化，并在温和条件下能与大量的配基连接；具有良好的机械性能；在较宽的 pH 值、离子强度和变性剂浓度范围内具有化学和机械稳定性；高度亲水，使固相吸附剂易与水溶液中的生物高分子接近。亲和色谱法常用的载体有纤维素、琼脂糖凝胶、聚丙烯酰胺凝胶及聚乙烯凝胶等。

3. 亲和色谱法配基的选择

纯化生物大分子的配基可以选小的有机分子，也可以选天然的生物高分子作理想的配基，它首先必须对欲纯化的大分子具有很高的亲和力。另外这些配基必须具备可修饰的基团，而且通过这些基团与载体形成共价键。这些共价键的形成不至于严重地影响配基与欲纯化蛋白质的亲和力。用于亲和色谱的配基有酶的底物、酶的辅助因子以及抗体（或抗原）等。

4. 亲和色谱法配基与载体的结合

配基要结合到载体上，首先要活化载体上的功能基团，再将配基连接到活化基团上。此偶联反应必须在温和条件下进行，不致使配基和载体遭到破坏；且偶联后要反复洗涤载体，以除去残存的未偶联的配基，还要测定偶联的配基的量。

5. 亲和色谱法条件的选择

亲和色谱法一般采用柱色谱法，要达到好的分离效果，必须选择好操作条件。

(1) 吸附　亲和柱所用的平衡缓冲液的组成、pH 值和离子强度都应最有利于配基与生物大分子形成复合物。吸附时，一般在中性条件下，上柱样品液应和亲和柱平衡缓冲液一样，上柱前样品应对平衡缓冲液进行充分透析，这有利于络合物的形成。亲和吸附常在 4℃ 下进行，以防止生物大分子因受热变性而失活。上柱流速尽可能缓慢，流速控制在 1.5mL/min。流出液需及时检测，以判断亲和吸附效率。

(2) 洗涤　样品上柱后，用大量平衡缓冲液连续洗去无亲和力的杂蛋白，色谱上出现第一个蛋白质峰和其他杂质峰。除了用平衡缓冲液，经常还用各种不同的缓冲液或有机溶剂洗涤，这样可以进一步除去非专一性吸附的杂质，在柱上只保留专一性的亲和物。

(3) 洗脱　洗脱所选取的条件应该能减弱亲和对象与吸附剂之间的相互作用，使复合物完全解离。由于亲和色谱中亲和对象差异很大，洗脱剂很难统一标准。如果亲和双方吸附能力很强，大量的洗脱液往往只能获得平坦的亲和物洗脱峰。此时往往要改变洗脱缓冲液的 pH 值和离子强度，但这种改变不能使亲和物失去活性，大多数用 0.1mol/L 乙酸或 0.01mol/L 盐酸，有时也可用 pH 值 10 左右的 0.1mol/L NaOH 溶液洗脱。

(4) 再生　当洗脱结束后，需要用大量洗脱剂彻底洗涤亲和柱，然后再用平衡缓冲液使亲和柱充分平衡，亲和柱上可以再次加入试样，反复进行亲和色谱。暂不用的亲和柱可存放在防菌污染的冰箱或冷室（低于 4℃）中，以备下次再用。

(二) 黄曲霉毒素快速分析技术

黄曲霉毒素的检测方法包括：薄层色谱法（TLC）、高效液相色谱法（HPLC）（液液提取和固相提取）、微柱筛选法、酶联免疫吸附测定法（ELISA）、免疫亲和柱-荧光分光光度法、免疫亲和柱-HPLC法等。TLC虽然分析成本较低，但操作步骤多，灵敏度差。HPLC虽然灵敏度高，但样品处理烦琐，操作复杂，仪器昂贵。此外，这些方法都具有如下共同的不足之处：①在操作过程中，需要使用剧毒的黄曲霉毒素作为标定标准物，对操作人员造成巨大的危险；②在对样品进行预处理过程中，需要使用多种有毒、异味的有机溶剂，不仅毒害操作人员，而且污染环境；③操作过程烦琐、时间长，劳动强度大；④仪器设备复杂、笨重，难以实现现场快速分析；⑤灵敏度较差，无法满足欧盟等国的标准要求。

下面主要介绍免疫亲和柱-荧光分光光度法、免疫亲和柱-HPLC法、酶联免疫吸附测定法和微柱筛选法等快速测定方法。

1. 黄曲霉毒素总量和黄曲霉毒素 B$_1$ 的快速测定技术

(1) 免疫亲和柱-荧光分光光度法和免疫亲和柱-HPLC法 免疫亲和柱法和酶联免疫吸附测定法都可达到快速简便的效果，但酶联免疫吸附测定法仅能检测单一毒素含量，而且易出现假阳性结果，难以控制。免疫亲和柱法（包括荧光分光光度法和HPLC法）能达到既定量准确又快速简便的要求。

免疫亲和柱（immuno-affinity column，IAC）的使用可以避免传统TLC和HPLC的缺点，同时免疫亲和柱与TLC和HPLC法结合可以大大提高工作效率，提高灵敏度和准确度。

黄曲霉毒素免疫亲和柱-荧光分光光度法是以单克隆免疫亲和柱为分离手段，用荧光计、紫外灯作为检测工具的快速分析方法。它克服了TLC和HPLC法在操作过程中使用剧毒的真菌毒素作为标定标准物和在样品预处理过程中使用多种有毒、异味的有机溶剂，毒害操作人员和污染环境的缺点。同时黄曲霉毒素免疫亲和柱-荧光分光光度法分析速度快，一个样品只需10～15min，比传统方法快几小时甚至几天时间；仪器设备轻便容易携带，自动化程度高，操作简单，直接读出测试结果，可以在小型实验室或现场使用；可以进行黄曲霉毒素总量（B$_1$＋B$_2$＋G$_1$＋G$_2$）的测定，检测限可达到1μg/kg，达到黄曲霉毒素标准限量值以下，测定范围为1～300μg/kg。

黄曲霉毒素免疫亲和柱-高效液相色谱法比传统的HPLC法更加安全、可靠，灵敏度和准确度高。它采用单克隆抗体免疫技术，可以特效性地将黄曲霉毒素或其他真菌毒素分离出来，分离效率和回收率高。

原理：试样中的黄曲霉毒素用一定比例的甲醇-水提取，提取液经过过滤、稀释后，用免疫亲和柱净化，以甲醇将亲和柱上的黄曲霉毒素淋洗下来，在淋洗液中加入溴溶液衍生，以提高测定灵敏度，然后用荧光分光光度计进行定量。也可以将甲醇-黄曲霉毒素淋洗液的一部分注入HPLC中，对黄曲霉毒素 B$_1$，B$_2$，G$_1$，G$_2$ 分别进行定量分析。免疫亲和柱是用大剂量的黄曲霉毒素单克隆抗体固化在水不溶性的载体上，然后装柱而成。该方法的测定范围是0～300μg/kg。

(2) 酶联免疫吸附测定法 间接竞争性酶联免疫吸附测定法可检测黄曲霉毒素 B$_1$。

原理：将已知抗原吸附在固态载体表面，洗除未吸附抗原，加入一定量抗体与待测样品（含有抗原）提取液的混合液，竞争培养后，在固相载体表面形成抗原-抗体复合物。洗除多余抗体成分，然后加入酶标记的抗球蛋白的第二抗体结合物，与吸附在固体表面的抗原-抗体复合物相结合，再加入酶的底物。在酶的催化作用下，底物发生降解反应，产生有色物质，通过酶标检测仪测出酶底物的降解量，从而推知被测样品中的抗原量。

(3) 微柱筛选法 微柱筛选法可以用来半定量测定各种食品中黄曲霉毒素 B_1、B_2、G_1、G_2 的总量。

原理：样品提取液中的黄曲霉毒素被微柱管内硅镁型吸附剂吸附后，在波长 365nm 紫外线灯下显示蓝紫色荧光环，其荧光强度与黄曲霉毒素在一定的浓度范围内成正比关系。若硅镁型吸附剂层未出现蓝紫色荧光，则样品为阴性（方法灵敏度为 $5\sim10\mu g/kg$）。由于在微柱上不能分离黄曲霉毒素 B_1、B_2、G_1、G_2，所以测得结果为总的黄曲霉毒素含量。

2. 黄曲霉毒素 M_1 快速测定技术

黄曲霉毒素 M_1 是动物摄入黄曲霉毒素 B_1 后在体内经羟基化代谢的产物。黄曲霉毒素 M_1 的毒性和致癌性与黄曲霉毒素 B_1 的基本相似。

(1) 免疫亲和柱净化-荧光计快速测定法 原理：试样经过离心、脱脂、过滤后，滤液经过有黄曲霉毒素 M_1 特殊抗体的免疫亲和柱净化，此抗体对黄曲霉毒素 M_1 具有专一识别能力，黄曲霉毒素 M_1 键合在分离柱中的抗体上。用甲醇-水（10：90）将免疫亲和柱上杂质除去，以甲醇-水（80：20）通过分离柱洗脱，加入溴溶液衍生，以提高测定灵敏度。衍生化后的洗脱液于荧光光度计中测定黄曲霉毒素 M_1。

(2) 免疫亲和色谱法净化-高效液相色谱法 该方法对应于"奶粉中黄曲霉毒素 M_1 免疫亲和色谱法净化、高效液相色谱法"。

① 范围：适用于测定牛奶、奶粉以及低脂牛奶、脱脂牛奶中黄曲霉毒素 M_1 的含量。奶粉中的最低检测限是 $0.08\mu g/kg$，牛奶中的最低检测限是 $0.008\mu g/kg$。

② 原理：试样通过免疫亲和柱时，黄曲霉毒素 M_1 被提取，亲和在固体支持物上。当样品通过亲和柱时，抗体选择性地与所有存在的黄曲霉毒素 M_1（抗原）键合，形成抗体-抗原复合体停留在亲和柱上，其后用淋洗液将亲和柱上的黄曲霉毒素 M_1 洗脱下来，收集洗脱液。用高效液相色谱仪（HPLC）测定洗脱液中黄曲霉毒素 M_1 含量。

（三）赭曲霉毒素快速分析技术

赭曲霉毒素的检测方法包括酶联免疫吸附测定法、薄层色谱法、HPLC、免疫亲和柱-荧光法、免疫亲和柱-HPLC 法等。下面介绍酶联免疫吸附测定法。

用赭曲霉毒素 A 作为半抗原，与牛血清白蛋白（BSA）或人球蛋白结合，制成复合抗原，免疫动物，产生特异性的抗血清或单克隆抗体，并建立起酶联免疫吸附测定法。Candlish 等 1986 年首次报道了抗赭曲霉毒素 A 的单克隆抗体。目前，已建立了直接竞争性酶联免疫吸附测定法（直接法）和间接竞争性酶联免疫吸附测定法（间接法）。

1. 直接法

原理：将已知抗原吸附在固相载体表面，洗除未吸附的抗原，加入一定量的酶标记抗体与样品（含有抗原）提取液的混合液，在固相载体表面形成抗原-抗体-酶复合物。洗除多余部分，加入酶的底物。在酶的催化作用下，底物发生降解反应，产生有色物质。通过酶标检测仪，测出酶底物的降解量，从而推知被测样品中的抗原量。

2. 间接法

原理：将已知抗原吸附在固相载体表面，洗除未吸附抗原，加入一定量抗体与待测样品

（含有抗原）提取液的混合液，在固相载体表面形成抗原-抗体复合物。洗除多余抗体成分，然后加入酶标记的抗球蛋白的第二抗体结合物，与吸附在固体表面的抗原-抗体复合物相结合，再加入酶的底物。在酶的催化作用下，底物发生降解反应，产生有色产物，通过酶标检测仪测出酶底物的降解量，从而推知被测样品中的抗原量。

（四）伏马毒素快速分析技术

伏马毒素检测方法主要有免疫亲和柱-荧光法、免疫亲和柱-HPLC 法、毛细管电泳法、液相-质谱法。

（五）呕吐毒素（DON）快速分析技术

谷物中 DON 的快速测定方法有免疫亲和柱-荧光计快速分析法和酶联免疫吸附测定法。下面介绍酶联免疫吸附测定法。

1. 提取与净化

称取 20g 粉碎并通过 20 目筛的样品，置 200mL 具塞三角烧瓶中，加 8mL 水和 100mL 三氯甲烷-无水乙醇（4:1），密塞，振荡 1h，通过滤纸过滤。取 25mL 滤液于蒸发皿中，置 90℃ 水浴上挥干。用 50mL 石油醚分次溶解蒸发皿中残渣，洗入 250mL 分液漏斗中，再用 20mL 甲醇-水（4:1）分次洗涤，转入同一分液漏斗中，振摇 1.5min，静置约 15min，取下层甲醇-水提取液过色谱柱净化（色谱柱的制备：在色谱柱下端与小管相连接处塞约 0.1g 脱脂棉，尽量塞紧，先装入 0.5g 中性氧化铝，敲平表面，再加入 0.4g 活性炭，敲紧）。将过柱后的洗脱液倒入蒸发皿中，并于水浴锅上浓缩至干，趁热加 3mL 乙酸乙酯，加热至沸，挥干，再重复一次。最后加 3mL 乙酸乙酯，冷至室温后转入浓缩瓶中。用适量乙酸乙酯洗涤蒸发皿，并入浓缩瓶中。将浓缩瓶置 95℃ 水浴锅上，挥干冷却后，用 0.5mL 的稀释液定容，供本法检测之用。

2. 酶联免疫吸附测定

用包被抗原（20μg/mL）包被酶标板，每孔 100μL，4℃ 过夜；酶标板用洗液洗 3 次，每次 3min 后，加入不同浓度的脱氧雪腐镰刀菌烯醇标准溶液（制作标准曲线）或样品提取液（检测样品中的毒素含量）与抗体溶液（1:2000）的混合液（1:1，每孔 100μL，该混合液应于使用的前一天配好，4℃ 过夜备用），置 37℃，1h；酶标板洗 3 次，每次 3min 后，加入酶标二抗，每孔 100μL，置 37℃，1.5h；同上述洗涤后，加入底物溶液，每孔 100μL，37℃，30min；用终止液终止反应，每孔 50μL，于波长 450nm 处测定 OD 值。

3. 结果判定

样品检测孔所测得的 OD 值大于（或等于）阳性对照孔 OD 值，该样品为阴性。反之，则为阳性。

（六）T-2 毒素快速分析技术

T-2 毒素是单端孢霉烯族化合物之一，其化学名称为 4β，15-二乙酰氧基-8α-(3-甲基丁酰氧基)-12,13-环氧单端孢霉-9 烯-α 醇。T-2 毒素为白色针状结晶，熔点为 150～151℃，难溶于水，易溶于极性溶剂，如三氯甲烷、丙酮和乙酸乙酯等，烹调过程不易将其破坏。

单端孢霉烯族化合物是一组由镰刀菌的某些菌种产生的生物活性和化学结构相似的有毒代谢产物。人畜误食污染大量该类毒素的谷物后，除可引起呕吐、腹泻、腹痛等急性中毒症状外，还可引起心肌受损、胃肠上皮黏膜出血、皮肤组织坏死、造血组织破坏和免疫抑制、神经系统紊乱、心血管系统破坏等，严重的可引起死亡。T-2毒素是单端孢霉烯族化合物中毒性较大的一种，能引起动物呕吐，可导致外周血白细胞缺乏，具有明显的细胞毒性和对蛋白质、DNA合成的抑制作用，并有肯定的致畸性和致突变性。检测T-2毒素的方法主要有薄层色谱法、气相色谱法、免疫亲和柱-荧光计法和酶联免疫吸附测定法。下面介绍酶联免疫吸附测定法。

1. 间接法

(1) 提取与净化　称取20g粉碎并通过20目筛的样品，置于200mL具塞锥形瓶中，加8mL水和100mL三氯甲烷-无水乙醇（4∶1），密塞，振荡1h，通过滤纸过滤，取25mL滤液于蒸发皿中，置90℃水浴上通风挥干。用50mL石油醚分次溶解蒸发皿中残渣，洗入250mL分液漏斗中，再用20mL甲醇-水（4∶1）分次洗涤，转入同一分液漏斗中，振摇1.5min，静置约15min，取下层甲醇-水提取液过色谱柱净化（色谱柱的制备：在色谱柱下端与小管相连接处塞约0.1g脱脂棉，尽量塞紧，先装入0.5g中性氧化铝，敲平表面，再加入0.4g活性炭，敲紧）。

将过柱后的洗脱液倒入蒸发皿中，并于水浴锅上浓缩至干，趁热加3mL乙酸乙酯，加热至沸，挥干，再重复一次，最后加3mL乙酸乙酯，冷至室温后转入浓缩瓶中。用适量乙酸乙酯洗涤蒸发皿，并入浓缩瓶中。将浓缩瓶置95℃水浴锅上，挥干冷却后，用0.5mL的稀释液定容。

(2) 测定步骤　用包被抗原（4μg/mL）包被酶标板，每孔100μL，4℃过夜；酶标板用洗液洗3次，每次3min后，加入不同浓度的T-2标准溶液（制作标准曲线）或样品提取液（检测样品中的毒素含量）与抗体溶液（1∶50000）的混合液（1∶1，每孔100μL，该混合液应于使用的前一天配好，4℃过夜备用），置37℃，1h；酶标板洗3次，每次3min后，加入酶标二抗，每孔100μL，置37℃，1.5h；同上述洗涤后，加入底物溶液，每孔100μL，置37℃，30min；用终止液终止反应，每孔50μL，于450nm处测定OD值。

(3) 结果判定　样品检测孔所测得的OD值大于（或等于）阳性对照孔OD值，该样品为阴性；反之，则为阳性。

2. 直接法

(1) 提取与净化　同间接法。

(2) 测定步骤　用包被抗原（4μg/mL）包被酶标板，每孔100μL，4℃过夜；酶标板用洗液洗3次，每次3min后，加入不同浓度的T-2毒素标准溶液（制作标准曲线），或样品提取液（检测样品毒素含量）与抗体-辣根过氧化酶结合物溶液（1∶100）的混合液（1∶1，每孔100μL，该混合液应于使用的前一天配好，4℃过夜备用），置37℃，1.5h。酶标板洗3次，每次3min后，加入底物溶液。每孔100μL，置37℃，30min。用终止液终止反应，每孔50μL，于450nm处测定OD值。

(3) 结果判定　同间接法。

第二节　食品中有毒微生物的测定

食用被微生物污染的食品而导致的疾病，称作食源性疾病。导致这类疾病的微生物叫食源性致病菌。食源性疾病一直呈上升的趋势。因此，对食品中致病菌的监测和检验也就越显示其重要性。常规的检验大多依靠培养目标微生物的方法来确定食品是否受到此微生物的污染，这些方法需要一定的培养时间，少则2~3天，多至数周，才能确定。而现行有效的一些快速检测方法不仅可以大大缩短检测时间，提高微生物检出率，并可用于微生物计数、早期诊断、鉴定等方面，以做到快速、简便、准确。快速方法涉及微生物学、分子化学、生物化学、生物物理学、免疫学和血清学等领域。

一、微生物数量的快速检测

食品中的微生物数量，在食品卫生学中是作为判定食品被微生物污染程度的标志，也可用来作为观察食品中微生物的性质以及微生物在食品中繁殖的动态，以便对被检的食品进行卫生学评价时提供依据。常规方法中的"菌落总数测定"和"霉菌和酵母数的测定"主要是用于评价食品品质的，而"大肠菌群测定"则是评价食品卫生质量的重要指标之一。因此微生物数量的检测、确定最经常用于各种食品和食品加工场所、加工工具的卫生检查之中。另外我们通常所指的食品检验项目中的"菌落总数""霉菌和酵母菌计数"以及"大肠菌群MPN"和某些特定菌的计数，都是指活细胞计数，因此大多数方法包括传统的方法都是以培养活的细胞生长为手段来达到检测目的。这些方法往往需要将细菌培养成肉眼可见的菌落才可确认，所以比较麻烦，需要用特定的培养基培养、计数，且必须在实验室的无菌条件下进行检测，而现代诸多方法已经可以不受这些条件的限制，有些方法甚至可以现场检测。这些方法有些是对常规方法的改进，有些则是利用新知识和新技术来估测微生物数量。本节将介绍一些常见、常用的快速、简便地检测微生物数量的方法。

（一）活细胞计数的改进方法

1. 旋转平皿计数方法（spiral planting method）

把液态样品螺旋式并不断稀释地接种到一个旋转的平皿中。这一系统在美国已被广泛采用，如AOAC方法977.27《食品和化妆品中的细菌旋转平板法》。

原理：食品或化妆品样品制备的菌悬液被螺旋平板注入器连续不断地注入分布到旋转着的琼脂平板的表面，在琼脂表面形成阿基米德螺旋形轨迹。当用于分液的空心针从平板中心移向边缘时，菌液体积减少，注入的体积和琼脂半径间存在着指数关系。培养时菌落沿注液线生长。用一计数的方格来校准与琼脂表面不同区域有关的样品量，计数每个区域的已知菌落数，再计算细菌浓度。

2. 疏水性栅格滤膜法（HGMF）或等格法（isogrid method）

原理：用疏水性栅格滤膜过滤样品，然后把疏水性栅格滤膜放置在相应的固体培养基中培养，最后观察细菌、酵母菌或霉菌菌落。疏水性栅格作为栅栏以防止菌落的扩散保证了所有菌落都是正方形的，从而便于人工或机械计数。

此方法根据选用的培养基不同可用于菌落总数、大肠菌群、粪大肠菌群和大肠埃希氏菌计数，还可以用于霉菌和酵母菌计数。LIM等研制了台盼蓝的培养基使等格法能直接用于酵母菌计数。另外还可根据菌落在培养基上产生的不同颜色来分类计数。此类方法经AOAC认可的主要有：AOAC公定方法986.32《食品中的需氧平板计数疏水性栅格滤膜法》；AOAC公定方法983.25《食品中总大肠菌群、粪大肠菌群和大肠埃希氏菌疏水性栅格滤膜法》；AOAC公定方法995.21《食品中的酵母和霉菌计数——疏水性栅格滤膜法

（ISO－GRID）使用 YM—11 琼脂方法》。

3. 皿膜系统（Pertrifilm）

皿膜系统，如 Pertrifilm 3M System，可用于菌落总数、大肠菌群、大肠埃希氏菌、霉菌、酵母和金黄色葡萄球菌计数。

原理：在一双层膜系统内含有干燥的营养物质（类似平板计数琼脂或其他的选择性培养基成分）和冷水可溶的胶体物质，以每系统 1mL 的加样量将样品（稀释或未经稀释的样品）直接加到基础膜中间，盖上含有胶凝剂和 TTC 的覆盖膜，培养后细菌在双层膜之间生长并显色即可直接计数。

代表方法有：AOAC 986.33《牛奶中的细菌和大肠菌群计数》；AOAC 989.10《乳品中的细菌和大肠菌群计数》；AOAC 990.12《食品中需氧平板计数》；AOAC 991.14《食品中大肠菌群和大肠埃希氏菌计数》；AOAC 996.02《乳制品中的大肠菌群计数》；AOAC 997.02《食品中酵母和霉菌计数（PertrifilmTM 方法）》。

4. 酶底物技术（ColiComplete）

用于大肠菌群和大肠埃希氏菌计数。

原理：存在于食品样品中的大肠菌群特有的 β-D-半乳糖苷酶系统能分解 5-溴-4-氯-3-吲哚-β-D-吡喃半乳糖苷为 5-溴-4-氯-3-吲哚的中间产物，该中间产物经过氧化生成水不溶性蓝色的二聚物。而 β-葡萄糖苷酶则为大肠埃希氏菌（埃希氏菌和志贺氏菌）和一些沙门氏菌所特有，其能分解 MUG 为葡萄糖苷和甲基伞形酮，其可在长波 UV 光下（366nm）产生荧光。以此作为确认是否有大肠菌群和大肠埃希氏菌存在的依据。

5. 直接外荧光滤过技术（DEFT）

直接外荧光滤过技术是测定许多食品如奶、肉、禽和禽制品、鱼和鱼制品、水果和蔬菜、啤酒和葡萄酒、辐射食品等食品及水中微生物的一种快速方法。

原理：利用紫外线显微镜快速测定活菌数。首先用一特殊滤膜过滤样品，经吖啶橙染色后，用紫外线显微镜观察，活细胞呈橙色荧光，死细胞呈绿色荧光。

吖啶橙染色计数法在国外已逐步作为细菌计数的标准方法，应用于水、食品等领域。

6. "即用胶"系统（SimPlate）

此方法根据选择的培养基不同可分别用于菌落总数、大肠菌群、大肠杆菌计数和霉菌、酵母计数，以及弯曲杆菌的计数。

原理：此系统是盛有无菌液体（或脱水干燥）培养基的试管，在此专用培养基内含有与多种细菌酶类所对应的底物，检样被细菌污染时，只要具有一种酶的活性即能与底物作用生成 4-甲基伞形酮，培养一定时间后，在波长 365nm 的紫外线下发出蓝色荧光。把样品（如 1mL 食品样品）倾入该试管中，混匀后再将混合物倒入一个装有胶质的特殊培养皿中。混合物与胶质接触后便形成与琼脂相似的复合物，经培养后根据颜色指示或在紫外线下产生荧光计数。专用的 SimPlateTM 平皿有两种型号，普通型内设等分的 84 个培养小池，能计数至 738 个菌数；超大型有 198 个培养小池，能计数至 1659 个菌数。

（二）用于估计微生物数量的新方法

这些方法主要是将物理、化学领域中的新知识、新技术应用于微生物检测中。通过测量微生物在生长和代谢活动中发生的变化来估测微生物的数量。这一类方法都需要有专门的检测仪器，有些还需要制定图谱或曲线，因此这类方法的采用必然受到一定的限制。本部分主要介绍目前国内在食品方面应用较多的阻抗法和 ATP 生物发光技术。

1. 阻抗法（impedence measurement）

阻抗法是 20 世纪 70 年代初期发展起来的一项新技术，是用电阻抗作为媒介，以监测微生物代谢活性为基础的一种快速检测方法。阻抗指交流电通过一种传导材料（如生长培养基）时的阻力，是一个由电导成分和电容成分的矢量和所组成的复杂统一体。操作时将一个接种过的生长培养基置于一个装有一对不锈钢电极的容器内，测定因微生物生长而产生的阻抗（及其组分）改变。原多用于临床微生物的鉴定、菌血症和菌尿症等标本的快速检测等方面。近年来已逐步用于食品检测之中，如法国生物梅里埃公司的 Bactometer 系统已可用于乳制品、肉类、海产品、蔬菜、冷冻食品、糖果、糕点、饮料、化妆品中的总菌数、大肠菌群、霉菌和酵母计数，乳酸菌、嗜热菌测试，是一种方便、快速的方法，比传统方法大大减少了检验时间，结果准确。它的主要优点是可以进行数据自动测试、自动分析储存，但它必须预先制定相应的标准曲线方可对样品进行测试。

（1）Bactometer 系统　原理：当细菌生长时，其周围液体的电导发生变化，通过测定阻抗或电导，可以了解微生物的活动。Bactometer 系统是利用阻抗变化来测定，当培养基中因微生物的代谢活动而发生化学改变时，阻抗也发生改变。在微生物生长过程中，大分子营养物质经代谢转变为较小但更为活跃的分子。在某些测定实例中，当细菌产生的离子浓度达到比培养基初始离子浓度稍低的含量时，电导改变即可检出，这一时间称作检出时间（DT），与这一阻抗改变有关的微生物含量称作微生物阈值。电导和电容测定的细菌阈值都是 $10^6 \sim 10^7$ 个/mL，酵母阈值用电容测定为 $10^2 \sim 10^4$ 个/mL。Bactometer 系统是能利用电阻抗（conductance）、电容抗（capacitance）或总阻抗（totalimpedance）三种参数的监测系统，可同时处理 64～512 个样本。Malthus Microbial Analyser 系统是利用测定电导变化来测量微生物含量。

（2）Malthus 微生物快速分析仪　原理：微生物在培养基中生长时，由于本身的代谢作用，将培养基中较大分子（如蛋白质、脂肪、糖等）分解成带电荷较多的小分子（如氨基酸、脂肪酸等），导致培养基中的电导度增加。马色斯系统是以电阻为检测信号，将电阻转换为电导度。电导度产生改变的时间是与初始菌数成反比的，污染量越高，得到结果的时间也越快。

2. ATP 生物发光技术（biolumiescence，BL）

ATP 生物发光技术是利用产生于生物体内的化学发光现象而建立起来的一种检测方法。生物发光法是一种很有前景的新技术。生物发光最常见的是萤火虫及海洋生物发光，深入研究表明，生物发光是生物体内荧光素酶（luciferase）催化作用底物氧化而发出光。生物发光在生物化学和生物技术方面有着广泛的应用前景，目前发现的荧光素酶有细菌荧光素酶（bacterial luciferase）和萤火虫荧光素酶（firefly luciferase）两大类，前者从海洋发光细菌中提取，后者则主要从萤火虫中提取。目前应用于微生物数量生物发光法快速测定的荧光素酶为萤火虫荧光素酶，产生萤火虫荧光素酶的萤火虫主要有北美萤火虫、日本萤火虫及东欧萤火虫。提取时先将萤火虫的尾部剪下来置于 −20℃ 冷冻，在 3℃ 解冻后用研钵研磨，然后离心、过柱、硫酸铵沉淀等多步复杂处理来制取萤火虫荧光素酶。除从萤火虫中直接提取外，采用基因工程手段也能生产。其方法是先将萤火虫荧光素酶基因克隆在大肠杆菌中表达，然后将转化体置于 37℃ 的 LB 培养基中培养，到对数后期收集菌体，用渗透压法、冻融法提取细菌胞质组分，经均质、离心，用凝胶排阻、离子交换色谱提取纯酶。生物发光法具有简便、快速、价廉的优点，已逐渐作为食品生产和流通过程中的微生物快速监测和清洁度监测的一种新方法，尤其在 HACCP 中的应用日益受到重视。

原理：所有的生物都含有 ATP，当荧光素酶系统和 ATP 接触时就会发光。萤火虫荧光素酶是能以荧光素（luciferin）、ATP 和 O_2 为底物，在 Mg^{2+} 存在时，将化学能转变成光能的高效生物催化剂，它催化 D-荧光素（D-luciferin）氧化脱羧，同时发出光，最大发射波长为 562nm，但酶结构不同则发射光略有不同。

二、食品中沙门氏菌的快速筛检方法

沙门氏菌是引起食物中毒的重要病原菌。在世界各国的各类细菌性食物中毒中，沙门氏菌引起的食物中毒常列榜首。沙门氏菌广泛分布于自然界中，而且种类多，所以，沙门氏菌日益引起人们的高度重视，食品中的沙门氏菌的检验也显得非常重要。下面以介绍初筛方法为主。由于一些方法已通过 AOAC 认可，因此在介绍这些方法时尽量引用 AOAC 的标准，使读者能够了解得更详细。

（一）沙门氏菌显色培养基法

在选择性培养基的基础之上，经过改良，使目标菌在此培养基上的菌落显示出一定的颜色，便于识别。这类培养基的主要代表有法国生物梅里埃公司的"SMID"和法国科玛嘉的"沙门氏菌显色培养基"。

原理：利用细菌的特有生理生化反应，使培养基中的指示剂产生颜色变化，以将目标菌与其他菌区别开。将食品样品增菌后直接划平板，置 37℃培养 18～24h，取出并观察培养皿上生长的菌落的颜色，如生物梅里埃公司的 SMID 上生长的沙门氏菌为粉红色，Hektone 上的沙门氏菌典型菌落为黑色，法国科玛嘉的"沙门氏菌显色培养基"上的沙门氏菌典型菌落为紫色。

（二）免疫学方法

以免疫学原理为基础研究制定的检测沙门氏菌的方法很多，并且这些方法大多都已商品化，制成的各种检测试剂盒使用方便、快速，且特异性和敏感性都很高。但由于沙门氏菌与某些菌株之间存在相同的抗原，因此假阳性反应仍然不可避免，所以免疫学方法都是用于初筛试验，阳性结果都需要进一步确认。由于方法很多无法一一描述，本部分主要选择近年AOAC 认可的、操作比较简便的方法以供读者参考。

1. 单克隆酶免疫色度分析筛选方法

AOAC 方法：986.35、987.11、993.08 均为单克隆酶免疫色度分析筛选方法。现以AOAC 公定方法 993.08《食品中沙门氏菌单克隆酶免疫比色检测方法（Salmonella-Tek）》为例做一介绍。该方法是对所有食品中沙门氏菌的存在进行筛选，不是确证试验，因为试验中所用的单克隆抗体可能与少部分的非沙门氏菌有交叉反应。阳性的检测结果应是客观的，必须用配有 450nm 滤光片的光度计来进行测试。只有当阴性和阳性对照均有可接受的光密度读数时，阳性结果才是有效的。

原理：沙门氏菌抗原的检测是基于用特异性单克隆抗体进行的酶免疫分析（EIA）。用抗沙门氏菌抗原的单克隆抗体包被于聚苯乙烯微量小孔的内表面，将样品和对照加入小孔中。样品中如有沙门氏菌抗原存在，则将被吸附在孔上的特异性抗体吸收。冲洗小孔后，加入接合剂与被抗体吸收的沙门氏菌抗原结合。再冲洗小孔，除去未结合的接合剂，然后再加入酶底物。当用终止液终止反应时，出现的蓝色则转变为黄色。样品中是否有沙门氏菌抗原取决于该颜色产生的光密度。

2. 多克隆酶免疫色度分析筛选方法

多克隆酶免疫色度分析筛选方法（colorimetric polyclonal enzyme lmmunossay screening method）已有很多试剂盒，由澳大利亚 Bioenterrises Pty Ltd 生产的 TECRA® SalmonellaVisual lmmunoassay 试剂盒，即为此方法，此方法已取得 AOAC 认可。现以 AOAC989.14《食品中的沙门氏菌多克隆酶免疫色度分析筛选方法（TECRA 沙门氏菌色度免疫分析方法）》为例做一介绍。

本方法是用于所有食品中的沙门氏菌的筛选方法而不是确证试验，因为试验中所用的多克隆抗体可能与少部分的非沙门氏菌发生交叉反应。由酶免疫分析（EIA）方法测得的阳性样品的增菌肉汤和 M 肉汤必须依照常规标准方法中所指示的，在选择性培养基上做划线接种，并必须将典型或可疑菌落按标准方法进行生化和血清学鉴定。

对于阳性结果的确定：

① 可借助比色计卡进行视觉检查，当判断阴性和阳性对照符合卡上所描述的标准时，阳性结果才有效。

② 还可以通过仪器的方法，用带有 414nm 滤光片的光度计进行检测，只有当阴性和阳性对照具有可接受的光密度值时，阳性结果才有效。

原理：沙门氏菌抗原的检测是依据与沙门氏菌抗原具高特异性的高纯化的抗体所进行的酶免疫分析来完成的。把沙门氏抗原的多克隆抗体吸附于 96 孔微量滴定板的小孔内表面上，把待检样品也放到板的小孔里。如果样品中含有沙门氏菌抗原，它就与孔内附着的特异性抗体结合，样品中的其他物质都会被冲洗掉。加入接合剂，如果沙门氏菌抗原与吸附在孔内表面的抗体相结合，那么可以进一步与接合剂结合，冲洗孔以洗去未结合上的接合剂，然后加入酶底物。如果样品中有沙门氏菌抗原，就会呈现出暗蓝绿色。

3. 荧光酶免疫分析筛选方法

荧光酶免疫分析筛选方法是在 EIA 基础上加入荧光标记的酶底物，用荧光计检测荧光度值来判断结果。AOAC989.15 方法《食品中沙门氏菌单克隆酶免疫荧光和比色筛选法（Q-Trol）》即为此方法。该方法是用于对存在于所有食品中沙门氏菌的推定方法，因为试验中使用的单克隆抗体可与少数非沙门氏菌产生交叉反应，故不是一个确证试验。用酶免疫分析（EIA）法测到的阳性样品增菌肉汤和 M 肉汤必须按常规标准方法划选择性平板对典型或可疑菌落进行鉴定。

原理：此方法是基于 EIA 测定食品中沙门氏菌抗原。沙门氏菌抗原的单克隆抗体附着在塑料微量板小孔的内表面上，将待检样品加到微量板的孔中，如果样品有沙门氏菌抗原存在，它们就与吸附在孔穴表面的抗体结合，样品中的其他物质则被冲洗掉。加入与碱性磷酸酶结合的沙门氏菌抗体，如果其与孔穴表面吸附的抗体上的沙门氏菌抗原结合，这就形成了抗体-抗原-抗体复合物。洗去没有结合的接合剂，加入荧光（FS 检测）或黄色底物，用荧光计（FS 检测）或三种比色法之一检测：①光度计自动检视终点（ME）检测，以可见光终点分析检视结果；②以目测将不透明孔的颜色与比色卡相比较［橘红色至暗红色部分被认作阳性（VI 检测）］；③在 VI 分析后，将 VI 检测孔中的部分溶液移入清洁的微量板的孔中，用光度计检视终点颜色（VR 检测）。样品的临界值大于或等于所建议的临界值即被认作沙门氏菌抗原阳性。

4. 金标免疫分析方法

金标免疫分析方法（glod-labeledimmunosorbent assay，GLISA）的原理及操作方法参见下面大肠杆菌 O157：H7 的同类方法。目前已获得 AOAC 认可的有 VIP®Salmonella（AOAC 999.09），其他还有 Reveal®for Salmonella 等，这种方法操作简单快速，样品在经前增菌及选择性增菌后，直接将增菌液滴加入检测卡的样品孔内，数分钟后通过视窗观察结果，阳性结果出现两条色带。由于存在交叉反应，阳性结果要用经典的方法进一步验证。

（三）分子生物学方法

1. DNA 探针检测法

DNA 探针技术是最新发展起来的一项特异、灵敏、快速的检测方法，特别适用于直接检出致病性微生物，而不受非致病性微生物的影响。然而 DNA 探针的获取却需有专门的技术和方法且过程复杂，因此，目前已有商品化的基因探针试剂盒。以 AOAC 方法 990.13《食品中的沙门氏菌脱氧核糖核酸杂交比色法（GENE-TRAK）》为例，该方法用以检验所有食品中的沙门氏菌，因此会有一定比例的假阳性反应，故所有阳性试验结果必须用标准的培养方法加以确证（注意：用于本方法的 DNA 探针对所有沙门氏菌亚属均可做出反应）。

2. 聚合酶链反应（PCR）技术

该技术是由美国 Cetus 公司和美国加利福尼亚大学于 1985 年联合创建的，自 PCR 方法创建以来已广泛地应用于致病性微生物的诊断之中。目前，已经有了全自动化的 PCR 检测试剂盒及仪器，如美国杜邦快立康公司的 BAX®病原菌检测系统。

（四）自动化传导法

根据电阻抗测量的原理，关键是选用适宜的培养基，以保证任何电导（或电阻抗）的变化都是由目标微生物的生长所致，通过仪器检测电导（或电阻抗）的改变来确定是否存在被检微生物。根据选用的专一性培养基不同，电导（或电阻抗）法还可用于大肠杆菌、李斯特氏菌、弯曲杆菌等菌的初筛检验。AOAC 991.38《食品中的沙门氏菌自动化传导方法》为所有食品中推定存在沙门氏菌的检测方法。阳性试样必须用标准培养法加以确证。

三、大肠杆菌 O157：H7 快速检测方法

大肠杆菌 O157：H7 是肠出血性大肠杆菌（EHEC）的主要血清型，自 1982 年在美国被分离并命名以来，陆续发现本菌与轻度腹泻、溶血性尿毒综合征（HUS）、出血性肠炎（HC）、婴儿猝死综合征（SIDS）等多种人类病症密切相关，是食源性疾病的一种重要致病菌。E.coli O157：H7 属于肠杆菌科埃希氏菌属，为革兰氏阴性杆菌，有鞭毛。近年来作为食品卫生及流行病学的研究热点，E.coli O157：H7 的分离和鉴定方法已取得了较大进展。利用其生化特性、免疫原性建立的方法以及现代分子生物学技术的应用，可以从多方面对 E.coli O157：H7 进行检测。

（一）E.coli O157：H7 鉴别培养基及显色培养基

根据 E.coli O157：H7 的某些生化特征设计了一些选择性的培养基，在这些培养基上 E.coli O157：H7 显示出特殊的颜色以与其他的大肠杆菌或杂菌区分开。这一类的培养基有山梨醇麦康凯琼脂（SMAC），即利用 E.coli O157：H7 迟缓发酵山梨醇的特征用 1% 的

山梨醇代替麦康凯琼脂中的乳糖。在此平板上 *E.coli* O157：H7 呈现乳白色的菌落而其他发酵山梨醇的大肠杆菌呈粉红色菌落。在此基础上，为提高选择性，又设计了 CT-SMAC 及 CR-SMAC，即在 SMAC 中添加微量的抑制剂，能够更有效地抑制杂菌的生长，减少背景，而对 *E.coli* O157：H7 的生长几乎无影响。另外一类根据菌落颜色来识别 *E.coli* O157：H7 的培养基有法国梅里埃公司的 "O157ID"，在这种培养基上 *E.coli* O157：H7 的菌落显蓝色，其他大肠杆菌呈紫色。另外还有法国科玛嘉的 "*E.coli* O157：H7 显色培养基" 等。

（二）免疫学检测方法

免疫学检测方法，即利用抗原-抗体反应建立起来的一系列检测方法。这类方法操作简便、灵敏度高，因此在对 *E.coli* O157：H7 的监测中得到最多的应用研究。但由于一些细菌具有与 O157 相同的抗原，因此这类方法不可避免地存在假阳性的结果，所以这类方法的阳性结果必须用常规方法证实。

1. 免疫磁珠分离法（immunomagnetic separation，IMS）

原理：用包被在磁珠上的抗 *E.coli* O157：H7 特异性抗体捕获样品增菌液中的目标菌，然后在磁场作用下将磁珠从增菌液中沉淀，以磷酸缓冲液反复清洗，从而使 *E.coli* O157：H7 与样品中的其他成分及细菌分离，并将分离出的 *E.coli* O157：H7 菌体定量于一定体积。在具体应用中，还可加入适量的碱性鱼精蛋白（0.005mg/mL）以降低非靶菌在玻璃试管壁的残留。

2. 金标免疫分析方法（GLISA）

这一方法已有商品化的试剂盒出售，包括 Reveal®，VIP®，BINAX NOWTM EH *E.coli* 检测卡，以及中国流行病研究所与郑州博赛生物技术研究所研制开发的 "大肠杆菌 O157 病原体胶体金快速检测卡" 等。AOAC 认可的有：Reveal® 的 8h 增菌培养法（AOAC 2000.13）和 20h 增菌培养法（AOAC 2000.14），VIP®Test 的 AOAC 996.09。

原理：利用不同的增菌培养基，提供给 *E.coli* O157：H7 迅速复活和生长所必需的营养物质及其他因素（利用 REVEAI 培养基，可以在 8h 得到检测结果。其他培养基如《FDA 细菌分析手册》推荐的增菌培养基也可用于检测卡检测，允许检测时间在 20h 内）。取一部分（120μL）经增菌培养的培养液于检测卡的圆形样品孔中，样品则被涂有胶体金标记的抗 *E.coli* O157：H7 特异性抗体的样品区所浸湿。如果样品中含有抗原（*E.coli* O157：H7），则与胶体金标记的抗体结合，并离开样品区沿着硝酸纤维素膜流向涂有抗 *E.coli* O157：H7 抗体的检测区，此时免疫复合体被捕获并聚集，显示出一条检测色带。无论样品中是否含有 *E.coli* O157：H7，样品剩余液继续流向膜顶端的试剂区，该试剂区含有胶体金标记的合适抗原（颜色指示）形成阴性对照质控区，样品流经此区时被捕获并聚集显示出一条质控色带。

3. 酶联免疫吸附测定法（ELISA）

这种方法可从两个方面用于 *E.coli* O157：H7 的检测筛选；一是对菌体的检测，二是对 Vero 毒素的检测。有报道以 *E.coli* O157：H7 的多克隆抗体作为捕捉抗体，特异的单抗作为检测抗体的夹心 ELISA 方法，可以 20h 内快速、敏感、特异地检测 *E.coli* O157：H7 抗原，其灵敏度可达 0.2cfu/s。目前已取得 AOAC 认可的有 BioControl 的 Assurance EHEC EIA（AOAC 996.10《精选食品中的大肠杆菌 O157：H7 的 Assurance 多克隆酶联免疫分析方法》）。

原理：对 E.coli O157：H7 抗原具有高度特异性的多克隆酶联免疫专有抗体被绑在酶标板的微孔内，加入增菌后的测试样品和阳性质控后，如有 E.coli O157：H7 抗原存在则与微孔内的抗体结合形成抗体-抗原复合物，没参加反应的物质被冲洗掉。加入碱性磷酸酶抗体接合剂，使 E.coli O157：H7 抗原与酶结合，孵育后将未结合的接合剂冲洗掉。加入酶底物对硝基苯磷酸，在 405～410nm 处读数。

4. 自动酶联荧光免疫检测系统（VIDAS）

这是一种利用全自动酶联荧光免疫分析仪检测 E.coli O157：H7 的方法，经选择性增菌后全过程都由分析仪自动操作完成，可在 45min 内获得检测结果。阳性结果还可以再用同一仪器进行免疫浓缩后分离鉴定。

5. 疏水栅格滤膜免疫印迹法（HGMF）

样品经选择性增菌后，培养物经疏水栅格滤膜（HGM）过滤，然后将滤膜合在预先经抗 E.coli O157：H7 血清处理的硝酸纤维素膜上，放在选择性琼脂平板上进行培养，培养后目标菌落在膜上留下免疫印迹。该方法的灵敏度可达 1.5cfu/s。但其操作较复杂，而且与多种革兰氏阴性杆菌有交叉。另有人建立一种 E.coli O157：H7 单克隆抗体的方法，与前种方法相比，没有增菌处理，可在 24h 内得出结果，灵敏度约为 10cfu/g，但该方法仍不能排除假阳性的出现，因此都需要做进一步的验证试验。HGMF 方法也可以用于 Vero 毒素的检测。另外，也有用 HGMF（ISO-GRID）对 E.coli O157：H7 进行计数的方法［AOAC 997.11《食品中的大肠杆菌 O157：H7 计数使用 SD-39 琼脂和血清学鉴定的疏水性栅格滤膜（ISO-GRID）方法》］。

6. 乳胶凝集试验（latex agglutination test，LAT）

用乳胶凝集试验检测 E.coli O157：H7 方法在 20 世纪 80 年代末已出现，该试验是以乳胶微粒作为载体，用兔抗 O157：H7 免疫血清的 IgG 致敏，使之成为具有特异性的诊断乳胶试剂，同时以正常家兔血清 IgG 致敏的乳胶微粒作为对照。通常同时用 SMAC（山梨醇麦康凯琼脂平板）与乳胶试验对样品进行初步筛选，挑取选择性琼脂平板上的可疑菌落直接用乳胶试剂进行凝集试验，阳性结果再进一步验证。具体操作可参考金黄色葡萄球菌乳胶凝集试验方法（AOAC 995.12）。E.coli O157 乳胶试剂商品化的有 E.coli O157：H7 Test Kit（Oxoid Ltd），E.coli O157：H7 Latex Test（Unipath Ltd）等。

（三）分子生物学方法

1. DNA 探针（DNA probe）

使用已克隆的 E.coli O157：H7 特异性基因片段制备探针来鉴定目标菌。基因探针不同于生化反应，不依赖于酶活性，不受培养基的影响和其他菌群存在的干扰，特别是相似表型的杂菌。已有研究的探针包括针对 uidA 基因的 PF-27 寡核苷酸探针（FDA 认可）、由 60MDa 质粒中选取的 3.4kb Hind Ⅲ 片段建立的 CVD419 探针、针对 eaeA 基因的 eae 探针、针对 O157 血清群的 2.0kb Smal 片段的探针以及来源于 VT1 和 VT2 结构基因片段所建立的探针等。特异性基因探针检测迅速、敏感、高度特异。现在已经有一些自动化的基因探针检测系统用来快速检测 E.coli O157：H7 和其他致病菌。如 GENE-TRAK，其原理可参见沙门氏菌检测的同类方法叙述。

2. 聚合酶链反应（PCR）

BAX 系统也可用于 O157：H7 的检测，与沙门氏菌的区别在其只需一次增菌（用 EC 肉汤或其他增菌液），增菌液可直接加入溶细胞管内运行测试步骤，不需再一次增菌培养。

四、金黄色葡萄球菌的快速检测方法

金黄色葡萄球菌食物中毒是由其肠毒素引起的，目前已确认的肠毒素至少有 A、B、C1、C2、C3、D、E 和 F8 个型。因此，金黄色葡萄球菌的检测方法研究多集中于肠毒素的检测方法上。以下主要介绍金黄色葡萄球菌的快速检测方法。

（一）金黄色葡萄球菌鉴别培养基

生物梅里埃公司的 Baird Parker 牛 RPF 培养基是在 BP 琼脂的基础上加入 RPF（兔血浆），在此培养基上生长的金黄色葡萄球菌的菌落为黑色具半透明光晕。由于培养基中已经含有兔血浆，因此，在此培养基上生长的典型金黄色葡萄球菌不需要再做血浆凝固酶试验就可确认。科玛嘉的"金黄色葡萄球菌显色培养基"也为同一类产品。

（二）3M 金黄色葡萄球菌快速测试片法

原理：该测试片由两部分组成，第一部分是金黄色葡萄球菌培养基片，此检测片含有改良的 Baird-Parker 营养物及一冷水可溶的胶体；第二部分是热稳定核酸酶（Tnase）反应片，包含有 DNA、甲苯胺蓝（toluidine blue-O）及四唑指示剂（tetrazolium）。此指示剂有助于菌落的计数及确定金黄色葡萄球菌热稳定核酸酶的存在。热稳定核酸酶是金黄色葡萄球菌的一种酶素产物，在高温下能维持稳定。热稳定核酸酶的检测像凝固酶反应一样，是一种鉴定金黄色葡萄球菌的方法。在 Pertrifilm RSA 检测片上，热稳定核酸酶反应看起来像是粉红色环带包围着一个红色或蓝色菌落。

（三）金黄色葡萄球菌乳胶凝集试验

作为免疫学方法之一，乳胶凝集试验在金黄色葡萄球菌的检测分析中，既可用作初筛，同时也是确认方法之一。具体操作方法参见 AOAC 995.12《从食品中分离的金黄色葡萄球菌乳胶凝集试验方法》。该方法为凝集试验，是从食品中分离金黄色葡萄球菌的快速检测鉴定方法。

原理：从 Baird-Parker 琼脂平板分离的菌株进一步用胰酪胨大豆琼脂培养。将可疑菌落挑取到反应卡上与聚苯乙烯乳胶颗粒混合，乳胶颗粒上包被有抗蛋白 A、IgG 和与蛋白 A 及凝固酶结合的纤维原（蛋白 A 和凝固酶均为金黄色葡萄球菌细胞表面化合物）。在约 1min 内观察，如金黄色葡萄球菌存在，则发生凝集反应。

（四）DNA 探针技术

法国生物梅里埃公司的 GEN-PROBE 系统，采用杂交保护分析（HPA）法研制成金黄色葡萄球菌检验和鉴定试剂盒，用于检测食品中的金黄色葡萄球菌。

原理：利用 HPA（杂交保护分析）技术进行杂交。检测菌的细胞经溶解后，释放出目标 rRNA，目标 rRNA 在 60℃与标记物（acridinium ester，AE）探针杂交，形成有标记物的杂种 DNA。在选择性试剂的作用下，游离探针的化学发光标记物溶化，杂种 DNA 的化学发光标记物受到保护。加入检测试剂（H_2O_2/OH^-），化学发光分子被氧化/水化发出强光。用发光计量仪检测光强度。

五、李斯特氏菌快速检测方法

李斯特氏菌，特别是单核细胞增生李斯特氏菌是一种人畜致病菌，可引起人和动物脑膜炎、败血症及孕妇流产等疾病，且死亡率极高，可达 30%～70%。该菌在自然界中广泛存在，肉、奶、蛋、水产品和蔬菜等均有不同程度的污染。该菌在 4℃冰箱保存的食物中也可繁殖生长，使其危害性增加。最初用于李斯特氏菌检验的方法为冷增菌法，此法培养物在 4℃培养 30 天，有时甚至长达一年。现在采用的常规方法为常温培养方法，这些方法大部分需要将样品在增菌液中分别培养 24h 至 7 天，故需要 7～11 天才能分离鉴定出李斯特氏菌。自 1985 年以来单克隆抗体、DNA 探针和 PCR 等技术用于此菌的检验上已经取得了突破性的进展。

（一）李斯特氏菌鉴别培养基和显色培养基

科玛嘉的"单增李斯特氏菌显色培养基"培养后的单增李斯特氏菌为蓝色菌落，菌落周围有一晕环。另外同类产品还有牛津李斯特氏菌选择性琼脂、PALCAN 选择性琼脂平板，这两种平板都具有强选择性，且平板上的菌落特征明显易于识别。

（二）免疫学检测方法

1. 聚合酶免疫检测方法（EIA）

用酶免疫方法检测食品中的李斯特氏菌，从 20 世纪 80 年代末到 90 年代初已有许多商品化产品供应于市场，最常见的有 Assurance Listeria（BioControl）、Listeria VIA（TE-CRA）、Listeria Tek（Organon Teknika）、Clearview Listeria（Unipath Ltd）等。现以 AOAC 996.14《在精选食品中单增李斯特氏菌和相关李斯特氏菌（Assurance-多克隆酶联免疫分析）》作一介绍。该方法可应用于乳制品、禽类产品、水果、坚果、海产品、意大利面制品、蔬菜、奶酪、动物肉类、巧克力和蛋品中的单增李斯特氏菌及其他李斯特氏菌的检测。

原理：Assurance-多克隆酶联免疫分析（EIA），将对单增李斯特氏菌和其他李斯特氏菌抗原有高度特异性的抗体固定在微孔内壁上。经增菌培养后的样品和阳性对照加到检测板的微孔内，如有李斯特氏菌抗原存在，则在微孔内形成抗体-抗原混合物。没有反应的样品物质被冲洗掉。加入抗李斯特氏菌特异抗体，重复孵育、冲洗程序，然后加入碱性磷酸酶接合剂，使酶与李斯特氏菌抗原相结合，孵育后，没有结合的接合剂被冲洗掉，加入底物显色，用 405～410nm 的光学测量仪读数，计算临界值。可疑阳性结果须经培养方法证实。

2. 自动酶联荧光免疫检测系统（VIDAS）分析方法

VIDAS 检测系统也可用于李斯特氏菌（VIDAS LIS）和单增李斯特氏菌（VIDAS LMO）的初筛检测。VIDAS LIS 是对李斯特氏菌属全部种的筛检，而 VIDAS LMO 则是对李斯特氏菌属中的主要致病菌——单增李斯特氏菌的筛检。VIDAS LIS 已通过 AOAC 认可，VIDAS LMO 则通过"法国标准化协会（AFNOR）"的批准（编号：BIO12/3-03/96）。下面介绍一下 VIDA SLIS 的方法。

AOAC 公定方法 999.06《食品中的李斯特氏菌酶联免疫分析 VIDAS LIS 初筛方法》用于奶制品、蔬菜、海产品、未加工的肉类和家禽、加工的肉类和家禽的李斯特氏菌的初筛。

阳性结果必须按标准培养方法证实。

原理：李斯特氏菌的抗原鉴别是基于在 VIDAS 仪器内进行的酶联荧光免疫分析。像吸液管的装置是固相容器（SPR），在分析中既作为固相也作为吸液器。SPR 包被有高特异的李斯特氏菌抗体。分析用试剂均密封于试剂条内。分析的每一步都是自动执行的。煮沸一定量的增菌肉汤加入试剂条，肉汤中的混合物在特定时间内循环于 SPR 内外。如果有李斯特氏菌抗原存在则与包被在 SPR 内的单克隆抗体结合，其他没有结合上的化合物被冲洗掉。结合有碱性磷酸酶的抗体在 SPR 内外循环，与结合在 SPR 内壁上的李斯特氏菌抗原结合，最后的冲洗步骤将没有结合的接合剂冲洗掉。底物 4-甲基伞形磷酸酮被 SPR 壁上的酶转换成荧光产物 4-甲基伞形酮。荧光强度由光学扫描器测定。实验结果由计算机自动分析，产生基于荧光测试的试验值与标准相比较后打印出每一个受试样品的阳性或阴性结果报告。

（三）分子生物学方法

分子生物学方法既可用作初筛，也可同时作为确认方法。通常用这一类方法检测的结果，就可以直接出具检测报告，只在有必要时再用常规方法分离、鉴定。

第三节　食品加工、贮藏过程中产生的有毒、有害物质的测定

烟熏、油炸、焙烤、腌制等贮藏及加工技术，在改善食品的外观和质地、增加风味、延长保存期、钝化有毒物质（如酶抑制剂、红细胞凝集素）、提高食品的可利用度等方面发挥了很大作用。但随之也产生了一些有毒有害物质，如 N-亚硝基化合物、多环芳烃和杂环胺等，相应的食品存在着严重的安全性问题，对人体健康可产生很大的危害。例如，在习惯吃熏鱼的冰岛、芬兰和挪威等国家，胃癌的发病率非常高。我国胃癌和食管癌高发区的居民也有喜食烟熏肉和腌制蔬菜的习惯。美拉德反应和亚硝基化反应等在毒素和致癌物质形成过程中起着十分重要的作用。

一、N-亚硝基化合物的检测方法

N-亚硝基化合物是一种很强的致癌物质。目前尚未发现哪一种动物能耐受 N-亚硝基化合物的攻击而不致癌的。目前，在已经检测的 300 种亚硝胺类化合物中，已证实有 90% 至少可诱导一种动物致癌，其中乙基亚硝胺、二乙基亚硝胺和二甲基亚硝胺至少对 20 种动物具有致癌活性。目前，一般采用气相色谱-热能分析仪法和气相色谱-质谱联用法对 N-亚硝基化合物进行检测，具体方法如下。

1. 气相色谱-热能分析仪法

（1）原理　样品中 N-亚硝胺经硅藻土吸附或真空低温蒸馏，用二氯甲烷提取、分离，气相色谱-热能分析仪（GC-TEA）测定。其原理如下：自气相色谱仪分离后的亚硝胺在热解室中经特异性催化裂解产生 NO 基团，后者与臭氧反应生成激发态 NO^*。当激发态 NO^* 返回基态时发射出近红外区光线（600~280nm），产生的近红外线被光电倍增管检测（600~800nm），由于特异性催化裂解与冷阱或 CTR 过滤器除去杂质，使热能分析仪仅能检测 NO 基团，而成为亚硝胺特异性检测器。

（2）测定方法

① 提取

a. 在双颈蒸馏瓶中加入 50.00g 预先脱二氧化碳的样品和玻璃珠、4mL 1mol/L 氢氧化钠溶液，混匀后连接好蒸馏装置。在 53.3kPa 真空低温蒸馏，待样品剩余 10mL 左右时，把真空度调节到 93.3kPa，直至样品蒸至近干为止。

b. 把蒸馏液移入 250mL 分液漏斗中，加 4mL 0.1mol/L 盐酸，用 20mL 二氯甲烷提取三次，每次 3min，合并提取液。用 10g 无水硫酸钠脱水。

② 浓缩　将二氯甲烷提取液移至 K-D 浓缩器中，于 55℃ 水浴上浓缩至 10mL，再以缓慢的氮气吹至 0.4~1.0mL，备用。

③ 测定条件

a. 气相色谱条件。

色谱柱：内径 2~3mm、长 2~3m 的玻璃柱或不锈钢柱，内装涂以固定液 10%（质量）聚乙二醇 20M（PEG20M）和 10g/L 氢氧化钾的固定相。

温度：柱温 175℃，或从 75℃ 以 5℃/min 速度升至 175℃ 后维持；汽化室为 220℃。

载气：氩气流速 20~40mL/min。

b. 热能分析仪条件。接口温度为 250℃，热解室温度为 500℃，真空度为 133~266Pa，冷阱，用液氮调至 -150℃。

④ 测定　分别注入样品浓缩液和 N-亚硝胺标准工作液 5~10μL，通过保留时间定性，峰高或面积定量。

（3）计算

$$N\text{-亚硝基二甲胺含量}(\mu g/kg) = \frac{h_1 V_2 c V}{h_2 V_1 m}$$

式中　h_1——样品浓缩液中 N-亚硝基二甲胺的峰高（mm）或峰面积；

h_2——标准工作液中 N-亚硝基二甲胺的峰高（mm）或峰面积；

c——样品浓缩液的进样浓度，mol/L；

V_1——样品浓缩液的进样体积，μL；

V_2——标准工作液的进样体积，μL；

V——样品浓缩液的浓缩体积，μL；

m——样品的质量，g。

2. 气相色谱-质谱联用法

（1）原理　样品中的 N-亚硝基胺类化合物经水蒸气蒸馏和有机溶剂萃取后，浓缩至一定量，采用气相色谱-质谱联用仪的高分辨峰匹配法进行确认和定量。

（2）测定方法

① 水蒸气蒸馏　称取 200g 切碎（或绞碎、粉碎）后的样品，置于水蒸气蒸馏装置的蒸馏瓶中（液体样品直接量取 200mL），加入 100mL 水（液体样品不加水），摇匀。在蒸馏瓶中加入 120g 氯化钾，充分摇动，使氯化钠溶解。将蒸馏瓶与水蒸气发生器及冷凝器接好，并在锥形接收瓶中加入 40mL 的二氯甲烷及少量冰块，收集 400mL 馏出液。

② 萃取纯化　在锥形接收瓶中加入 80g 氯化钠和 3mL 的硫酸（1:3，体积比），搅拌使氯化钠完全溶解。然后转移到 500mL 分液漏斗中，振荡 5min，静置分层，将二氯甲烷层分至另一锥形瓶中，再用 120mL 二氯甲烷分三次提取水层，合并四次提取液，总体积为 160mL。

③ 浓缩　将有机层用 10g 无水硫酸钠脱水后，转移至 K-D 浓缩器中，加入一粒火砖颗

粒，于50℃水浴上浓缩至1mL。备用。

④ 气相色谱-质谱联用测定条件

a. 色谱条件。

汽化室温度：190℃。

色谱柱温度：N-亚硝基二甲胺、N-亚硝基二乙胺、N-亚硝基二丙胺、N-亚硝基吡咯烷分别为130℃、145℃、130℃、160℃。

色谱柱：内径1.8～3.0mm、长2m的玻璃柱，内装涂以15%（质量）PEG20M固定液和氢氧化钾溶液（10g/L）的80～100目Chromosorb WAW-DMCS。

载气：氦气，流速为40mL/min。

b. 质谱仪条件。分辨率≥7000，离子化电压为70V，离子化电流为300μA，离子源温度180℃；离子源真空度$1.33×1.0^{-4}$Pa；界面温度180℃。

⑤ 测定 采用电子轰击源高分辨峰匹配法，用全氟煤油（PFK）的碎片离子（它们的质荷比为68.99527、99.9936、130.9920、99.9936）分别监视N-亚硝基二甲胺、N-亚硝基二乙胺、N-亚硝基二丙胺及N-亚硝基吡咯烷的分子、离子（它们的质荷比为74.0480、102.0793、130.1106、100.0636），结合它们的保留时间来定性，以示波器上该分子、离子的峰高来定量。

（3）计算

$$N\text{-亚硝胺化合物含量}(\mu g/kg \text{ 或 } \mu g/L) = h_1 cV/(h_2 m) \times 1000$$

式中　h_1——浓缩液中该N-亚硝胺化合物的峰高，mm；

h_2——标准工作液中该N-亚硝胺化合物的峰高，mm；

c——标准溶液中该N-亚硝胺化合物的浓度，μg/mL；

V——样品浓缩的体积，mL；

m——样品质量（体积），g（mL）。

二、苯并 [a] 芘的检测方法

苯并 [a] 芘对人类和动物来说是一种强的致癌物质，还具有致畸性和遗传毒性。目前，一般采用荧光分光光度法对其含量进行测定。

1. 原理

样品先用有机溶剂提取，或经皂化后提取，再将提取液经液液分配或色谱柱净化，然后在乙酰化滤纸上分离苯并 [a] 芘，因苯并 [a] 芘在紫外线照射下呈蓝紫色荧光斑点，将分离后有苯并 [a] 芘的滤纸部分剪下，用溶剂浸出后，用荧光分光光度计测荧光强度，与标准比较定量。

2. 测定方法

（1）样品提取　称取50.0～60.0g切碎混匀的样品，再用无水硫酸钠搅拌（样品与无水硫酸钠的比例为1:1或1:2，如水分过多则需在60℃左右先将样品烘干），装入滤纸筒内，然后将脂肪提取器接好，加入100mL环己烷于90℃水浴上回流提取6～8h，然后将提取液倒入250mL分液漏斗中，再用6～8mL环己烷淋洗滤纸筒，洗液合并于250mL分液漏斗中，以环己烷饱和过的二甲基甲酰胺提取三次，每次40mL，振摇1min，合并二甲基甲酰胺提取液，用40mL经二甲基甲酰胺饱和的环己烷提取一次，弃去环己烷层。二甲基甲酰胺合并于预先装有240mL硫酸钠（20μg/mL）溶液的500mL分液漏斗中，混匀，静置数分钟，用环己烷提取二次，每次 100mL，振摇 3min，环己烷提取液合并于第一个 500mL 分液漏斗中。用 40～50℃温水洗涤环己烷提取液二次，每次 100mL，振摇 0.5min，分层后弃去水层液，收集环己烷层，于 50～60℃水浴上减压浓缩至 40mL。加适量无水硫酸钠脱水，备用。

（2）净化

① 于色谱柱下端填入少许玻璃棉，先装入 5～6cm 的氧化铝，轻轻敲管壁使氧化铝层填实、无空隙，再同样装入 5～6cm 的硅镁型吸附剂，上面再装入 5～6cm 无水硫酸钠，用 30mL 环己烷淋洗装好的色谱柱，待环己烷液面流下至无水硫酸钠层时关闭活塞。

② 将样品提取液倒入色谱柱中，打开活塞，调节流速为 1mL/min，必要时可用适当方法加压，待环己烷液面下降至无水硫酸钠层时，用 30mL 苯洗脱，此时应在紫外线下观察，以蓝紫色荧光物质完全从氧化铝层洗下为止。如 30mL 苯不足时，可适当增加苯量。收集苯液于 50～60℃水浴上减压浓缩至 0.1～0.5mL。

（3）分离　在乙酰化滤纸条上的一端 5cm 处，用铅笔画一横线为起始线，吸取一定量净化后的浓缩液，点于滤纸条上，用电吹风从纸条背面吹冷风，使溶剂挥散，同时点 20μg/mL 苯并 [a] 芘的标准溶液，点样时斑点的直径不超过 3mm。展开槽内盛有展开剂，滤纸条下端浸入展开剂约 1cm，待溶剂前沿至约 20cm 时取出阴干。在 365nm 或 254nm 紫外线灯下观察展开后的滤纸条，用铅笔画出标准苯并 [a] 芘及与其同一位置的样品的蓝紫色斑点，剪下此斑点分别放入比色管中，各加 4mL 苯，加盖，放入 50～60℃水浴中不时振荡，浸泡 15min。

（4）测定　将样品及标准斑点的苯浸出液倒入石英杯中，以 365nm 为激发光波长，以 365～460nm 波长进行荧光扫描，所得荧光光谱与标准苯并 [a] 芘的荧光谱比较定性。同时做试剂空白。分别读取样品、标准及试剂空白于波长 406nm、（406＋5）nm、（406－5）nm 处的荧光强度，按下式计算样品中苯并 [a] 芘的含量。

$$苯并[a]芘含量（\mu g/kg）= m_1 V_2 \times (F_1 - F_2) \times 1000/(m_2 V_1 F)$$
$$F = F_{406} - (F_{401} + F_{411})/2$$

式中　F——标准的斑点浸出液荧光强度，mm；

F_1——样品斑点浸出液荧光强度，mm；

F_2——试剂空白浸出液荧光强度，mm；

m_1——苯并 [a] 芘标准斑点的质量，g；

m_2——样品质量，g；

V_1——样品浓缩体积，mL；

V_2——点样体积，mL。

三、杂环胺的检测方法

20 世纪 70 年代末，人们发现从烤鱼或烤牛肉炭化表层中提取的化合物具有致突变性。而且其致突变活性比苯并 [a] 芘强烈。随后在鱼和肉制品以及其他含氨基酸和蛋白质的食品中也发现类似的致突变性物质。因为杂环胺类具有较强的致突变性，而且大多数已被证明可诱发实验动物多种组织肿瘤，所以，它对食品的污染以致对人类健康的危害，已经备受关注。食品中杂环胺的结构鉴定主要依靠质谱和核磁共振法。随着大多数杂环胺结构被确定，杂环胺标准物和稳定同位素标记的类似物质也被制备出来，许多实用的定量分析方法相继建立。这些方法的特点是特异性强、灵敏度高，但需要复杂而昂贵的仪器，一般的实验室难以进行。

在这些检测方法中比较实用的是固相萃取-HPLC方法。该方法一次进样可以同时分析10种杂环胺。UV检测器的检出限为1.0ng/g，荧光检测器为<1.0ng/g。由于食品种类多，成分复杂，杂环胺的含量又很低（ng/g），因此，食品样品的制备和纯化是分析检测的最关键步骤。以固相萃取-HPLC法测定牛肉中杂环胺含量的实验方法简述如下。

1. 样品处理

(1) 取样　称取样品0.5g，用NaOH的甲醇溶液（1mol/L NaOH 0.7mL＋甲醇0.3mL）1mL提取，离心，取上清液上LiChrolutEN的固相萃取柱（固相萃取柱用0.1mol/L NaOH 3mL预平衡）。

(2) 洗脱

① 用甲醇：NaOH（55：45，体积比）3mL溶液洗脱，除去亲水性杂质。

② 用己烷0.7mL洗脱两次。

③ 用乙醇：己烷（20：80，体积比）0.7mL。洗脱两次，除去疏水性杂质。

④ 用甲醇：NaOH（55：45，体积比）3mL洗脱。

⑤ 再用己烷0.7mL洗脱两次。

⑥ 最后用乙醇：二氯甲烷（10：90，体积比）0.5mL洗脱三次。

(3) 浓缩　洗脱液浓缩至近干，用三乙胺（磷酸调节pH值为3）：乙腈（50：50，体积比）100μL定容。

2. 色谱条件

色谱柱：反相苯基柱（Zorbax SBPhenyl，5μm，4.6mm×250mm）或反相C_{18}柱（LiChro-spher-C_{18}，5μm，4mm×125mm）。

流动相：0.01mol/L三乙胺（磷酸调节pH值为3）：乙腈，梯度洗脱，在30min内梯度由95：5至65：35（若为C_{18}柱，在20min内梯度由95：5至70：30）。

检测器：采用HPLC二极管阵列检测器检测。扫描波长为220～400nm，检测波长为265nm，检测温度为室温。

本方法以肉提取液为基质，变异系数为3%～5%，极性杂环胺IQ、MeIQ、MeIQx、IQx的回收率为62%～95%，检测限为3ng/g；非极性杂环胺PhIP、MeAaC的回收率为79%，检测限为9ng/g。

四、油脂氧化及加热产物

油脂中的不饱和脂肪酸在酯解酶和氧气的作用下，能发生自由基连锁反应，产生各类氢过氧化物和过氧化物，继而进一步分解，产生低分子的醛、酮类物质，如4-过氧化氢链烯等，使油脂的气味、口味劣变，产生酸败。在分解过氧化物的同时，也可能聚合生成大分子的二聚物、多聚物。据报道，深度氧化的油脂可分解出一百多种挥发性物质。油脂在200℃以上高温、长时间加热，易引起热氧化、热聚合、热分解和水解等多种反应，产生的有害物质有油脂分解物、聚合物、环状化合物等。

1. 酸价的测定

酸价是指中和1g油脂所含游离脂肪酸时所需氢氧化钾的质量（mg）。同一种植物油的酸价高，表明油脂因水解而产生更多的游离脂肪酸。

(1) 原理　油脂中的游离脂肪酸与氢氧化钾发生中和反应，从氢氧化钾标准溶液消耗量可计算出游离脂肪酸的量。

(2) 操作方法 精密称取 3～5g 样品，置于锥形瓶中，加入 50mL 中性乙醚-乙醇混合液，振摇使油溶解，必要时可置热水中，温热促其溶解。冷至室温，加入酚酞指示液 2～3 滴，以 0.1000mol/L 氢氧化钾标准溶液滴定，至出现微红色，且 0.5min 内不褪色为终点。

(3) 计算

$$酸价 = Vc \times 56.11/m$$

式中　V——样品消耗氢氧化钾标准溶液体积，mL；

　　　c——氢氧化钾标准溶液浓度，mol/L；

　　　m——样品质量，g；

　56.11——1mol/L 氢氧化钾溶液 1mL 相当于氢氧化钾的质量，mg。

2. 过氧化值的测定

(1) 原理 油脂氧化过程中产生过氧化物，当与碘化钾反应时析出碘。用硫代硫酸钠标准溶液滴定，可计算过氧化值。

(2) 测定方法 精密称取 2～3g 混匀（必要时过滤）的样品，置于 250mL 碘量瓶中，加 30mL 三氯甲烷-冰醋酸混合液，使样品完全溶解。加入 1.00mL 饱和碘化钾溶液，紧密塞好瓶盖，并轻轻振摇 0.5min，然后在暗处放置 3min。取出加 100mL 水，摇匀，立即用 0.002mol/L 硫代硫酸钠标准溶液滴定，至淡黄色时，加 1mL 淀粉指示液，继续滴定至蓝色消失为终点。取相同量三氯甲烷-冰醋酸溶液、碘化钾溶液、水，按同一方法，做试剂空白试验。

(3) 计算

$$过氧化值 = c \times (V_1 - V_2) \times 0.1269/m \times 100\%$$

式中　V_1——试剂空白消耗硫代硫酸钠标准溶液的体积，mL；

　　　V_2——样品消耗硫代硫酸钠标准溶液的体积，mL；

　　　c——硫代硫酸钠标准溶液的浓度，moL/L；

　　　m——样品质量，g；

　0.1269——1mol/L 硫代硫酸钠标准溶液 1mL 相当于碘的质量，g。

3. 皂化价的测定

(1) 原理 皂化价是指中和 1g 油脂中所含全部游离脂肪酸和结合脂肪酸（甘油酯）所需氢氧化钾的质量（mg）。油脂与氢氧化钾乙醇液共热时，发生皂化反应，剩余的碱可用标准酸滴定，从而可计算出中和油脂所需要的氢氧化钾质量（mg）。

(2) 试剂 0.5mol/L 氢氧化钾乙醇溶液：称取氢氧化钾 30g，溶于 95％乙醇并定容至 1L，摇匀，静置 24h，倾出上清液，贮于玻璃瓶中。

(3) 测定 称取油样约 2.0g，加入 0.5mol/L 氢氧化钾乙醇液 25mL，在水浴上回流加热 30min，不时摇动。取下冷凝管，加入中性乙醇 10mL、1％酚酞 0.5mL，用 0.5mol/L 盐酸标准液滴定至红色消失。在同一条件下做空白试验。

(4) 计算

$$皂化价 = c \times (V_1 - V_2) \times 56.1/m$$

式中　c——盐酸标准溶液的浓度，mol/L；

　　　V_1——空白滴定消耗盐酸标准液量，mL；

　　　V_2——样品滴定消耗盐酸标准液量，mL；

m——样品质量，g；

56.1——1mol/L 盐酸溶液 1mL 相当于氢氧化钾的质量，mg。

一般植物油的皂化价如下：棉子油 189～198，花生油 188～195，大豆油 190～195，菜子油 170～180，芝麻油 188～195，葵花籽油 188～194，茶子油 188～196。

4. 碘价的测定

(1) 原理 碘价是 100g 油脂所吸收的氯化碘或溴化碘换算成碘的质量 (g)。碘价的高低表示油脂的不饱和程度的大小。在溴化碘的酸性溶液中，溴化碘与不饱和脂肪酸起加成反应，游离的碘可用硫代硫酸钠溶液滴定，从而计算出被油脂吸收的溴化碘的质量 (g)。

(2) 试剂 溴化碘乙酸溶液：溶解 13.2g 碘于 1000mL 冰乙酸中，冷却至 25℃ 时，吸取 20mL 此溶液，用 0.05mol/L 硫代硫酸钠溶液测定其含碘量。按 126.19g 碘相当于 79.92g 溴，溴的密度约 3.1g/cm³，计算溴的加入量。加入溴后再用 0.05mol/L 硫代硫酸钠溶液滴定，并校正溴的加入量，使加溴后的滴定体积 (mL) 刚好为加溴前的 2 倍。

(3) 测定 准确称取油样 0.1～0.25g，置于干燥碘量瓶中，加入 10mL 氯仿溶解。准确加入溴化碘乙酸溶液 25mL，加塞，于暗处放置 30min（碘价高于 130 者放置 60min），不时振摇。然后加入 15％ 碘化钾溶液 20mL、100mL 新煮沸后冷却的蒸馏水，将瓶口塞严，用力振摇。然后用 0.01mol/L 硫代硫酸钠标准溶液滴至淡黄色时，加入 1％ 淀粉液 1mL，继续滴定至蓝色消失为终点（近终点时，用力振摇，使溶于氯仿的碘析出）。在相同条件下，做空白试验。

(4) 计算

$$碘价 = c \times (V_1 - V_2) \times 0.1269/m \times 100\%$$

式中　c——硫代硫酸钠标准溶液的浓度，mol/L；

　　　V_1——空白滴定时硫代硫酸钠标准液的用量，mL；

　　　V_2——样品滴定时硫代硫酸钠标准液的用量，mL；

　　　m——样品的质量，g；

　　0.1269——碘的毫摩尔质量。

5. 氧化值的测定

(1) 原理 在酸性介质中，用过量高锰酸钾标准溶液氧化蒸馏物中酸败的油脂分解物，剩余的高锰酸钾用过量草酸还原，最后再用高锰酸钾标准溶液回滴剩余的草酸，从而计算出酸败油脂分解物氧化时所需氧的质量 (mg)。油脂氧化值的大小可说明其新鲜与否及酸败的程度。

(2) 测定 称取 25.0g 油样，置于 500mL 烧瓶内，加入沸石防止暴沸，加入 125mL 温热蒸馏水，混匀。加热蒸馏，并使在 10min 内馏出 100mL 馏出物，取出 10mL 馏出液置于磨口烧瓶内，加水 10mL、20％硫酸 10mL 和 0.004mol/L 高锰酸钾标准液 50mL，混合，加热煮沸 5min，取下，趁热加 0.004mol/L 草酸标准溶液 50mL，用 0.004mol/L 高锰酸钾标准溶液滴定至紫红色于 0.5min 内不消失为终点。同时取 50mL 草酸标准溶液做空白试验。

(3) 计算

$$氧化值 = c \times (V_1 - V_2) \times 8 \times 10/m$$

式中　c——高锰酸钾标准溶液的浓度，moL/L；

　　　V_1——样品消耗高锰酸钾标准溶液的总量，mL；

　　　V_2——空白消耗高锰酸钾标准溶液的总量，mL；

m——油样质量，g；

8——0.004mol/L 高锰酸钾标准溶液 1mL 相当于 8mg 氧。

五、三聚氰胺的检测方法

三聚氰胺是一种三嗪类含氮杂环有机化合物，被用作化工原料，对身体有害，不可用于食品加工或食品添加物。目前，参照 GB/T 22388—2008，原料乳、乳制品以及含乳制品中三聚氰胺三种测定方法，即高效液相色谱法（HPLC）、液相色谱-质谱/质谱法（LC-MS/MS）和气相色谱质谱联用法（GC-MS）。

(一) 高效液相色谱法

1. 原理

试样用三氯乙酸溶液-乙腈提取，经阳离子交换固相萃取柱净化后，用高效液相色谱测定，外标法定量。

2. 测定方法

(1) 样品处理

① 提取

a. 液态奶、奶粉、酸奶、冰淇淋和奶糖等　称取 2g（精确至 0.01g）试样于 50mL 具塞塑料离心管中，加入 15mL 三氯乙酸溶液和 5mL 乙腈，超声提取 10min，再振荡提取 10min 后，以不低于 4000r/min 离心 10min。上清液经三氯乙酸溶液润湿的滤纸过滤后，用三氯乙酸溶液定容至 25mL，移取 5mL 滤液，加入 5mL 水混匀后做待净化液。

b. 奶酪、奶油和巧克力等　称取 2g（精确至 0.01g）试样于研钵中，加入适量海砂（试样质量的 4～6 倍）研磨成干粉状，转移至 50mL 具塞塑料离心管中，用 15mL 三氯乙酸溶液分数次清洗研钵，清洗液转入离心管中，再往离心管中加入 5mL 乙腈，余下操作同 a. 中"超声提取 10min，……，加入 5mL 水混匀后做待净化液"。

注：若样品中脂肪含量较高，可以用三氯乙酸溶液饱和的正己烷液液分配除脂后再用 SPE 柱净化。

② 净化　将①中的待净化液转移至固相萃取柱中。依次用 3mL 水和 3mL 甲醇洗涤，抽至近干后，用 6mL 氨化甲醇溶液洗脱。整个固相萃取过程流速不超过 1mL/min。洗脱液于 50℃ 下用氮气吹干，残留物（相当于 0.4g 样品）用 1mL 流动相定容，涡旋混合 1min，过微孔滤膜后，供 HPLC 测定。

(2) 高效液相色谱测定　HPLC 参考条件如下：

a) 色谱柱：C_8 柱，250mm×4.6mm［内径（i.d.）］，5μm 或相当者。

C_{18} 柱，250mm×4.6mm［内径（i.d.）］，5μm 或相当者。

b) 流动相：C_8 柱，离子对试剂缓冲液-乙腈（85+15，体积比），混匀。

C_{18} 柱，离子对试剂缓冲液-乙腈（90+10，体积比），混匀。

c) 流速：1.0mL/min。

d) 柱温：40℃。

e) 波长：240nm。

f) 进样量：20μL

(3) 标准曲线的绘制　用流动相将三聚氰胺标准储备液逐级稀释得到浓度为 0.8μg/

mL、2μg/mL、20μg/mL、40μg/mL、80μg/mL 的标准工作液，浓度由低到高进样检测，以峰面积-浓度作图，得到标准曲线回归方程。

（4）定量测定 待测样液中三聚氰胺的响应值应在标准曲线线性范围内，超过线性范围则应稀释后再进样分析。

（5）结果计算 试样中三聚氰胺的含量由色谱数据处理软件或按下式计算获得：

$$X = \frac{A \times C \times V \times 1000}{A_s \times m \times 1000} \times f$$

式中　X——试样中三聚氰胺的含量，mg/kg；

A——样液中三聚氰胺的峰面积；

C——标准溶液中三聚氰胺的浓度，μg/mL；

V——样液最终定容体积，mL；

A_s——标准溶液中三聚氰胺的峰面积；

m——试样的质量，g；

f——稀释倍数。

3. 空白实验

除不称取样品外，均按上述测定条件和步骤进行。

4. 方法定量限

本方法的定量限为 2mg/kg。

5. 回收率

在添加浓度 2～10mg/kg 范围内，回收率在 80%～110% 之间，相对标准偏差小于 10%。

6. 允许差

在重复性条件下获得的两次独立测定结果的绝对差值不得超过算术平均值的 10%。

（二）液相色谱-质谱/质谱法

1. 原理

试样用三氯乙酸溶液提取，经阳离子交换固相萃取柱净化后，用液相色谱-质谱/质谱法测定和确证，外标法定量。

2. 测定方法

（1）样品处理

① 提取

a. 液态奶、奶粉、酸奶、冰淇淋和奶糖等　称取 1g（精确至 0.01g）试样于 50mL 具塞塑料离心管中，加入 8mL 三氯乙酸溶液和 2mL 乙腈，超声提取 10min，再振荡提取 10min 后，以不低于 4000r/min 离心 10min。清液经三氯乙酸溶液润湿的滤纸过滤后，做待净化液。

b. 奶酪、奶油和巧克力等　称取 1g（精确至 0.01g）试样于研钵中，加入适量海砂（试样质量的 4～6 倍）研磨成干粉状，转移至 50mL 具塞塑料离心管中，加入 8mL 三氯乙酸溶液分数次清洗研钵，清洗液转入离心管中，再加入 2mL 乙腈，余下操作同 a. 中"超声提取 10min，……，做待净化液"。

注：若样品中脂肪含量较高，可以用三氟乙酸溶液饱和的正己烷液液分配除脂后再用 SPE 柱净化。

②净化　将①中的待净化液转移至固相萃取柱中。依次用 3mL 水和 3mL 甲醇洗涤，抽至近干后，用 6mL 氨化甲醇溶液洗脱。整个固相萃取过程流速不超过 1mL/min。洗脱液于 50℃下用氮气吹干，残留物（相当于 1g 试样）用 1mL 流动相定容，涡旋混合 1min，过微孔滤膜后，供 LC-MS/MS 测定。

（2）液相色谱-质谱/质谱测定

① LC 参考条件

a）色谱柱：强阳离子交换反相 C_{18} 混合填料，混合比例（1∶4），150mm×2.0mm［内径（i.d.）］，5μm 或相当者。

b）流动相：等体积的乙酸铵溶液和乙腈充分混合，用乙酸调节至 pH＝3.0 后备用。

c）进样量：10μL。

d）柱温：40℃。

e）流速：0.2mL/min。

② MS/MS 参考条件

a）电离方式：电喷雾电离，正离子。

b）离子喷雾电压：4kV。

c）雾化器：氮气，2.815kgf/cm² （1kgf/cm²＝98.0665kPa）。

d）干燥气：氮气，流速 10L/min，温度 350℃。

e）碰撞器：氮气。

f）分辨率：Q1（单位）Q3（单位）。

g）扫描模式：多反应监测（MRM），母离子 m/z127，定量子离子 m/z85，定性子离子 m/z68。

h）停留时间：0.3s。

i）裂解电压：100V。

j）碰撞能量：m/z127＞85 为 20V，m/z127＞68 为 35V。

（3）标准曲线的绘制　取空白样品按照（1）处理。用所得的样品溶液将三聚氰胺标准储备液逐级稀释得到浓度为 0.01μg/mL、0.05μg/mL、0.1μg/mL、0.2μg/mL、0.5μg/mL 的标准工作液，浓度由低到高进样检测，以定量子离子峰面积-浓度作图，得到标准曲线回归方程。

（4）定量测定　待测样液中三聚氰胺的响应值应在标准曲线线性范围内，超过线性范围则应稀释后再进样分析。

（5）定性判定　按照上述条件测定试样和标准工作溶液，如果试样中的质量色谱峰保留时间与标准工作溶液一致（变化范围在±2.5%之内），样品中目标化合物的两个子离子的相对丰度与浓度相当标准溶液的相对丰度一致，相对丰度偏差不超过表 12-1 的规定，则可判断样品中存在三聚氰胺。

表 12-1　定性离子相对丰度的最大允许偏差

相对离子丰度	＞50%	＞20%至 50%	＞10%至 20%	≤10%
允许的相对偏差	±20%	±25%	±30%	±50%

（6）结果计算　同"高效液相色谱法"。

3. 空白实验

除不称取样品外，均按上述测定条件和步骤进行。

4. 方法定量限

本方法的定量限为 0.01mg/kg。

5. 回收率

在添加浓度 0.01～0.5mg/kg 范围内，回收率在 80％～110％之间，相对标准偏差小于 10％。

6. 允许差

在重复性条件下获得的两次独立测定结果的绝对差值不得超过算术平均值的 15％。

（三）气相色谱-质谱联用法

1. 原理

试样经超声提取、固相萃取净化后，进行硅烷化衍生，衍生产物采用选择离子监测质谱扫描模式（SIM）或多反应监测质谱扫描模式（MRM），用化合物的保留时间和质谱碎片的丰度比定性，外标法定量。

2. 测定方法

（1）样品处理

① 提取

a. 液态奶、奶粉、酸奶、奶糖等　称取 5g（精确至 0.01g）样品于 50mL 具塞比色管中，加入 25mL 三氯乙酸溶液，涡旋振荡 30s，再加入 15mL 三氯乙酸溶液，超声提取 15min，加入 2mL 乙酸铅溶液，用三氯乙酸溶液定容至刻度。充分混匀后，移上层提取液约 30mL 至 50mL 离心管中，以不低于 4000r/min 离心 10min，上清液待净化。

b. 奶酪、奶油和巧克力等　称取 5g（精确至 0.01g）样品于 50mL 具塞比色管中，用 5mL 热水溶解（必要时可适当加热），再加入 20mL 三氯乙酸溶液，涡旋振荡 30s，再加入 15mL 三氯乙酸溶液，超声提取 15min，余下操作同 a。

注：样品中脂肪含量较高，可以先用乙醚脱脂后再用三氯乙酸溶液提取。

② 净化　准确移取 5mL 的待净化滤液至固相萃取柱中。再用 3mL 水、3mL 甲醇淋洗，弃淋洗液，抽近干后用 3mL 氯化甲醇溶液洗脱，收集洗脱液，50℃下氮气吹干。

（2）衍生化　取上述氮气吹干残留物，加入 600μL 的吡啶和 200μL 衍生化试剂，混匀，70℃反应 30min 后，供 GC-MS 法定量检测或确证。

（3）气相色谱-质谱测定　仪器参考条件如下：

a）色谱柱：5％苯基二甲基聚硅氧烷石英毛细管柱，30m×0.25mm ［内径（i. d.）］× 0.25μm，或相当者。

b）流速：1.0mL/min。

c）程序升温：70℃保持 1min，以 10℃/min 的速率升温至 200℃，保持 10min。

d）传输线温度：280℃。

e）进样口温度：250℃。

f）进样方式：不分流进样。

g）进样量：1μL。

h）电离方式：电子轰击电离（EI）。

i）电离能量：70eV。

j）离子源温度：230C。

k）扫描模式：选择离子扫描，定性离子 m/z 99、171、327、342，定量离子 m/z 327。

（4）标准曲线的绘制 准确吸取三聚氰胺标准溶液 0、0.4mL、0.8mL、1.6mL、4mL、8mL、16mL，分别置于 7 个 100mL 容量瓶中，用甲醇稀释至刻度。各取 1mL 用氮气吹干，按照（2）步骤衍生化。配制成衍生化产物浓度分别为 0、0.05μg/mL、0.1μg/mL、0.2μg/mL、0.5μg/mL、1μg/mL、2μg/mL 的标准溶液。反应液供 GC-MS 测定。以标准工作溶液浓度为横坐标、定量离子质量色谱峰面积为纵坐标，绘制标准工作曲线。

（5）定性判定 以标准样品的保留时间和监测离子（m/z 99、171、327 和 342）定性，待测样品中 4 个离子（m/z 99、171、327 和 342）的丰度比与标准品的相同离子丰度比相差不大于 20%。

（6）结果计算 同"高效液相色谱法"。

3. 空白实验

除不称取样品外，均按上述测定条件和步骤进行。

4. 方法定量限

本方法中，气相色谱-质谱法（GC-MS）的定量限为 0.05mg/kg。

5. 回收率

在添加浓度 0.05～2mg/kg 范围内，回收率在 70%～110% 之间，相对标准偏差小于 10%。

6. 允许差

在重复性条件下获得的两次独立结果的绝对差值不得超过算术平均值的 15%。

思 考 题

1. 自然产生的毒素有哪些种类及如何对其进行检测？

2. 真菌毒素的种类有哪些及如何对其进行检测？亲和色谱法和酶联免疫吸附测定法的基本原理是什么？

3. 对食品中有毒微生物有哪些快速筛检方法？并试述其基本原理。

4. 试述食品在加工、贮藏过程中产生哪些有毒、有害物质？试述其检测方法的基本原理。

5. 简述三聚氰胺检测方法种类及其原理。

参 考 文 献

[1] 钟耀广. 食品安全学. 第 2 版. 北京：化学工业出版社，2010.

[2] 杨继涛，季伟. 食品分析及安全检测关键技术研究. 北京：中国原子能出版社，2019.

[3] 李明华. 食品安全概论. 北京：化学工业出版社，2015.

[4] 侯红漫. 食品安全学. 北京：中国轻工业出版社，2014.

［5］　姚文国. 2001 国外转基因产品管理法规汇编. 深圳：深圳出入境检验检疫局，2001.

［6］　Patricia Cunniff. Official Methods of Analysis of AOAC INTERNATIONAL 16th Edition（英文版）. USA～AOAC International. Gaithersburg，MD 1997.

［7］　William Horwitz. Official Methods of Analysis of AOAC INTERNATIONAL 17th Edition（英文版）（部分）. USA～AOAC International. Gaithersburg，MD2000.

［8］　Sehena M. DNA Microarray—A Practical Approach. OXFORD university press，1999.

［9］　GB/T 22388—2008 原料乳与乳制品中三聚氰胺检测方法.

第十三章

食品安全法规与标准

主要内容

1. 食品安全法规的概念。
2. 食品安全标准的概念。
3. 食品安全法规体系。
4. 食品安全标准体系。

第一节 概 述

一、食品安全法规

1. 食品安全法规的概念

食品安全法规是指由国家制定或认可，以保护人民健康和保障食品安全为根本宗旨，加强食品安全监督管理，防止食源性疾病对人体的危害，通过国家强制力保证实施的法律规范的总和。

食品安全法规具有一般法律的属性，同时也具有其特殊性，主要表现在以下几个方面。

① 以保护人民健康和保障食品安全为根本宗旨。保障食品安全则是食品安全法规最主要的和最基本的特征，也是区别于其他法规的根本标志。

② 技术性。技术规范既是食品法规中有关技术鉴定的依据，也是依法制裁的依据，所以食品安全法规具有技术控制和法律控制的双重职能。

③ 综合性。安全法规的调整对象非常广泛，目前中国已初步形成了以《食品安全法》为核心的食品安全法规体系，食品安全法规是诸多法律的合体，也是调节手段多样的法律制度。

④ 引导性。随着社会的进步和经济的发展，促使食品安全法规不断地充实和完善，并且随着社会的发展而越来越显现出其特殊的地位和重要性。

2. 食品安全法规的研究内容

食品安全法规是以食品法律规范为研究对象的，其主要包括以下内容。

① 研究食品安全法规的产生和发展规律，食品安全法规的调整对象、特征、基本内容和法律关系。

② 研究食品安全法规的制定与实施。

③ 研究食品安全法规与相关学科的关系。

④ 研究各种具体的食品安全法律制度。

⑤ 研究如何运用食品安全法律制度来解决现代食品科学发展中的新问题。

随着社会的进步和食品科学技术的发展以及食品安全管理内容的日益丰富，食品安全和人体健康受到了人们广泛的关注和重视，食品安全立法就显得尤为重要，食品安全法规的研究对象也会不断地增加，食品安全法规体系也将得到进一步的完善和发展。

二、食品安全标准

1. 食品安全标准的概念

2009年《中华人民共和国食品安全法》中正式提出了"食品安全标准"的概念。食品安全标准是指为了保证食品无毒、无害，符合应当有的营养要求，对人体健康不造成任何急性、亚急性或者慢性危害而对食品及相关产品中与安全有关的要求作出的规定。《食品安全法》规定了食品安全标准是强制执行的标准，除食品安全标准外，不得制定其他强制性标准。有关产品标准涉及食品安全标准规定内容的，应当与食品安全标准相一致。

食品安全标准以保障公众身体健康为宗旨，是世界各国的科学界、政府部门、食品生产者为保证食品安全、防止食源性疾病发生、控制食品生产经营过程的重要的技术要求参考，是保证食品安全与质量的基本手段。同时，食品安全标准也是规范市场经营行为、提高食品市场竞争力的有力保障，是促进经济发展、推动产业和社会健康发展的有效手段。而且，食品安全标准不仅可以保护本国国民健康，同时是保护本国食品工业在国际贸易中避免遭遇技术性贸易壁垒的重要手段。总之，食品安全标准水平代表了一个国家在食品安全方面的保护水平，体现出一个国家保护本国消费者健康和促进国内、国际食品贸易健康发展的能力。

2. 食品安全标准的制定原则

根据标准发挥作用的范围，食品安全标准分为国家标准、地方标准和企业标准。食品安全国家标准是对需要在全国范围内统一的食品安全技术内容提出的要求，主要由国务院卫生行政部门会同国务院食品药品监督管理部门制定、公布，国务院标准化行政部门提供国家标准编号，应遵循以下原则。

(1) 以科学为基础　食品安全标准是科学研究的产物，在标准制定过程中，必须尊重科学知识和客观规律，保证标准以科学为基础。

(2) 以法律法规为依据　《食品安全法》及其实施条例是制定食品安全标准的基本法律依据。同时，《农产品质量安全法》《标准化法》等相关法律法规也应予以适当考虑。此外，作为WTO成员国，还必须遵行WTO的有关协议和规定。

(3) 以国情为立足　制定食品安全标准的根本目的是保护本国人民健康。因此，在制定食品安全标准时，不能照搬国际标准或他国标准，必须立足于中国的食品安全现状和膳食特点，同时要考虑到中国现阶段的发展国情，综合多方因素而制定。

(4) 以实操性为基准　应考虑实施食品安全管理过程的其他因素，例如食品生产加工、储运的技术水平等，注重标准的可操作性，让其产生应有的社会效益和经济效益。

3. 食品安全标准的内容

① 食品、食品添加剂、食品相关产品中的致病性微生物，农药残留、兽药残留、生物毒素、重金属等污染物质以及其他危害人体健康物质的限量规定；

② 食品添加剂的品种、使用范围、用量；

③ 专供婴幼儿和其他特定人群的主辅食品的营养成分要求；

④ 对与卫生、营养等食品安全要求有关的标签、标志、说明书的要求；

⑤ 食品生产经营过程的卫生要求；

⑥ 与食品安全有关的质量要求；

⑦ 与食品安全有关的食品检验方法与规程；

⑧ 其他需要制定为食品安全标准的内容。

第二节　食品安全法规体系

食品安全法规体系是由所有食品安全法律规范构成的、分门别类而又是有机联系的统一体，构成这个体系的法律规范应该是现行有效的法律规范总和。食品安全法律体系主要由具有内在联系相互协调的食品安全法律体系和农产品质量安全法律体系两大子体系构成，产品质量法律体系、消费者权益保护法律体系、检验检疫法律体系、环境保护法律体系等可作为相关的法律子体系。

食品安全法规基本上是经济法与行政法的交叉，它既有部门经济法的内容，又有部门行政法的内容。农产品质量安全法、检验检疫法等是经济法的组成部分，而食品安全法、环境保护法等的内容又属于行政法的组成，消费者权益保护法是属于民商法的组成部分。

按照食品法律规范的法律效力层级，构成中国食品安全法规体系的规范性文件可分为食品安全法律、食品安全行政法规、食品安全规章和其他规范性文件等层次。

一、食品安全法律

2009 年 2 月 28 日第十一届全国人民代表大会常务委员会第七次会议通过制定、2015 年4 月 24 日第十二届全国人民代表大会常务委员会第十四次会议通过修订的《中华人民共和国食品安全法》，是中国食品法律体系中法律效力层级最高的规范性文件，是制定食品安全法规、规章及其他规范性文件的依据。食品安全的其他相关法律还包括《中华人民共和国农产品质量安全法》《中华人民共和国消费者权益保护法》《中华人民共和国产品质量法》《中华人民共和国标准化法》《中华人民共和国农业法》《中华人民共和国动物防疫法》《中华人民共和国进出口商品检验法》《中华人民共和国进出境动植物检疫法》《中华人民共和国广告法》《中华人民共和国反不正当竞争法》和《中华人民共和国商标法》等。

1. 《中华人民共和国食品安全法》（以下简称《食品安全法》）

《食品安全法》是 2009 年 2 月 28 日第十一届全国人民代表大会常务委员会第七次会议审议通过的。《食品安全法》的立法宗旨是为了保证食品安全，保障公众身体健康和生命安全。2009 年版的《食品安全法》共 10 章 104 条，包括总则、食品安全风险监测和评估、食品安全标准、食品生产经营、食品检验、食品进出口、食品安全事故处置、监督管理、法律责任和附则。

2015 年 4 月 24 日，第十二届全国人民代表大会常务委员会第十四次会议修订通过了《食品安全法》（以下简称新《食品安全法》），自 2015 年 10 月 1 日起施行。新《食品安全法》被评价为"史上最严的食品安全法"，在中国食品安全监管史、中国食品安全法治史上具有里程碑、划时代的意义。新《食品安全法》从落实监管体制改革和政府职能转变成果、强化企业主体责任落实、强化地方政府责任落实、创新监管机制方式、完善食品安全社会共治、严惩重处违法违规行为等方面对现行法律作了与时俱进的修改和补充，体现了运用法治思维和方式解决食品安全问题的理念。

新《食品安全法》包括总则、食品安全风险监测和评估、食品安全标准、食品生产经营、食品检验、食品进出口、食品安全事故处置、监督管理、法律责任和附则 10 章，具体条款由原来的 104 条增加到 154 条，总字数由原来的 1.5 万字增加到 3 万字。

（1）总则 原则规定了食品安全法涉及的一些重大问题。主要包括立法目的、使用范围、食品生产经营者的社会责任、食品安全监管体制、各部门之间的分工协作关系、行业自律、食品安全知识宣传、食品安全科学研究以及组织或个人举报、知情、监督建议权、表彰奖励等内容。

（2）食品安全风险监测和评估 主要包括食品安全风险监测制度的建立、食品安全风险监测计划的制定实施、食品安全风险评估制度的建立和实施、食品安全风险警示制度以及风险交流制度的建立等内容。

（3）食品安全标准 规定了食品安全标准的相关问题，主要包括以下内容。

① 规定了食品安全标准的制定原则，明确了食品安全标准为强制性标准；

② 对食品安全标准应包括的内容提出了具体的要求；

③ 明确了国务院卫生行政部门会同国务院食品药品监督管理部门负责制定和颁布食品安全国家标准，明确规定了食品安全国家标准的制定依据和制定程序；

④ 明确了对现行的各类食品安全标准予以整合，统一为食品安全国家标准；

⑤ 明确了食品安全地方标准的制定机关、制定依据和备案要求；

⑥ 明确了食品安全标准应公布，公众可以免费查阅；

⑦ 规定了食品生产企业食品安全标准的制定要求，国家鼓励食品生产企业制定严于食品安全国家标准的企业标准。

（4）食品生产经营 主要包括以下内容。

① 规定了食品生产经营的一般要求和制度。

② 规定了食品企业在生产经营过程中的要求。

③ 规定了食品和食品添加剂的标签、说明书和警示说明的使用。

④ 规定了保健食品、特殊医学用途配方食品和婴幼儿配方食品等特殊食品的严格监督管理制度。

（5）食品检验 规定了食品检验机构的资质要求、食品检验机构与检验人负责制度、抽检制度、复检制度等。

（6）食品进出口 规定了国家出入境检验检疫部门负责对进出口食品安全实施监督管理、通报食品安全信息、评估和审查境外出口企业等。规定了境外出口商、境外生产企业向中国出口食品时应遵守的注册备案制度、中文标签制度、建立销售记录制度等。

（7）食品安全事故处置 规定了食品安全事故处置制度，主要包括以下五个方面的内容。

① 建立食品安全事故应急预案制度；
② 明确了发生食品安全事故的报告和通报制度；
③ 规定了发生食品安全事故的应急措施；
④ 及时开展食品安全事故的调查；
⑤ 确定了疾病预防控制机构的职责。

（8）监督管理 规定了县级以上地方人民政府组织本级食品药品监督管理、质量监督、农业行政等部门制定本行政区域的食品安全年度监督管理计划，建立风险分级管理制度、建立食品生产经营者食品安全信用档案制度、对食品生产经营者的法定代表人或者主要负责人进行责任约谈制度、举报奖励制度、食品安全信息统一公布制度等。

（9）法律责任 规定了违反食品安全法行为的行政责任、民事责任和刑事责任。

（10）附则 规定了食品安全法的用语含义、食品生产经营许可证的效力、特定食品的安全管理、食品安全监管体制调整和法的实施日期等。

2.《中华人民共和国农产品质量安全法》（以下简称《农产品质量安全法》）

《农产品质量安全法》是 2006 年 4 月 29 日第十届全国人民代表大会常务委员会第二十一次审议通过的，自 2006 年 11 月 1 日起施行。《农产品质量安全法》的立法宗旨是为了保障农产品质量安全，维护公众健康，促进农业和农村经济发展。

《农产品质量安全法》包括总则、农产品质量安全标准、农产品产地、农产品生产、农产品包装和标识、监督检查、法律责任和附则。

（1）总则 原则、概括地规定了《农产品质量安全法》的若干重要问题。主要包括立法目的、调整范围、管理体制、规划和经费、健全服务体系、风险评估制度、信息发布制度、发展优质农产品、科研与推广、宣传引导等。

（2）农产品质量安全标准 主要包括农产品质量安全标准体系的建立，农产品质量安全标准的制定要求、修订要求和组织实施等。

（3）农产品产地 主要包括农产品产地安全管理和基地建设、产地要求、产地保护等。

（4）农产品生产 主要包括生产技术规范和操作规程制定、投入品许可和监督抽查、投入品安全使用制度、科研推广机构职责、生产记录、投入品合理使用、产品自检、中介组织自律与服务等。

（5）农产品包装和标识 主要包括包装标识管理规定、保鲜剂等使用要求、转基因标识、检疫标志与证明和农产品标志等。

（6）监督检查 主要包括禁止销售要求、监测计划与抽查、检验机构管理、复检与赔偿、批发市场和销售企业责任、社会监督、现场检查和行政强制、事故报告、责任追究、进口农产品质量安全要求等。

（7）法律责任 主要包括监管人员责任、监测机构责任、产地污染责任、投入品使用责任、生产记录违法行为处罚、包装标识违法行为处罚、保鲜剂等使用违法行为处罚、农产品销售违法行为处罚、冒用标志行为处罚、行政执法机关、刑事责任和民事责任等。

（8）附则 主要规定了生猪屠宰管理和法的实施日期。

3.《中华人民共和国消费者权益保护法》（以下简称《消费者权益保护法》）

为了保护消费者的合法权益，维护社会经济秩序，促进社会主义市场经济健康发展，国家制定了《消费者权益保护法》。

1993 年 10 月 31 日，第八届全国人民代表大会常务委员会第四次会议通过了《中华人民共和国消费者权益保护法》。2009 年 8 月 27 日，第十一届全国人民代表大会常务委员会第十次会议《关于修改部分法律的决定》对《消费者权益保护法》进行了第一次修正。2013 年 10 月 25 日，第十二届全国人民代表大会常务委员会第五次会议《关于修改〈中华人民共和国消费者权益保护法〉的决定》对《消费者权益保护法》进行了第二次修正。

《消费者权益保护法》包括总则、消费者的权利、经营者的义务、国家对消费者合法权益的保护、消费者组织、争议的解决、法律责任和附则等内容。

(1) 总则　原则概括立法目的、消费者的权益和经营者的义务，以及国家保护消费者的合法权益，鼓励社会监督。

(2) 消费者的权利　消费者的权利是指国家法律规定赋予或确认的公民为生活消费所需而购买、使用商品或者接受服务时享有的权利。

(3) 经营者的义务　消费者权利的实现，离不开经营者的义务的遵守，如果经营者违反了应尽的义务，就必然会侵犯消费者的权利。

(4) 国家对消费者合法权益的保护　包括国家对消费者合法权益的保护和消费者组织对消费者合法权益的保护两方面。

(5) 消费者组织　主要规定了消费者组织应履行的公益性职责，以及不得从事营利性服务等。

(6) 争议的解决　消费者在购买、使用商品时，其合法权益受到损害的，可以向销售者要求赔偿。

(7) 法律责任　违反《消费者权益保护法》的法律责任有民事责任、行政责任和刑事责任 3 种。

(8) 附则　规定了参考本法执行的其他情况，以及施行时间。

二、食品安全行政法规

行政法规分国务院行政法规和地方性行政法规两类，它的法律效力仅次于法律。

国务院行政法规指的是由国务院根据宪法和法律有关食品安全方面的规定而制定的具有法律效力的规范性文件。与食品安全相关的国务院行政法规包括《农业转基因生物安全管理条例》《兽药管理条例》《乳品质量安全监督管理条例》《生猪屠宰管理条例》《中华人民共和国食品安全法实施条例》《饲料和饲料添加剂管理条例》《畜禽规模养殖污染防治条例》等。

地方性行政法规是由各省、自治区、直辖市人民代表大会及其常务委员会在不与宪法、法律相抵触的前提下制定的具有法律效力的规范性法律文件，例如《山西省食品生产加工小作坊和食品摊贩监督管理办法》等。这种法规只在本辖区内有效，并需报全国人民代表大会常务委员会备案，方可生效。

三、食品安全规章

规章包括国务院各行政部门制定的部门规章和地方人民政府制定的规章。

食品安全部门规章是由与食品安全相关的国务院各行政部门根据法律和国务院行政法规而制定的具有法律效力的规范性法律文件，例如由国家食品药品监督管理总局发布的《食品安全抽样检验管理办法》《食品召回管理办法》《食品生产许可管理办法》《食品经营许可管理办法》《食用农产品市场销售质量安全监督管理办法》《保健食品注册与备案管理办法》等；农业部发布的《农业转基因生物安全评价管理办法》《农业转基因生物标识管理办法》《水产养殖质量安全管理规定》《农产品质量安全检测机构考核办法》《农产品质量安全监测管理办法》《饲料质量安全管理规范》《食用菌菌种管理办法》等；国家质量监督检验检疫总局发布的《食品添加剂生产监督管理规定》等；国家卫生和计划生育委员会发布的《餐饮服务食品安全监督管理办法》《食品安全国家标准管理办法》等。

规章也包括由地方人民政府制定的地方性行政规章，例如广州市人民政府制定的《广州市食品安全监督管理办法》等。

四、食品安全其他规范性文件

食品安全法规体系还包括不属于前三种范围的规范性文件。例如国务院或一个或多个行政部门发布的通知，以及地方政府相关行政部门制定的管理办法等。例如国务院发布的《国务院关于加强食品安全工作的决定》、农业部和国家食品药品监督管理总局联合发布的《关于加强食用农产品质量安全监督管理工作的意见》等。这些规范性文件也是食品安全法规体系中重要的组成部分。

第三节　食品安全标准体系

一、国外食品安全标准体系的特点

经济发达国家十分重视食品安全标准体系的建设，综合目前国外的情况，主要有以下几个特点。

1. 体系健全，法律作用强

目前国外对食品安全的控制已从单纯检验、把好最后一道关，发展到监控生产、加工、包装、贮运和销售（从农场到餐桌）的全过程，每一个环节和阶段都有相应的标准来严格控制食品质量与安全，各标准之间也都具有内在的制约和连带关系，形成了完整的食品安全标准体系。此外，不同领域和部门之间都尽量使各自推行的标准不与其他领域和部门发生冲突。

对于食品安全标准的制定与实施一般都尽量赋予法律的内涵和给予法律的保证，使技术要求与法律权威结合起来。如美国的食品安全标准体系就是以联邦和州的法律为基础的。

2. 管理和运作规范

能够充分发挥标准化权威管理机构的职能，积极处理和协调不同的利益集团在标准制定、修订和实施过程中的冲突，并协调和沟通不同管理机构之间的矛盾。

通过标准化权威管理机构对信息的收集和分析，提供科学的指导和法律规定，加强对食品安全的及时而有效的监控和预防。

标准化权威管理机构还通过与各政府职能机构的分工合作，广泛吸收生产者和经营者参与标准的制定，同时也加强了标准化的宣传、教育和培训。

3. 标准的种类多，技术水平高

食品安全标准的种类繁多，涉及种植、果蔬、水产、畜牧等许多行业。标准的规定也较为具体，除了生产、加工、品质、等级、包装、贮运、销售等，还包括食品添加剂和污染物、最大农兽药残留允许量，甚至还有进出口检验和认证以及取样和分析方法等标准规定，具有很强的可操作性。

美国和欧盟各国由于经济和技术水平高，标准较严，指标也高。如欧盟对肉制食品，不但要检验农药残留量，还要检查出口国生产厂家的卫生条件，有的还对生产车间温度、肉制品配方、包装和容器等都做了严格规定。

4. 注重与国际标准接轨

美国和欧盟等地区在食品安全标准制定的开始就注重与国际标准和国外先进标准接轨，并以国际标准化组织（ISO）和食品法典委员会（CAC）的标准为主，从一开始就融入国际标准的行列和适应国际市场的要求。但同时他们又能结合本国和本地的具体情况加以细化，使之符合本国（本地）的实际情况，可操作性强。

二、中国食品安全标准体系的发展演变及现状

中国的食品安全标准最早可追溯到 20 世纪 50 年代，此时称为食品卫生标准，主要形式是以单项标准或管理办法为主，尚未形成体系。1974 年，国家卫生计生委（原卫生部）下属的中国医学科学院卫生研究所负责并组织全国卫生系统制定出了 14 类 54 个食品卫生标准和 12 项卫生管理办法，并于 1978 年 5 月开始在全国执行。1982 年《中华人民共和国食品卫生法（试行）》颁布，国家卫生计生委成立了包括食品卫生标准技术委员会在内的全国卫生标准技术委员会，开始研究制定包括污染物、生物毒素限量标准、食品添加剂使用卫生标准、食品容器及包装材料卫生标准、辐照食品卫生标准、食物中毒标准以及理化和微生物检验方法等在内的食品卫生标准。之后的十多年中，食品卫生标准技术委员会多次进行标准立项工作，并优先对"食品中农药残留""食品中真菌毒素限量""特殊医用食品""食品容器、包装材料用助剂"等中国加入世贸组织后急需的或在监督执法中急需的标准项目开展标准立项工作。2001 年和 2004 年，在国家卫生计生委的领导下，全国卫生标准技术委员会对中国食品卫生标准进行了两次的全面清理整顿，删除了无卫生学意义的指标，提高了标准的覆盖率，增强了食品卫生标准与产品质量标准的对应性，并提高了与国际食品法典委员会的标准的协调一致性。

除了食品卫生标准系列以外，食用农产品质量安全标准、食品质量标准和一些食品的行业标准中也涉及与安全有关的标准内容，初步形成了食品安全标准体系。但是，这些标准分别由中国相应的政府主管部门管理，已形成了独立的体系。因此，多年以来出现了不同部门制定的标准之间不协调，存在交叉甚至矛盾的问题。

三、食品安全国家标准体系框架

建立食品安全标准体系是食品标准化的一项基础性研究工作，其理论依据是系统工程学的系统分析原理。即任何系统工程都可按工程特点或分析目的将其分解成许多分系统，同样又可将每个分系统进一步分解成许多子系统。

中国目前的食品安全国家标准体系主要包括基础标准、产品标准、卫生规范、方法标准等若干个分系统（图 13-1）。

基础标准分系统下又可进一步分解为以下的子系统：①食品中的污染物、农兽药残留、真菌毒素、致病菌以及其他污染物等影响人体健康的物质的允许限量标准，例如 GB 2761《食品安全国家标准 食品中真菌毒素限量》、GB 2762《食品安全国家标准 食品中污染物限量》、GB 2763《食品安全国家标准 食品中农药最大残留限量》、GB 29921《食品安全国

家标准 食品中致病菌限量》等；②食品添加剂、营养强化剂的使用标准，例如 GB 2760《食品安全国家标准 食品添加剂使用标准》、GB 14880《食品安全国家标准 食品营养强化剂使用标准》；③预包装食品标签及营养标签通则等，例如 GB 7718《食品安全国家标准 预包装食品标签通则》、GB 28050《食品安全国家标准 预包装食品营养标签通则》、GB 13432《食品安全国家标准 预包装特殊膳食用食品标签》等。

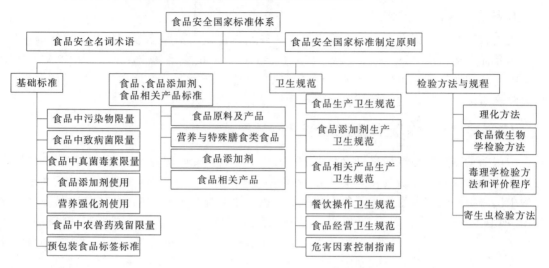

图 13-1　食品安全国家标准体系框架

产品标准分系统下的子系统包括：①针对食品及原料中可能出现的污染因素而制定的安全标准，目前已整合完毕的标准包括乳与乳制品系列标准以及饮料、蜂蜜、速冻面米制品以及鲜、冻动物性水产品等具体食品标准，例如 GB 19301《食品安全国家标准 生乳》、GB 19645《食品安全国家标准 巴氏杀菌乳》、GB 19295《食品安全国家标准 速冻面米制品》、GB 7098《食品安全国家标准 罐头食品》等；②特殊膳食类食品的营养与安全标准，主要包括婴幼儿配方食品、特殊医学用途配方食品等，例如 GB 10765《食品安全国家标准 婴儿配方食品》、GB 25596《食品安全国家标准 特殊医学用途婴儿配方食品通则》、GB 29922《食品安全国家标准 特殊医学用途配方食品通则》等；③食品添加剂及营养强化剂质量及安全标准，例如 GB 1886.1《食品安全国家标准 食品添加剂碳酸钠》、GB 30616《食品安全国家标准 食品用香精》、GB 30604《食品安全国家标准 食品营养强化剂 1,3-二油酸-2-棕榈酸甘油三酯》等；④食品相关产品的质量及安全标准，包括食品接触材料及制品、食品容器等的安全标准，例如 GB 11677《食品安全国家标准 易拉罐内壁水基改性环氧树脂涂料》、GB 9684《食品安全国家标准 不锈钢制品》等。

卫生规范分系统是对食品生产经营企业在生产、经营过程中与安全有关方面进行的规定。子系统主要包括：①食品生产卫生规范，例如 GB 14881《食品安全国家标准 食品生产通用卫生规范》、GB 12693《食品安全国家标准 乳制品良好生产规范》、GB 23790《食品安全国家标准 粉状婴幼儿配方食品良好生产规范》、GB 29923《食品安全国家标准 特殊医学用途配方食品企业良好生产规范》等；②食品添加剂生产卫生规范；③食品相关产品生产卫生规范，例如 GB 31603《食品安全国家标准 食品接触材料及制品生产通用卫生规范》等；④食品经营卫生规范，例如 GB 31621《食品安全国家标准 食品经营过程卫生规范》等；⑤餐饮操作卫生规范；⑥危害因素控制指南等。

方法标准分系统指的是上述标准的配套检验、测定标准，子系统包括：①理化方法，包括食品的成分测定方法标准、食品中有害成分测定方法标准等，例如 GB 5009.88《食品安全国家标准　食品中膳食纤维的测定》、GB 5009.215《食品安全国家标准　食品中有机锡的测定》、GB 5413.33《食品安全国家标准　生乳相对密度的测定》、GB 5413.3《食品安全国家标准　婴幼儿食品和乳品中脂肪的测定》、GB 5009.33《食品安全国家标准　食品中亚硝酸盐与硝酸盐的测定》、GB 29695《食品安全国家标准　水产品中阿维菌素和伊维菌素多残留的测定高效液相色谱法》、GB 5009.17《食品安全国家标准　食品中总汞及有机汞的测定》等；②食品微生物学检验方法标准，例如 GB 4789.2《食品安全国家标准食品微生物学检验菌落总数测定》、GB 4789.10《食品安全国家标准　食品微生物学检验金黄色葡萄球菌检验》等；③毒理学检验方法和评价程序，例如 GB 15193.13《食品安全国家标准　90 天经口毒性试验》、GB 15193.1《食品安全国家标准　食品安全性毒理学评价程序》等；④寄生虫检验方法等。

思 考 题

1. 如何理解食品安全法规的概念？
2. 食品安全法规有什么特征？
3. 食品安全标准都包括哪几部分？
4. 如何理解食品法规体系和食品安全标准体系？

参考文献

[1] 全国人大常委会办公厅．中华人民共和国现行法律文献分类汇编．北京：中国民主法制出版社，2004.
[2] 周才琼．食品标准与法规．北京：中国农业大学出版社，2011.
[3] 王竹天，等．食品安全标准实施与应用．北京：中国质检出版社，中国标准出版社，2015.
[4] GB/T 13016—1991 标准体系表编制原则和要求．
[5] 中华人民共和国食品安全法．
[6] 中华人民共和国农产品质量安全法．

第十四章
食品安全溯源及预警技术

第一节　概　述

一、食品安全溯源

食品安全溯源是指在食品链的各个环节中，食品及其相关信息能够被追踪，或者回溯，从而使食品的整个生产经营活动处于有效监控之中。

食品安全溯源系统是利用食品溯源关键技术标识每一件商品、保存每一个关键环节的管理记录，能够追踪和溯源食品在食品供应链的种植/养殖、生产、销售和消费整个过程中相关信息的系统。它能够连接食品种植/养殖、生产、销售和消费等各个环节，让消费者了解符合卫生的生产和流通过程，提高消费者放心程度的信息管理系统。

二、食品安全预警

食品安全预警是指对食品中有毒、有害物质的扩散与传播进行早期警示和积极防范的过程。

食品安全预警体系是为了达到降低风险、减少损失和避免发生食品安全问题，通过对食品安全问题的监测、追踪、分析和信息预报等一系列的过程建立对食品安全问题预警的功能系统。

第二节　食品安全溯源技术

一、食品安全溯源的基本要素

1. 产品溯源

它是通过溯源确定食品在供应链中的位置或地点，便于后续和注册的管理、实施食品召回及向消费者或利益相关者告知信息。

2. 过程溯源

它是通过溯源确定在作物生长和食品加工过程中影响食品安全的行为活动，包括产品之间的相互作用、环境因子向食品中的迁移以及食品中污染的情况等。

3. 基因溯源

它是通过溯源确定食品的基因构成，包括转基因食品的基因源及类型，以及农作物的品种等。

4. 投入溯源

它是通过溯源确定种植和养殖过程中投入物质的种类及来源，包括配料、化学喷洒剂、灌溉水源、家畜饲料、保存食物所使用的添加剂等。

5. 疾病和害虫溯源

它是通过溯源追溯病害的流行病学资料、生物危害，包括细菌、病菌、污染食品的致病菌以及摄取的其他来自农业生产原料的生物产品。

6. 测定溯源

它是通过溯源检测食品、环境因子、食品生产经营者的健康状况，获取相关信息资料。

二、食品安全溯源关键技术

1. 物种鉴别技术

物种鉴别技术是一项关键技术，它是通过对物种鉴别技术的应用，获得有关物质品种的信息。

2. 自动识别技术

自动识别技术是在计算机技术、光电技术、通信技术与信息技术基础上发展起来的一门新兴技术。自动识别是以数据标准化为基础，建立一个规范的食品分类体系和食品代码体系，实现食品代码体系技术的集成应用。

三、国内外食品安全溯源体系

1. 美国食品安全溯源体系

美国实施了自愿性食品安全溯源制度，制定了食品安全法律及产业标准。2002年美国颁布了《公众健康安全和生物恐怖活动防范与应对法》，规定了对可能造成公众健康风险的食品进行行政扣押；注册国内外食品生产的设施；规定进口食品要预先通报；在食品公司之间建立和保留记录。2004年，美国食品和药品管理局又公布了《联邦安全和农业投资法案》。2011年，美国食品和药品管理局（FDA）建立食品召回官方信息发布的搜索引擎，提高信息披露的及时性和完整性。消费者能够获取2009年以来官方召回食品的详细信息。2011年4月，美国通过了《食品安全现代化法案》，加强了食品安全管理。2013年，美国食品学会发布了"在食品供应系统中提升食品溯源实验项目"报告，对食品安全溯源工作提出了多条改善建议。

2. 日本食品安全溯源体系

日本早在2001年，作为应对疯牛病的重要手段，在政府的推动下，开始在牛肉生产供应体制中实施食品安全溯源体系。2002年6月，日本将食品安全溯源体系推广到猪肉、鸡肉、水产、蔬菜等行业。日本通过建立产品履历跟踪监视制度，要求生产、流通等各部门采用条码技术、无线射频识别技术等电子标签，详细记载产品的各种数据。消费者通过识别终端能够了解产品的所有情况。例如，从大米的电子标签上可以了解到大米的产地、生产者、使用何种农药和化肥，农药的使用次数、浓度、使用日期及收割和加工日期等具体的生产和流通过程。这些数据和更为详细的资料还要在网上公布，以便消费者查阅详细情况。

3. 欧盟食品安全溯源体系

欧盟最先应用食品安全溯源体系，食品安全溯源制度较为完善。2000年欧盟发表了《食品安全白皮书》，明确相关生产经营者的责任，要求对食品供应链进行全程管理。在2000年12月到2002年11月期间，欧盟执行了《水产品追溯》计划。其主要目标是研究水产品的可追溯性，建立水产品追溯体系的标准，即从养殖、捕捞直至消费全程溯源信息的管理标准。2002年，欧盟颁布《通用食品法》。该法提供了所有食品及食品经营者的溯源范围，规定溯源应被建立在生产、加工和分销的所有环节。2004年，欧盟修订了食品卫生条例和动物源性食品特殊卫生条例。2005年，欧盟制定了饲料卫生要求条例。2011年颁布了有关食品和饲料快速预警系统实施措施的法规。2013年颁布法令，对新芽及种子的可溯源性做出规定。

4. 中国食品安全溯源体系

中国食品安全溯源体系始于2001年，制定了一些相关制度和标准。如2001年7月上海市政府颁布了《上海市食用农产品安全监管暂行办法》，提出了在流通环节建立"市场档案可溯源制"。2002年北京市商委制定了食品信息可追踪制度，明确要求食品经营者购进和销售食品要有明细账，即对购进食品按产地、供应商、购进日期和批次建立档案。2005年9月北京市顺义区在北京市率先启动蔬菜分级包装和质量可溯源制。国家质检总局也出台了《出境水产品溯源规程》，中国物品编码中心编制了《牛肉制品溯源指南》，陕西标准化研究院编制了《牛肉质量跟踪与溯源系统实用方案》。近年来，中国构建了商品条码食品安全追溯平台，通过此平台建立了大量的可追溯食品。其基本信息包括全球贸易项目代码、主要图片、全球位置编码、产品中文名称、产品英文名称、商标中文名称、商标英文名称、规格型号、产品分类、产品目标市场、包装形态代码、产品保质期、原产地、上市时间、关键字、产品描述、包装材料等。通过追溯系统可查看产品的厂商信息，包括公司介绍、主营产品或服务、主要经营地点、管理体系认证、经营品牌、企业名称（中文）、企业名称（英文）、注册地址（中文）、注册地址（英文）、注册地址邮编、办公地址（中文）、办公地址（英文）、办公地址邮编、联系人、联系电话、传真、电子邮件地址和企业网站等。中国物品编码中心正积极开展全球数据字典、全球统一产品分类系统研究。同时，中国已开发出一系列的追溯子系统。如在上海建立的"上海超市农产品查询系统"，在北京建立的"牛肉产品跟踪与追溯自动识别技术应用示范系统"，在山东寿光实施的"蔬菜可追溯信息系统"等。

四、中国食品安全溯源体系存在的问题

1. 可溯源信息缺乏监管与认证

中国食品安全溯源体系的运行主要依靠上下游主体间的协作，未设立专业机构对食品溯源体系进行认证，导致溯源信息混乱。

2. 溯源体系实施成本高

完善的食品安全溯源体系运行涉及技术、法律法规、公共信息平台建设、信息采集输入等多个方面，这都导致溯源体系的实施成本过高。

3. 食品企业普遍规模小，影响溯源系统建设

许多中小型企业为了生存降低成本，没有考虑建设食品溯源系统。而且，中国食品的流通方式相对落后，传统的流通渠道，如集贸市场和批发市场还占有相当比例；现代流通渠道，如仓储超市、连锁超市和便利店等还不够普及，影响了食品的可追溯性。

4. 溯源体系的法律法规制度亟待完善

迄今为止，中国尚未形成全国统一的食品安全溯源体系的法律法规，导致溯源信息传递、监管过程中缺乏法律支撑。

5. 溯源信息未能实现资源共享和交换

中国食品溯源系统开发目标和原则不同，系统软件不兼容，溯源的信息不能资源共享和彼此交换，难以实现互相溯源。

6. 生产经营者自律意识不强，对溯源体系需求不一

一些食品生产经营者受文化程度和法律意识的制约，为追求高额利润，忽略食品安全溯源系统建设。

7. 溯源信息缺乏标准规范

目前，在食品生产、加工、流通、销售等环节缺乏统一的标准进行指导和规范，导致食品在溯源时出现不同的信息版本，而一些重要信息却没有覆盖。

五、中国食品安全溯源体系的发展方向

1. 完善食品安全溯源规章制度

中国关于食品质量、卫生等方面的各类标准很多，但关于溯源的标准或法规很少。当食品出现问题时，很难进行质量问题的溯源。中国应参照发达国家相关法规，结合中国的具体情况，完善中国食品安全溯源规章制度。地方立法时，应以《食品安全法》为基础，在不相抵触的前提下，进一步明晰食品安全溯源体系的具体内容。

2. 建立全程覆盖的数据库

建立一个从初级产品到最终消费品，覆盖食品生产各个阶段资料的信息库，有利于控制食品质量，及时、有效地处理质量问题，提高食品安全水平。

3. 在大型超市中率先实现溯源

大型超市具有成熟的食品供应链网络，具备先进的物流信息管理系统，采用信息技术对食品安全工作进行监督在超市具有独特的优势。

4. 建立和完善多级互联互通的可追溯网络

建立国家、省、市、县、企业（包括生产企业、销售企业）、消费者多级共享、互联互通的可追溯网络，一旦出现食品安全问题，就能通过可追溯网络进行追踪，从而保证了食品的安全。

5. 提倡大企业建设食品溯源体系

在食品溯源技术和标准的支撑下，具有产业优势的大企业开始建设食品溯源体系，并逐步扩大到整个食品供应链，从而使食品溯源体系的规模效应进一步提高。

6. 实行强制性食品溯源

疯牛病事件发生以后，许多国家开始实行强制性食品溯源制度。欧盟对成员国所有的食品实行强制性溯源管理，美国也对国内食品企业实施注册管理，要求进口食品必须事先告知。

7. 给予扶持政策

对自愿加入食品安全溯源体系的企业给予扶持政策，引导消费者选用具有食品安全溯源体系的产品。

第三节　食品安全预警技术

一、食品安全预警的分类

根据不同的预警要求和特点，可以将食品安全预警系统分为以下几个类型。

1. 按预警时间尺度分类

(1) 短期预警　指在较短时期内对食品安全进行预警。短期指几天、一周或数周。

(2) 中期预警　指一段时间内对食品安全进行预警。一般来说，中期指几个月或一年，通常不超过三年。

(3) 长期预警　指较长时间内对食品安全进行预警。长期通常是 3～5 年或更长。例如，对粮食安全问题的预警通常为 5 年以上。

2. 按预警空间范围分类

(1) 全球预警　指在全球范围内对食品安全的一个或若干问题进行预警。例如，当禽流感暴发时，在禽流感暴发的国家及其相邻国家进行的预警。

(2) 国家预警　指在一个国家之内进行的食品安全预警。例如，中国在 SARS 疫情暴发期间对疫区的封锁控制、对非疫区的预防警戒。

(3) 省市区域预警　指在国家内部省级范围内进行预警。例如，各地出台的《食品安全突发事件应对预案》就是针对各地的区域预警。

3. 按预警分析方法分类

(1) 指标预警　指选择合适的食品安全评价指标，利用指标信息的变化对食品安全进行预警。例如，对禁用的工业添加剂的预警。

(2) 统计预警　指采用统计分析的方法对食品安全进行预警。例如，按照连续监测的数据，经过统计分析后表达的状况、趋势进行预警。

(3) 模型预警　指建立了相应的数学模型，利用数学模型进行定量计算和分析，并对食品安全状况进行评价，对可能产生的变化进行预测预警。

4. 按预警状况分类

(1) 常规预警　具有经常性的含义，特点是有规律地检测和监测，预警的范围较小。常规预警一般具有经常性的含义，其特点是有规律地检测和监测，预警的范围较少。

(2) 突发性预警　即食品安全出现的危机或警情在某一时间突然出现或爆发。突发性预警具有偶然性而不一定存在必然性，其特点是事发突然、时间短、发展快、解决难度大，若处理不及时，后果不堪设想。

5. 按食物链构成分类

(1) 产地预警　对食品产地进行监控，预防食品原料出现安全问题的预警。

(2) 加工预警　检测加工环节对食品质量的影响，监测食品加工过程中污染的影响。

(3) 运输预警　对运输环节可能造成的污染实施监测预警。

(4) 货架期预警　监测食品货架期环境的预警。

二、国内外食品安全预警体系

1. 美国食品安全预警体系

美国食品安全预警体系的机构主要为食品安全预警信息管理和发布机构、食品安全预警监测和研究机构，他们担负着食品安全预警的职责。前者主要由食品和药品管理局（FDA）、农业部食品安全检验局（FSIS）、疾病控制预防中心（CDC）、环境保护机构（EPA）、美国联邦公民信息中心（FCIC）等组成。

2. 日本食品安全预警系统

食品安全是当今公众关注的焦点之一，保证食品安全是食物保障系统的基本组成部分。2003年，日本制定了《食品安全基本法》，设立了食品安全委员会，对涉及食品安全的事务进行管理。食品安全委员会设16个专家委员会，主要包括："计划编制专家委员会"，职能是实施计划编制；"风险交流专家委员会"，负责风险交流的监测；"突发事件应急专家委员会"，负责紧急事件的应急措施。此外，还有13位专家对各种危害实施风险评估，包括食品添加剂、农药、微生物等，这13位被分为三个评估小组分别负责化学物质、生物材料以及新兴食品。农林水产省设立了"食品安全危机管理小组"，建立内部联络体制，负责应对突发性重大食品安全问题。

3. 欧盟食品安全预警系统

欧盟许多国家都非常重视作为应急管理基础的预警系统，它们的食品安全预警系统主要包括四类：

(1) 预警通报　欧盟成员国在检查出问题并已经采取相关措施后，向欧盟委员会发出通报，然后由委员会向其他成员国发布。

（2）**信息通报**　某一食品被确认存在危害，但因为这类食品没有进入成员国市场，而无需立即采取行动。

（3）**拒绝入境**　针对在欧盟边防站检测出的存在健康危险的食品，这类通报将分发给欧盟所有的边防站。

（4）**新闻通报**　与食品的安全有关，却不属于预警、拒绝入境或信息通报的范畴。

4. 中国食品安全预警系统

中国食品安全管理主要采用分段式的监管模式，各部门分别建立了侧重点不同的食品安全监测预警体系。

中国 1992 年开始食品污染物的监测，并积累了部分数据，为制定中国食品中污染物限量标准提供了依据。2003 年 8 月 14 日，卫生部公布了《食品安全行动计划》，并从 2004 年起根据食品污染物监测情况发布预警信息。

中国农业部也建立了农产品质量安全例行监测制度，对全国大中城市的蔬菜、畜产品、水产品质量安全状况实行从生产基地到市场环节的定期监督检测，并根据监测结果定期发布农产品质量安全信息。

国家质检总局建立的全国食品安全风险快速预警与快速反应体系（RARSFS）于 2007 年正式推广应用，同年 8 月实现对 17 个国家级食品质检中心日常检验检测数据和 22 个省（自治区、直辖市）监督抽查数据的动态采集，初步实现国家级和省级监督数据信息的资源共享，构建质监部门的动态监测和趋势预测网络。

2010 年是我国第一次在全国范围内开展多部门、全过程、经科学设计的风险监测工作，自 2010 年起全面实施国家食品安全风险监测计划，初步建立了覆盖全国的食品安全风险监测体系。2011 年 11 月 15 日，卫生部等 6 部门联合印发《2012 年国家食品安全风险监测计划》，监测内容包括食品中化学污染物和有害因素的监测项目近 140 项，另外还有食源性致病菌检测、食源性疾病监测、食品中放射性物质检测。

三、中国食品安全预警体系存在的问题

1. 食品安全预警管理监测检验技术比较落后

目前，中国食品安全预警管理监测检验技术水平有限，从监测机构、监测人员、监测设备到监测方法与发达国家差距很大。一些地方的食品安全检测检验机构仪器陈旧，设备简陋，功能不全，有的缺乏必备的检测设施，不利于查处违法行为和应付突发性食品安全事件。

2. 配套的法律、法规保障体系还不够完善

中国现行有效的相关法律法规有几十部，但条款相对分散，这些法律法规尚不能完全涵盖从农田到餐桌的各个环节，不能满足食品安全预警体系建设的实际要求，因此，制定一部完整统一的食品质量安全预警管理法迫在眉睫。

3. 食品安全的基础研究水平低

目前，中国在食品安全问题上主要集中在研究允许添加使用物质的检测方法上，对于非法添加物质的预防检测手段的研究较少。

4. 数据收集不够准确

经常由于没有收集到关键性的数据或收集的数据存在偏差，不符合预警的总体要求，导

致预警体系运行后无法达到预期效果。

5. 投入不足

投入不足，制约食品安全预警水平提高，使得中国食品安全管理的宏观预警和风险评估的微观预警体系建设滞后。

四、中国食品安全预警体系的发展方向

中国政府的各级监管部门已不断加强食品安全预警建设，未来食品安全预警体系发展方向如下。

1. 构建合理的食品质量安全预警管理机制

建立系统完整的食品质量安全预警机制是现阶段中国构建政府食品安全管理机制的前提和基础，也是预防食品安全事件的发生、维护社会稳定、构建和谐社会的重要机制之一。食品安全预警机制的建设，应遵循全面、及时、创新和高效的原则，形成完善的预警机制。

2. 加大国家财政投入力度

目前，中国对食品质量安全预警管理的人力、物力、财力的投入与发达国家相比，还有很多差距。因此，加大国家对食品质量预警管理的投入很有必要。

3. 提高消费者食品质量安全意识

加强全民食品质量安全教育。随着中国市场经济秩序的不断完善，急需加强对食品质量安全知识的宣传，分析食品质量安全形势，提高消费者的自我保护意识，开展多种形式的法制宣传，组织专项宣传活动，提高消费者依法维护自身合法权益的能力。

4. 加强食品安全预警科研技术力量

组织科研力量全面分析研究食品安全风险预警及快速反应体系保障措施，为建立质检系统各部门之间的长效工作机制提供保障。同时，加强食品质量安全预警管理的职业队伍建设，培养食品安全的专门人才，向食品安全职能管理部门提供食品质量安全预警管理业务知识的培训。

5. 完善以预警机制为基础的食品安全法律法规体系

完善法律法规与标准体系，为食品质量安全预警提供支撑。中国有关食品安全预警的立法与执法，正处于初步建立阶段，因此急需在此基础上加大对法律体系的建设。

6. 加强食品预警信息交流和发布机制建设

管理部门应建立和完善覆盖面宽、时效性强的食品安全预警信息收集、管理、发布制度和监测抽检预警网络系统，向消费者和有关部门快速通报食品安全预警信息。

五、中国食品安全预警的作用

① 在进出口贸易方面，对提高中国食品安全水平有着积极的作用。

开展食品安全预警研究，在风险信息收集、危害因素识别和确定等方面建立一套科学的规则和评定程序，提高食品的检测效率，因此，在进出口贸易方面，对提高中国食品安全水平有着积极的作用。

② 有利于防止食品安全问题的出现、扩散和传播，避免重大食物中毒和食源性疾病的发生。

开展食品安全预警工作，有利于防止食品安全问题的出现、扩散和传播。

③ 有利于保障消费者的身心健康，提高人民群众的身体素质和健康水平。

加强食品安全预警，可以对不断出现的各种食品危害作出快速反应，采取相应有效的措施，保护人民生命健康安全。

④ 有利于完善食品安全监管机制，提高食品安全监管水平。

思 考 题

1. 食品安全溯源及食品安全预警的定义。
2. 论述我国食品安全预警体系存在的问题和发展方向。
3. 简述食品安全溯源的基本要素。

参考文献

[1] 门玉峰. 北京市食品安全预警体系构建研究. 对外经贸，2012，6：61-64.
[2] 张永慧，吴永宁. 食品安全事故应急处置与案例分析. 北京：中国质检出版社，2012.
[3] 房瑞景，陈雨生，周静. 国外食品安全溯源信息监管体系及经验借鉴. 农业经济，2012，9：6-8.
[4] 唐书泽. 食品安全应急管理. 广州：暨南大学出版社，2012.
[5] 李泰然. 食品安全监督管理知识读本. 北京：中国法制出版社，2012.
[6] 柯尔康，何应龙. 基于欧盟 RASFF 系统. 当代经济，2013，4：6-86.
[7] 黄围. 发达国家食品安全溯源体系及对我国的启示. 农业机械，2013，4：23-258.
[8] 侯红漫. 食品安全学. 北京：中国轻工业出版社，2014.
[9] 张雨生. 我国食品安全认证与追溯耦合监管机制研究. 北京：经济科学出版社，2017.

第十五章

实　验

主要内容

1. 蔬菜中有机磷和氨基甲酸酯类农药残留的快速检测。
2. 食品中"六六六""滴滴涕"残留量的测定。
3. 猪肉组织中盐酸克仑特罗的测定（高效液相色谱法）。
4. 粮食中黄曲霉毒素 B_1 的测定（薄层色谱法）。
5. 动物食品中莱克多巴胺、盐酸克仑特罗和沙丁胺醇的快速检测（胶体金检测卡法）。

第一节　蔬菜中有机磷和氨基甲酸酯类农药残留的快速检测

一、实验要求

1. 了解和掌握利用乙酰胆碱酯酶或丁酰胆碱酯酶检测蔬菜、水果中有机磷农药残留和氨基甲酸酯类农药残留的原理。
2. 掌握农药残留的酶速测法的基本步骤。
3. 了解农药残留的酶速测法的结果的计算和表达方式。

二、实验原理

有机磷和氨基甲酸酯类农药能抑制昆虫中枢和周围神经系统中乙酰胆碱酯酶的活性，造成神经传导介质乙酰胆碱的积累，影响正常传导，使昆虫中毒致死。将这一原理应用在农药残留的检测中，样本提取液加入反应试剂后，用分光光度计测定吸光值随时间的变化值，计算出抑制率，判断蔬菜中有机磷或氨基甲酸酯类农药残留情况，即：

乙酰胆碱酯酶＋有机磷或氨基甲酸酯类农药——酶活性被抑制

活性被抑制——样本中含有机磷或氨基甲酸酯类农药

（乙酰胆碱酯酶＋样本提取液）活性正常——样本中不含有机磷或氨基甲酸酯类农药

如以乙酰硫代胆碱（AsCh）为底物，在乙酰胆碱酯酶（AChE）的作用下乙酰硫代胆碱水解成硫代胆碱和乙酸，硫代胆碱和二硫代二硝基苯甲酸（DTNB）产生显色反应，使反应液呈黄色，在分光光度计 410nm 处有最大吸收峰，用分光光度计可测得酶活性被抑制程度（用抑制率表示）。

三、实验仪器

波长为（410±3）nm 专用速测仪，或可见分光光度计；电子天平（准确度 0.1g）；微型样品混合器；台式培养箱；可调移液枪（10～100μL，1～5mL）；不锈钢取样器（内径 2cm）；配套玻璃仪器及其他配件。

四、实验试剂

pH8.0 磷酸缓冲液；丁酰胆碱酯酶溶液：根据酶活性情况按要求用缓冲液溶解，ΔA 值控制在 0.4～0.8 之间；底物：碘化硫代丁酰胆碱溶液，用缓冲液溶解；显色剂：二硫代二硝基苯甲酸，用缓冲液溶解。

五、实验步骤

1. 用不锈钢管取样器取来自不同植株叶片（至少 8～10 片叶子）的样本；果菜从表皮至果肉 1～1.5cm 处取样。

2. 取 2g 切碎的样本（对于非叶菜类取 4g），放入提取瓶内，加入 20mL 缓冲液，振荡 1～2min，倒出提取液，静置 3～5min。

3. 于小试管内分别加入 50μL 酶液、3mL 样本提取液、50μL 显色剂，于 37～38℃下放置 30min 后，再分别加入 50μL 底物，倒入比色杯中，用仪器进行测定。

4. 按照步骤 2、3 做空白实验。

六、结果计算

实验结果按下式计算：

$$抑制率（\%）=\frac{\Delta A_c - \Delta A_x}{\Delta A_c} \times 100$$

式中　ΔA_c——空白实验组 3min 后与 3min 前吸光值之差；

　　　ΔA_x——样本实验组 3min 后与 3min 前吸光值之差。

抑制率≥70％时，蔬菜中含有某种有机磷或氨基甲酸酯类农药残毒。此时样本要有 2 次以上重复检测，几次重复检测的重现性应在 80％以上。

<hr>

思 考 题

1. 本实验能否测定有机氯农药残留？

2. 应用本实验能否准确确定蔬菜中某种有机磷农药或者氨基甲酸酯类农药的残留？能否准确测定其含量？

3. 请简要论述本实验的优缺点。

第二节　食品中"六六六""滴滴涕"残留量的测定

一、实验要求

1. 了解和掌握利用气相色谱法检测食品中六六六和滴滴涕残留的原理和步骤。
2. 了解磺化法在农药残留检测中的应用范围。
3. 了解气相色谱检测农药残留的计算方法。

二、实验原理

样品中"六六六"（α-BHC、γ-BHC、β-BHC、δ-BHC）、"滴滴涕"（p,p'-DDE、o,p'-DDT、p,p'-DDD、p,p'-DDT）经提取、净化后用气相色谱法测定，与标准比较定量。电子捕获检测器对于负电极强的化合物具有较高的灵敏度，利用这一特点，可分别测出微量的"六六六"和"滴滴涕"。不同异构体和代谢物可同时分别测定。出峰顺序：α-BHC、γ-BHC、β-BHC、δ-BHC、p,p'-DDE、o,p'-DDT、p,p'-DDD、p,p'-DDT。

三、实验试剂

"六六六"（α-BHC、γ-BHC、β-BHC、δ-BHC）和"滴滴涕"（p,p'-DDE、o,p'-DDT、p,p'-DDD、p,p'-DDT）农药标准品（纯度＞99％）、丙酮（分析纯）、正己烷（分析纯）、石油醚（分析纯，沸程30~60℃）、苯（分析纯）、硫酸（分析纯）、氯化钠（分析纯）、无水硫酸钠（分析纯）、硫酸钠溶液（20g/L）。

四、标准溶液配制

1. "六六六""滴滴涕"标准溶液：准确称取 α-BHC、γ-BHC、β-BHC、δ-BHC、p,p'-DDE、o,p'-DDT、p,p'-DDD、p,p'-DDT 各 10.0mg，溶于苯，分别移入 100mL 容量瓶中，加苯液至刻度，混匀，每毫升含农药 100.0mg/L，作为储备液存于冰箱中。

2. "六六六""滴滴涕"标准使用液：将上述标准储备液以正己烷稀释至适宜浓度，一般为 0.01mg/L。

五、实验仪器

小型粉碎机、组织捣碎机、调速多用振荡器、250mL 分液漏斗、旋转浓缩蒸发器、吹氮浓缩器、离心机、气相色谱仪［具有电子捕获检测器（ECD）］等。

六、实验步骤

1. 试样制备：谷类制成粉末，再制成匀浆；蔬菜、水果制成匀浆；蛋品去壳制成匀浆；肉品去皮、筋后，切成小块，制成肉糜。称有代表性的各类食品试样匀浆 20g，加水 5mL（视其水分含量加水，使总水量约 20mL），加 40mL 丙酮，在振荡器上振荡 30min，加氯化钠 6g，摇匀。过滤于 100mL 分液漏斗中，残渣用丙酮洗涤四次，每次 4mL，用少许丙酮洗涤漏斗和滤纸，合并滤液 30~40mL，加石油醚 20mL，摇动数次，放气。振摇 1min，加

20mL 硫酸钠溶液（20g/L），振摇 1min，静置分层，弃去下层水溶液。

2. 提取液制备：用滤纸擦干分液漏斗颈内外的水，然后将石油醚缓缓放出，经盛有约 10g 无水硫酸钠的漏斗，滤入 50mL 三角瓶中。再以少量石油醚，分三次洗涤原分液漏斗、滤纸和漏斗，洗液并入滤液中，将石油醚浓缩，移入 10mL 具塞试管中，定容至 5.0mL 或 10.0mL。

3. 净化：移取 5.0mL 提取液，加 0.50mL 浓硫酸，盖上试管塞。振摇数次后，打开塞子放气，然后振摇 0.5min，1600r/min 离心 15min，上层清液供气相色谱法分析用。

4. 测定：气相色谱参考条件，色谱柱 DB21701，125mm×30m，膜厚 0.25μm；分流比为 20∶1；电子捕获检测器（ECD）温度 250℃；进样口温度 250℃；柱温 220℃；载气为氮气；柱流量为 1.5mL/min；尾吹气为 27mL/min；进样量为 1～10μL，外标法定量。

七、测量与计算

电子捕获检测器的线性范围窄，为了便于定量，选择样品进样量，使之适合各组分的线性范围。根据样品中"六六六""滴滴涕"存在形式，相应制备各组分的标准曲线，从而计算出样品中的含量。"六六六""滴滴涕"及其异构体或代谢物含量按下式计算：

$$X = \frac{A_1}{A_2} \times \frac{m_1}{m_2} \times \frac{V_1}{V_2} \times \frac{1000}{1000}$$

式中　X——样品中"六六六""滴滴涕"及其异构体或代谢物的单一含量，mg/kg；

A_1——被测试样各组分的峰值（峰高或峰面积）；

A_2——各农药组分标准峰值（峰高或峰面积）；

m_1——单一农药标准溶液的含量，ng；

m_2——被测试样的取样量，g；

V_1——被测试样的稀释体积，mL；

V_2——被测试样的进样体积，μL。

结果的表述：报告平行测定的算术平均值的二位有效数。在重复性条件下获得的两次独立测定结果的绝对差值不得超过算术平均值的 15%。

──────── 思 考 题 ────────

1. 在农药、兽药残留的测定时，为了解某种检测方法的可靠性，常常需要做空白添加实验，从而计算添加回收率。请就本实验的实验操作步骤简单描述如何进行空白添加实验并解释如何计算添加回收率。

2. 在农药残留的测定时，对于方法的添加回收率的要求为 70%～110% 之间，试解释其原因。

第三节　猪肉组织中盐酸克仑特罗的测定（高效液相色谱法）

一、实验要求

1. 了解和掌握一般动物组织中兽药残留测定的基本步骤和流程。

2．了解高效液相色谱在兽药检测中的地位和作用。

3．掌握外标法检测兽药残留的计算方法。

二、实验原理

盐酸克仑特罗，化学名称为 α-［（叔丁氨基）甲基］-4-氨基-3,5-二氧苯甲醇盐酸盐，是一种 β_2-肾上腺受体激动药，临床用于治疗哮喘。但常被部分饲养户当作提高生猪瘦肉率的饲料添加剂"瘦肉精"加入猪饲料中，以致因猪肉组织或内脏中残留的盐酸克仑特罗超量引起食物中毒。本实验利用超声波萃取、离心净化等手段，进行猪肉组织中盐酸克仑特罗的提取净化，再利用高效液相色谱（HPLC）进行分离，利用二极管阵列检测器（DAD）进行检测，从而达到准确地定性和定量。

三、实验试剂

乙醇（分析纯）、乙醚（分析纯）、磷酸二氢钠（分析纯）、20mol/L 氢氧化钠溶液、无水硫酸钠。

盐酸克仑特罗标准溶液：准确称取 5.0mg 盐酸克仑特罗溶于超纯水中，加甲醇 1mL，然后用超纯水定容到 10mL，得浓度为 $500\mu g/mL$ 的储备标准液，使用时将储备标准液用超纯水稀释为 $2.0\mu g/mL$ 的工作标准溶液。

四、实验步骤

1．样品处理：称取经切碎混匀的样品 10g 于带塞离心试管中，加 20mL 60％（体积分数）乙醇，用玻璃棒（或角匙）搅散样品，盖好管盖，置超声波发生器上提取 20min，然后以约 4000r/min 的转速离心 20min，将上清液移入分液漏斗中，离心试管中的残渣加入 20mL 60％（体积分数）乙醇，用玻璃棒搅散残渣，置超声波发生器上抽提 20min，再离心分离，将上清液移入分液漏斗，摇匀。

2．样品提取：用 8％NaOH 溶液调 pH 值至 11～12，再分别用 60mL、40mL 乙醚萃取两次，每次振摇 2min，待分层后把乙醚层（上层）通过盛有无水硫酸钠（2～3g）的漏斗放入蒸发皿中。然后用少许乙醚溶液清洗分液漏斗，并淋洗无水硫酸钠，淋洗液放入蒸发皿中。将蒸发皿置水浴上（约 60℃）挥发蒸干后，再用 60％乙醇溶液分三次将残留物洗入定容瓶中并定容 2mL，然后经 $0.5\mu m$ 双层滤膜离心过滤，滤液供 HPLC 测定。

3．色谱分析：色谱柱 C_{18}，200mm × 4.6mm；柱温 28℃；流动相为 0.01mol/L NaH_2PO_4＋甲醇＝67＋33（体积比）；流速为 0.8mL/min；进样量 $20\mu L$；二极管阵列检测器，检测波长 243nm。

按上述的色谱条件，采用外标法，以保留时间定性，并以盐酸克仑特罗的特征紫外吸收光谱对照样品的扫描光谱进行确认，然后根据样品峰面积计算盐酸克仑特罗含量。

五、计算

实验结果按下式计算：

$$c_样 = \frac{A_样}{A_标} \times c_标$$

式中 $c_样$——进入高效液相色谱分析的样品溶液中盐酸克仑特罗的浓度，$\mu g/mL$；

$A_样$——进入高效液相色谱分析的样品溶液对应的峰值（峰高或峰面积）；

$A_{标}$——进入高效液相色谱分析的标准溶液品溶液对应的峰值（峰高或峰面积）；

$c_{标}$——进入高效液相色谱分析的标准溶液品溶液中盐酸克仑特罗的浓度，$\mu g/mL$。

=== 思 考 题 ===

1. 采用外标法分析兽药残留时，是否应绘制标准曲线？

2. 采用外标法定量时，需要使标准溶液的浓度尽量与待测样品溶液的浓度接近，为什么？

第四节　粮食中黄曲霉毒素 B_1 的测定（薄层色谱法）

一、实验要求

1. 了解和掌握黄曲霉毒素 B_1 的测定方法和基本操作。

2. 了解薄层色谱法在检测粮食作物中真菌毒素的应用。

二、实验原理

黄曲霉毒素（简称 $AFTB_1$）是已知的危害最严重的一种真菌毒素，其主要由黄曲霉和寄生曲霉产生。

目前 $AFTB_1$ 的测定方法很多，其中薄层色谱法是最常用的一种方法。试样经提取、浓缩、薄层分离后，在 365nm 紫外线下，$AFTB_1$ 产生蓝紫色荧光，根据其在薄层板上显示的荧光的最低检出量来定量。

三、实验试剂

三氯甲烷（分析纯）、正己烷（分析纯）、无水乙醚（分析纯）、甲醇（分析纯）、三氟乙酸（分析纯）、氯化钠（分析纯）、无水硫酸钠（分析纯）。

三氯甲烷-丙酮（体积比 90：10）混合液、苯-乙腈（体积比 98：2）混合液、苯-丙酮（体积比 60：40）混合液。

硅胶 G（薄层色谱用，粒度为 $25\sim40\mu m$）、0.1mol/L 的稀盐酸、25％的醋酸铅溶液、消毒用次氯酸钠溶液、脱脂棉、滤纸。

$AFTB_1$ 标准液（$10\mu g/mL$）：准确称 $AFTB_1$ 标准品 $1\sim1.2mg$，用苯-乙腈（体积比 98：2）混合液作溶剂，定容到 100mL。再将上述标准液稀释至浓度分别为 $10\mu g/mL$、$1\mu g/mL$、$0.2\mu g/mL$、$0.04\mu g/mL$ 的 $AFTB_1$ 使用液。

四、实验材料

小型粉碎机、分样筛、电动振动器、玻璃板（5cm×20cm）、薄层涂布器、展开槽、紫外灯（波长 365nm）、微量进样器、分析天平、250mL 具塞三角烧瓶、移液管、电吹风、小烧杯、分液漏斗、漏斗等。

五、实验步骤

1. 称取混匀后经 20 目筛粉碎机粉碎的样品 20g，置于 250mL 带塞的锥形瓶中，加入正己烷 30mL、55％的甲醇液（甲醇：水为 55：45，体积比）100mL，在瓶塞上加数滴蒸馏水，盖好塞子，振荡 30min，通过铺有脱脂棉的漏斗滤于分液漏Ⅰ中，待分层后将下层液体放流入另一带塞三角烧瓶中，取此液 20mL 于分液漏斗Ⅱ中，加入 25％的醋酸铅溶液 5mL，振摇放置 5min，使蛋白质沉淀充分生成，再加入 4％的氯化钠溶液 5mL、三氯甲烷 20mL，振摇 2min 后静置使之分层，将下层三氯甲烷液经过装有约 10g 无水硫酸钠的铺有少量脱脂棉的漏斗滤入蒸发皿中，再向分液漏斗Ⅱ中加入三氯甲烷 5mL，重复提取一次，再用少量三氯甲烷洗涤无水硫酸钠，三氯甲烷一并收集于蒸发皿中，在 60℃ 以下水浴气流蒸干，用 1mL 的苯-乙腈混合液溶解皿中物，并快速转移到带塞的刻度试管中待测。

2. 薄层色谱的制备：称取大约 3g 的硅胶 G，倒入小烧杯中，加入 8～9mL 水，用玻璃棒使劲搅动使成糊状，然后倒入涂布器内涂成厚度为 0.25mm 的薄层板 3 块，在空气中自然干燥 1～2h，于 100℃ 烘箱内活化 2h，取出放干燥器中保存，保存时间超过 2 天，在用前须重新活化。

3. 点样：点与点、点与薄层板边缘、点与底线的距离分别为 1.0cm、1.0cm 和 1.5cm，每个点的直径保持在 3mm 以内，应尽量大小相等，可分次滴加，滴加时可用冷风边吹边加。

4. 展开：将点好样的薄层板在加有三氯甲烷-丙酮混合液的展开槽中展开约 10cm。色素杂质较少的样品，这样一次即可放在紫外灯下观察；而对色素杂质较多的样品，必须进行二次展开，即将在三氯甲烷-丙酮混合液中展开过的薄层板挥干溶剂后再放于槽底铺有无水硫酸钠的乙醚中反向展开，待展开剂（乙醚）到达薄层板另一端后，再过 0.5min 取出。拿出挥干溶剂，在 365nm 波长紫外灯下观察。

5. 观察与确证：在紫外灯下观察，如果在与标准点 R_f 值相同的位置上，出现与标准点颜色相同的荧光点，可初步判断为阳性样品，否则为阴性样品。

6. 定量测定：样液中 $AFTB_1$ 荧光强度与标准点最低检出量（0.0004μg）荧光强度一致时，则样品中 $AFTB_1$ 含量为 5μg/kg。若前者荧光强度大于后者，根据其强度估计，将样液稀释，或减少样量，直到样液点荧光强度与最低检出量荧光强度一致为止。

思考题

1. 在本实验中，是依据什么对黄曲霉毒素 B_1 进行定性的？什么是比移值 R_f？
2. 利用薄层色谱法检测食品中的黄曲霉毒素 B_1 的优缺点有哪些？

第五节　动物食品中莱克多巴胺、盐酸克仑特罗和沙丁胺醇的快速检测（胶体金检测卡法）

一、实验要求

1. 了解莱克多巴胺、盐酸克仑特罗和沙丁胺醇的胶体金检测卡法的原理。

2. 掌握莱克多巴胺、盐酸克仑特罗和沙丁胺醇的胶体金检测卡法的测定方法、基本操作和结果判断。

二、实验原理

瘦肉精是一类人工合成的 β-受体激动剂，因可促进动物生长曾在我国动物养殖环节中被用作饲料添加剂。后因其毒性较高且具有生物传递作用，以及养殖中的滥用导致了一系列中毒事件，目前已被禁止使用，但也存在非法使用的现象。莱克多巴胺（ractopamine，Rac）、盐酸克仑特罗（clenbuterol，Clen）和沙丁胺醇（salbutamol，Sal）是比较常见的瘦肉精类药物。

本实验采用莱克多巴胺-盐酸克仑特罗-沙丁胺醇胶体金三联检测卡对莱克多巴胺、盐酸克仑特罗和沙丁胺醇进行同时定性检测（本方法不能准确定量）。该方法速度较快、溶剂消耗少，对实验人员技术要求不高，是动物性食品中常用的瘦肉精筛查方法。但本检测方法不是实验室检测的标准方法，利用本检测方法检测到的阳性样本需要利用 HPLC 或 GC-MS 等标准方法进行进一步确认。

本检测方法是运用竞争抑制胶体金免疫色谱的原理，利用莱克多巴胺-盐酸克仑特罗-沙丁胺醇胶体金三联检测卡进行检测（图 15-1）。莱克多巴胺检测卡（图 15-1 中为左边卡）：利用胶体金标记特异性抗莱克多巴胺单克隆抗体，用莱克多巴胺 BSA 偶联物和羊抗鼠抗体包被在硝酸纤维素膜上，形成检测线和对照线。

盐酸克仑特罗检测卡（图 15-1 中为中间卡）：利用胶体金标记特异性抗盐酸克仑特罗单克隆抗体，用盐酸克仑特罗 BSA 偶联物和羊抗鼠抗体包被在硝酸纤维素膜上，形成检测线和对照线。

沙丁胺醇检测卡（图 15-1 中为右边卡）：利用胶体金标记特异性抗沙丁胺醇单克隆抗体，用沙丁胺醇 BSA 偶联物和羊抗鼠抗体包被在硝酸纤维素膜上，形成检测线和对照线。

当阴性样本加到加样孔后，单克隆抗体-胶体金偶联物通过色谱作用到达测试区与 BSA 偶联物结合形成检测线，剩余的单克隆抗体-胶体金偶联物继续色谱移行到达质控区与羊抗鼠抗体结合形成对照线。

当样本中的莱克多巴胺、盐酸克仑特罗和沙丁胺醇浓度超过一定量后，样本中的莱克多巴胺、盐酸克仑特罗和沙丁胺醇与单克隆抗体-胶体金偶联物结合，色谱到达测试区时由于游离的单克隆抗体-胶体金偶联物减少或完全消失，从而不与测试区结合使检测线显色变弱或无色，结合物色谱移行至质控区时与包被在硝酸纤维素膜上羊抗鼠抗体结合形成比阴性样本更深的对照线。

三、实验器材与仪器

莱克多巴胺-盐酸克仑特罗-沙丁胺醇胶体金三联检测卡；电子天平（准确度 0.1g）；微型样品混合器；恒温水浴锅；可调移液枪（100～1000μL）或滴管；组织粉碎机；配套玻璃仪器及其他配件。

四、实验步骤

1. 样品处理。将样品用粉碎机粉碎后，称取 20g 装入离心管中。在 90℃水浴中加热10～15min，取出。冷却至室温，取清亮液体直接加样，如有明显黄色浑浊需离心后取上清液。

2. 加样。从包装袋中取出胶体金检测卡，置于水平桌面。用移液器移取 100μL 离心上清液（或使用滴管吸取离心上清液，滴加 2～3 滴）于加样孔中，加样后开始计时。5min 后读取结果。

五、结果判定

见图 15-1。

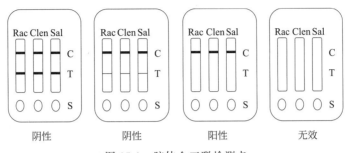

图 15-1　胶体金三联检测卡

1. 阴性（－）：两条紫红色条带出现。一条位于测试区（T）内，另一条位于质控区（C）内，两者颜色相当或 T 线浅于 C 线。

阴性结果表明：莱克多巴胺、盐酸克仑特罗和沙丁胺醇含量在检测限以下。

2. 阳性（＋）：仅质控区（C）出现一条紫红色条带，测试区（T）条带无紫红色条带出现。

阳性结果表明：莱克多巴胺、盐酸克仑特罗和沙丁胺醇含量在检测限以上。

出现阳性结果时应按法定程序分瓶封装样品用确证法检测。

3. 无效：质控区（C）未出现紫红色条带，表明不正确的操作过程或检测卡已变质损坏。

4. 灵敏度。本检测方法的肉眼判定阈值：莱克多巴胺 10ng/L（检测液），盐酸克仑特罗 5ng/L（检测液），沙丁胺醇 15ng/L（检测液）。使用不同的三联检测卡，检测限也不同。

======== 思 考 题 ========

1. 在本次实验中，结果判定时，如果只出现 T 线，没有出现 C 线，你如何判定？为什么？

2. 本实验能否准确定量？为什么？

======== 参 考 文 献 ========

[1]　中华人民共和国农业部行业标准 NY/T 448—2001.

[2]　中华人民共和国国家标准 GB/T 5009.19—2008 食品中有机氯农药多组分残留量的测定.

[3]　中华人民共和国国家标准 GB/T 5009.22—2003 食品中黄曲霉毒素 B_1 的测定.